“十二五”职业教育国家规划教材
经全国职业教育教材审定委员会审定
高 等 职 业 教 育 系 列 教 材
制 冷 与 空 调 技 术 专 业

冷库运行管理与维修

主　编　邢振禧
副主编　姜桂传
参　编　贾景福
主　审　任传林

机 械 工 业 出 版 社

本书以项目任务为中心，围绕冷库运行管理与维修这一主线，系统介绍了冷库制冷装置的安装及调试，制冷系统的操作程序，制冷系统工况的变化规律及调整方法，制冷系统的故障分析及排除，制冷压缩机的检修与制冷设备的维修，制冷系统的安全操作，冷库的技术经济分析和节能管理体系等。突出了螺杆式制冷压缩机等新设备及自动化的应用，针对性和实用性较强。为培养学生分析问题和解决问题的能力，在各项目任务后配有相关实践及思考练习题。

本书可作为高等职业院校制冷与空调、制冷与冷藏专业教材，也可作为相关行业岗位培训教材和有关制冷工程技术人员的参考书。

本书配有电子课件，**凡使用本书作为教材的教师**可登录机械工业出版社教材服务网 www.cmpedu.com 下载。咨询邮箱：cmpgaozhi@sina.com。咨询电话：010-88379375。

图书在版编目（CIP）数据

冷库运行管理与维修/邢振禧主编．—北京：机械工业出版社，2012.10（2023.8 重印）
高等职业教育系列教材．制冷与空调技术专业
ISBN 978-7-111-40001-1

Ⅰ.①冷…　Ⅱ.①邢…　Ⅲ.①冷藏库-运行-高等职业教育-教材②冷藏库-维修-高等职业教育-教材　Ⅳ.①TB657.1

中国版本图书馆 CIP 数据核字（2012）第 243046 号

机械工业出版社（北京市百万庄大街 22 号　邮政编码 100037）
策划编辑：王海峰　张双国　责任编辑：王海峰　张双国
版式设计：霍永明　责任校对：任秀丽
封面设计：马精明　责任印制：郜　敏
北京富资园科技发展有限公司印刷
2023 年 8 月第 1 版・第 5 次印刷
184mm×260mm・16.75 印张・413 千字
标准书号：ISBN 978-7-111-40001-1
定价：49.80 元

电话服务　网络服务
客服电话：010-88361066　机　工　官　网：www.cmpbook.com
010-88379833　机　工　官　博：weibo.com/cmp1952
010-68326294　金　书　网：www.golden-book.com
封底无防伪标均为盗版　机工教育服务网：www.cmpedu.com

前　言

随着我国国民经济的快速发展和人民生活水平的不断提高，我国冷库的容量和规模迅速增长。从20世纪70年代起，各地冷藏库容量增长较快，截至2009年，我国各类生鲜品年总产量约7亿t，冷冻食品的年产量在2500万t以上，总产值520亿元以上；年营业额在500万元（含500万）以上的食品冷冻、冷藏企业约2万家（包括加工企业内的冷库车间及冷藏库），就业人员250万人，全国冷库容量达900万t左右。冷库制冷系统的自控技术应用，在大、中型冷库中基本上都实现了对库温、制冷系统压力、设备运行状态等的实时显示和自动记录，并设有较完善的安全保护装置。2003年，由烟台冰轮股份有限公司承建的（日本）伊藤忠株式会社青岛低温物流万吨冷库投产，其氨制冷系统采用全自动控制，操作人员从原来的12人减少到目前的2人，并提高了运行的可靠性。

由于冷库制冷技术的发展和设备的更新，对冷库运行管理方面的专业技术人才需求量增加的同时，也对冷库制冷技术人员的业务技能提出了更高的要求。目前全国制冷与空调专业、制冷与冷藏技术专业都尝试着教学改革和创新，使培养的学生更能适应社会的要求和技术的进步。教材是教学改革的关键环节。本书就是为适应我国制冷技术发展的需要和职业教育的办学特点而编写的一本高等职业教育制冷与空调专业和制冷与冷藏技术专业的核心教材。

本书力求突出高等职业教育的办学特点，注重实用性和技术先进性；以培养应用型人才为目标，强调以知识运用为重点，技能训练为手段，以项目任务为中心，围绕冷库运行管理与维修这一主线，重点突出了制冷系统的运行、操作调整和维护检修，强化了对学生具体实践能力的培养。

本书由山东商业职业技术学院邢振禧任主编，山东省农业管理干部学院姜桂传任副主编。具体编写分工是：河北农业大学海洋学院贾景福编写项目一和项目六；姜桂传编写项目二和项目八；邢振禧编写项目三、项目四；烟台冰轮集团宋吉泽编写项目七；项目五由邢振禧和宋吉泽共同编写。

本书由烟台冰轮集团制冷技术专家、高级工程师任传林担任主审。

由于编者水平所限，书中难免有不当之处，恳请有关专家和读者批评指正。

编　者

目　　录

前言

项目一　冷库制冷系统的安装 …… 1

一、学习目标 …… 1

二、工作任务 …… 1

三、相关知识 …… 1

（一）冷库制冷系统简介 …… 1

（二）冷库制冷系统安装前的准备工作 …… 7

（三）制冷压缩机和设备基础的施工 …… 10

（四）制冷压缩机的安装 …… 12

（五）制冷设备的安装 …… 15

（六）制冷系统管道与阀门、仪表的安装 …… 21

四、相关实践 …… 26

思考与练习 …… 27

项目二　冷库制冷系统的调试 …… 29

一、学习目标 …… 29

二、工作任务 …… 29

三、相关知识 …… 29

（一）活塞式制冷压缩机的调试 …… 29

（二）螺杆式制冷压缩机的调试 …… 33

（三）制冷系统的调试 …… 34

（四）制冷系统管道和设备的防腐及绝热 …… 37

（五）制冷剂的充灌 …… 46

（六）制冷系统的试运行 …… 50

思考与练习 …… 51

项目三　制冷压缩机与设备的运行操作 …… 53

一、学习目标 …… 53

二、工作任务 …… 53

三、相关知识 …… 53

（一）活塞式制冷压缩机的操作程序 …… 53

（二）螺杆式制冷压缩机组的操作程序 …… 59

（三）制冷设备的操作 …… 67

（四）制冷系统的放油、放空气和除霜操作 …… 75

四、拓展知识 …… 85

（一）活塞式冷水机组的试运转与调试 …… 85

（二）螺杆式冷水机组的试运转与调试 …… 87

思考与练习 …… 91

项目四　制冷系统与设备的运行调整 …… 93

一、学习目标 …… 93

二、工作任务 …… 93

三、相关知识 …… 93

（一）制冷系统运行参数分析 …… 93

（二）制冷系统的调整与管理 …… 99

（三）制冷压缩机湿行程的操作调整 …… 106

（四）制冷系统的故障分析与排除 …… 108

四、拓展知识 …… 135

（一）冷水机组的运行参数分析 …… 135

（二）冷水机组的故障分析与排除 …… 139

思考与练习 …… 146

项目五　制冷压缩机的检修 …… 148

一、学习目标 …… 148

二、工作任务 …… 148

三、相关知识 …… 148

（一）制冷压缩机检修的目的和检修前的准备工作 …… 148

（二）制冷压缩机装卸的基本工艺 …… 153

（三）活塞式制冷压缩机的检修 …… 155

（四）螺杆式制冷压缩机的检修 …… 173

四、相关实践 …… 188

（一）实践一 …… 188

（二）实践二 …… 188

思考与练习 …… 191

项目六　制冷设备的检修 …… 192

一、学习目标 …… 192
二、工作任务 …… 192
三、相关知识 …… 192
（一）制冷设备检修前对制冷剂的处理 …… 192
（二）换热器的维护与检修 …… 195
（三）阀门、法兰与管道的维护与检修 …… 200
（四）泵与风机的维护及检修 …… 206
（五）制冷设备故障实例分析及检修排除方法 …… 210
思考与练习 …… 214
项目七　制冷系统的安全技术 …… 216
一、学习目标 …… 216
二、工作任务 …… 216
三、相关知识 …… 216
（一）制冷系统的安全装置 …… 216
（二）制冷系统的安全操作 …… 219
（三）制冷设备的安全管理 …… 221
（四）制冷系统作业事故的预防和紧急救护 …… 225
思考与练习 …… 230
项目八　冷库管理与技术经济分析 …… 231
一、学习目标 …… 231
二、工作任务 …… 231
三、相关知识 …… 231
（一）制冷系统的运行记录 …… 231
（二）能源统计分析与制冷系统运行指标分析 …… 235
（三）冷库节能管理体系的建设 …… 245
思考与练习 …… 248
附录 …… 249
附录 A　R22 饱和液体与饱和气体物性表 …… 249
附录 B　R717 饱和液体与饱和气体物性表 …… 251
附录 C　部分食品焓值表 …… 253
附录 D　R22 压焓图 …… 256
附录 E　R717 压焓图 …… 257
附录 F　氨压缩机单级单位容积制冷量（转速≥960r/min） …… 258
附录 G　氨双级压缩机（高、低压缸容积比为 1∶2）单位容积制冷量（转速≥960r/min） …… 259
附录 H　氨双级压缩机（高、低压缸容积比为 1∶3）单位容积制冷量（转速≥960r/min） …… 260
附录 I　R12 单位容积制冷量 …… 261
附录 J　R22 单位容积制冷量 …… 261
参考文献 …… 262

项目一　冷库制冷系统的安装

一、学习目标

终极目标　掌握冷库制冷系统的施工程序、安装技术与质量标准，能够从事冷库制冷系统的安装及质量监督工作。

基本目标

1）熟悉冷库制冷系统的分类及组成。

2）熟悉冷库制冷系统安装前需要做的各项准备工作及其要点。

3）了解制冷压缩机和设备基础的施工及保养要求。

4）掌握制冷压缩机上位与平车方法。

5）掌握冷凝器、蒸发器和常见辅助制冷设备的安装方法及注意事项。

6）掌握冷库制冷系统管道的安装方法与常用阀门、仪表的安装要求。

二、工作任务

参照冷库制冷系统的原理图，说明图中制冷系统的类型，作出该工程的施工方案，确定各种设备的具体安装方法。

三、相关知识

（一）冷库制冷系统简介

冷库制冷系统就是指在冷库中，根据制冷原理将制冷所需要的机器设备及其连接管路组成的一个闭合循环系统。

1．冷库制冷系统的分类

目前，已投入使用的冷库制冷系统均为蒸气压缩式制冷系统，但由于不同冷库有着不同的工艺要求，所以冷库制冷系统又可以按照不同的方式进行分类。

（1）根据制冷剂的不同分类　冷库制冷系统可分为氨制冷系统和氟利昂制冷系统。

（2）根据蒸发温度的不同分类　冷库制冷系统可分为－15℃制冷系统、－28℃制冷系统、－30℃制冷系统、－33℃制冷系统和－40℃制冷系统。其中，－15℃制冷系统用于食品冷却间、冷却物冷藏间、储冰间及制冰间等；－28℃与－30℃制冷系统用于冻结物冷藏间；－33℃与－40℃制冷系统用于冻结间。

（3）根据压缩级数分类　冷库制冷系统可分为单级压缩和多级压缩制冷系统。

1）单级压缩制冷系统。单级压缩是指制冷剂在一个制冷循环中只经过一次压缩。单级压缩制冷系统中只有一台制冷压缩机或几台制冷压缩机并联使用。图 1-1 所示为单级压缩制冷系统。

单级压缩制冷系统中，冷凝压力与蒸发压力的比值不能太大：选用活塞式氨压缩机，冷凝压力与蒸发压力的比值应小于或等于 8；选用氟利昂制冷压缩机，冷凝压力与蒸发压力的

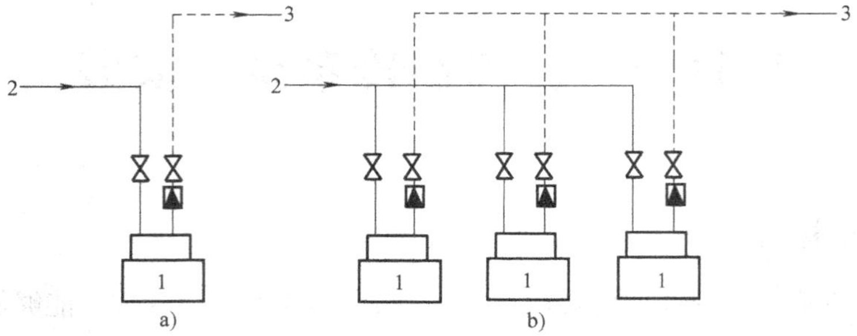

图 1-1 单级压缩制冷系统

a）一台压缩机 b）多台压缩机

1—制冷压缩机 2—接蒸发器 3—接冷凝器

比值应小于或等于 10。单级压缩制冷系统的蒸发温度也不能太低：在普通冷凝温度下蒸发温度一般可达 -30 ~ -15℃。若冷凝压力与蒸发压力的比值超过单级压缩制冷系统的限定值，或者需要较低的蒸发温度时，就必须采用多级压缩制冷系统。

2）多级压缩制冷系统。多级压缩是指将制冷剂蒸气的压缩过程分几次来实现。对于活塞式及螺杆式制冷压缩机而言，由于每级压缩的压力比较大，两级压缩即可达到足够低的蒸发压力，故一般只采用双级压缩。双级压缩的形式分为单机双级压缩和配组双级压缩。

①单机双级压缩是指用一台制冷压缩机进行双级压缩。它具有系统管道简单、占地面积小、施工周期短、操作管理方便等优点，常用于大、中型冷库中；其缺点是不能根据工作条件变化灵活调整。图 1-2 所示为单机双级压缩形式。

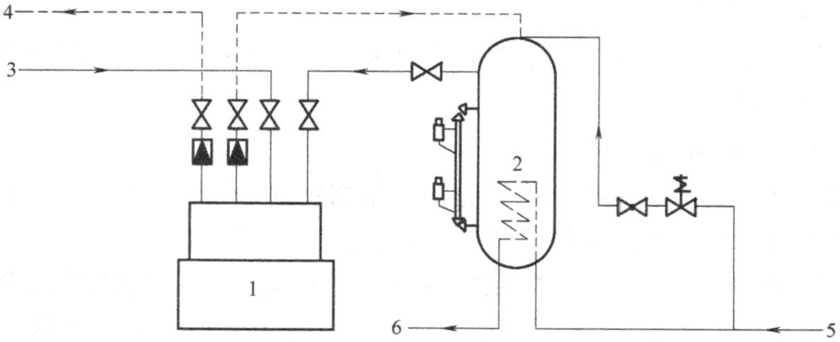

图 1-2 单机双级压缩形式

1—单机双级压缩机 2—中间冷却器 3—低压级吸气

4—接油分离器 5—接总调节站 6—供液

②配组双级压缩是指用几台单级压缩机配合来完成高、低压级压缩。实际应用中可根据蒸发压力的变化灵活调整，使其单级运行或双级运行。此形式对热负荷变动较大的冷库更为适宜。图 1-3 所示为配组双级压缩形式。

（4）根据蒸发器供液方式的不同分类 冷库制冷系统可分为直接膨胀供液制冷系统、重力供液制冷系统、液泵供液制冷系统。

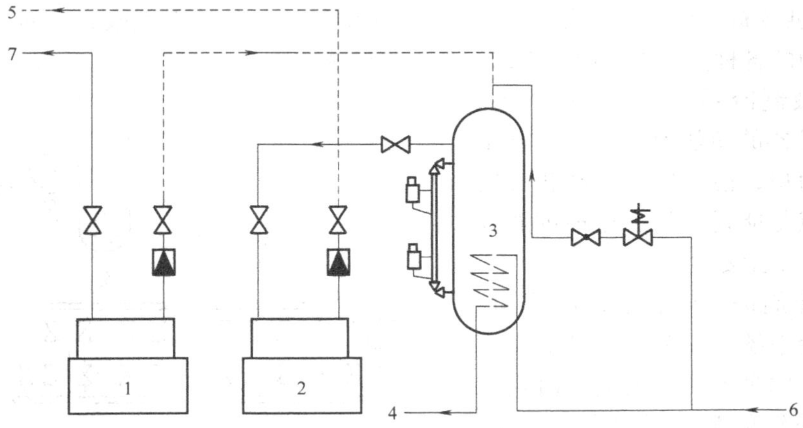

图 1-3　配组双级机压缩形式

1—低压级压缩机　2—高压级压缩机　3—中间冷却器　4—去低压循环桶　5—高压级排气　6—供液　7—低压级吸气

1）直接膨胀供液制冷系统。其制冷系统是利用冷凝压力和蒸发压力之间的压力差，将液态制冷剂经节流阀膨胀后直接供给蒸发器。

典型的直接膨胀供液制冷系统如图 1-4 所示。其优点是制冷系统简单，依靠节流阀的开启度直接调节供液量，工程费用低，操作管理方便；缺点是蒸发器的换热效果差，制冷工况变化较大，多个冷间的使用情况不均衡时不易调节控制。这种供液方式多用于小型氨制冷系统或氟利昂制冷系统。

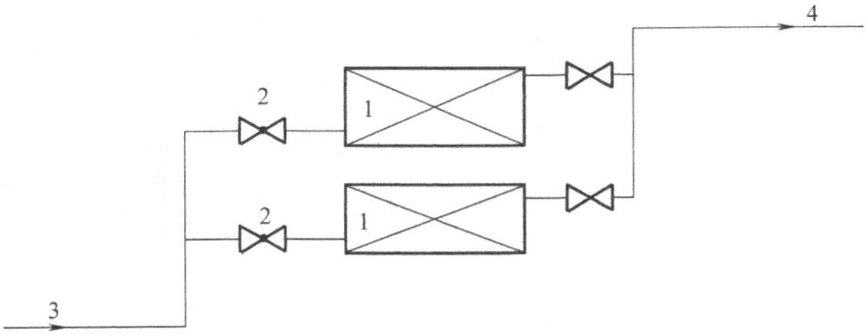

图 1-4　典型的直接膨胀供液制冷系统

1—蒸发器　2—节流阀　3—供液　4—回气

2）重力供液制冷系统。重力供液制冷系统是在蒸发器与节流阀之间增设一个气液分离器，使其中的液面高于冷却设备的工作液面，借助液柱的静压力来克服流动阻力，使液态制冷剂流入冷却设备。

重力供液制冷系统如图 1-5 所示。其优点是蒸发器的换热效率高，避免了压缩机“湿行程”的发生，容易实现均匀供液；缺点是供液稳定性差，蒸发器内易积油，不便于集中管理，投资增加。这种供液方式多用于中、小型氨制冷系统。

3）液泵供液制冷系统。液泵供液制冷系统是借助液泵的压力克服制冷剂在管道、阀门及冷却设备中的各种流动阻力而向冷却设备强制供液的。

液泵供液制冷系统如图 1-6 所示。其优点是蒸发器的换热效率很高，融霜方便，操作简单，便于集中控制和实现自动化；缺点是能耗增加。这种供液方式多用于大、中型氨制冷系统。

根据制冷剂进、出蒸发器的流向，液泵供液制冷系统又可分为上进下出式和下进上出式两种形式。上进下出式液泵供液制冷系统的蒸发器内充液量少，方便回油。下进上出式液泵供液制冷系统的蒸发器供液均匀，充液量多，积油不易排除。实际应用中，冷却物冷藏间多采用上进下出式液泵供液制冷系统，以利于库温控制及简化自动控制装置；冻结物冷藏间、底层库房多采用下进上出式液泵供液制冷系统，以利于均匀供液。

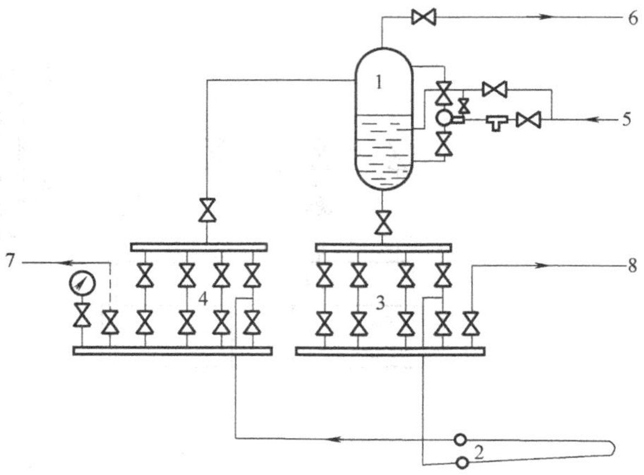

图 1-5 重力供液制冷系统

1—氨液分离器 2—蒸发器 3—液体分调节站 4—气体分调节站 5—供液 6—吸气 7—热氨 8—排液

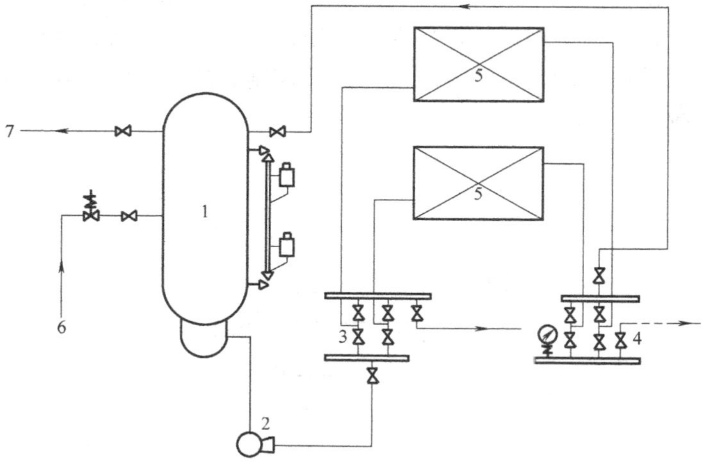

图 1-6 液泵供液制冷系统

1—低压循环桶 2—液泵 3—液体调节站 4—气体调节站 5—蒸发器 6—供液 7—吸气

（5）根据冷却方式的不同分类　冷库制冷系统可分为直接冷却和间接冷却制冷系统。

直接冷却制冷系统是指通过制冷剂在蒸发器内直接循环来冷却被冷却物体或环境。用于冷藏和冷冻加工的中小型氟利昂或氨制冷系统一般都采用这种方式。其优点是系统简单，操作管理方便，初投资及能耗都较低等；缺点是对管路密封性要求高，制冷剂泄漏会污染食品。

间接冷却制冷系统是指通过已被制冷系统降温的中间介质（即载冷剂）在冷却设备中循环来冷却被冷却物体或环境。用盐水作载冷剂的大、中型氨制冷系统一般都采用这种方式。其优点是系统中制冷剂充注量较小，载冷剂无毒且可长距离输送，可保证食品质量；缺点是系统复杂，初投资及能耗都较高。

（6）根据供冷集中程度的不同分类　冷库制冷系统可分为集中供冷和分散供冷制冷系统。

集中供冷制冷系统是指制冷系统中的蒸发器安装于库房内，其余的设备全部集中安装于专用的机房内，所有库房的冷量均由机房统一供给。库房与机房分开，各自独立，机房中设备也分类安装。其优点是可以集中管理，方便观察与操作，可以合理调配压缩机负荷，经济效益好；缺点是制冷管路系统较复杂且管路较长，增加了机房的建设费用。以氨为制冷剂的大、中型制冷系统均采用集中供冷制冷系统。

分散供冷制冷系统是指各个冷间（或两个冷间）或蒸发温度系统，分别采用独立的自成体系的制冷系统，制冷设备安装于冷间附近，不需设集中机房。这样，一座冷库中就有多个独立的制冷系统。其优点是系统简单，组装方便，易实现自动控制；缺点是系统总装机容量及总投资相对较大，机组之间不能调剂使用。以氟利昂为制冷剂的中、小型制冷系统多采用分散供冷制冷系统。

2. *冷库制冷系统的组成*

冷库制冷系统由多种设备组成，主要包括蒸发器、压缩机、冷凝器、节流元件、储液器、中间冷却器、油分离器、气液分离器等，参见图1-7所示的500t冷库氨制冷系统图。它是一个蒸发温度为－33℃和－28℃的氨泵供液、双级压缩的制冷系统。其工艺流程如下：氨蒸气经高压级压缩机压缩后，排至油氨分离器；油分离后，经油氨分离器出气管进入冷凝器；氨气在冷凝器中和常温介质水进行热交换，冷凝成液体；液体经冷凝器的出液管进入高压储液桶，再经高压储液桶的出液管，通过中间冷却器蛇形管冷却后至调节阀。还有一路液体可直接至调节阀。中间冷却器内的液体是由蛇形管前的高压管路接出的支管供给的。以上是制冷剂在高压部分的流程。

氨液经手动调节阀或浮球阀供到低压循环桶，低压循环桶的氨液经出液管供给氨泵，通过氨泵将液体送到液体分调节站，分别向各冷藏间的蒸发排管和冻结间的冷风机供液。液体吸热蒸发后的气体经气体分调节站，通过回气总管进入低压循环桶。经气、液分离后，气体被低压机吸入，经压缩后排入中间冷却器，经中间冷却器冷却的气体被高压机吸入。这样制冷剂在系统中完成循环过程。

热氨冲霜是利用压缩机排出的高压高温气体进行的。热氨管从油分离器出气管上接出，经气体分调节站上阀门向冷间供热氨。冲霜回来的液体经液体分调节站上有关阀门排到排液总管，通过排液总管排至低压循环桶或排液桶。

油分离器、冷凝器、高压储液桶、中间冷却器及循环桶等设备内的油，通过放油管流入集油器，然后降压放油。

放空气器的混合气体管与冷凝器及高压储液桶相接，供液管与高压储液桶出液管相接，减压管与循环桶的进气总管相接，放空气管的出口放入水桶中。混合气体经氨液蒸发冷却后，空气可通过放空气管放出。汽化的气体通过降压管被压缩机吸入，冷凝的液体可以循环使用。

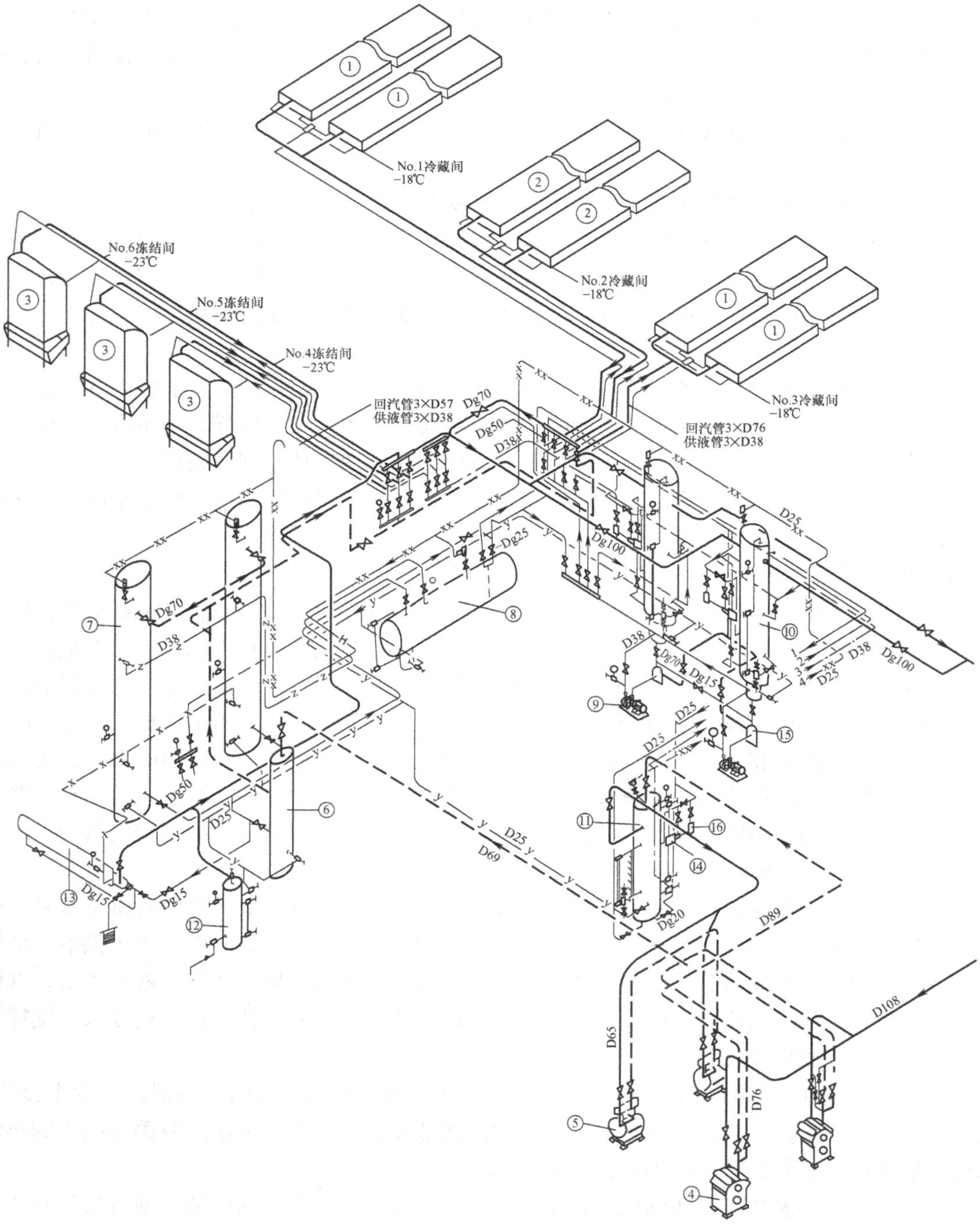

图 1-7　500t 冷库氨制冷系统图

1、2—冷却排管　3—落地式冷风机　4—低压级压缩机　5—高压级压缩机　6—油氨分离器　7—冷凝器　8—高压储液桶　9—氨泵　10—低压循环桶　11—中间冷却器　12—集油器　13—放空气器　14—浮球供液阀　15、16—过滤器

（二）冷库制冷系统安装前的准备工作

冷库制冷系统安装前的准备工作是安装过程的一个重要环节，不仅关系到整个安装工程能否全面、高效地完成，也影响到整个工程的安装质量。所以，施工单位应有计划、有步骤地协调好各方面的关系，认真做好施工图的审查、设备材料准备、施工组织准备、办理施工手续等各项安装前的具体准备工作，为全面施工创造必要的条件。

冷库制冷系统的安装由机器房、库房、冻结间、工艺外管四部分组成。其安装施工流程如图1-8所示。为确保工程质量和缩短工期，早日投产发挥效益，以上几个安装项目可采取平行交叉作业。在和土建工程施工进行配合时，应根据制冷工艺设计要求，对各设备和管道的基础预埋铁及支架、吊架、穿墙孔进行预留预埋，以防安装时再凿眼打洞。在土建工程完成无梁楼板和砌筑主库保温墙前，应将预制好的蒸发排管，冷风机等冷却设备及待预制的较长管道提前吊运到库内。在土建工程施工地面时，应与土建工程施工人员共同核对各种设备基础的坐标尺寸和标高，核对各设备地脚螺栓或预埋铁的坐标尺寸。

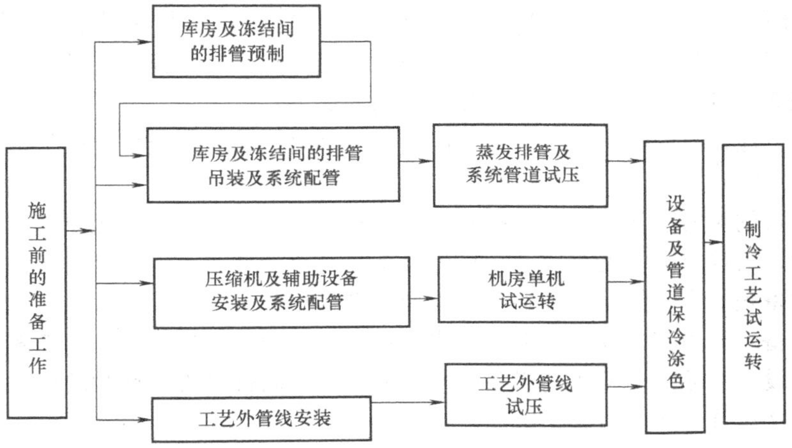

图1-8　冷库制冷系统安装施工流程

1. 施工图的自审和会审

（1）施工图自审　施工图自审是指施工组织人员必须全面熟悉施工图样，并组织技术分管人员对分管施工项目有关的施工图样和资料进行认真仔细地审阅核实，包括检查图样及资料是否齐全，核对图样间有无矛盾，图样与现场是否吻合等，并做好记录，待图样会审时提交讨论解决。通过自审，施工单位有关人员应准确理解设计意图，明确工程设计特点，熟悉施工技术要求，以保证施工的顺利进行。

（2）施工图会审　施工图会审由建设单位组织，由设计单位、施工单位、监理单位等相关技术人员参加。首先由建设单位介绍工程建设情况，然后由设计单位相关专业人员介绍设计意图作为设计技术交底，最后由施工单位对图样提出在自审中发现的问题，并由设计人员和施工单位协同解决。

施工图会审的目的是通过会审，使各参加单位相关人员熟悉设计图样，领会工程特点和设计意图，找出需要解决的技术难题，并制订解决方案；同时，将图样中存在的问题尽可能在施工之前解决，避免返工浪费，为工程开工创造良好的前提条件。

施工图会审的具体内容包括：施工图样与设备、特殊材料的要求是否一致，设计图样与施工主要技术方案是否相适应，图样表达深度能否满足施工需要，设计采用的新工艺、新技术等在施工技术、机具和物资供应上有无困难，各专业之间设计是否协调，如设备外形尺寸与基础尺寸、建筑物预留孔洞及预埋件与安装图样要求、设备与系统连接部位、管线间的相互关系等。

2. 工艺及设备材料准备

工艺及设备材料的准备是冷库制冷系统安装前一项重要的准备工作。应根据施工图，对整个冷库制冷系统所需用的设备及管材等工艺材料，编制出详实的计划，尽量在施工前准备齐全。工程质量的优劣，在很大程度上取决于构成工程实体的工艺及设备材料质量的好坏。因此，提前对工艺及设备材料进行准备、检查及处理是确保工程质量、降低工程成本、节约原材料的关键。

（1）设备准备　设备准备工作主要是指设备开箱检查及设备移交工作。

1）设备开箱检查。冷库制冷设备在安装前必须由施工单位与建设单位的检验人员一起进行开箱检查，并做好设备开箱检查记录。设备开箱检查经双方检验人员签字盖章后，作为设备的技术档案文件。设备开箱检验的步骤与内容如下：

①开箱前，应认真对照图样检查设备的名称、型号、箱号、箱数是否与单据相符，以防开错箱。

②确认设备的箱号、箱数等与单据相符后，再检查设备的包装有无受潮或损坏。

③开箱后，需检查设备的名称及规格型号是否符合图样要求。

④检查设备表面有无锈蚀、损坏、缺陷及受潮等现象。

⑤根据设备装箱单清点使用说明书、出厂检验证书等设备技术文件是否齐全，再根据设备技术文件和设备装箱单，检查与设备配套的零部件、附件是否损坏和缺件，检查与设备配套的安装或生产维修专用工具是否齐全。

⑥检查各种仪表装置等的铅封或包装是否完整无损。

2）设备移交。凡经检验不合格的设备及零部件等，应由施工单位和建设单位或供方单位提出处理意见，并由双方检验人员签字认证。由施工单位维修不合格的设备和零部件时，施工单位应以记录为凭证，与建设单位进行工程增加部分的经济签证，作为工程结算的依据。设备移交时，如果发现设备有锈蚀、损坏和缺陷等，需妥善处理的，也需填好“设备开箱后缺陷处理记录”，作为设备的技术档案。

不需要安装的附件、零部件和附属材料、工具及设备技术文件，要在设备开箱检验记录上注明，并由建设单位负责保管。安装时需用的专用工具及技术说明书，由施工单位负责保管，并在工程交工时移交给建设单位。

设备接收后，必须妥善保管，不得混乱、损坏和丢失，并防止泥土、灰尘、雨雪、潮气的侵蚀。

（2）工艺材料准备　工程上使用的各种材料（如管材、钢材、润滑油、绝缘防腐材料等）均应有出厂合格证明，否则须经检验合格后才能使用。对于有些虽然有合格证明，但主管技术领导或质量检查部门认为必要时，可在使用前抽查复验，其复验结果符合有关标准时，才能使用。

当对材料的材质有疑问时，应由材料部门负责取样送试验单位进行试验，试验鉴定合格后才能使用。

对初次采用的材料、特殊材料、代用材料，必须进行试验、试制、鉴定，制订相应的操作规程，经技术负责人批准后才能使用。

试验报告作为工程技术档案文件。

3. 施工组织准备

冷库制冷系统的安装工程中，影响施工进度及安装质量的因素很多，施工单位应在开工前根据该安装项目工程量的大小及施工场地的空间状况，做好充分的施工组织准备工作。施工组织准备工作主要包括：施工计划及方案的制订、施工现场的准备、施工人员的准备、施工机具的准备等。

（1）施工计划及方案的制订　具体包括以下内容：

1）确定施工前各项准备工作的进度和工程开工日期，编制安装施工的总计划和进度。

2）确定冷库制冷系统安装工程的现场预制和外加工项目的划分，作好总体的施工方案。

3）确定施工工程所需配备的设施及施工管理机构的方案。

4）确定施工人员的编制，制订各工种的劳动力计划。

5）确定施工机具需用量的方案。

（2）施工现场的准备　施工现场的准备工作可以给施工项目创造有利的施工条件，是保证工程按计划开工和顺利进行的重要环节。它一般包括清理现场堆放物、“四通一平”、搭设临时设施等。

“四通一平”工作包括施工现场的水通、电通、道路通、通信通与场地平整。即在满足使用要求的前提下接好施工用给水与排水设备设施，并尽量降低成本；安全引入并合理配置施工动力电源和照明电源；确定临时道路，以保证运输和消防用车的畅通行驶；将场外通信线路接至场内，并安装电话；平整出足够的施工通道和作业场地，落实施工机具摆放处，并尽可能保证机具摆放位置不受施工的影响。

临时设施包括所有生产、行政和生活用的临时设施，如各种仓库、加工厂、宿舍、办公用房、食堂等，应按照批准的施工组织设计要求搭设，并尽量利用施工现场或附近的原有设施。

（3）施工人员的准备　施工人员的选择和配备是否合理，将直接影响到工程质量与安全、施工进度与工程成本。施工人员的准备包括施工管理人员和作业人员的准备两部分，准备的内容包括项目组织机构建设、组织合理精干的施工队伍、做好计划和技术交底工作、建立健全各项管理制度等。

（4）施工机具的准备　正确合理地选择施工机具是保证施工质量的前提。要按照需要量计划组织施工机具进场。所有施工机具都必须在使用前进行检查和试运转，以确保正常使用。

冷库制冷系统安装工程常用的施工机具包括钢丝绳、卡环、链式起重机等吊装机具，卡钳、游标卡尺、千分尺、塞尺、框式水平仪、平尺和千分表等测量工具，切管机、坡口机、除锈机、攻螺纹机、调直机、空压机等专用机具，电焊机和气焊设备等定型设备。

4. 其他准备

按照基本建设程序，冷库制冷系统安装工作开始前还需要办理相关手续，包括办理开工报告、施工备案和到技术监督局办理特种设备安装、改造、维修告知手续等。

（1）办理开工报告　冷库制冷系统安装的各项施工准备工作做好以后，建设单位应当向当地建设行政主管部门或项目主管部门提交开工报告。主管部门对工程建设资金的来源、资金是否到位以及施工图出图情况等进行审查，符合要求后批准施工。

（2）办理施工备案　施工单位在冷库制冷系统安装工作开始前，应向建设行政主管部门办理建设工程施工备案手续，同时提交以下资料：建设工程项目开工备案表、施工合同、工程预算书、经监理单位审核同意的施工组织设计（方案）、经总监理工程师批准的开工报审表、设计交底、图样会审纪要、施工单位工程项目主要管理人员登记表及相关的资格证书、特殊作业工作人员名单及上岗证、见证取样检测协议书、见证取样送检人员资格证书等。

凡在中华人民共和国境内从事制冷空调设备维修安装的企业，均应向中国设备管理协会、中国制冷空调工业协会申请并领取“制冷空调设备维修安装企业资质证书”。维修安装企业应具备的基本条件包括：具有本专业经营业务范围和服务规模相应的注册资金，具有相应数量的专业技术人员和技术工人，特殊工种上岗持证率须达100%，拥有相应的符合国家环保要求的营业场地和设施，制冷空调设备维修安装资质等级评审要求的各项基本条件等。只有取得资质等级证书且年审合格的企业，才能对其资质许可范围内的工程进行安装与维修。

（3）办理特种设备安装、改造、维修告知手续　氨制冷压力管道属于GC2级的工业管道，冷库制冷系统中的储液器、制冷管道等均属于承压类特种设备，依据《特种设备安全监察条例》，特种设备安装、改造、维修的施工单位，应当在施工前将拟进行的特种设备安装、改造、维修情况书面告知质量技术监督局，告知后才可施工。书面告知应提交的资料包括：特种设备安装、改造、维修开工告知表，告知设备清单，施工现场作业人员表，设备出厂质量证明文件原件，设备设计资格证明文件，使用单位机构代码证和营业执照复印件，施工单位机构代码证，施工单位相应资格许可证，特种设备施工现场作业人员身份证和操作证等，维修、改造施工单位还须提供维修、改造施工方案。

（三）制冷压缩机和设备基础的施工

1. 基础的施工

制冷压缩机和设备的基础施工之前，应先根据施工图标明的尺寸进行放样，确认无误后即可制作设备基础。

压缩机是动力设备，其基础既要承受静载荷，又要承受动载荷，因此要有足够的强度和防振功能。此外，基础还应耐润滑油的腐蚀。图1-9所示为制冷压缩机的基础图。基础施工的具体步骤如下：

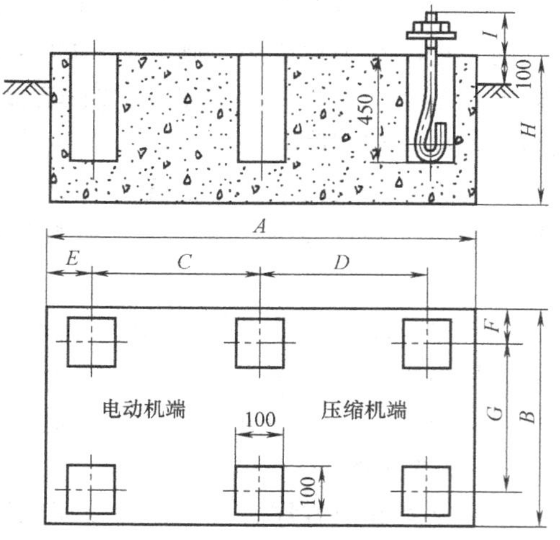

图1-9　制冷压缩机的基础图

（1）挖地基　制冷压缩机等大型设备的基础需要挖土打地基，使基础所承受的载荷能均匀地分散在地基土壤上，所以对地基挖土后应进行加固。

（2）支模板　按照施工图给出的尺寸，支好地脚螺栓预留孔与基础的木模板，定位要准确，模板不能歪斜。

(3) 配钢筋　对于电动机功率在100kW以上的设备基础，混凝土中应适当配置钢筋。

(4) 浇注混凝土　浇注基础用混凝土的标号及用料应符合设计要求，一般采用C15号混凝土。浇注混凝土时，应注意埋入水、电等其他预埋件，并经常复核预留孔和预埋件的位置，防止移位。混凝土的高度需比图注尺寸低30~60mm，以便设备安装完毕后进行抹面。大型基础四周还需留50~100mm宽的防振缝，缝内填砂，缝顶用麻刀沥青填平，以防灌水。

(5) 拆模板　混凝土初凝后（浇注后约8h），应拆除地脚螺栓预留孔的模板，以防完全凝固时不易拔出。混凝土强度达到设计强度的50%后，可以将模板全部拆除。

2. 基础的养护

浇注混凝土后，水泥的水化作用使其逐渐凝结硬化，而水化作用需要适当的温度和湿度条件，因此为了保证混凝土有适宜的硬化条件，使其强度不断增加，必须对混凝土进行养护。

混凝土基础养护的方法及要点如下：

1）应在混凝土初凝以后用塑料布、帆布、麻布或草帘等保湿材料进行覆盖，终凝以后（浇注后约12h）开始浇水。

2）浇水的次数以使混凝土表面处于潮湿状态为准。

3）混凝土的表面不便浇水或使用塑料布养护时，宜涂刷薄膜养生液，防止混凝土内部水分蒸发。

4）养护用水要与拌制混凝土所用的水相同。

5）对于采用普通硅酸盐水泥拌制的混凝土，浇水养护的时间不得少于7天。

6）气温低于5℃时，混凝土不得浇水，须进行保温养护。

3. 基础的检查

基础施工完成后，为保证安装机器设备的质量，应对基础进行严格的检查和验收。基础检查的尺寸偏差见表1-1。根据图样和技术规范对基础进行全面检查。检查的内容包括基础的表面平整情况、基础的形状和基础的外形尺寸、标高位置及混凝土的强度、预留孔洞的位置和深度、放置垫铁位置的基础表面是否平整等。

表1-1　基础检查的尺寸偏差

检查项目		允许偏差/mm		
混凝土基础	主要尺寸（长、宽等）	±20		
	基础表面标高	+0、-20		
沟坑、孔和凹凸部分尺寸		+20、-10		
沟坑、孔和凹凸部分标高		±20		
地脚螺栓		螺栓直径/mm		
		<50	50~100	>100
	标高	±5	±8	±10
	中心距	±3	±4	±5
	垂直度/(mm/m)	10	10	10
中心标板上冲点的位置		±1		
基础点上的标高		±0.5		

4. 基础的二次灌浆

在设备就位之前，为了使二次灌浆时浇灌的混凝土或水泥砂浆能与基础紧密地结合，应将基础表面铲出一些麻面（放垫铁的地方除外），铲麻面的标准是每 $100cm^2$ 铲出 5 ~ 6 个直径和深度均为 10 ~ 20mm 的小坑。

图 1-10 所示为地脚螺栓的安装、灌浆示意图。机器设备安装调平后，即可进行二次灌浆。二次灌浆通常使用比基础混凝土标号高一级的水泥砂浆。灌浆前要将基础平面冲洗干净，使二次灌浆和原基础紧密粘合。灌浆后应注意保养，室内温度不得低于 5℃。地脚螺栓的螺母，在砂浆达到设计强度的 75% 以后，才可拧紧。

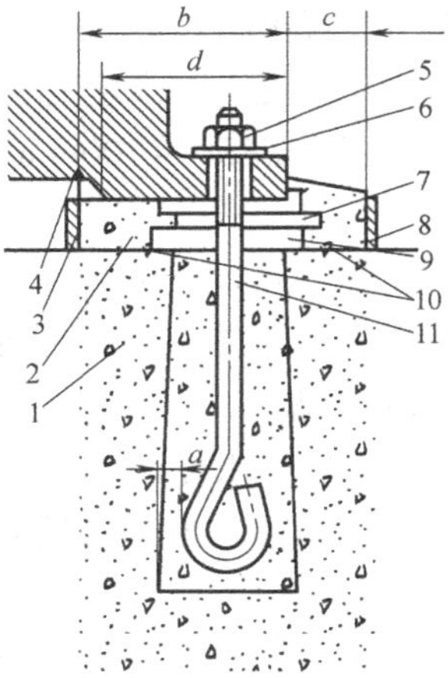

图 1-10 地脚螺栓的安装、灌浆示意图

1—基础 2—灌浆层 3、8—模板 4—设备底座 5—螺母 6—垫片 7、9—垫铁 10—麻面 11—地脚螺栓

（四）制冷压缩机的安装

1. 制冷压缩机的上位

在基础检验合格后，压缩机就可以上台就位。压缩机的上位方法有多种：

1）利用铲车将压缩机送到基础台位上，进行上位安装。

2）利用制冷机房内的桥式起重机将压缩机直接吊装上位。

3）利用滚杠与撬杠使压缩机连续滑动到基础之上进行上位，如图 1-11 所示。先把压缩机连同箱底垫木一起摆正到滚入处，拆下压缩机与垫木之间的联接螺栓；再用撬杠将压缩机的一端撬起，将滚杠塞入压缩机底座与垫木之间接近中心的地方，撤出撬杠并让人踩到压缩机的一端上，另一端就会向上翘起。这时，塞入第二根滚杠。随后用撬杠撬动压缩机缓慢前进，并通过用锤敲打滚杠的方式来控制前进的方向。在压缩机重心还未超过最前端滚杠时，再塞入第三根滚杠。滚杠一般不能少于三根。当压缩机被滑动到基础上方时，设法将地脚螺栓放进预留孔内，再用稍高于垫铁的垫木来替换滚杠，或直接用选好的垫铁来替换滚杠，并根据墨线调整好压缩机的纵横方位，可采用一般量具和铅锤进行测量。最后，把地脚螺栓穿到压缩机底座的地脚螺栓孔内，并旋上螺母。

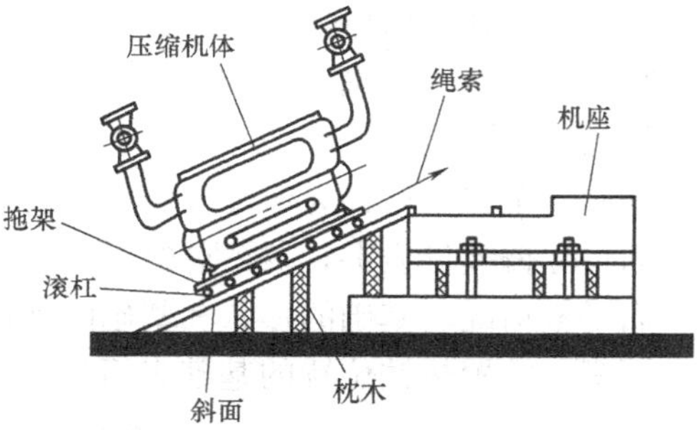

图 1-11 利用滚杠与撬杠使压缩机上位

4）利用手拉葫芦与抱杆使压缩机上位。先将压缩机与箱底垫木联接的螺母拧下来，分别拉紧水平方向和高度方向的手拉葫芦，将压缩机拉起一定高度后，卸下箱底垫木。然后在逐渐拉紧高度方向手拉葫芦的同时，慢慢放松水平方向的手拉葫芦。等到压缩机位于基础正上方时，将地脚螺栓放入预留孔内，上方则从压缩机底座地脚螺栓孔穿出，旋上螺母。根据墨线调整好压缩机的纵横方位，并将其缓慢地摆放在基础的垫铁之上，如图 1-12 所示。

2. 制冷压缩机的平车

(1) 制冷压缩机的粗平　将压缩机摆放到基础的垫铁上以后，可以用框式水平仪在主轴外露部位或者与压缩机底座平行的精加工平面上，测量其横向和纵向的水平度。水平度的误差可以通过改变垫铁厚度来调整。水平度误差较大时，可将压缩机较低一侧的垫铁更换为较厚一些的垫铁；若误差较小，可在压缩机较低一侧渐渐打入斜垫铁，使其水平。

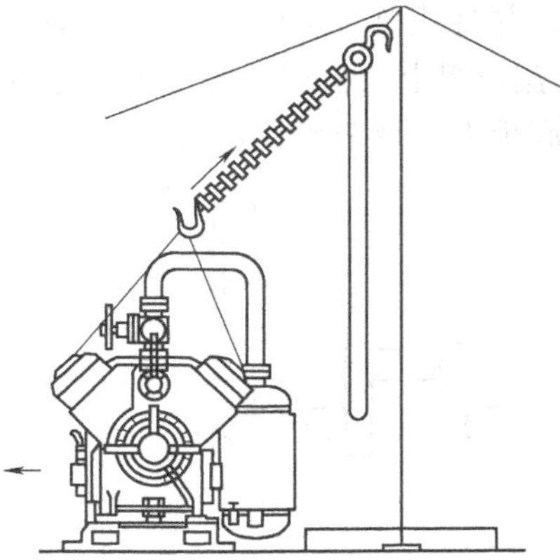

图 1-12　葫芦、抱杆上位

压缩机达到水平位以后，即可进行二次灌浆。采用与基础混凝土标号略高的细石混凝土，灌入地脚螺栓孔并严格捣实。等到地脚螺栓孔混凝土强度到 75% 以后（一般不少于 7 天），再进行精平。

(2) 制冷压缩机的精平　经过二次灌浆混凝土的保养期和新基础上压缩机重量加压下沉期以后，粗平的精度会有一定偏差，所以有必要对压缩机进行精平，进一步调整其水平度，以保证达到随机技术文件所规定的水平度要求（一般要求压缩机横向和纵向的水平度均应控制在 0.2mm/m 范围之内）。

压缩机的精平就是指以压缩机主要部件的某些基准面为基准进行测量，使其他主要部件的水平度也达到规定值。这样就可以保证压缩机在工作过程中的稳定性和动力平衡，减小振动及各部件间的磨损，保证正常润滑和运转，防止设备或部件变形，以延长设备的使用寿命。

根据压缩机的具体形式，测量的基准与精平的方法可分为以下三种情况：

1) 立式和 W 型活塞式压缩机的精平，可以采用框式水平仪在压缩机进、排气口（拆下进、排气阀门及直角弯头）或气缸端面进行测量。如果 W 型压缩机的气缸直径比较大，也可以在直立气缸的内壁上进行测量，如图 1-13 所示。测量时必须除净测量平面上的防锈油、油漆等杂质污物，不许用手接触水准器的玻璃管，视线需垂直对准水准器，以免影响测量的准确性。一般要测量两次，而且在第二次测量时需将水平仪旋转 180°，然后将两次的结果加以计算修正。

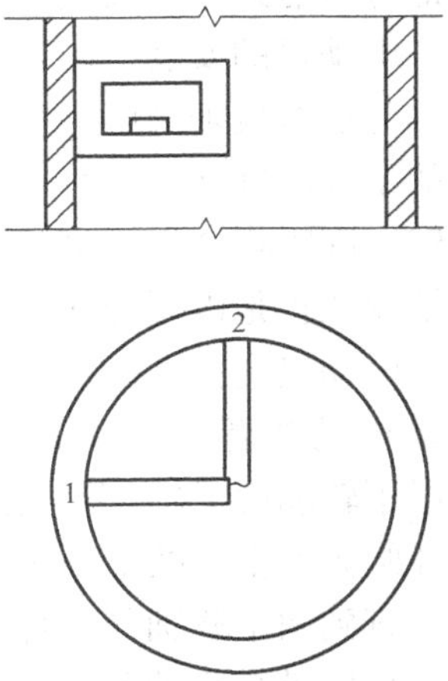

图 1-13　气缸内壁测量示意图

2) V 型和 S 型活塞式压缩机有如下三种测量方法：

①以气缸端面为基准，用角度水平仪来测量。

②以进、排气或安全阀法兰端面作为基准，用框式水平仪进行测量，具体方法与立式和 W 型活塞式压缩机相同。

③采用铅锤线法进行精平。将铅锤线挂在飞轮的外侧，在轴颈外侧装上卡条，并拨到上方，然后用塞尺测量与卡条相对的一点与铅锤线之间的间隙。再将飞轮旋转 180°，使此点转至下方，再用塞尺测量该点与铅锤线之间的间隙。

这两个间隙如果不相等，则调整斜垫铁，直至两个间隙相等为止，测量方法如图 1-14 所示。

3）若螺杆式压缩机以机组形式安装，其基础上方各层支承物依次为支板、支板灌浆层、底板、防振橡胶垫及盖板，结构如图 1-15 所示。将调节螺栓穿过盖板和防振橡胶垫拧在底板上，并且让调节螺栓透过底板紧压支板。进行安装时，需将机组吊放在多个（8～10 个）底板-盖板组上。机组的精平可以用框式水平仪在机体顶部法兰口的平面上测量水平，通过拧在底板上的调节螺栓进行调整。

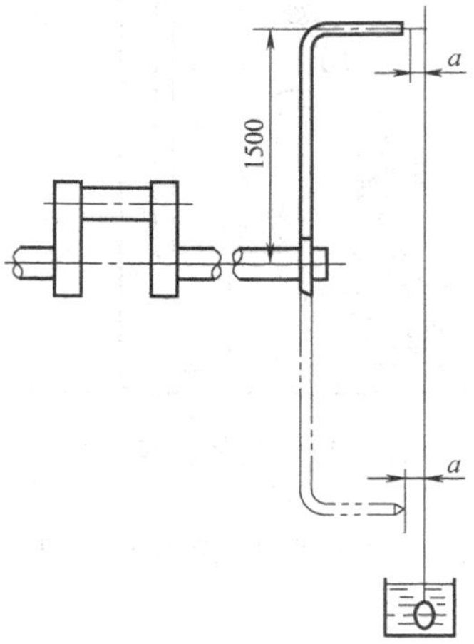

图 1-14　铅锤线法测量轴的水平

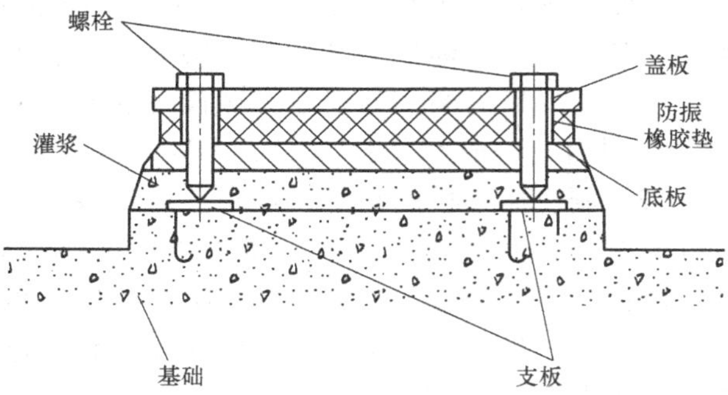

图 1-15　螺杆式制冷机组基础做法

活塞式制冷压缩机精平合格以后，可用小锤敲打每组垫铁，检查各片之间的接触情况，并复验水平度，确认无误后，应将地脚螺栓拧紧，并将每组垫铁焊接为一个整体。最后，活塞式制冷压缩机底部进行灌浆与抹面，其安装工作完成。螺杆式压缩机机组找平以后，需对底板底部进行灌浆，完成其安装工作。

（3）电动机的安装　国产系列开启式制冷压缩机采用联轴器传动，安装联轴器时，应使电动机轴与压缩机轴的中心线在同一直线上。找正联轴器的目的是消除压缩机主轴和电动机传动轴的不同心度和不平行度。否则，将会引起制冷压缩机振动，轴封磨损和泄漏，影响其正常运转，同时将会引起电动机和轴承过热等现象。联轴器找正是以制冷压缩机为基准，在垂直方向加减电动机支脚下面的垫片，或在水平方向移动电动机的位置进行找正。联轴器初步找正时，可以不转动两个轴，用角尺的一边紧靠在联轴器的外圆表面上，按上、下、左、右的次序进行检查，直到两半联轴器平直为准。

下一步可进行联轴器精确找正，一般用一点法来进行。一点法是指同时测量一个位置上的径向间隙和轴向间隙。测量时先装好中心卡和测点螺栓，然后转动联轴器，在上、下、左、右 4 个不同的位置进行测量，如图 1-16 所示。联轴器的不同心度允许偏差见表 1-2。

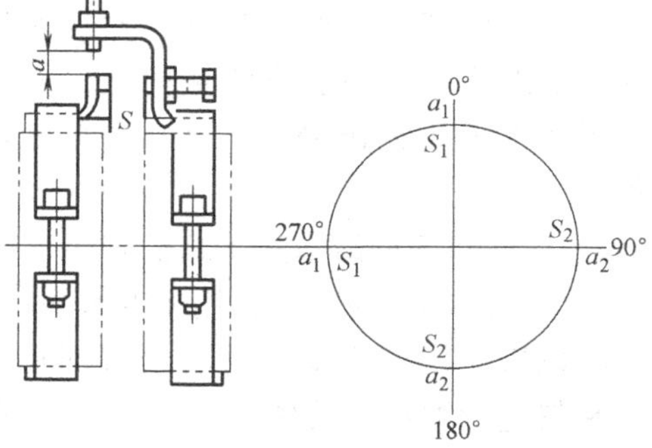

图 1-16　利用中心卡找正联轴器

表 1-2　联轴器的不同心度允许偏差

联轴器的外径最大直径/mm	两轴不同心度允许的偏差/mm	
	径向位移	倾斜度
≤300	0.1	0.8/1000
>300～600	0.2	1.2/1000

（五）制冷设备的安装

1. 制冷设备安装的一般要求

1）组装式的制冷机组、压缩机组或冷凝机组在出厂前均已做过运转试验，在规定的防锈保证期内安装时，只需进行压力及外观检查，若油封、气封良好且无锈，一般不需拆检内部；当超过防锈保证期或有明显缺陷时，则应根据检查的情况，按照设备技术文件的要求，对机组内部进行拆卸、清洗。

散装式的制冷设备，如单独分装的蒸发器和冷凝器等，应检查内部的清洁情况，尽量将清洁工作做得彻底些，并用干燥的压缩空气或氮气吹净。

2）制冷系统中的各容器均为压力容器，因此在安装前应检查制造厂是否提供了压力容器产品安全质量监督检验证书、产品质量证明书、竣工图等相关技术资料。

3）在安装前，要认真清除各连接管路内的焊渣等杂物，铜管最好用浸过机油的棉纱拉拭，钢管用浸过四氯化碳的棉纱拉拭。管路布置、坡向应正确合理和整齐美观，尽量减少管路阻力损失。管路在打压试漏合格后才可保温。

4）安装时应做到仪表便于观察，控制机构操作方便，冷却水系统应有泄水阀门。

5）安装低温设备时不应出现“冷桥”现象，可在基础之上增设垫木，低温制冷设备、管路、阀门等应按要求做好保温隔热。

6）安全设施必须齐备。

2. 冷凝器、蒸发器及其他设备的安装

（1）冷凝器的安装　冷凝器可以按冷却介质、冷却方式、结构形式等方式进行分类，所以种类很多，但目前应用最为广泛的冷凝器是以水为冷却介质的壳管式冷凝器。它可分为卧式和立式两种。此外，因为蒸发式冷凝器中冷却水的消耗量很少，所以应用也较为广泛。

1）卧式壳管式冷凝器的安装。卧式壳管式冷凝器安装在制冷机房内、外都可以，但一般都安装在机房内。

安装在机房内的卧式冷凝器，大多把储液器设在卧式冷凝器下部，形成双层安装，以减少机房内占地面积和管路长度。同时应考虑在它的一端留有相当于冷凝器内管子长度的距离，或在对准它的端部处开有门、窗，便于修理或更换管子。因为冷凝器内若积存氨液，会使冷凝面积减少，所以，必须保证卧式冷凝器中的氨液能顺利流到储液器中，这就要求冷凝器要具有一定的安装高度。为此，冷凝器出液管的截止阀至少应低于出液口 300mm，这段液柱用于克服阀门及弯头的阻力。卧式冷凝器出液管水平段必须高于油氨分离器进液管 250～300mm。多台卧式冷凝器并联时，可以按图 1-17 所示的两种方法布置。

卧式冷凝器与高压储液器双层安装时，需要制作支架，一般用槽钢制作。应先安装储液器，吊装时可在支架上挂手拉葫芦，将其就位。然后再安装卧式冷凝器，可用人字抱杆、手动葫芦进行吊装。卧式冷凝器的轴线可以向集油包方向倾斜 0.2%～0.3%，以利于润滑油

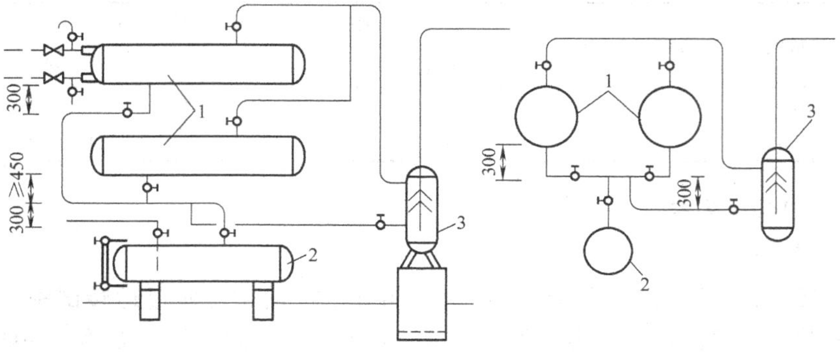

图 1-17 卧式冷凝器与高压储液器的连接

a）两台冷凝器纵列的方式 b）两台冷凝器横列的方式

1—卧式冷凝器 2—高压储液器 3—洗涤式油分离器

的排放。冷凝器封头盖上的放气、放水阀门应该用管子接至地漏，阀门可安装在方便操作的管段中间。

2）立式壳管式冷凝器的安装。立式管壳式冷凝器一般安装在室外露天的冷却水循环水池上方，并以水池为基础，因此安装位置较高，有利于氨液顺利地流到高压储液器，但也给就位工作带来了一定难度。

立式冷凝器与水池的连接方法较多，最常见的是预埋地脚螺栓或预埋锚铁。若采用预埋地脚螺栓，在安装以前必须要认真复核地脚螺栓的间距和对角线的距离，确认无误后才能安装。若采用预埋锚铁，在浇注水池时就应将焊有螺纹钢锚钩的钢板（即预埋锚铁）埋在水池的上表面。冷凝器与预埋锚铁的过渡连接件常用槽钢制作，可将冷凝器底板螺栓孔位置画于槽钢上，再将槽钢焊于预埋锚铁上，通过在槽钢上开的螺栓孔，即可将冷凝器固定。预埋锚铁的水池应弹出对中墨线。

由于立式冷凝器安装在室外，通常很难利用建筑物来承受吊装，所以常选用汽车吊或抱杆来完成吊装工作。用抱杆吊装的方法又包括用单杆、人字抱杆和双杆吊装。若采用双杆吊装，其抱杆的高度可低于立式冷凝器起吊全高，如图 1-18 所示。吊装时需用两只手动葫芦牵引、一只手动葫芦牵制，相互配合使用。手动葫芦的起升高度和钢丝绳吊索的长度应进行核算，保证吊装一步到位。当吊装的冷凝器位于水池基础上方时，应按对中墨线摆正在槽钢上方。

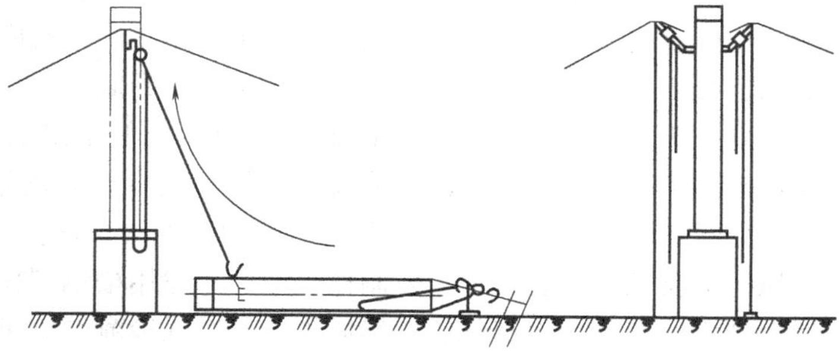

图 1-18 立式冷凝器的双杆吊装

立式冷凝器在进行垂直度的找正时，需用起重葫芦吊牢，并在预先挂好的两根垂线下拴上重锤，作垂直基准。利用葫芦、撬杠和适宜的垫板进行调整，立式冷凝器的垂直度允许误差应小于1/1000。找正以后，拧紧地脚螺栓，并将过渡连接件连同垫板、预埋锚铁一起焊死。

在立式冷凝器顶部下方1.4m处的筒体外表面上，设有4个均布的槽钢短节，这是操作平台框架的焊接头。考虑到方便和安全，制作操作平台框架时可在水池上方、冷凝器下部进行焊接组装，再将平台框架沿冷凝器筒体向上吊，吊至筒体上的4个短节处进行组对焊接。操作平台包括平台框架、栏杆和扶梯三部分。平台框架的大小以四周留有600mm的通道为宜，栏杆的高度约为900～1000mm，扶梯的宽度约为500～550mm，通道上覆盖防滑钢板。立式冷凝器平台结构示意图如图1-19所示。

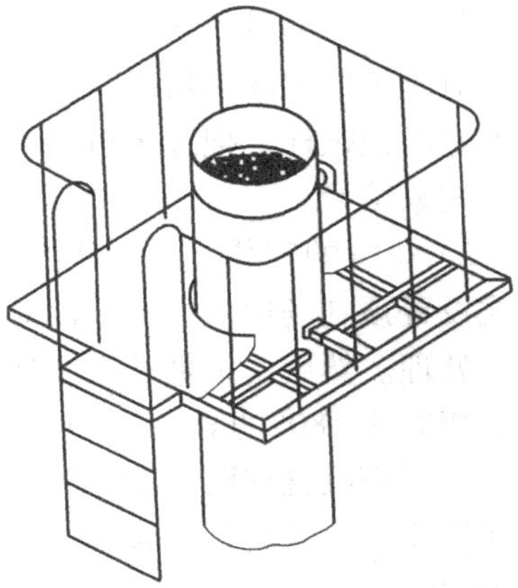

图1-19　立式冷凝器平台结构示意图

3）蒸发式冷凝器的安装。蒸发式冷凝器一般安装在制冷机房的顶部，故机房屋顶的结构需进行特殊处理，使其能承受住蒸发式冷凝器的重量。

蒸发式冷凝器的安装必须牢固可靠，而且应保证能进行良好通风。安装时，冷凝器顶部应高出邻近建筑物300mm以上，或至少不低于邻近建筑物的高度，以免排出的热湿空气沿建筑物的墙面又回流到进风口。如果不能满足上述安装要求，需在冷凝器顶部的出风口上装设渐缩口风筒，以提高出风口的高度和风速，并减少回流。

蒸发式冷凝器在制冷机房屋顶的安装也有单台式和多台并列式等形式，安装时还需注意各种情况下与邻近建筑物之间的最小间距，即

①当蒸发式冷凝器的三面是实墙、另一面是空花墙时，进风口侧的最小间距应为900mm，非进风口侧的最小间距为600mm。

②当蒸发式冷凝器的四面都是实墙时，进风口侧的最小间距应为1800mm，非进风口侧的最小间距为900mm。

③当两台蒸发式冷凝器并联安装时，若两者之间的一侧都不是进风口侧，它们之间的最小间距应为600mm；若一台为非进风口侧，另一台为进风口侧，其最小间距应为900mm；若两台都是进风口侧，最小间距应为800mm。

当蒸发式冷凝器的水盘内设有电加热器或采用同轴连接的离心式风机时，上述②、③两种情况下的最小间距应适当加大，以便于维修。

蒸发式冷凝器安装时，除保证与邻近建筑物之间的最小间距之外，还应注意冷凝器的水盘离机房屋顶上表面的距离不要小于500mm，以便于水盘检漏与管道连接，并防止屋顶上的脏物被风机吸入。

在进行蒸发式冷凝器的配套安装时，对于单组冷却盘管的冷凝器与储液器的进液配管，可以采用液体管本身进行均压，其水平管段的坡度应为1/50，且坡向储液器。若阀门的安装位置受施工条件限制，可以装在主管道上，但必须装在出液口200mm以下。

（2）蒸发器的安装　冷库制冷系统中常用的蒸发器有冷风机和排管两种。

1）冷风机的安装。在安装冷风机前需核对其型号，检查是否与工艺设计图样相符。冷

风机的通风机在安装前应做全面检查，包括外观检查、风量测定、平衡检测、风压测量等；将原润滑油换成低温润滑脂。制冷剂管路应平直安装，冲霜水的上水总管应有适当的上爬斜度，安装在冷间门外面的上水总管上设有排水支管和阀门，便于在冲霜结束后放空管内积水。

对于落地式冷风机，其布置应与最近的过道之间有1.2～1.5m的间距，与墙壁之间有350～400mm的间距，冷风机的回风口应高出地面600～1000mm的距离。水盘应在土建施工时砌成一个整体，下面的排水管道应做好隔热。安装时必须保持平直，先把构架装正找平，然后与水盘焊好，再分层装好带有外壳的冷却管组，各层管组之间用橡胶垫片垫实，并用螺丝压紧，不得漏风、漏水。

对于吊项式冷风机，其下水盘与下水口应保证焊接质量，不允许有渗漏。安装时，应先预埋好吊顶螺栓，把冷风机直接固定在顶楼板上，应注意找平，然后用双螺母或加弹簧垫圈的方式来锁紧。

2）排管的安装。在安装冷库中常用的双层光滑顶排管之前，应根据库房排管的大小和形式设置预制场地，在场地内对管子进行设坡口、除锈、刷漆、调直、弯管等各单项工序的加工处理。然后，根据施工图样下料，进行蒸发排管的导管和联箱管加工。

弯制成180°的导管和用ϕ76mm×4.0mm的无缝钢管预制的联箱，可以到现场进行组装。将联箱放置在已预制好的支架上，将全部按尺寸下料的ϕ38mm×2.2mm的无缝钢管伸入联箱孔中，安装好排管的第一、二道支架。ϕ38mm×2.2mm的无缝钢管伸入联箱的深度应为10mm左右。当排管的一端与联箱焊接完毕后，用U形管卡将ϕ38mm×2.2mm的无缝钢管固定在排管的角钢支架上，并进行双层组对，两层排管的另一端则用弯制成180°的导管进行焊接。全部焊接完毕后，再按照施工图检查排管支架的位置。用1.6MPa的压缩空气进行三次以上的吹污，完成后即可焊接两个联箱的封头，再用1.6MPa的压缩空气进行整组排管的压力试验。验收合格后才可进行安装工作。

冷库排管通常采用整体吊装的安装方法。对于面积较大的排管，因本身的刚性较差，为避免吊装时变形，必须采取加固措施，即除了图样规定的支架、吊架之外，还要在排管底部再做一套槽钢或丁字钢吊装托架。吊装前，应在楼板上预埋好螺栓，并根据排管长度和重量确定吊点数量和位置。起吊时，应有一人指挥，使各吊点动作一致，以保证排管水平上升。吊到指定位置后，用预埋螺栓的螺母进行固定，并调整好距离，使排管水平，若不平，可在吊架螺栓处加垫圈调整。

排管的安装应符合一定的技术要求，最上层顶排管中心与顶棚距离应大于300mm，墙排管中心与墙壁内表面间距应大于150mm。

（3）其他设备的安装　在各种不同的制冷系统中，常见的辅助设备主要包括中间冷却器、气液分离器、低压循环储液器（桶），以及油分离器、集油器、放空器、紧急泄氨器、虹吸罐、经济器等。

上述这些设备中，前三者属于低温设备，当其支座结构的稳定性较好时，应考虑用经防腐处理的垫木作衬垫，以免出现冷桥现象。在安装低温设备的液面传感器时应垂直，液面计应置于易于观察的位置。制作低压循环储液器、气液分离器的支架时，应充分考虑靠墙一侧进行隔热层施工的方便性，支架的高度应保证低压循环储液器最低液面高出氨泵进口1～3m，气液分离器正常液面高出蒸发器最高层管1.5～2m。

洗涤式油分离器的安装高度需根据冷凝器的出液管标高而定。为使氨、油混合的高压气体能在液氨中充分洗涤，使油蒸气凝结、分离出来后，再进入冷凝器，就必须保证油分离器液面具有一定的位差，所以油分离器的进液管应低于冷凝器出液管。洗涤式油分离器进液管的做法如图 1-20 所示。

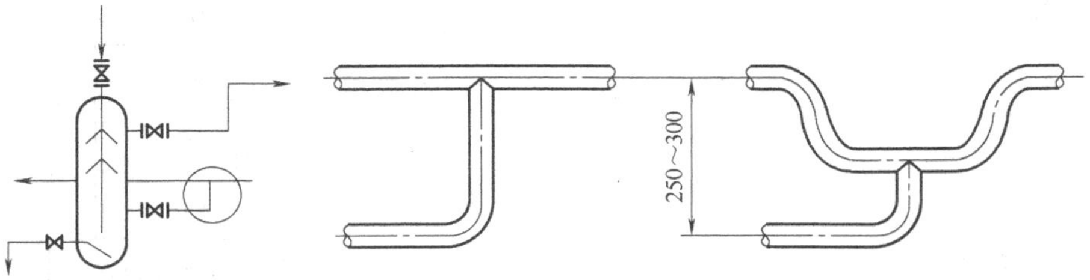

图 1-20 洗涤式油分离器进液管的做法

在冷库制冷系统中，相同压力下液态制冷剂的流动通常是靠各设备之间的位差来实现的，所以安装施工人员应熟知各设备之间的标高确定基准。冷凝器、油分离器、储液器三者之间的位差，就应以储液器为基准，并且根据进液管坡向储液器的要求来确定冷凝器的标高，再根据冷凝器出液管来确定油分离器的标高。氨泵与低压储液器之间的位差以氨泵为基准。气液分离器与蒸发器之间的位差应以蒸发器最高层管为基准。

热虹吸式制冷循环是近 10 多年发展起来的、用以冷却冷冻机油的一种节能型制冷循环，应用于大型螺杆压缩式制冷系统。循环中设有一个虹吸罐（即辅助储液器）。来自冷凝器的冷凝液体流入虹吸罐后分两路，主要部分从虹吸罐溢流口流入储液器，进而向蒸发器供液；另一部分则从虹吸罐底部依靠自身重力流入卧式壳管式油冷却器，将油冷却，吸收润滑油的热量后蒸发（蒸发温度通常设计为 32 ~35℃），所产生的高压蒸气再回流入虹吸罐，气液分离后的气体在压缩机排气所形成的虹吸作用下进入冷凝器继续下一个循环。虹吸罐上部气体管的管径要有足够的尺寸，应与油冷却器的热负荷相匹配，以免造成气体过量。虹吸罐的安装位置必须高于油冷却器与高压储液器。在氨制冷系统中，虹吸罐中的液面必须高于油冷却器的中心线标高 1. 8m。虹吸罐与蒸发式冷凝器之间一定要安装平衡管路。安装时通常把虹吸罐与低压循环储液器安装在一个操作平台上，既可满足安装高度，又便于整体操作。它的具体安装方法与其他设备一样，既要满足工艺要求，又要便于操作。虹吸罐制冷循环的工作原理如图 1-21 所示。经济器一般是对螺杆压缩机而言的。带经济器的制冷系统有一级节流与二级节流两种形式。图 1-22 所示为带经济器的一级节流制冷系统，图 1-23 所示为带经济器的二级节流制冷系统。无论是一级节流还是二级节流，都是使进入蒸发器的制冷剂液体过冷，因而在更低蒸发温度下的制冷剂即可获得更大的制冷量。同时，补气后基元容积中的气体质量有所增加，使得压缩功也有一定的增大。但压缩功增加的速率比制冷量增加的速率要慢，所以制冷系数变大，具有节能效果。

带经济器的制冷系统的节能效果大小与工质的性质、工况等因素有关。常用的工质中，节能效果最好的是 R502，其次是 R12 及 R22，而节能效果最差的是 R717。在低温工况时系统的节能效果十分显著，若冷凝温度不变，蒸发温度越低，其制冷系数提高得就会越多。据有关文献介绍，对于蒸发温度在 -15 ~ -40℃范围内的低温工况，制冷量约增大 19% ~44%，制冷系数约提高 7% ~30%。

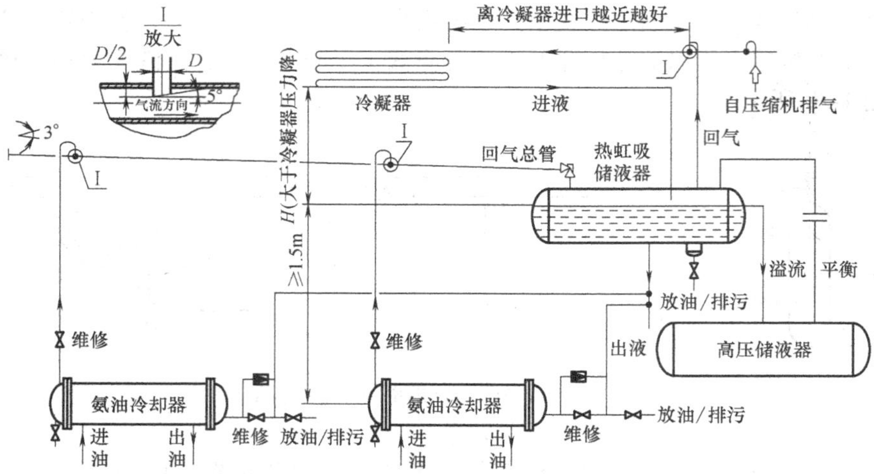

图 1-21　虹吸罐制冷循环的工作原理

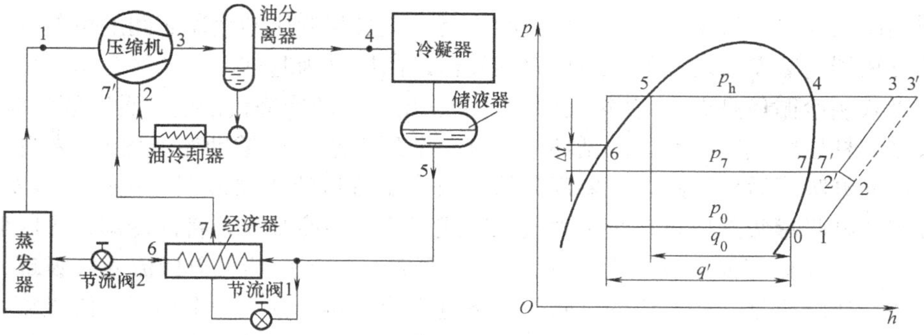

a)　　b)

图 1-22　带经济器的一级节流制冷系统

a）系统图　b）p-h 图

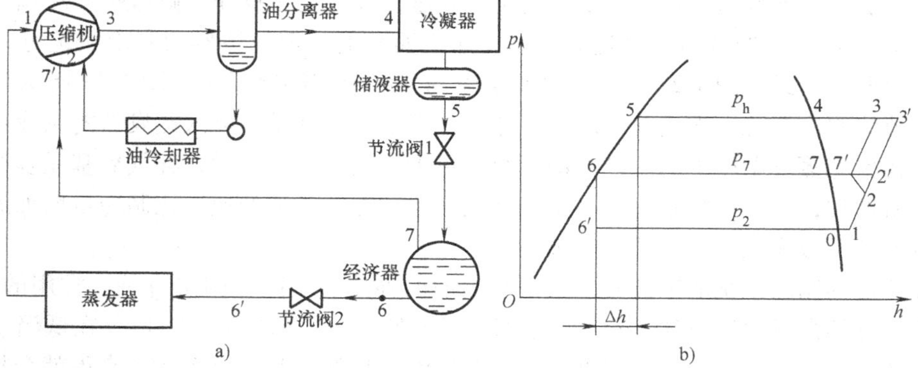

a)　　b)

图 1-23　带经济器的二级节流制冷系统

a）系统图　b）p-h 图

经济器应安装在高压储液器之后、气液分离器或低压循环储液器之前。因为经济器中的压力是中压，所以需要对其进行保温隔热处理。

（六）制冷系统管道与阀门、仪表的安装

1. 管材的质量检查和要求

制冷工程中，氨制冷系统的管道常使用无缝钢管，管内壁不得镀锌；当温度高于－50℃时，使用10、20优质碳素钢的无缝钢管，温度等于或低于－50℃时，使用热轧无缝钢管或低合金钢管。氟利昂制冷系统的管道可采用纯铜管或无缝钢管，管内壁不宜镀锌；公称通径小于25mm时采用纯铜管，公称通径大于或等于25mm时采用无缝钢管。

制冷系统用无缝钢管的长度、弯曲度、端头外形、圆度、壁厚均匀度等相关指标的允许偏差值应符合国家标准。无缝钢管的内、外表面不允许有裂纹、折叠、结疤、轧折和离层，且这些缺陷应完全清除掉，清除深度不得超过公称壁厚的负偏差，其清理处的实际壁厚不得小于壁厚偏差所允许的最小值。无缝钢管的内、外表面的氧化皮也应清除，但不妨碍检查的氧化薄层允许存在。

制冷系统用纯铜管的表面与内壁均应光洁、无疵孔、裂缝、结疤、尾裂或气孔，不得有铜锈。纯铜管外表面的纵向划痕深度、偏横向的凹入深度或凸出高度、碰伤或凹坑的深度与表面积等缺陷的允许度应符合相关标准。纯铜管的圆度和壁厚的不均匀度，不应超过外圆和壁厚的允许偏差。退火后的纯钢管内壁有氧化皮，要予以清除。

2. 管道的安装

（1）管道清污　管道在安装前必须将内外壁的铁锈及污物清除干净，并保持管内、外壁的干燥。管道外壁的铁锈及污物可用钢丝刷和砂纸清除干净，管道内壁的铁锈及污物可采用除锈机或钢丝刷，用于氨系统的可再用白布蘸煤油拉拖擦洗干净，用于氟利昂制冷系统的可用白布蘸汽油拉拖擦洗干净，然后用干燥的压缩空气吹刷，直至管口喷出的空气在白纸上无污物时为合格。清污以后将管端封闭，妥善保存，待安装时使用。

（2）管道连接　冷库制冷系统中管道的连接方式一般有三种：螺纹联接、法兰联接及焊接，下面分别予以介绍。

1）螺纹联接。螺纹联接用于氟利昂制冷系统的纯铜管管道之间的联接，实际是一种喇叭口螺纹联接的方式。

纯铜管的喇叭口螺纹联接又包括两种形式：全接头联接和半接头联接。全接头联接是指两端都为螺纹联接，如图1-24a所示；半接头联接，是指一边铜管用螺纹联接，另一边铜管则与接头焊接，如图1-24b所示。联接时，应先在铜管上套上接管螺母，再把管口胀成喇叭口形，然后将喇叭口接头与接管螺母接上并旋紧，使铜管的喇叭口接触面在接管螺母的挤压下产生塑性变形，接口处则被密封住。胀喇叭口前应将纯铜管端部退火，自

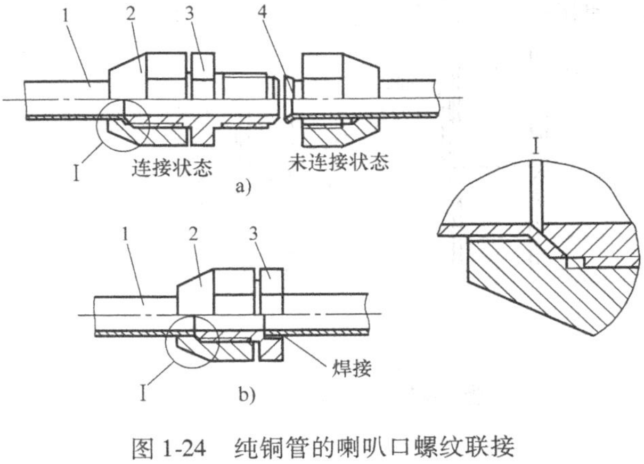

图1-24　纯铜管的喇叭口螺纹联接

a）全接头联接　b）半接头联接

1—铜管　2—接管螺母　3—接头　4—喇叭口

然冷却后再进行胀口。喇叭口一定要圆整、平滑、无裂纹，使用时要用汽油、纱布将喇叭口上的灰尘、污物擦净，否则会泄漏。

2）法兰联接。法兰联接用于氟利昂或氨制冷系统的无缝钢管管道与阀门或其他附属设备之间的连接。法兰联接是将一片法兰用电焊焊接在需连接的管口上，再将此片法兰与阀门或其他附属设备上的法兰用螺栓联接。

法兰联接用的密封垫片常采用石棉橡胶板，垫片的密封面必须与管道的轴线相垂直。垫片应通过垫片专用切割工具或采用冲压的方式进行加工，边缘应光滑，不能有裂纹，其外径应略小于法兰密封面的外径，内径则应略大于法兰密封面的内径，这样既便于安装和更换，又可防止因垫片错位而减小管路截面。紧固法兰时，不允许用斜垫片或强紧螺栓的方法来消除歪斜及用加双垫片的方法来弥补间隙。

3）焊接。冷库制冷系统中管道的焊接可采用电焊、银钎焊、铜焊等，对无缝钢管与纯铜管都适用。

无缝钢管一般采用电焊（应采用亚弧焊封底、电弧焊盖面的焊接工艺），很少采用气焊，因为气焊产生的热应力难以消除，可采用对接方式进行焊接，如图 1-25 所示。焊前应将管口加工出适当的坡口，并保持合适的间隙，以防出现未焊透、焊缝有裂纹等缺陷。焊料可采用电焊-结 422 或 426 型低碳焊条。焊接后的管路若有渗漏点，应进行补焊。补焊之前需除掉管道表面的油漆及锈层，并用砂布擦干净。补焊时，管道内不应存在压力，否则，补焊质量很难保证，也不安全。

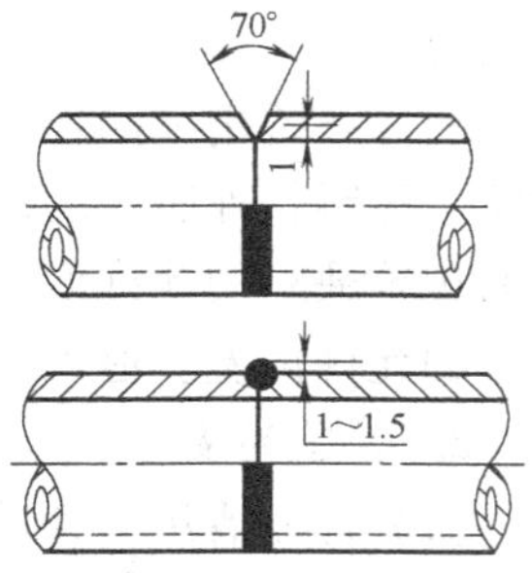

图 1-25 无缝钢管的对接焊接方式

纯铜管的焊接最好采用银钎焊，因为其焊接温度低，钎料的流动性好。在没有银钎焊的条件下，也可采用铜焊。铜焊的焊接强度较高，但焊接时所需的温度也较高，容易使纯铜管氧化变质，管材强度下降，所以应注意掌握温度。相同直径的纯铜管焊接时，应采用插入焊接的方式，如图 1-26 所示。纯铜管的一端用扩管器进行扩口，将另一根铜管的接头内、外表面用砂布擦亮，并插入扩口内压紧，防止钎料从间隙流进管内，而且焊接时最好将管子垂直放置。如果要连接三通管，需预制三通接头，按图 1-27 所示的方式进行焊接。

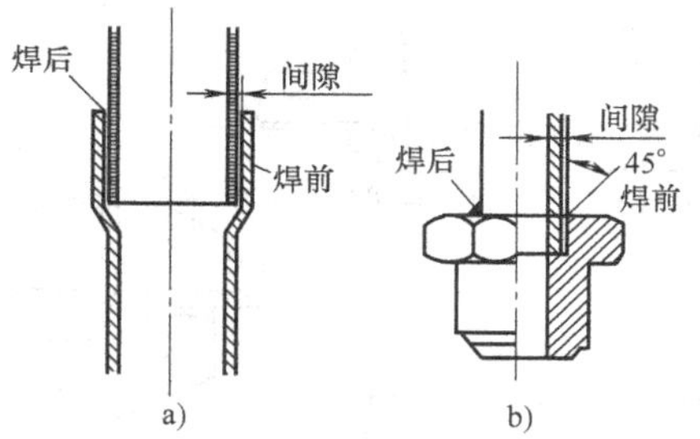

图 1-26 铜管的焊接方式

a）铜管与铜管 b）铜管与接头

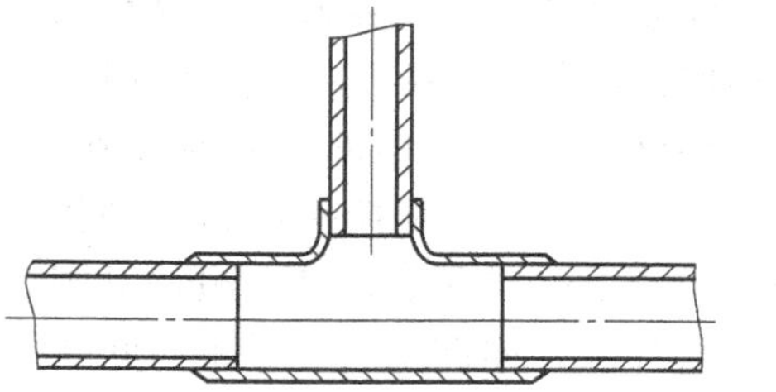
图 1-27 连接三通管时宜采用的焊接方式

（3）管道的布置 制冷系统中管道的安装有很多规定，必须满足制冷工艺和设备安装的要求。

制冷机的排气管道穿墙时不准埋设，可加设套管并留有间隙。管道的安装要平直，尽量避免突然地向上或向下连续弯曲，以减少管道阻力。

液体管道应防止形成气囊；气体管道应防止形成液囊，如图 1-28 所示，以保证系统正常运转。

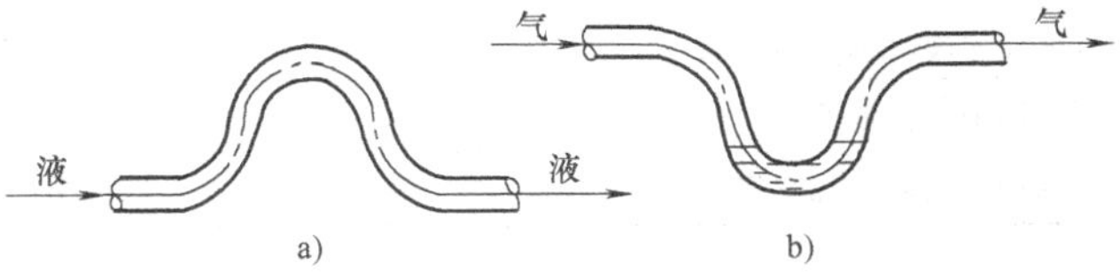

图 1-28　制冷管道上的气囊和液囊

a）气囊　b）液囊

敷设管道支架时，当冷热管道架设在同一支架上时，应把冷管道放在下面，热管道架在上面，还需留出一定的保温层位置，一般要求管道间距不小于 350mm。冷管在支架上安装时应放置垫木，以防止产生“冷桥”。

管道连接时，液体管道应从主管的底部接出；气体支管应从主管的上部接出（如制冷机的排出管，如图 1-29 所示）。

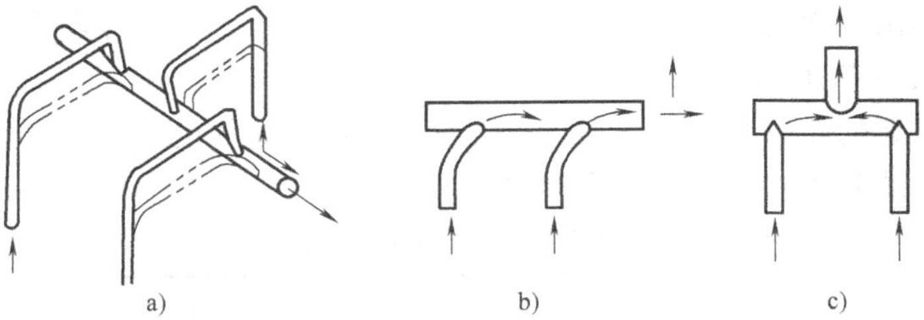

图 1-29　制冷机排气立管与水平主管的连接

a）正确　b）、c）不正确

制冷系统管道与电源线或自来水管道之间的距离均不得小于 300mm。

（4）管道的安装要求

1）管道安装前，应彻底清除管内的氧化皮及污物等。

2）弯管加工时尽量使用弯管机或弯管工具，以保证弯管平整圆滑。

3）尽量缩短接管长度、减少弯头，以减小流动阻力。

4）接管应有防振措施，较长的接管应设支架。

5）设备并联使用时，配管一定要对称布置，以便供液均匀。

6）各管径大小应按设计或设备所要求的规格配备，不应随便更改，以保证必要的耐压强度及较小的流动阻力。

7）各种管道的安装坡度及最大间距应符合工艺要求。若图样中没有标明管道的安装坡向及坡度，可参照表 1-3 中的规定进行安装。

表 1-3　冷库制冷系统管道的安装坡向及坡度

管　道　位　置	坡　向	坡度（%）
压缩机吸气管的水平管段（氨）	气液分离器或循环储液器	≥3/10000
氟压缩机吸气管的水平管段（氟利昂）	压缩机	≥10/10000
压缩机排气水平管	油分离器	≥10/10000
冷凝器至储液器的水平管	储液器	1/1000～3/1000

（续）

管道位置	坡向	坡度（%）
油分离器至冷凝器的水平管	油分离器	3/1000～5/1000
机器间调节站供液管	调节站	1/1000～3/1000
调节站至机器间的加气管	调节站	1/1000～3/1000

8）多根管道穿过围护结构时，应尽量合并在一起后穿过墙孔，以尽量少破坏围护结构的绝热层及隔气层的连续性和密封性。

（5）管道支吊架　管道支架、吊架的安装是管道安装的一个重要环节。管道连接前，要先预制好管道的支架或吊架，以便于管道的连接。

管道沿墙布置时，可用固定在墙上的支架承托。管道和支架之间用U形螺栓和垫木固定，非隔热管道可以不使用垫木而直接将管道固定在支架上。管道不能沿墙布置时，可用固定在楼板或梁上的吊架承托，吊架的吊点应在土建施工时按工艺图样预埋。管道和吊架之间一般采用U形螺栓和垫木固定。

管道支架或吊架的布置距离应根据管道的管径、内部流体的质量、隔热材料的质量等因素来确定，具体安装时可参照施工图或参照表1-4。

表1-4　管道吊点最大间距

管道规格/mm	管道吊点最大间距/m			
	不保温气体管	不保温液体管	保温气体管	保温液体管
10×2.0	—	1.05	—	—
14×2.0	—	1.35	—	0.45
18×2.0	—	1.55	—	0.60
22×2.0	1.95	1.85	0.75	0.76
32×2.0	2.60	2.35	1.02	1.02
38×2.2	2.85	2.50	1.20	1.16
45×2.5	3.25	2.80	1.42	1.40
57×3.5	3.80	3.33	1.92	1.90
76×3.5	4.60	3.94	2.60	2.42
89×3.5	5.15	4.32	2.75	2.60
108×4.0	5.75	4.75	3.10	3.00
133×4.0	6.80	5.40	3.80	4.65
159×4.5	7.65	6.10	4.56	4.30
219×6.0	9.40	7.38	5.90	—

注：正常间距为管道最大间距的0.8倍，若管道拐弯或连接附件，应于一侧或两侧增加吊点。

3. 阀门、法兰的安装

（1）阀门的安装　阀门在安装之前，若进、出口封闭性能良好、具有合格证并在保证期内安装，可以只清洗密封部分，否则应逐个拆卸，清洗油污及铁锈，阀门的填料应填加充足。

阀门拆洗并重新组装后，需进行试压，试压介质可用煤油和压缩空气。用煤油试压时，需把煤油灌入阀体内，若经2h不渗漏则为合格。用此法试压时，应在阀芯两侧分别试压。

用压缩空气试压时，需用专用夹具，试验压力为公称压力的1.5倍，保压5min应无泄漏；常温严密性试验应在最大工作压力下关闭、开启3次以上，在关闭和开启状态下应分别停留1min，其填料各密封处应无泄漏现象。

各种阀门安装时，必须注意制冷剂的流动方向，不得装错。阀门装设的位置应便于操作、调整和检修。

安全阀在安装前应检查铅封情况及出厂合格证，不得随意拆开。若其规定压力与设计压力不符，应送技术监督局进行调整、校验、铅封以后再投入使用。在安全阀前面应装设截止阀，以便检修，阀体上的箭头方向应与制冷剂的流动方向保持一致。

法兰阀门安装时，一定要使阀门的法兰和凹凸法兰片相配合，并用高压石棉板作垫片，高压石棉板厚度要根据阀门上法兰槽的深浅确定。法兰用螺栓要均匀拧紧，确保紧密不漏。管螺纹阀门安装时，应使用聚四氟乙烯密封带或黄粉甘油调和的密封填料，并使用与螺纹尺寸相应的有一定壁厚的管子。

电磁阀必须水平安装在设备的出口处，一定要按施工图中规定的位置进行安装。若安装在节流阀之前，两者间至少要保持300mm的间距。电磁主阀等自动阀门应严格水平安装，不能垂直或倾斜。

热力膨胀阀安装时必须水平放置，要注意分清阀的进、出口，在阀的进口端通常设有滤网。感温包应安装在回气水平管上，当回气管直径小于25mm时，感温包安装在回气管的顶部，当回气管直径大于25mm时，应将感温包水平安装在吸气管水平轴线以下45°之间的位置。不能把感温包固定在吸气管路的存油弯或其他凹槽处，以免润滑油或润滑油与制冷剂的混合物对感温包的工作产生不利的影响。外平衡膨胀阀的平衡管一般安装在感温包后面100mm处的回气管上，并应从管顶部引出，以防润滑油进入阀内。热力膨胀阀后的分液器应尽可能靠近膨胀阀。

安装止回阀时，要保证阀芯能够自动开启。对于旋启式止回阀，阀芯板必须装成水平，且应保证其阀芯板能够旋转。对于升降式止回阀，应保证阀芯中心线与水平面相互垂直。

安装截止阀时，应使制冷剂从阀芯下部进入。在水平管路上安装时，阀杆应垂直向上或倾斜一定角度，不许朝下。如果阀门位置难以接近或位置较高，为了操作方便，可以将阀杆装成水平。

（2）法兰的安装　考虑维修、拆装的方便，各设备、阀门、管道之间可采用法兰联接。把法兰焊接在需要连接的管口上，再将该法兰与设备、阀门或管道的法兰用螺栓进行联接。

法兰盘常用钢板制作而成。氨用法兰盘要求有良好的密封性能，所以常采用凹凸面平焊中压法兰。法兰盘应根据管道的公称压力和公称直径来选用。

法兰盘与管道采用双面焊接，焊接方式如图1-30所示。法兰盘内孔与管道外壁的间隙C不应超过2mm，若管道外径大于法兰盘内孔，应将法兰盘内孔用车床车大。管道插入法兰盘内孔后，管端与法兰盘平面不能齐平，要求$A \geqslant \delta$，$B = A + 1\text{mm}$。法兰盘的密封面应与管道轴线垂直，其倾斜度不大于0.5mm/m。法兰盘与管道焊接时，应注意法兰盘上

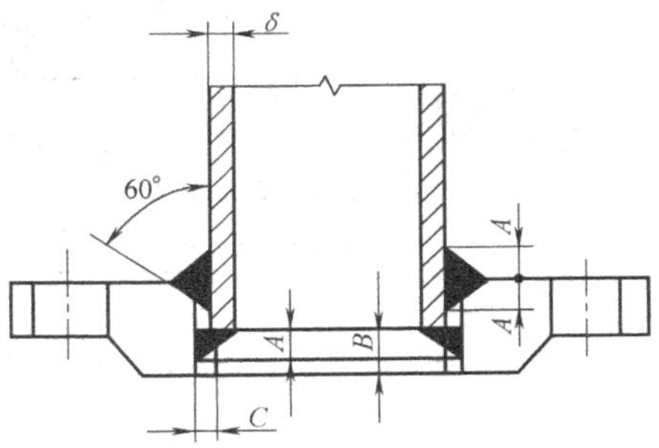

图1-30　法兰盘与管道的焊接方式

螺孔的位置，防止影响管件和阀门的朝向。

设备、阀门或管道之间用法兰联接时，两片法兰盘间常采用耐油橡胶石棉板作为密封垫片，垫片表面应涂抹润滑脂（俗称黄油）。每对法兰盘之间只能用一个垫圈，不得使用两个。各螺栓受力应均匀，拧紧之后露出螺母的长度应不大于螺栓直径的一半，但也不应少于两个螺距。

4. 常用仪表的安装

冷库制冷系统中常用的测量仪表均应是符合制冷剂技术要求的专用产品，需经过标准仪表校验以后才能使用。安装仪表的位置应是光线充足、不受振动、便于观察、不妨碍操作维修的地方。直接安装在管道上的仪表，应在管道吹扫后压力试验前安装。仪表与管道连接时，仪表上的法兰轴线应与管道轴线一致，固定时应使其受力均匀。远距离测温仪的感温触头应与测温仪主机进行标准温度校正，感温点的位置及数量应选择正确。安装水银或酒精温度计时应加装金属保护套筒，感温包应处于管道中心线上，套筒的感温端迎着流体流动的方向，而且套筒内应灌注机油。高压容器及高压管道上应安装量程为 -0.1 ~ 2.5MPa 的压力表，仪表精度不应低于1.5级；中、低压容器及中、低压管道上应安装量程为 -0.1 ~ 1.6MPa 的压力表，仪表精度不应低于2.5级。压力表和真空压力表的量程不得小于工作压力的1.5倍，不得大于工作压力的3倍。安装前，应用标准压力表对需安装的压力表进行校验。

四、相关实践

参照图1-31所示的单级压缩重力供液制冷系统原理图，写出该工程的施工程序，根据相关知识拟定各种设备的具体安装方法。

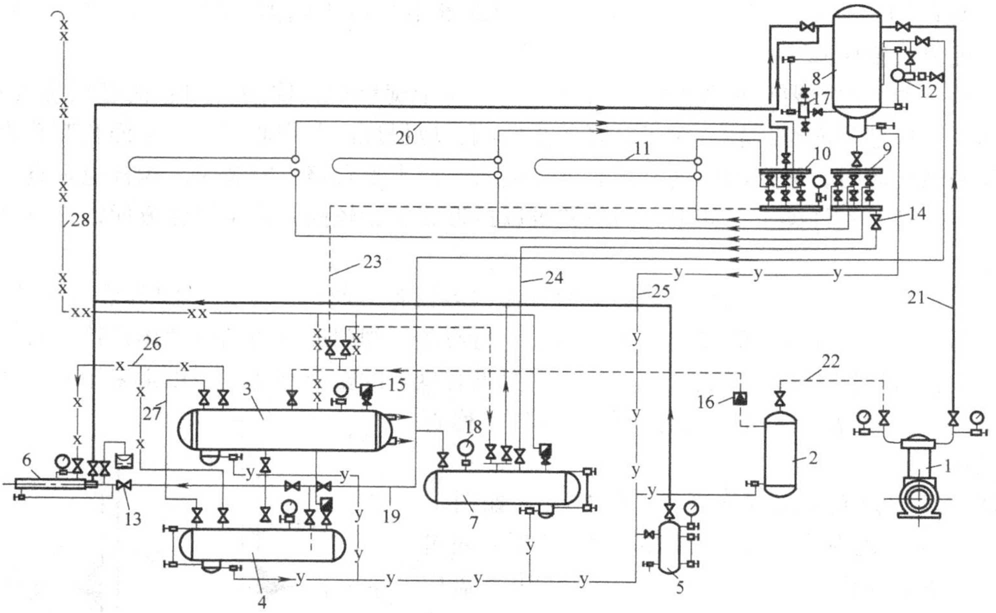

图1-31 单级压缩重力供液制冷系统原理图

1—制冷压缩机 2—油分离器 3—冷凝器 4—储液器 5—集油器 6—空气分离器
7—排液桶 8—氨液分离器 9—液体分调节站 10—气体分调节站
11—冷却排管 12 ~ 28—各种阀门及管线

思考与练习

一、填空题

1. 根据蒸发器的供液方式不同，冷库制冷系统可分为________制冷系统、________制冷系统、________制冷系统。

2. 根据冷却方式不同，冷库制冷系统可分为________制冷系统和________制冷系统。

3. ________是冷库制冷系统的核心设备，是实现制冷循环的动力装置。

4. 施工图会审由________组织，由________、________、________等相关单位的技术人员参加。

5. “四通一平”工作包括施工现场的________、________、________、________与________。

6. 冷库制冷系统安装的各项施工准备工作做好以后，________单位应当向当地建设行政主管部门或项目主管部门提出开工报告。

7. 设备准备工作主要是指________及________工作。

8. 施工组织准备工作主要包括________、________、________、________等。

9. 压缩机的上位方法有多种，可以借助于________、________、________、________等主要起重工具对压缩机进行上位安装。

10. 目前应用最为广泛的冷凝器是________式冷凝器。

11. 排管的安装应符合一定的技术要求，最上层顶排管中心与顶棚之间的距离应大于________ mm，墙排管中心与墙壁内表面的间距应大于________ mm。

12. 洗涤式油分离器的安装高度需根据________标高而定。

13. 氨制冷压缩机吸气管的水平管段应坡向________，坡度为________%。

14. 冷库制冷系统中管道的连接方式一般有三种：________、________、________。

二、选择题

1. 下列混凝土基础养护的方法及要点中，（　　）的说法是错误的。

A. 浇水的次数以使混凝土表面处于潮湿状态为准

B. 养护用水要与拌制混凝土所用的水相同

C. 对于采用普通硅酸盐水泥拌制的混凝土，浇水养护的时间不得少于 15 天

D. 气温低于 5℃时，混凝土不得浇水，须进行保温养护

2. 根据蒸发温度，（　　）冷库制冷系统用于冻结物冷藏间。

A. −15℃　　B. −40℃　　C. −33℃　　D. −28℃

3. 氟利昂制冷系统的管道可采用纯铜管或无缝钢管，公称通径小于（　　）mm 时采用纯铜管。

A. 25　　B. 20　　C. 15　　D. 32

4. 当两台蒸发式冷凝器并联安装时，若两者之间的一侧都不是进风口侧，它们之间的最小间距应为（　　）mm。

A. 800　　B. 600　　C. 900　　D. 700

5. 高压容器及高压管道上应安装量程为（　　）MPa 的压力表。

A. −0.1～1.0　　B. −0.1～1.6　　C. −0.1～2.0　　D. −0.1～2.5

6. 带经济器的制冷系统中，采用（　　）作为工质的系统节能效果最好。

A. R502　　B. R717　　C. R12　　D. R22

三、问答题

1. 什么是制冷压缩机的精平？为什么要进行精平？
2. 如何用预埋地脚螺栓或预埋锚铁的方法来连接立式冷凝器与水池？
3. 落地式冷风机安装时有哪些注意事项？
4. 制冷设备安装的一般要求包括哪些内容？
5. V 型和 S 型活塞式制冷压缩机进行精平时的测量方法有哪些？
6. 施工图会审的具体内容有哪些？
7. 办理特种设备安装、改造、维修告知手续时需提交的书面资料有哪些？
8. 管道安装时有哪些注意事项？
9. 在安装制冷管道前如何对其进行清污？
10. 热力膨胀阀安装时要注意些什么？

项目二　冷库制冷系统的调试

一、学习目标

终极目标　掌握制冷压缩机与制冷系统的调试；保证冷库及其制冷系统的交付使用。

基本目标

1）掌握活塞式制冷压缩机的调试。

2）掌握螺杆式制冷压缩机的调试。

3）掌握制冷系统的吹污和制冷系统的气密性试验。

4）掌握制冷系统的充氨及其检漏。

5）熟悉冷库的降温和制冷系统的试运转。

二、工作任务

根据不同制冷系统的机器和设备配置，完成制冷压缩机和制冷系统的调试，保证冷库制冷系统的交付使用。

三、相关知识

（一）活塞式制冷压缩机的调试

制冷压缩机是制冷系统的心脏，它的正常运转是整个制冷系统正常运行的重要保证。因此制冷压缩机在投入正常运转之前，应进行调试，以便为整个制冷系统的试运转创造条件。

每台制冷压缩机在出厂前均已按国家有关标准的规定进行了出厂试运转。但是由于运输、存放等原因，对于安装完毕后的压缩机，仍要先进行试运转。

1. 活塞式制冷压缩机调试前的准备

制冷压缩机的调试是一项技术性很强的工作，参加调试工作的人员应是厂家的制冷专业工程师，或是熟练的制冷压缩机操作维修人员，同时应组织电气、焊接等其他工种人员参加调试。建设单位、安装单位和施工监理单位的技术人员也应在现场参加调试。

制冷压缩机调试前，要对机器找正并固定好地脚螺栓，检验机器的同轴度；要对制冷压缩机的自控元器件和安全保护装置进行检查。要根据使用说明书上提供的参数值对元器件进行校验，制冷压缩机的安全保护装置调定值在出厂前已调好，注意不得随意调整。自控元器件的调定值如需更改，必须符合制冷工艺和安全生产的要求。

（1）技术资料的准备　制冷压缩机调试前，应根据施工图对制冷压缩机的安装进行检查和验收，并认真阅读使用说明书和随机的技术资料，依据制冷压缩机的使用说明书提供的调试要求和各种技术参数，对制冷压缩机进行调试。调试验收可参照 GB/T 50274—2010《制冷设备、空气分离设备安装工程施工及验收规范》中的有关规定和要求进行，并对调试全过程及各种技术参数做好记录，作为技术档案保存。

（2）电气准备　在制冷压缩机调试时，机组应配有独立而稳定的供电系统，接入的试车电源应配备总开关及熔断器，并配置三相电压表和电流表，电源电压应为380V交流电，电压的偏差值不应超过额定值的±10%。试车用的配线容量应按实际用电量的3～4倍考虑。设备要求可靠接地，以确保人身安全。

（3）材料的准备　制冷压缩机调试前，按照使用说明书的规定，要准备好制冷压缩机使用的润滑油和清洗用的煤油、汽油，准备好制冷压缩机进行负荷试运转时所需充注的制冷剂以及其他材料和工具。冷却水系统中的循环水池应预先注水，冷却水泵和冷却塔应可正常运转。

2. 活塞式制冷压缩机的拆卸检查和清洗

整体出厂的制冷机组或制冷压缩机组在规定的防锈保证期内安装时，油封、气封应良好且无锈蚀，其内部可不拆洗；当超过防锈保证期或有明显缺陷时，应按设备技术文件的要求对机组内部进行拆卸、清洗。

通过拆卸，可检查机器的主要零部件是否存在制造缺陷，检查机件是否有损坏或拉毛现象，检查连杆螺栓的松紧是否适度等。对轻微缺陷可及时进行修理，若发现有严重缺陷，应与制造厂协同解决。拆卸时，应测量主要零部件的装配间隙，对照产品说明书检查是否合乎技术要求。拆卸同时应对机体及零部件进行清洗，清洗曲轴箱、吸气腔、排气腔等不容易洗干净的部位，清除由于机器久置不用而引起的锈迹，清洗排气阀组，并检查其密封性，若密封不好，要重新拆卸组装。

拆卸清洗时，并不一定要将所有零部件都拆散，基本上可按机器的中修项目进行。拆卸时，应对各部件的安装位置做好标记，即使是可以互换的零件（例如气缸套、阀组、活塞、连杆等）也不要调错位置，以免影响余隙容积。

拆下的零部件清洗完毕后应妥善保存，轻移轻放、不可碰撞。组装时最好用氮气吹净，然后在摩擦部位涂上冷冻机油。

注意新的制冷压缩机按设计、施工验收规范安装完毕后，如果经初步检查一切正常，得到厂家的书面认可后，并不一定要进行拆卸、清洗等工作。

3. 活塞式制冷压缩机的试运转

活塞式制冷压缩机出厂试验记录中的空负荷试运转、空气负荷试运转和抽真空试验，均应在试运转时进行。试运转前应符合下列要求：

1）气缸盖、吸排气阀及曲轴箱盖等应拆下，检查其内部的清洁及固定情况是否良好；气缸内壁面应加少量冷冻机油，再装上气缸盖等；盘动压缩机数转，各运动部件应转动灵活，无过紧及卡阻现象。

2）加入曲轴箱冷冻机油的规格及油面高度，应符合设计技术文件的规定。

3）冷却水系统供水应畅通。

4）安全阀应经校验、整定后，其动作应灵敏可靠。

5）压力、温度、压差等继电器的整定值应符合设备技术文件的规定。

6）点动电动机进行检查，其转向应正确，半封闭压缩机可不检查此项。

（1）空负荷试运转

1）制冷压缩机空负荷试运转的目的。

①检查制冷压缩机装配质量是否良好，压缩机转动时是否有机械碰撞现象，装配间隙是

否合适；地脚螺栓和其他连接部位是否有松动情况。

②检查制冷压缩机润滑系统的工作是否正常，油泵压力是否能灵活调节，观察气缸镜面的供油是否良好，并试验油分配阀和卸载装置动作是否灵活准确。

③使制冷压缩机各摩擦部位通过空负荷试运转得到初步磨合。

2）制冷压缩机空负荷试运转的程序。

①在空负荷运转前，要将制冷压缩机的气缸盖拆下，取出安全弹簧和排气阀组。在一系列制冷压缩机中有些产品（如12.5系列）的气缸套和机体之间无联接螺栓，而是依靠安全弹簧压紧。为避免空负荷运转时气缸盖被抛出机体造成事故，必须用自制的气缸套卡具压住气缸套，但要注意不要碰坏气缸套上的密封线。向每个气缸内的活塞顶部注入少量的冷冻机油，用手转动压缩机联轴器数转，使润滑油层分布均匀。缸口应用干净的白布盖好，防止灰尘进入。

②开机前，先点动压缩机，观察压缩机运转是否正常，转向是否正确，有无异常声响，油压能否建立起来等。点动后如果情况正常，起动压缩机并运转10min，观察油压、油温、声音和振动等情况。

③停车检查，无异常后起动压缩机再继续运转1h。

3）制冷压缩机空负荷试运转应达到的要求。

①电流表与油压表指示读数应稳定。

②主轴承外侧面和轴封外侧面的温度应正常。

③轴封处不应有油的滴漏现象。

④运转应平稳，无异常声响和剧烈振动。

在压缩机进行空负荷试运转时应注意：接通电源时，操作人员不要站在气缸套处，防止气缸套飞出伤人；接通电源时，操作人员不能离开电闸，当机器运转声音不正常、油压不能建立及发生意外故障时可及时停车，防止压缩机的损坏和事故的发生。

（2）空气负荷试运转 在空负荷试运转正常后，可进行空气负荷试运转。

1）空气负荷试运转的目的。

①检查压缩机在空气负荷下的运转情况。

②使压缩机在较低的负荷下继续磨合。

2）空气负荷试运转的程序。

①拆除气缸盖卡具，将清洗干净的排气阀组按原来的位置装好，盖好气缸盖，旋紧气缸盖螺母。吸、排气阀组安装固定后，应调整活塞的止点间隙，使之符合设备技术文件的规定。

②松开压缩机吸气过滤器螺栓，留出缝隙，外面包上防尘纱布作为压缩机空气负荷试运转的吸气口。开启制冷压缩机上的放空阀，并用管子连接到室外，以便空气向外排放。

③接好压缩机冷却水管并供水；检查压缩机曲轴箱油面是否在规定的范围内，不足时，应补充加入；将能量调节手柄扳至0位。

④起动压缩机使其正常运转，经检查无异常现象时，扳动能量调节手柄，使制冷压缩机逐渐加载，直至全部气缸投入工作。在试运转过程中，其排气压力对于有水冷却的应为0.3MPa（绝对压力），对于无水冷却的应为0.2MPa（绝对压力），使制冷压缩机在此压力下连续运转超过1h，然后停机。

3）空气负荷试运转应达到的要求。

①油压调节阀的操作应灵活，调节的油压应比吸气压力高0.15~0.3MPa。

②能量调节装置的操作应灵活、正确。

③压缩机各部位的允许温升值应符合表2-1的规定。

表2-1　压缩机各部位的允许温升值

检查部位	有水冷却/℃	无水冷却/℃
主轴承外侧面	≤40	≤60
轴封外侧面		
润滑油	≤40	≤50

④气缸套的冷却水进口水温不应高于35℃，出口温度不应高于45℃。

⑤机器运转平稳，无异常声响和振动；吸、排气阀的阀片跳动声应均匀正常。

⑥各连接部位、轴封、填料、气缸盖和阀件应无漏气。

⑦空气负荷试运转后，应拆洗空气过滤器和油过滤器，并应更换润滑油。

空气负荷试运转合格后，应用0.5~0.6MPa的干燥压缩空气或氮气，对压缩机或压缩机组按顺序反复吹扫，直至排污口处的靶上无污物。

（3）抽真空试验和密封试验

1）抽真空试验。

①抽真空试验的目的：检查压缩机的密封性。

②抽真空试验的程序：关闭压缩机的吸、排气截止阀，开启放气通孔，起动压缩机进行抽真空。

③抽真空试验的要求：压缩机的低压级应将曲轴箱抽真空至15kPa（绝对压力），压缩机的高压级应将高压吸气腔压力抽真空至15kPa（绝对压力）。

2）密封试验。

压缩机和压缩机组密封性试验应将1.0MPa的氮气或干燥空气充入压缩机中，在24h内其压力降不应大于试验压力的1%。使用氮气和氟利昂混合气体检查密封性时，氟利昂在混合物中的分压力不应少于0.3MPa。

（4）压缩机带制冷负荷试运转　制冷压缩机经抽真空试验后，可与制冷系统连通进行制冷负荷试运转。负荷试运转应在系统排污、试压、抽真空试漏、充制冷剂检漏、充灌制冷剂后进行。

压缩机的负荷试运转可与系统充灌制冷剂结合进行，但应符合负荷试运转的有关规定。压缩机必须逐台进行重车试运转；每台压缩机累计运转时间不得少于48h；最后一次连续运转时间不得少于24h。负荷试运转类似压缩机在正常情况下工作，最好能单独承担某一系统的房间降温，以便与正常的降温时间和制冷效果进行比较，来检验制冷压缩机的工作性能。进行连通制冷系统负荷试运转时，对制冷压缩机的操作要求与正常操作时的要求相同，详见项目三。

带制冷负荷试运转中，活塞式压缩机轴封处的渗油量不应大于0.5mL/h。活塞式机组润滑油的温度不应高于70℃；半封闭机组不应高于80℃。压缩机的最高排气温度对R717压缩机低压级为120℃，高压级为150℃；对R22压缩机低压级为115℃，高压级为145℃。

（二）螺杆式制冷压缩机的调试

1. 螺杆式制冷压缩机调试前的准备

1）脱开联轴器，单独检查电动机的转向，应符合压缩机要求；连接联轴器，其找正允许偏差应符合设备技术文件的规定。

2）盘动压缩机应无阻滞、卡阻等现象。

3）向油分离器、储油器或油冷却器中加注冷冻机油，冷冻机油的规格及油面高度应符合设备技术文件的规定。

4）油泵的转向应正确；油压宜调节为0.15～0.3MPa；应调节四通阀至增、减负荷位置；滑阀的移动应正确、灵敏，并应将滑阀调至最小负荷位置。

5）检查油压控制器、压差控制器的设定值，检查其他压力及温度控制器，检查油冷却器冷却水及其他水系统的断水保护，检查整个系统的电气线路。各保护继电器、安全装置的整定值应符合随机技术文件的规定，其动作应灵敏可靠。

6）机组的能量调节装置应灵活、可靠。机组的安全阀门应动作灵敏、不漏气、安全可靠。

2. 螺杆式制冷压缩机的试运转

（1）空气负荷试运转

1）打开制冷压缩机的吸、排气截止阀，若是制冷机组，则可卸下机组的吸、排气阀或者该阀的阀芯，使压缩机的吸气、油分离器的排气与大气相通。

2）开启油冷却器水泵，短接吸气低压、水系统断水保护开关。

3）调整油泵压力，使供油压力比排出压力高0.15～0.3MPa。

4）点动起动，校对压缩机的运转方向。

5）起动压缩机作空气负载运转，逐步递增和递减制冷压缩机的能量卸载，制冷压缩机的能量上、下载应灵活、稳定。

6）检查确定制冷压缩机各部位的工作是否正常，电流、压力、温度参数是否处于正常范围，若无异常响声存在，可让制冷压缩机空气负载运转不少于1h。

7）空气负载运转后，拆洗制冷压缩机的吸气过滤网和油过滤器滤网。

（2）现场试压　螺杆式制冷压缩机或制冷机组在出厂时已经过严格的压力检漏和真空检漏，但经过运输和现场吊装，有可能会影响机器的密封性，因此在机器安装结束后，还需进行压力复验。复验时，向机内充入1.0MPa（表压）的氮气，若是制冷机组，在充氮气时，关闭机组的吸、排气阀和供液阀，把整台机组分为主机、油分离器和冷凝器及蒸发器等三部分分别进行检漏。压力试验要进行24h。在前6h，允许压力稍有下降，但在以后的18h内应保持不变。如有泄漏，应用肥皂水检漏，对发现的漏点进行补漏，直至机组不漏为止。由于气温的影响，充入机内的氮气压力值也会发生变化，其变化值应符合以下关系：

$$p_2 = p_1 \frac{273 + t_1}{273 + t_2} \tag{2-1}$$

式中　p_1——机内充氮压力稳定后的绝对压力，单位为MPa；

p_2——机内充氮18h后的绝对压力，单位为MPa；

t_1——充氮时的环境温度，单位为℃；

t_2——充氮18h后的环境温度，单位为℃。

（3）真空试验　充氮进行压力检验后，为防止设备和管路中存在单向漏气的缺陷，还需经过真空试验，确保系统密封的可靠性。抽真空用外接真空泵，抽真空至93.33kPa（700mmHg）以上保持24h，不考虑温度和大气压的影响，真空度变化小于0.67kPa（5mmHg）为合格。

（4）机组调试　螺杆式制冷机组在进行压缩机空气负荷试车、试压和真空试验后，就可以往机组内注入制冷剂。充灌制冷剂开始时，可以利用机组本身的真空度向机组内加制冷剂。当机组内压力和制冷剂钢瓶里的压力平衡后，起动压缩机，利用压缩机本身的吸气作用加入制冷剂。

在进行连通系统负荷试运转前，应再次检查油分离器的油位，能量调节是否处于10%位，然后开启油冷却器的冷却水泵，进行负荷试运转。首先起动油泵，调整油压比排气压力高0.15～0.3MPa，待油压稳定后，打开吸、排气阀，按起动按钮，制冷机开始运转，经延时，切换成全电压正常运行，待压缩机运转信号灯亮后，逐步进行加减载能量调节。负荷试运转时，油压、排气压力、吸气压力、排气温度、油温等均应符合使用说明书所规定的机组正常运转参数值。

负荷试运转2h后，按停止按钮，停止主电动机的工作，能量调节装置将自动减载到10%，待主电动机惯性运转结束后，按油泵停止键，停止油泵运转。

由于目前国内生产和进口的螺杆式压缩机组型号较多，其中有一些不同之处，调试时应认真阅读使用说明书，严格按照厂家的技术文件规定的程序和内容进行试运转。

（三）制冷系统的调试

制冷系统设备与管道安装完毕后，应按下列程序充灌制冷剂：

1）制冷系统的吹扫与排污。

2）气体压力强度及气密性试验。

3）抽真空试验。

4）制冷系统保温前的充制冷剂试验。

5）制冷系统保温后充灌制冷剂。

1. 制冷系统的吹扫排污

（1）吹扫排污的目的　制冷系统设备安装完毕或制冷压缩机进行空气负荷试运转合格后，要对整个系统进行吹扫排污，清除系统内部的焊渣、砂子和铁屑等杂物。防止污物损伤制冷压缩机的部件和系统中的阀门，避免系统管道阻塞。

排污前，应将系统内的仪表、安全阀等加以保护，并将电磁阀、止回阀的阀芯以及过滤器的滤网拆除，待抽真空试验后方可重新安装复位。

（2）吹扫与排污的步骤和要求　氨制冷系统排污时，可用空气压缩机提供压缩空气，排污压力应为0.8MPa（表压）。排污口应设置在管路、设备的最低处，排污工作可分段进行。空气吹扫过程中，当目测排气无烟时，应在距排污口300mm处设置涂白漆的木质靶板检验，5min内靶板上无铁锈、尘土、水分及其他杂物为合格。

为了有效地排污，可在排污口装上一只阀门，待系统内压力升高时，快速打开阀门，使空气迅速排出，带出污物。

氟利昂制冷系统的排污也在系统安装完毕后进行，使用氮气进行分段排污，排污的方法及检验和氨系统相同。氟利昂系统排污和试压时不能使用压缩空气而用氮气，防止因压缩空气中的水蒸气进入氟利昂系统内而引起系统的冰堵故障。

在排污过程中，如果发现管路、法兰或阀门有明显的泄漏，应及时进行补救。当系统排污工作结束后，应拆卸可能积存污物的阀门，并将其清洗干净后重新组装。

2. 制冷系统的气密性试验

（1）气密性试验的目的 系统的气密性试验应在系统吹扫与排污合格后进行，其目的是检查系统的安装质量，检验系统在压力状态下的密封性能是否良好。

（2）气密性试验的步骤和要求 气密性试验一般分为压力试验、抽真空试验和充灌制冷剂试验三个阶段。

1）压力试验。根据制冷系统的组成情况，试压和检漏工作可分段、分层、分系统进行。氨制冷系统气体压力强度试验压力高压侧应采用2.3MPa（表压）；低压侧应采用1.7MPa（表压）。氨泵、浮球阀、浮球液位控制器等，试压时可暂时隔开，将有关控制阀门关闭，避免零部件损坏。玻璃管液位指示器必须选用耐压2.3MPa的高压玻璃管，制冷系统开始试压时须将玻璃液位指示器两端的指示器角阀关闭，待系统压力稳定后再逐步打开阀门。

氨制冷系统应采用压缩空气试压，升压速度不应大于50kPa/min；升压至试验压力的50%后稳压10min，对系统管道进行全面检查，如无泄漏及异常现象，继续按试验压力的10%逐级升压，每级稳压3min，达到设计压力后停止升压并保持10min。若仍无异常现象，则将试验压力继续升压至强度试验压力，停止升压并保持10min，对系统管道再做一次全面检查，如无异常则将压力降至设计压力，用涂刷中性发泡剂的方法进行检漏。

制冷系统管道压力降至各自对应的设计压力后，继续进行系统气密性试验。继续保持这个压力值，在6h后开始记录压力表读数，经24h以后再检查压力表读数，其压力降不大于按式（2-2）计算出的结果时系统气密性合格。当压力降超过以上规定时，应查明原因，消除泄漏，并重新试压，直至合格。

$$\Delta p = p_1 - \frac{273 + t_1}{273 + t_2} p_2 \tag{2-2}$$

式中 Δp——压力降，单位为MPa；

p_1——试验开始时系统中气体的绝对压力，单位为MPa；

p_2——试验结束时系统中气体的绝对压力，单位为MPa；

t_1——试验开始时系统中的气体温度，单位为℃；

t_2——试验结束时系统中的气体温度，单位为℃。

检漏是一项细致的工作，有些焊缝接头经过较长时间后才开始微漏，需仔细反复观察才能发现。检漏时，在各连接处和焊接处涂上肥皂水，边涂边仔细观察，如果有由小变大的气泡，即可断定此处泄漏。对焊接处检漏时应将焊渣除尽，否则泄漏很难查出。对法兰联接处的检漏，可用润滑脂或胶布把法兰对缝处密封起来，仅留一个小孔，用肥皂水涂于小孔及螺栓处观察是否有泄漏发生。观察比较困难的部位时，可用镜子反射检查。

在试压检漏中，发现制冷系统有渗漏，需找出漏点，画上记号，待制冷系统压力降至大气压力后才可补焊，不得在有压力的情况下进行补焊。气焊的管道焊补两次后仍漏气，应割除泄漏段，换上新管重新焊接。若阀门的阀盖处泄漏，应开启阀门后才能紧固阀盖螺钉，消除泄漏，以免压坏阀盖和阀线。法兰处泄漏需拧紧法兰螺钉时，注意用力均匀，以免损坏法兰。

氟利昂制冷系统排污后，应用氮气进行试压。《氢氯氟烃、氢氟烃类制冷系统安装工程施工及验收规范》（SBJ 14—2007）中规定的试验压力值见表2-2。系统充氮气至规定的试验压力，保压6h后开始记录压力表读数，经24h后变化值与试验压力的差值小于0.02MPa为合格。

试压时，除制冷压缩机的吸气阀、排气阀、安全阀前的截止阀及连通大气的阀门关闭以外，管道上所有阀门都应开启，电磁阀和止回阀等阀芯组件应取出编号保存，以保证试压时管路的畅通。试压时，浮球液位控制器等可暂时隔断。试压开始时，玻璃液位计两端的阀门先关闭，待压力稳定后再慢慢打开。

表2-2 氟利昂制冷系统气密性试验的压力值（绝对压力）

制冷工质	R134a	R22	R401A、R402A、R404A、R407A、R407B、R407C、R507	R410A
低、中压系统/MPa	1.2	1.2	1.2	1.6
高压系统/MPa	2.0	2.5	3.0	4.0

检漏时，一般用肥皂水或其他发泡剂刷抹在焊缝、法兰等连接处检查。涂肥皂水时应边涂边仔细检查，看到由小变大的气泡即可断定此处泄漏。对微漏检查也可采用听声音的方法，白天嘈杂，可以在晚上安静时进行。微漏处涂上肥皂水能听到一种类似于螃蟹吐沫的声音。

压力检漏是一项细致的工作，有些焊缝接头耐压较长时间才开始微漏，冒泡很小、很慢，需仔细反复观察才能发现。因此这项工作不能草率从事，避免在正常投产后留下隐患而产生一系列不良后果。

2）抽真空试验。抽真空试验主要是清除制冷系统中残存的气体和水分，并检验制冷系统在真空状态下的气密性。

抽真空时，系统中的阀门全部开启，而与外界相通的阀门应处于关闭状态。抽真空时应采用真空泵，分2~3次进行抽真空，以使系统内压力平衡。当抽真空至氨系统的剩余压力为5.33kPa时，停止抽气，保持24h，系统内压力无变化为抽真空试验合格；氟利昂系统抽真空从绝对压力达到5.3kPa后，继续抽真空4h以上，直至水分指示器颜色达到标定的深绿色，再保持24h真空度，系统绝对压力升高不大于0.5kPa为合格。若停车后，系统保真空差，压力上升较快，应及时查明原因加以消除。各地区的海拔不同，应参照当地大气压力实际值确定系统抽真空应达到的真空度数值。

3）制冷系统充制冷剂试漏。在制冷系统抽真空试验合格后，可进行充灌制冷剂检漏试验。其目的是进一步发现和排除微量泄漏，确保制冷系统的严密性。

制冷系统在真空状态下充灌少量制冷剂。对氨制冷系统，系统中压力达0.2MPa（表压）即可；对氟利昂制冷系统，系统中压力达0.1~0.2MPa（表压）即可。

氨制冷系统的检漏可用酚酞试纸检漏。将酚酞试纸用水浸洗后在所有的焊缝、法兰处进行检漏。如果酚酞试纸变红，说明该处泄漏，应做好记号。但应注意，酚酞试纸遇肥皂水也会变红，所以在检漏前应将各处的肥皂水擦拭干净，以免误检。

酚酞试纸的制作方法如下：

用100mL体积分数为95%的酒精加20mL甘油，再加0.1g酚酞配成溶液，将白纸或滤纸裁成条放入溶液浸湿后取出晾干即可。

氟利昂制冷系统的检漏可用卤素检漏灯或检漏仪进行检漏。卤素检漏灯是以乙醇（或甲醇）作为燃料的喷灯。氟利昂蒸气与喷灯火焰接触时，就会分解出氟气、氯气，而氯气与灯内烧红的铜帽接触，便生成氯化铜气体，火焰的颜色就会变为绿色或紫绿色。氟利昂制冷剂泄漏量的大小不同，卤素灯火焰所呈的颜色也有所不同，其泄漏量与火焰的颜色的关系见表2-3。

表2-3　卤素检漏灯火焰的颜色和R22浓度的关系

火焰的颜色	R22的浓度（体积百分比）	火焰的颜色	R22的浓度（体积百分比）
在暗处看见绿色	0.004	紫绿色	0.07
在亮处看见绿色	0.006	带有淡紫色的紫绿色	0.12
草绿色	0.013	紫色气体分解	0.6
带有淡紫色的绿色	0.044		

对泄漏处的修补要先把制冷剂回收或放掉，对焊接处进行补焊或将法兰拆下检修。泄漏处修补后，必须重新进行充灌制冷剂试漏。

充灌制冷剂试漏合格后，应在制冷设备和管路表面刷铁红丹底漆两道，然后进行设备及管道的保冷及防潮层施工。

（四）制冷系统管道和设备的防腐及绝热

在制冷系统中，为了减少冷量的损失，低温管道和设备等都需要绝热。绝热结构由里到外一般由以下几部分组成：

1）防腐层。为了防止设备与管道金属表面腐蚀，一般在敷设隔热层之前先涂刷防锈漆。

2）绝热层。即隔热材料层，通常用一层热导率很小的材料覆盖在冷表面上，以减少热量传递，降低冷量损耗。

3）防潮层。为了防止隔热材料因受潮而降低隔热效果，一般在隔热材料外表增加一层防潮材料。

4）保护层。为了保护隔热材料不受损坏，延长使用寿命，在防潮材料外表面再增加一层保护材料。常用的保护层有金属薄板制成的保护壳、石棉水泥保护层和玻璃布外刷油漆保护层等。

5）色层。在保护层外表面涂以各色油性调和漆，以区别管道内不同状态的工质。不需要隔热的管道外壁必须先刷防锈漆，再刷有色调和漆。

1. 制冷系统管道和设备的防腐

制冷设备和管道需要进行防腐。工程中常用的防腐方法是在设备和管道表面涂刷漆料，使其表面形成漆膜，与腐蚀介质隔离，从而防止腐蚀现象的产生。制冷工程中黑色金属表面的底漆过去常用红丹油性防锈漆。它的优点是对被涂表面渗透性强，附着力好，容易涂刷，对表面要求不高；缺点是干燥较慢，不便喷涂，在制漆和焊接过程中易造成铅中毒。现在这种漆已逐步被硼钡酚醛防锈漆、铝粉硼酸钡酚醛防锈漆、铁红醇酸底漆所代替。

在施工中，为了保证防腐质量，在喷涂防锈漆之前要做好制冷设备和管道表面的清理工作，除掉金属表面的氧化皮、铁锈、灰尘和污垢，否则，会影响防腐工程的质量，使涂层达不到预期的效果。在制冷安装工程现场，一般采用手工除锈法或机械除锈法，有条件的地方可以采用化学除锈法。

要做好刷油防腐工作还应注意以下事项：

1）应购买有产品合格证的油漆，并在有效期内使用，如果发现明显变质时不得使用。

2）油漆施工的工作环境要求相对湿度不大于85%，气温不低于5℃。温度过低时，油漆粘度增大，不易涂刷均匀，漆膜较厚而不易干燥；湿度过大时，易使水汽包在涂层内部，产生气泡，日久容易“起皮”脱落。

3）涂漆后一般在18～25℃的环境中自然干燥。如果环境温度较低，干燥时间较长，也可以采用人工干燥的方法。制冷系统管道和设备隔热施工完毕后，在干燥表面上涂刷两道油漆。

由于制冷系统管道种类较多，为了加强管理便于识别各种管道和设备的性质、介质的流向，常在管道和设备的外壁或保温层外涂上不同颜色的油漆及不同方向的箭头识别。制冷设备及管道的外壁刷涂油漆的颜色宜采用表2-4的规定。

表2-4 制冷设备及管道的外壁涂刷油漆的颜色

设备及管道名称	颜色名称	设备及管道名称	颜色名称
冷凝器	银灰（B04）	低压循环储液桶	天（酞）蓝（PB09）
储液器	淡黄（Y06）	中间冷却器	天（酞）蓝（PB09）
油分离器	大红（R06）	排液桶	天（酞）蓝（PB09）
集油器	赭黄（YR02）	高、低压液体管	淡黄（Y06）
氨液分离器	天（酞）蓝（PB09）	吸气管、回气管	天（酞）蓝（PB09）
高压气体管、安全管、均压管	大红（R06）	铸铁阀门的阀体	黑
放油管	赭黄（YR02）	截止阀手轮	淡黄（Y06）
放空气管	乳白（Y11）	节流阀手轮	大红（R06）

注：表中括号内编号为漆膜颜色标准的编号。

采用镀锌薄钢板、不锈钢薄钢板、防锈薄铝板等作隔热保冷材料的金属保护层时，其表面可不涂刷油漆，可按表2-4中制冷设备及管道的外壁涂刷油漆颜色的规定，刷贴色环。色环的宽度和间距允许值宜采用表2-5的规定。

表2-5 色环的宽度和间距允许值

管路保温层外径/mm	色环宽度/mm	色环间距/m
<150	50	1.5～2.0
150～300	70	2.0 ～2.5
>300	100	5.0

2. 制冷系统管道和设备的绝热施工

（1）制冷系统管道和设备绝热施工的一般规定

1）制冷设备及管道的绝热施工，应在制冷设备及管道的气密性试验合格及防腐工程完工后进行。

2）在雨雪天、寒冷季节进行室外绝热施工时，应采取防雨雪和防冻措施。

3）绝热层施工前，应检查材料的规格、性能是否符合设计文件要求及是否有出厂合格证，查看是否有受潮、机械损伤的现象。

4）常用的绝热保温层材料有聚氨酯泡沫（含阻燃剂）、聚苯乙烯塑料泡沫、玻璃纤维、PE 泡沫等。常用的外保护层材料有蓝胶带、铝板、不锈钢板、涂塑钢板等。

5）制冷设备绝热施工一般采用聚氨酯现场喷涂。其方法为：将喷涂料用喷涂设备喷涂于制冷设备或管道的外壁，使其瞬间发泡，生成闭孔型泡沫塑料绝热层，这种方法没有接缝，冷量损失少。

6）制冷管道可采用聚氨酯成品管瓦进行保温。施工时将两块管瓦扣在一起，用聚氨酯浇注料浇注其接缝部位。对于阀门、管件、法兰及其他异形部位，可采用将发泡料注入需绝热物体外部的模壳中，经发泡形成绝热层。制冷管路也可采用现场制模浇注发泡的方式，将预制的管壳涂抹润滑脂固定于需保温的管道外壁，定位后将发泡料注入壳体内，待保温体形成后，将管壳取下移位到下一管段，继续浇注，可以形成一个完整的保温体。

7）绝热设备或管道上的裙座、支座、吊耳、仪表管座、支架、吊架等附件，必须进行保冷，其绝热层长度不得小于绝热层厚度的四倍或敷设至垫木处。保冷结构的支、吊、托架等用的木垫块应浸渍沥青防腐。除设计规定需按管束保温的管道外，其余管道均应单独进行保温。

8）施工后的绝热层不得覆盖设备铭牌，可将铭牌先拆下，待外保护层施工完毕后，用抽芯拉铆钉（自攻螺钉）将铭牌固定在设备或管道的外保护层上。

9）拼缝宽度要求：当作为保温层时不小于 5mm；当作为保冷层时不小于 2mm，在绝热层施工时，同层应错缝，上下层应压缝，其搭接长度不小于 50mm；当外层管壳绝热层采用粘胶带封缝时，可不错缝。

（2）制冷系统管道和设备的保冷施工

1）浇注发泡法施工。浇注发泡法施工是在常温下将两种或两种以上液体物料混合搅拌，然后迅速地浇注到需要成形的空间，进而固化成质轻多孔的泡沫体。目前，常用的两组分物料有组合聚醚和多苯基多次甲基异氰酸酯，它们混合反应生成氨基甲酸酯，即硬质聚氨酯泡沫塑料。

组合聚醚是由聚醚、催化剂、发泡剂、泡沫稳定剂和阻燃剂等多种成分混合而成的一种棕色黏稠状液体。它根据使用方法的不同分成 P 型和 J 型两种。P 型为喷涂型，J 型为浇注型。J 型又根据发泡时间分为 J-2、J-4、J-6 等不同规格，具体质量标准见表 2-6。

表 2-6　组合聚醚质量标准

项目＼型号	P 型（喷涂型）	J 型（浇注型）		
		J-2	J-4	J-6
外观	棕色黏稠液	棕色黏稠液	棕色黏稠液	棕色黏稠液
粘度（25℃）/10^{-3}Pa·s	220～245	310～335	330～360	355～380
发泡时间/s	5±1	20±5	40±5	60±5
泡体密度/g·cm^{-3}	0.04～0.05	0.04～0.05	0.04～0.05	0.04～0.05
用料（带皮）密度/kg·m^{-3}	55～65	55～70	55～70	55～70

多苯基多次甲基异氰酸酯简称为 PAPI。它是一种深棕色黏稠状液体，异氰酸酯的质量分数为 28.5%～31%，酸度（以 HCl 的质量分数计）≤0.3%，粘度（25℃）≤300×10^{-3}

Pa·s。

用浇注发泡法进行硬质聚氨酯泡沫塑料隔热保冷施工的要求如下。

①以浇注发泡法施工的模具，应符合下列规定：

a. 当采用加工模具（木模或钢模）浇注发泡保冷层时，模具结构和形状应根据保冷层的用料情况、施工程序和设备及管道的形状等进行设计。

b. 模具在安装过程中，应设置临时固定设施。模板应平整，拼缝严密，尺寸准确，指点稳定，并应在模具内涂刷脱模剂。浇注发泡型材料时，可在模具内铺衬一层聚乙烯薄膜。

c. 浇注直管道的保温层，应采用钢制滑模，模具长度应为1.2~1.5m。

d. 当以保温层的金属护壳代替浇注模具时，其金属护壳应结合施工要求分段分片装设，必要时应采取加固措施。

②聚氨酯泡沫塑料的浇注，应符合下列规定：

a. 正式浇注前应进行试浇，并应观测发泡速度、孔径大小、颜色变化，应无裂纹和变形。试浇试块的容重、抗压强度和自熄性等，应符合产品说明书和施工合同的要求。材料应具有制造厂的质量证明书和分析检验报告，材料的种类、规格和性能应符合设计的规定。

b. 配料的用料应准确。原料温度、环境温度必须符合产品使用规定。搅拌剂料应按一个方向转动，混合料应均匀。每次配料必须在规定时间内用完。

c. 浇注的施工表面应保持干燥、整洁。

d. 大面积浇注时，应设对称多点浇口，分段分片进行；并以倒料均匀、合适，封口迅速的操作来控制浇注质量。

e. 浇注聚氨酯泡沫塑料时，当有发泡不良、脱落、发酥发脆、发软、开裂、孔径过大等缺陷时，必须查清原因，再次试浇直至合格，并将浇注施工表面的不合格聚氨酯泡沫塑料清除后，才可继续施工。

2）喷涂发泡法施工。喷涂发泡法施工是在常温下通过计量泵按比例分别将两种不同物料的液体输送到混合器内进行充分搅拌，并用0.4~0.6MPa的压缩空气将其喷涂到隔热物的表面，经过5s左右反应、发泡而固化形成泡沫体。喷涂发泡法和浇注发泡法的基本原理相同，不同的是喷涂发泡法必须使用专用设备，并严格按要求做好各方面的安全防护措施。用喷涂发泡法进行聚氨酯泡沫塑料隔热保冷施工时应注意以下事项。

①绝热层采用喷涂发泡法施工时，施工前应按正式喷涂工艺及条件进行试喷。施工时，应在一旁另立一块试板，与工程喷涂层一起喷涂。试块可从试板上切取，当更换配比时，应另做试板。

②喷涂聚氨酯泡沫塑料时，其试喷、配料和拌制等要求应符合聚氨酯泡沫塑料浇注的有关规定。

③喷涂的施工应符合下列规定：

a. 可在伸缩缝嵌条上画出标志，或用硬质保温制品拼砌边框等方法控制喷涂层厚度。

b. 喷涂时可由下而上，分层进行。大面积喷涂时，可分段分片进行。搭接处必须结合良好，喷涂层应均匀。

c. 喷涂聚氨酯泡沫塑料时，应分层喷涂，一次完成。第一次喷涂厚度不应大于40mm。

d. 喷涂轻质粒料保温混凝土时，应待立喷或仰喷的第一层凝固后再喷第二层。

e. 在室外进行喷涂时，风力大于三级、酷暑、雾天及雨天均不宜施工。

④当喷涂的聚氨酯泡沫塑料有缺陷时，必须查清原因，再次试浇直至合格，并将喷涂施工表面的不合格聚氨酯泡沫塑料清除后，才可继续施工。

3）用软质材料施工。软质隔热材料材质柔软，富有弹性，不能抗压，大多都做成卷材，如矿渣棉毡、玻璃棉毡和岩棉毡；也可做成管壳制品如岩棉管壳等。用隔热卷材施工时，应将毡状材料剪成200～300mm宽的带子，以螺旋方式缠绕在管道或圆形设备上；也可以截取合适的长度，以原幅宽平包。简体设备两侧封头施工时，可在筒体外壁或毡状材料内侧涂一排宽100mm、间隔150mm的热沥青，以便贴紧固定。无论采用哪种形式都要边缠边压边包扎。捆扎间距：采用镀锌钢丝时为300mm；采用钢带时为400mm，并保证每块毡状材料不少于两道。直径小于350mm的管道隔热，可选用棉毡管壳制品，管壳内径应与管道外径一致，张开管壳切口部直接套在管道上，施工很方便。

设备和管道隔热施工做完后，接着包缠防潮层。采用油毡、聚乙烯塑料布、复合铝箔等防潮片材时，应铺设平整，搭接宽度为40mm，搭口用沥青或粘结剂贴牢，外面用钢丝或钢丝网捆扎。如果采用油毡防潮层，还应抹石棉水泥保护层，用于室外管道。如果采用聚乙烯塑料布作防潮层，可以直接缠绕在隔热材料表面，但塑料布经风吹日晒老化快，只适于作室内管道和设备的防潮层。图2-1所示为用两层岩棉毡绝热的单管结构。

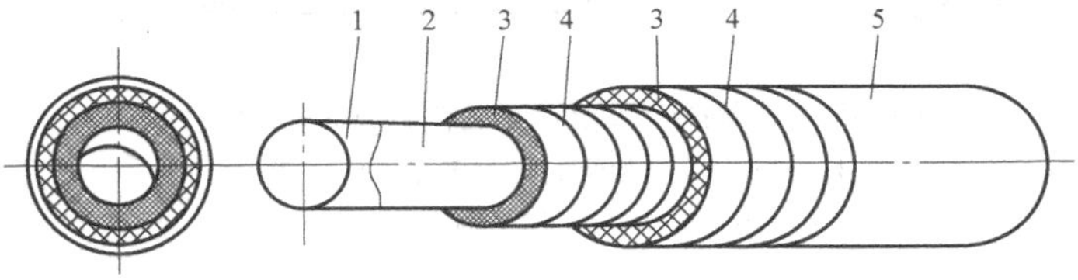

图2-1　用两层岩棉毡绝热的单管结构

1—管道　2—防锈漆　3—岩棉毡　4—捆扎钢丝　5—外缠塑料布

4）用硬质隔热材料施工。常用的硬质隔热材料有软木、膨胀珍珠岩、膨胀蛭石、聚苯乙烯泡沫塑料、硬质聚氨酯泡沫塑料等制品。这类制品质地较硬、弹性较小，具有一定的抗压强度，一般制作成板材、管壳和管件。施工时可以直接割、锯加工包扎设备和管道，并用粘结剂粘贴。直径较大的设备和管道，可用板材加工成楔形块进行包扎，并用粘结剂粘合接缝，绑扎镀锌钢丝或钢带，间距为200～400mm，然后再做防潮层和保护层。

①管道的绝热施工。软木板绝热的单管结构如图2-2所示，就是用软木板材制作的管道隔热结构。几根管道平行布置时，绝热结构可做成一个整体，如图2-3和图2-4所示。

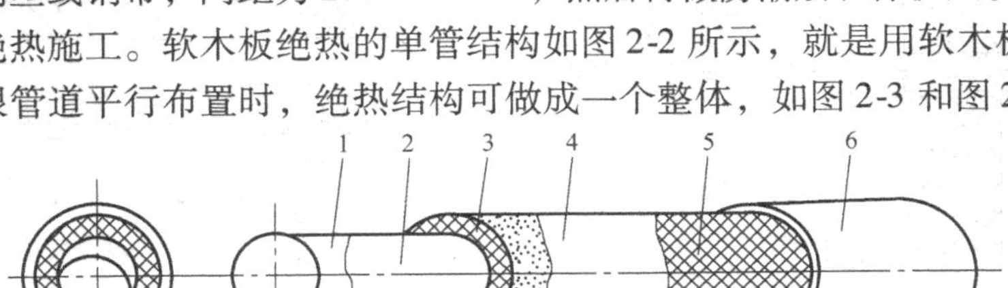

图2-2　软木板绝热的单管结构

1—管道　2—热沥青　3—软木板　4—沥青油毡　5—钢丝网　6—保护层

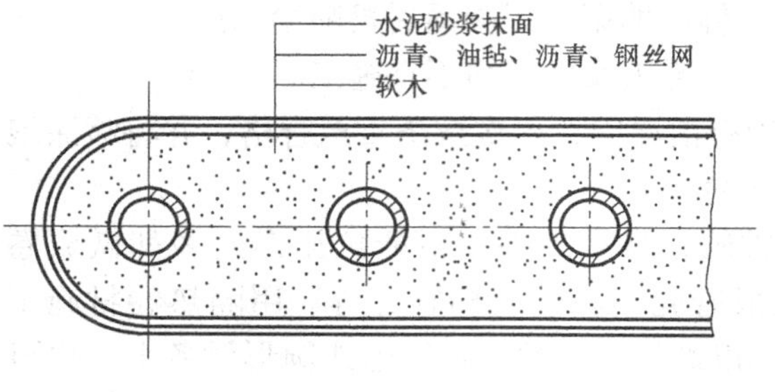

图 2-3 用钢丝网、水泥砂浆作保护层的多管绝热结构

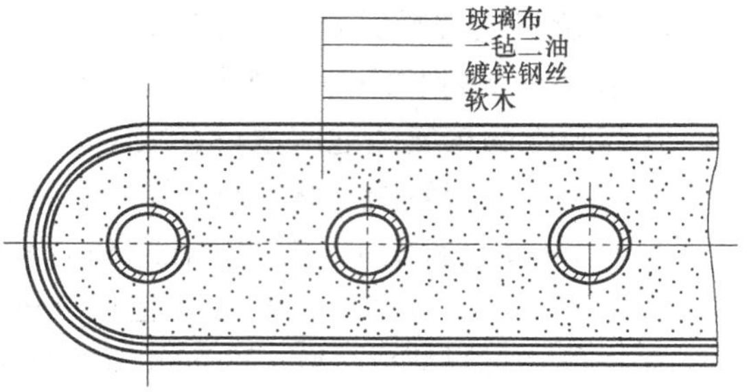

图 2-4 用玻璃布作保护层的多管绝热结构

直径小于 300mm 的设备和管道，常用隔热材料制成的半圆形管壳制品直接合扣上，外扎镀锌钢丝，管壳内径应与管道或容器外径一致，并用粘结剂粘合接缝，再做防潮层和保护层。图 2-5 所示为用膨胀珍珠岩管壳制作的管道隔热结构。

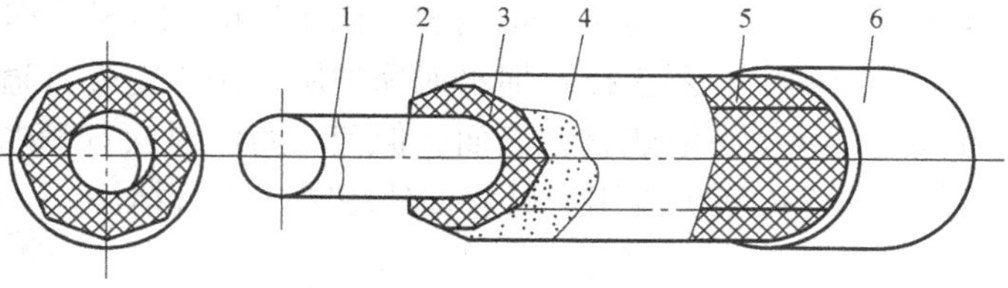

图 2-5 用膨胀珍珠岩管壳制作的管道隔热结构

1—管道 2—热沥青 3—膨胀珍珠岩管壳

4—沥青油毡 5—钢丝网 6—保护层

管道穿楼板和穿墙时，所做的绝热结构要防止发生“冷桥”，也要保证固定牢靠。具体做法可参照图 2-6 和图 2-7。

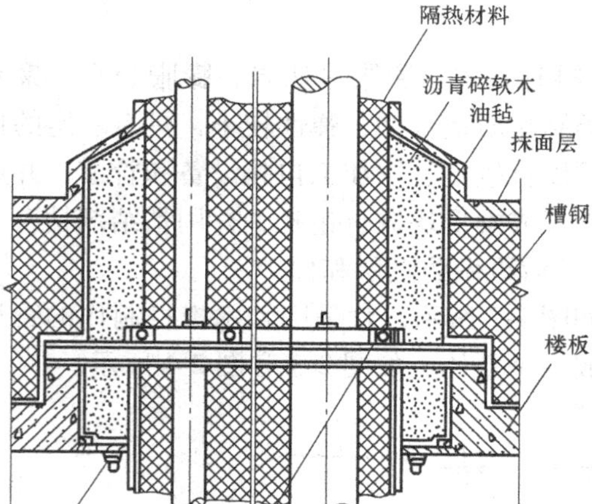

图 2-6 管道穿楼板的绝热结构

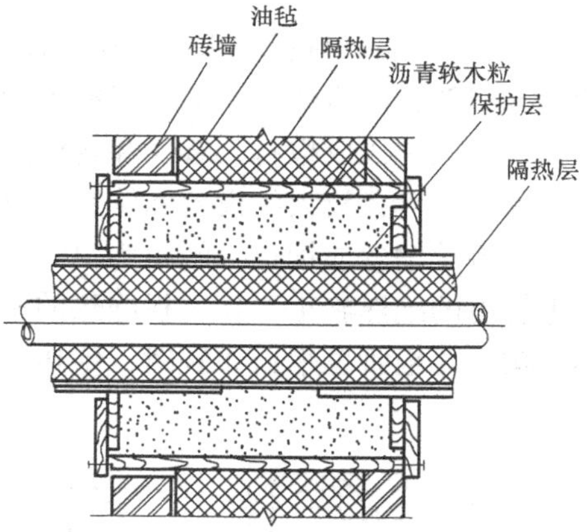

图 2-7 管道穿墙的绝热结构

②法兰的绝热施工。法兰的绝热层在法兰外缘处应加厚，在法兰两端形状不规则的部位需用沥青碎软木填实。其结构如图 2-8 和图 2-9 所示。

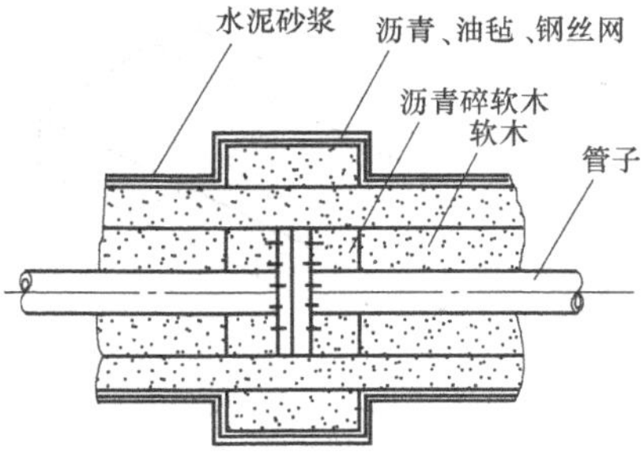

图 2-8　用铁丝网和水泥砂浆作保护层的法兰绝热结构

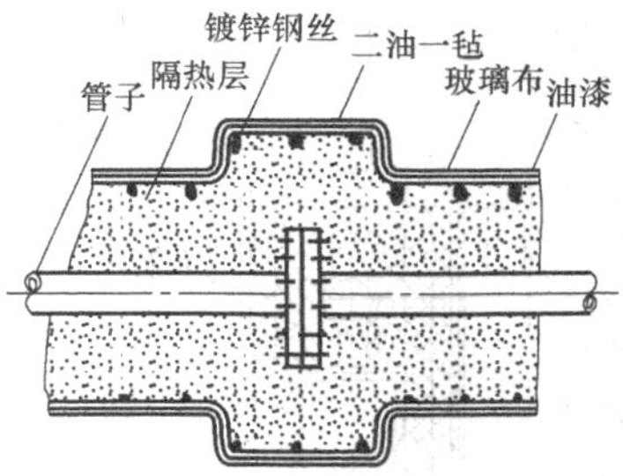

图 2-9　用玻璃布作保护层的法兰绝热结构

③阀门的绝热施工。阀门的保温结构在施工时，应考虑投产后操作和维修的方便。例如为了方便检修阀芯，阀门填料座上的法兰应在包上绝热材料后仍易于拆卸。阀门保冷结构如图 2-10 和图 2-11 所示。

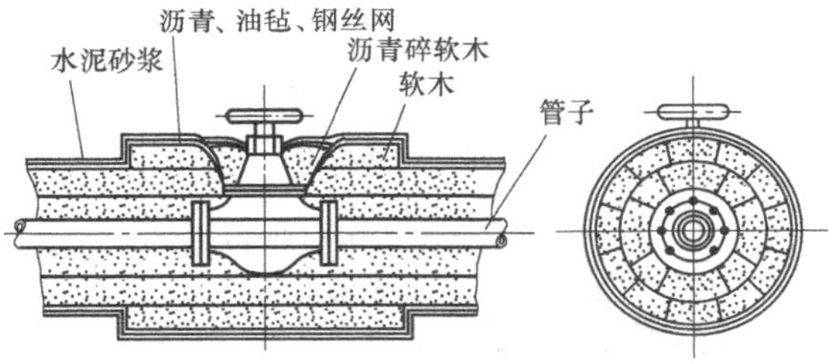

图 2-10　用铁丝网、水泥砂浆作保护层的阀门绝热结构

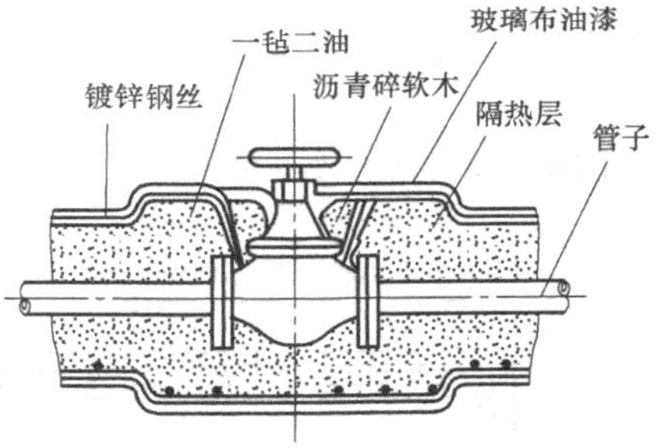

图 2-11　用玻璃布作保护层的阀门绝热结构

④调节站的保冷施工。调节站的绝热结构如图 2-12 所示。为了保证上、下集管以及其间的连管都能与保冷材料贴紧，应在施工前把保冷材料按集管和连管的尺寸做成预制块，预制块可制成一大块或制成数块拼接。图 2-13 所示为其中的一个预制块。

调节站绝热施工方法如下：

a. 刷净管子表面的脏物、浮锈。

b. 涂热沥青一道，立即贴上浸过热沥青的软木预制块，应使软木块与管壁贴紧，阀间空隙部分用沥青碎软木找平，然后涂沥青另贴一层软木，一直到达到要求的厚度为止。

c. 用热沥青贴油毡，搭接部分不得小于 50mm，在油毡上设 7mm × 7mm ~ 10mm × 10mm 的铁丝网，用“U”形卡钉将铁丝网钉在软木上，然后用 1∶2.5 水泥砂浆抹面，其厚度为 15 ~ 20mm。

⑤设备的绝热施工。制冷设备有卧式和立式两类，保冷结构的做法相似。图 2-14 所示为卧式桶的保温结构，图 2-15 所示为卧式设备绝热层的剖视图，图 2-16 所示为设备底座部位的保温结构，图 2-17 所示为桶体与管道连接处的绝热结构。

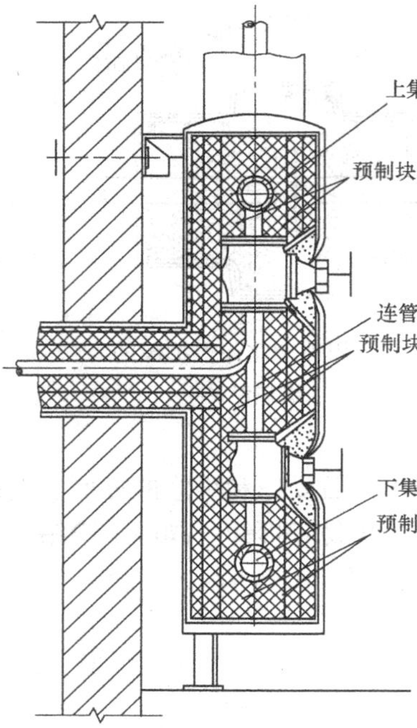

图 2-12　调节站的绝热结构

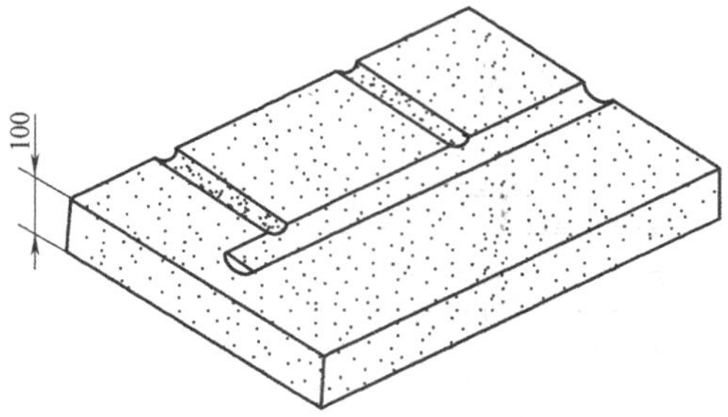

图 2-13　预制块

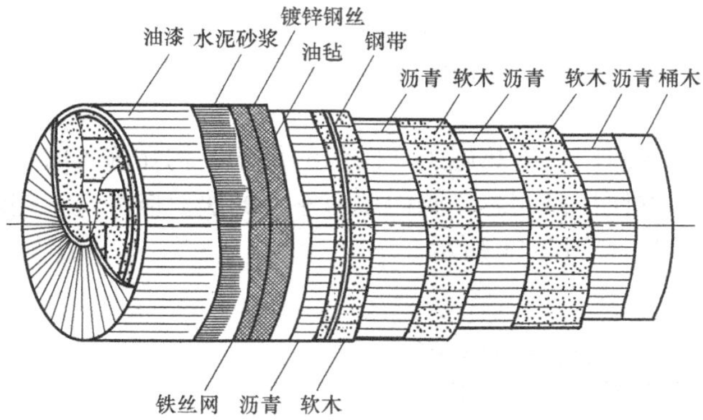

图 2-14　卧式桶的绝热结构

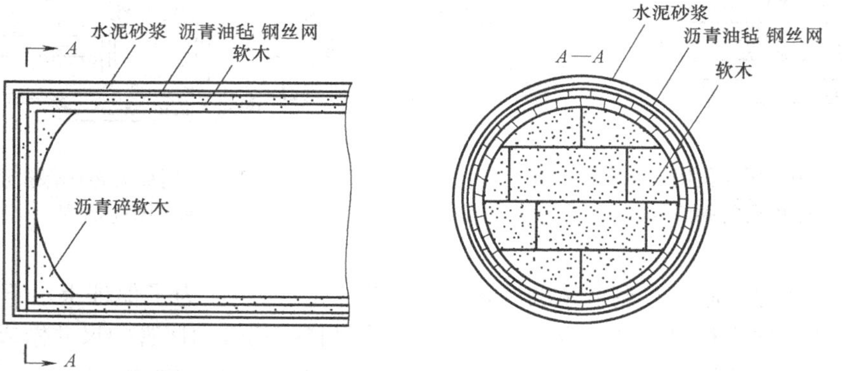

图 2-15　卧式设备绝热层剖视图

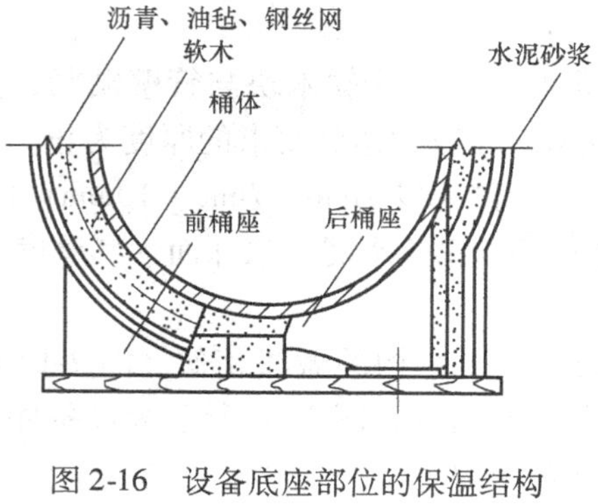

图 2-16　设备底座部位的保温结构

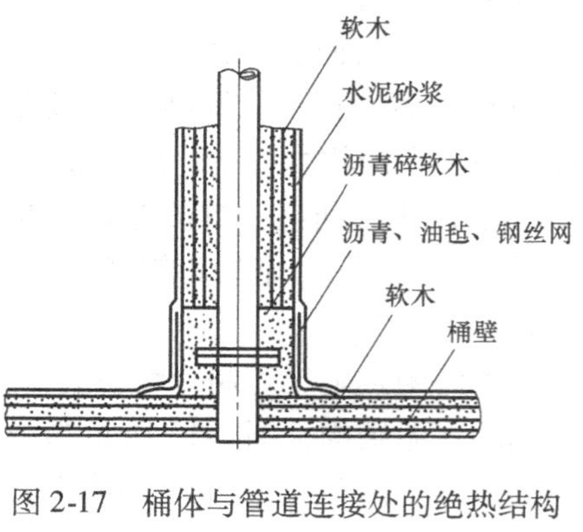

图 2-17　桶体与管道连接处的绝热结构

设备绝热施工方法如下：

a. 刷净设备表面。

b. 在干燥的表面涂上一层热沥青并立即贴上一层浸过热沥青的软木，软木应交错排列，并与设备贴紧，涂另一层热沥青后再贴另一层软木，直到达到要求的厚度为止。然后用镀锌钢丝或钢带扎紧（设备外径为300～450mm的，用14号镀锌钢丝；设备外径为450～650mm的，用10mm×0.4mm钢带；设备外径为650～900mm的，用12mm×0.4mm钢带）。每道钢丝的捆扎间距为1m。

c. 用热沥青贴油毡，搭接部分不小于50mm。

d. 在油毡上裹10mm×10mm的方格铁丝网，缠以镀锌钢丝1∶2.5水泥砂浆抹面，厚度为20～25mm，先打底后抹面，间距不大于150mm，然后用1∶2.5水泥砂浆抹面，厚度为20～25mm，先打底后抹面。

⑥热氨融霜管的保温。热氨融霜管的保温一般采用75mm的石棉麻刀灰抹成，如图2-18所示。

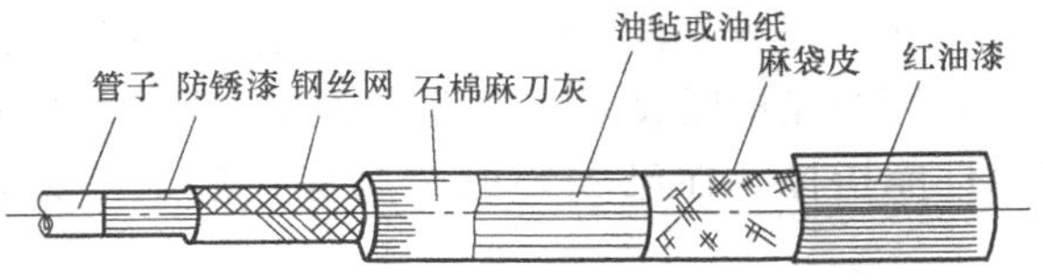

图2-18　热氨融霜管的保温结构

5）外保护层施工。保护层主要是保护绝热层不受机械损伤，设在室外的管道和设备不受雨、雪、风、雹等的冲、刷、压、撞。不管使用何种保护层都应当使外表平整光滑、美观。在绝热工程中常用做保护层材料的有：机房以及室外等要求美观的设备、管道采用金属薄板加工成的保护壳；处于偏僻位置的及无外观要求的设备采用涂抹法现场施工的水泥保护层；顶棚、夹道以及库房顶面等隐蔽部位的管道采用玻璃布外刷油漆作保护层，以及铝箔纸、蓝胶带、白色包扎带保护层的方法。

外保护层的施工应符合下列要求：

①金属保护层的材料宜采用镀锌薄钢板、薄铝合金板或彩钢板。当采用普通钢板时，其里、外表面必须涂敷防锈涂料。

②直管段金属护壳的外圆周长下料，应比保温层外圆周长30～50mm。护壳环向搭接一端应压出凸筋；较大直径管道的护壳纵向搭接也应压出凸筋；其环向搭接尺寸不得少于50mm。在弯头处可将直管绝热层加工成虾米腰敷设，当加工成虾米腰困难时，可采用软质毡、垫绑扎敷设。

③管道弯头部位金属护壳环向与纵向接缝的下料裕量应根据接缝形式计算确定。弯头与直管段上的金属护壳搭接尺寸，高温管道应为75～150mm；中、低温管道应为50～70mm；保冷管道应为30～50mm。搭接部位不得固定。

④设备及大型储罐金属保护层的接缝和凸筋应呈棋盘形错列布置。金属护壳下料时，应按设备外形先行排版划线，并综合考虑接缝形式、密封要求及膨胀收缩量，留出20～50mm的裕量。方形设备的金属护壳下料长度不宜超过1m；当超过1m时，应根据金属薄板的壁厚和长度在金属薄板上压出对角筋线。设备封头的金属护壳应按封头保温层的形状大小进行分瓣下料，并应一边压出凸筋，另一边为直边搭接，但也可采用插接。

⑤在安装金属保护层时，应将其紧贴保温层或防潮层。硬质保温制品的金属保护层纵向接缝处，可进行咬接，但不得损坏里面的保温层或防潮层。半硬质和软质保温制品的金属保

护层纵向接缝可采用插接或搭接。固定保冷结构的金属保护层，当使用手提电钻钻孔时，必须采取措施，严禁损坏防潮层。水平管道金属保护层的环向接缝应沿管道坡向，搭向低处。其纵向接缝宜布置在水平中心线下方的15°～45°处，缝口朝下。当侧面或底部有障碍物时，纵向接缝可移至管道水平中心线上方的60°以内。垂直管道金属保护层的敷设应由下而上进行施工，接缝应上搭下。立式设备、垂直管道或斜度大于45°的斜立管道上的金属保护层应分段固定在支承件上。

⑥有下列情况之一时，金属保护层必须按照规定嵌填密封剂或在接缝处包缠密封带：a. 露天或潮湿环境中的保温设备、管道和室内外的保冷设备、管道与其附件的金属保护层；b. 保冷管道的直管段与其附件的金属保护层接缝部位和管道支、吊架穿出金属护壳的部位。

⑦管道金属保护层的接缝除环向活动缝外，应用抽芯铆钉固定。保温管道也可用自攻螺钉固定，固定间距宜为200mm，但每道缝不得少于4个。当金属保护层采用支承环固定时，钻孔应对准支承环。大直径管道绝热层上的金属护壳，当一端采用螺栓固定时，另一端应为插接或S形挂钩支承，每块金属保护层上的固定螺栓不得少于2个。

⑧施工完毕或告一段落时，应当清扫保护层的外表面，使保护层外表面干燥、洁净，对已被破坏的保护层表面，应进行修补，保护层修补处的防腐材料的性能指标要求不低于原材料的性能指标。在已安装的金属保护层上严禁踩踏或堆放物品，否则应采取临时防护设施。

（3）制冷系统管道和设备绝热施工的注意事项

1）制冷系统管道和设备要在试压试漏合格后、灌注制冷剂以前进行保温制作。

2）在冷凝压力下工作的设备和管道一律不保温。

3）机房内在蒸发压力下的设备和管道以及其他低于环境温度的设备和管道，均需保温。隔热层、防潮层、保护层的材料性能及施工技术要求应符合现行国家标准GB/T 8175—2008《设备及管道绝热设计导则》的有关规定。

4）冷库中除冻结物冷藏间的供液管、回气管不做保温层外，通过其他冷间的供液、回气、排液管均应做保温层。相邻同温冻结物冷藏间的隔墙可不设隔热层，上下相邻的两层均为同温冻结物冷藏间时，其两层间的楼板也可不设隔热层。

5）严禁将需绝热的容器上的阀门、压力表及管件埋入隔热层内。自动阀门（止回阀、电磁阀）一律不包绝热层，必须露出两端法兰。安装浮球阀门式或电容式液位控制器的金属管，以及低温管路中过滤器的法兰均不做保温层，以便于维修。

6）绝热层在通过隔墙和保温墙时，必须连续而不能中断，保冷层应平整、密实，不得有裂缝、空隙和塌陷等缺陷，隔热层厚度的允许偏差为0～5mm。

7）绝热施工时，应严格按照设计要求施工，热氨融霜管应该保温，热氨融霜管不宜穿过冷间，否则会因热量散失，延长融霜时间。需保温的管道在穿过墙体或楼板时，其隔热层不得中断。

（五）制冷剂的充灌

制冷系统在上述试验和保冷工程完毕后，可进行制冷剂的充灌工作。

1. 制冷剂充灌量的确定

制冷剂可根据制造厂使用说明书中的规定量进行充灌。在无说明书及其他资料可参考时，则可根据系统各设备的具体情况，按表2-7中推荐的数值进行估算。

表 2-7　各制冷设备制冷剂的充灌量

设备名称	注氨量 体积百分比（%）	设备名称	注氨量 体积百分比（%）
冷凝器	15	氨液管	100
洗涤式油分离器	20	回气管	60
储氨器	70	氨泵强制供液：	
中间冷却器	30～50	“上进下出式”排管	25
再冷却器	100	“上进下出式”空气冷却器	40～50
氨液分离器	20	“下进上出式”排管	50～60
立式低压循环储液桶	30～35	“下进上出式”空气冷却器	60～70
卧式低压循环储液桶	25	重力供液：	
搁架式冻结设备	50	排管	50～60
平板式蒸发器	50	空气冷却器	70
壳管式蒸发器	80		

注：1. 氨液密度按 650kg/m^3 计算，R22 取 1300kg/m^3。

2. 洗涤式油分离器，中间冷却器和低压循环储液桶的充氨量有产品规定时，按产品规定取值。

按照上述推荐值，分别算出各设备及管道的充液容积，加在一起后，用下式计算出总的充液量：

$$G = \Sigma V\rho \tag{2-3}$$

式中　G——系统总充灌量，单位为 kg；

ΣV——系统总充液容积，单位为 m^3；

ρ——液体制冷剂密度，单位为 kg/m^3。

对于大型冷库，系统总的充氨量可按储液器总容积的 80% 来充灌。对小型氟利昂冷库，其充氟量可按 1kW 制冷量来估算：空调用系统取 2.0～2.5kg/kW，冷藏用系统取 1.5～2.5kg/kW。

2. 氨和氟利昂的充灌

（1）制冷系统充氨　制冷系统用液氨（钢瓶装或槽车装）的质量应符合现行国家标准 GB 536—1998《液体无水氨》的有关规定，并采用不低于一等品指标的液氨。充氨前要检查液氨的检验合格证。液体无水氨的技术指标见表 2-8。

表 2-8　液体无水氨的技术指标

指标名称	等　级		
	优等品	一等品	合格品
氨含量（%）	≥99.9	≥99.8	≥99.6
残留物含量（%）	≤0.1（质量法）	≤0.2	≤0.4
水分（%）	≤0.1	—	—
油含量/（mg·kg^{-1}）	≤5（质量法） ≤2（红外光谱法）	—	—
铁含量/（mg·kg^{-1}）	1	—	—

充氨操作前要准备好充氨工具、防毒面具、急救药品和橡胶手套等。操作时应遵守操作的安全技术规程，充氨现场严禁吸烟和明火作业。具体操作步骤如下（见图 2-19）：

1）将氨瓶置于磅秤上，瓶头朝下倾斜，与地面约成35°角，氨瓶嘴不应与地面接触。

2）用高压橡胶管（耐压应在3MPa以上）配合管接头或专用无缝钢管（焊有内接头，配有活接头）将氨瓶接到充氨站集管上，连接应牢靠。

3）微开氨瓶出液阀（人的面部不得朝向瓶口），检查充氨管及接头处的严密性。

4）记录氨瓶的质量。

5）打开充氨站通向高压系统的阀门，打开氨瓶的出液阀（约1/6圈），利用系统的真空状态直接向高压系统充氨。当系统内的压力升至0.1～0.2MPa（表压）时，应进行全面检查，无异常情况后，再继续充氨。当压力达到约0.4MPa（表压）时，再打开加氨站通向低压系统的阀门，向蒸发器充氨。为加快充氨速度，可起动水泵和压缩机，继续从低压系统充氨。一般先充到制冷系统需充氨量的60%～70%，让整个制冷系统投入正常运行，待用冷对象温度下降，显出氨循环量不足时再充。

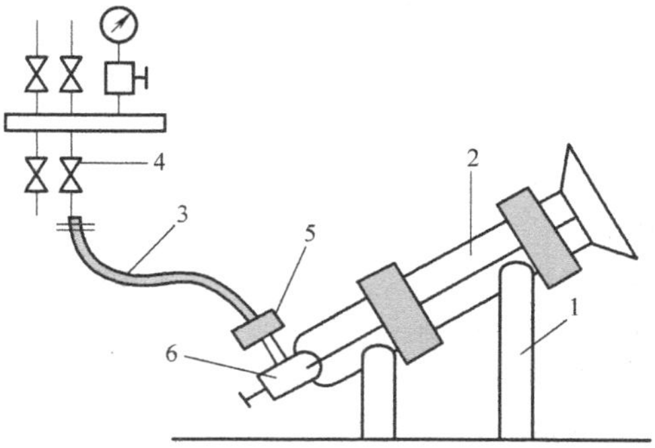

图2-19　系统充氨示意图

1—氨瓶架　2—氨瓶　3—橡胶管　4—充氨站阀　5—充氨嘴　6—氨瓶阀

若制冷系统需补充氨液，则应关闭高压桶的出液阀，打开充氨站通向低压系统的阀门，起动水泵和压缩机，从低压系统进行充氨。

6）若氨瓶出液阀处有“咝咝”声，瓶下部的霜层融化时，说明氨瓶内的氨基本用完。此时，应关闭氨瓶上的出液阀和充氨站上的充氨阀，拆下氨瓶阀口处的管接头，将空瓶称重，并记录充氨量。若充氨量不足，则应换上新瓶继续充氨，直到充够为止。

（2）制冷系统充氟利昂　向制冷系统充灌氟利昂，可采用低压端充注制冷剂或高压侧充灌制冷剂。制冷剂R134a、R22、R507可以采用气态充灌或液态充灌，制冷剂R401A、R402A、R404A、R407A、R407B、R407C、R410A必须采用液态充灌。

1）低压端充灌制冷剂。低压端充灌制冷剂是由压缩机吸气阀的多用通道处充入，如图2-20所示。它适用于中、小型系统首次充灌或制冷系统补充添加氟利昂。

其具体操作如下：

①将钢瓶直立安放在磅秤上，装上$\phi 6\text{mm} \times 1\text{mm}$纯铜充氟管或尼龙充氟管。

②将吸气阀逆时针方向倒足，拧下吸气阀多用通道堵头，装上接头，与充氟管另一头连接，但不拧紧，其他阀全开。

③缓慢打开氟钢瓶，将充氟管内的空气排净，然后拧紧接头，关闭钢瓶阀门。

④称准氟瓶质量，做好记录。开启钢瓶阀门，然后按顺时针方向转动吸气阀，使其处于三通位置，制冷剂蒸气靠自身压力由钢瓶进入系统。

⑤待制冷系统压力与钢瓶内压力平衡时，制冷剂不再进入系统。若系统的充氟量不够，则可先关闭储液器出口阀，接通冷凝器冷却水，开启压缩机继续进行抽气充灌。

⑥随时查看磅秤读数，当达到规定充氟量时，先关闭氟瓶阀门，逆时针开足吸气阀，关闭多用通道，停止压缩机运转，拆下连接管及接头，拧上多用通道螺塞。若一只钢瓶的充灌量不够时，可换上新钢瓶继续充灌，直至充够为止。

2）高压端充灌氟利昂。高压端充灌氟利昂多由排气阀多用通道处充灌，其操作方法与低压侧充灌基本相同。不同之处在于高压侧充灌的是氟利昂液体，氟瓶应倾斜放置在磅秤上，如图 2-21 所示。充灌时，利用钢瓶与系统间的压差将液体氟利昂充入系统。当压力达到平衡时停止充灌。若充灌量不够，则可改用低压侧充灌法继续充灌。

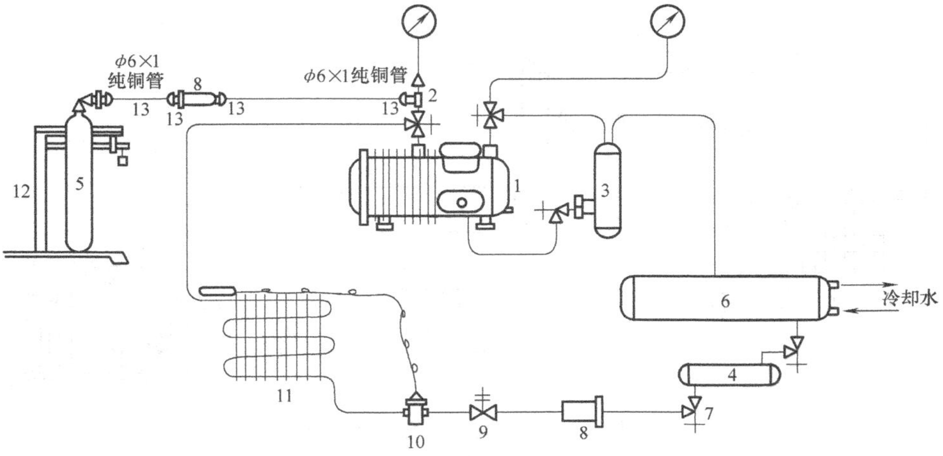

图 2-20　低压端充灌氟利昂

1—压缩机　2—三通接头　3—油分离器　4—高压储液器　5—氟利昂钢瓶　6—壳管式冷凝器　7—钢瓶接头　8—干燥过滤器　9—电磁阀　10—热力膨胀阀　11—蒸发器　12—磅秤　13—φ6 接管螺母

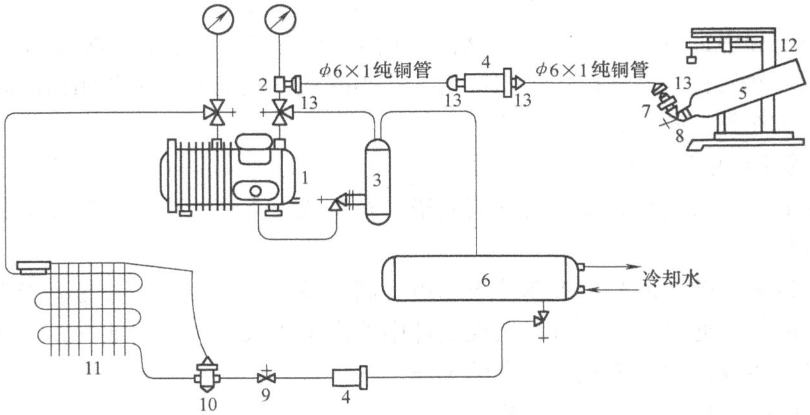

图 2-21　高压端充灌氟利昂

1—压缩机　2—三通接头　3—油分离器　4—干燥过滤器　5—氟利昂钢瓶　6—壳管式冷凝器　7—钢瓶接头　8—钢瓶阀　9—电磁阀　10—热力膨胀阀　11—蒸发器　12—磅秤　13—φ6 接管螺母

高压侧充灌法充灌的是氟利昂液体，且不起动压缩机，所以充灌速度快而且比较安全，适用于系统首次充灌氟利昂。但当钢瓶压力与系统压力达到平衡时停止充灌。

3）从加液阀处充灌氟利昂。这种方法充灌的是氟利昂液体，充灌速度快，一般大型系统均采用此法，如图 2-22 所示。其具体操作如下：

①关闭高压储液桶出液阀。

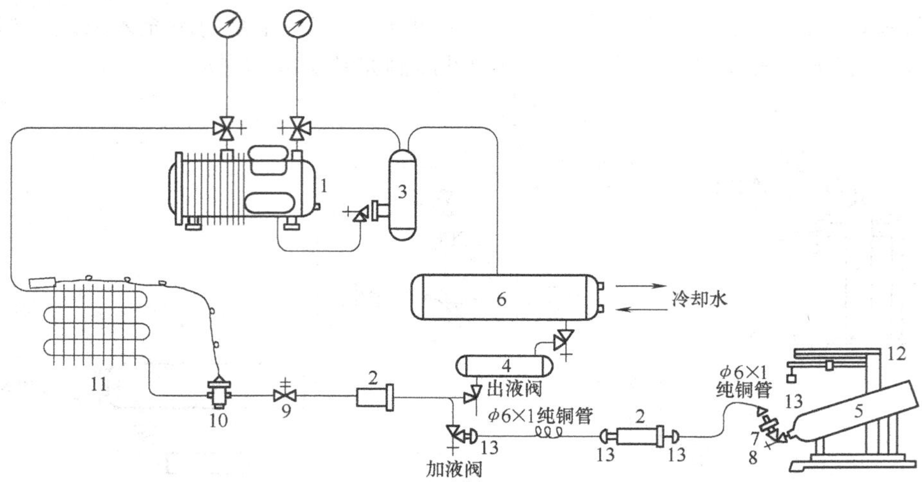

图 2-22 由加液阀处充灌氟利昂

1—压缩机 2—干燥过滤器 3—油分离器 4—高压储液器 5—氟利昂钢瓶
6—壳管式冷凝器 7—钢瓶接头 8—钢瓶阀 9—电磁阀 10—热力膨胀阀
11—蒸发器 12—磅秤 13—φ6 接管螺母

②将钢瓶水平或倾斜放置在磅秤上，向低压系统充灌氟利昂液体。首次充灌时，可先不开机，利用压力差直接向真空系统充灌氟利昂，当充灌速度较慢时，再起动压缩机。

③在充灌过程中，应注意观察高压储液桶内的液面。当液面接近 80% 时，应关闭加液阀，暂停充氟，然后打开高压储液桶出液阀，适当降低桶内液面后再关闭出液阀，打开加液阀，继续向系统充氟，一直到充足为止。

（六）制冷系统的试运行

制冷系统的试运行是指整个系统安装完毕，在正式投入运行之前，对整个制冷系统所做的运行调整过程。

制冷系统试运行的目的是检查制冷压缩机、制冷设备的各运行参数是否能满足工艺提出的各项要求。此外，通过调试还可以发现设计中考虑不周或不合理的地方，以及遗漏、错误之处，以便进一步改进和完善整个系统的工作。

1. 制冷系统试运行前的准备工作

制订好试运行方案及工作进度表，组织好试运行技术队伍，并明确试运行负责人选；准备好试运行所需的备品备件、零件及材料，并准备好工具和各种调试记录表格；水、电等能源供应均满足使用要求。

2. 冷库的空库降温

在冷库制冷系统的调试中，系统充灌制冷剂试运转的同时，冷库的空库降温就开始了。对于土建冷库，为了使建筑物内部的水分在库房降温过程中游析出来，避免建筑物由于所含水分结冰而遭受破坏，冷库的空库温度必须缓慢地逐步下降。

降温的速度应符合下列规定：

1）冷间温度在 4℃ 以上时，每天降温不超过 3 ~ 5℃。

2）冷间温度降至4～-4℃时，每天降温不超过2℃。

3）当冷间温度降至4℃时，应暂停降温，维持5～7天。

4）冷间温度降到-4℃以下时，每天降温不超过3℃，直至达到设计温度。

对于地坪表层为现浇钢筋混凝土面层的装配式冷库的降温，其初始降温时每天降温以不超过5℃为宜。库温降至2℃时，应保持2～3天；库温降到2℃以下时，每天允许降温4～5℃。

对于地坪也采用预制隔热板拼装而成的装配式冷库，空库降温速度不受上述规定的限制，但是必须将库温缓慢地降至设计温度，切不可短时间内将库温降至设计温度。

在冷库降温过程中，应将个别冷库门略微开启，以避免由于空气收缩引起局部真空而损坏冷库建筑。库温达到设计要求后，应停机封库24h以上，观察并记录库房自然温升情况及隔热效果。

3. *冷库的验收投产*

冷库安装竣工并完成正式运转前的各项准备工作后，由主建单位组织设计部门和施工单位进行工程验收。

（1）竣工验收的标准

1）主建单位与施工单位在合同中所约定的技术标准和有关内容。

2）设计图样和有关技术文件。

3）按GB 50231—2009《机械设备安装工程施工及验收通用规范》、GB 50275—2010《压缩机、风机、泵安装工程施工及验收规范》、GB 50274—2010《制冷设备、空气分离设备安装工程施工及验收规范》、SB J 12—2011《氨制冷系统安装工程施工及验收规范（附条文说明）》及SBJ 14—2007《氢氯氟烃、氢氟烃类制冷系统安装工程施工及验收规范》中的有关规定进行检验，并办理正式验收手续。

（2）竣工验收应具备的技术资料

1）设备开箱检查记录及设备技术文件、设备出厂合格证书、检测报告等。

2）制冷系统用阀门、自控元件、仪表等出厂合格证、检验记录或试验资料等。

3）制冷系统使用主要材料的合格证书和各种材质报告的证明文件。

4）基础复检记录及预留孔洞、预埋管件的复检记录。

5）隐蔽工程施工记录及验收报告。

6）设备安装重要工序施工记录。

7）管道焊接的探伤检验记录。

8）制冷系统排污及气密性试验记录。

9）系统带负荷试运转及降温记录。

10）设计修改通知单、竣工图。

11）施工安装竣工报告等其他有关资料。

冷库工程在未正式验收前，一律不准擅自局部或全部投产。

思考与练习

一、选择题

1. 氟利昂制冷系统的管道安装完成后应进行排污，应用（　　）（表压）的压力排污。

A. 0.5MPa　　B. 0.6MPa　　C. 0.2MPa　　D. 0.8MPa

2. 氨制冷系统加压试验，高压部分应用（　　）（表压）的压力。

A. 1.7MPa　　B. 1.8 MPa　　C. 2.3MPa　　D. 2.5MPa

3. R22 制冷系统加压试验，高压部分应用（　　）（表压）的压力。

A. 2.5MPa　　B. 1.8 MPa　　C. 1.2MPa　　D. 1.6MPa

4. R134a 制冷系统加压试验，高压部分应用（　　）（表压）的压力。

A. 2.5MPa　　B. 1.8 MPa　　C. 2.0MPa　　D. 1.6MPa

5. R410A 制冷系统加压试验，低压部分应用（　　）（表压）的压力。

A. 2.5MPa　　B. 1.8 MPa　　C. 2.0MPa　　D. 1.6MPa

6. 土建冷库的降温，当库温在4℃以上时，每天降温不超过（　　）。

A. 3～5℃　　B. 1～2℃　　C. 4～6℃　　D. 5～7℃

7. 对于地坪表层为钢筋混凝土面层的装配式冷库降温，每天降温以不超过（　　）为宜。

A. 3℃　　B. 4℃　　C. 5℃　　D. 6℃

二、问答题

1. 活塞式制冷压缩机调试前的准备一般有几个方面？其内容是什么？
2. 活塞式制冷压缩机拆卸检查的主要内容是什么？
3. 活塞式制冷压缩机清洗的目的是什么？
4. 活塞式制冷压缩机空车试运转的目的是什么？
5. 活塞式制冷压缩机空气负荷试运转应注意哪些方面？
6. 制冷系统的排污怎样进行？
7. 氨制冷系统的打压、抽空和加制冷剂检漏的要求是什么？
8. 氟利昂制冷系统的打压、抽空和加制冷剂检漏的要求是什么？
9. 制冷系统中制冷剂的充灌量应如何计算？
10. 简述氟利昂制冷剂在低压侧充灌的操作步骤，并画简图。
11. R410A 制冷剂充灌时要注意什么问题？
12. 简述氨制冷剂充灌的操作步骤，并画简图。
13. 土建冷库首次降温应如何进行？
14. 装配冷库首次降温应如何进行？
15. 冷库竣工验收应准备哪些技术资料？

项目三　制冷压缩机与设备的运行操作

一、学习目标

终极目标　掌握制冷压缩机的开停机程序和正常运行的标志；掌握制冷设备的日常操作。

基本目标

1）掌握活塞式制冷压缩机的开停机程序和正常运行的标志。

2）掌握螺杆式制冷压缩机的开停机程序和正常运行的标志。

3）掌握制冷设备的日常操作。

4）掌握制冷系统的放油、放空气和除霜操作。

5）熟悉活塞式冷水机组的操作。

6）熟悉螺杆式冷水机组的操作。

二、工作任务

根据不同制冷系统机器和设备的配置，完成制冷压缩机和制冷设备的操作，保证机器设备的正常运行。

三、相关知识

（一）活塞式制冷压缩机的操作程序

1. 氨活塞式制冷压缩机开机前的准备

（1）查看车间运行记录　了解压缩机停机的原因、冷间库温情况及需要冷负荷值，确定开机台数，做到压缩机合理运行。

（2）检查制冷压缩机

1）检查氨压缩机及电动机各运转部位有无障碍物、安全保护罩是否良好。

2）检查水套供水是否畅通。

3）检查曲轴箱的压力是否正常。如果压力过高，超过0.2MPa（表压力），应先对曲轴箱安全泄压至低于0.2MPa（表压力）。

4）检查曲轴箱油面。侧盖仅有一个油面玻璃视孔者，油面不得低于视孔的1/2；有两个油面玻璃视孔者，油面不得超过上视孔的1/2，不得低于下视孔的2/3。

5）检查各压力表的表阀是否全部打开。

6）检查油三通阀的指示位置是否在运转或“工作”的位置上。

7）检查能量调节手柄是否处于“零”位。

8）检查自动保护装置（如油压继电器，高、低压压力继电器等）的指针是否在所要求的数值上。

（3）检查系统管路上的阀门

1）高压部分。压缩机的排气阀、调节站的节流阀、热氨融霜阀、放油阀、放空气阀等应关闭，油分离器、冷凝器、高压储液器等管路上的截止阀和安全阀前的截止阀、压力表阀等均应开启。

2）低压部分。压缩机的吸气阀、各低压设备的放油阀、加压阀、融霜排液阀等均应关闭；液体调节站的供液阀和气体调节站的回气阀应根据需要进行开关；低压设备的压力表阀和安全阀前的截止阀等均应开启。

（4）检查有关容器的液面

1）高压储液桶内的液面高度不超过80%，不低于30%。

2）低压储液器通常不应有液位存在。如超过40%，应马上排液。

3）低压循环桶或氨液分离器内的液面应处于浮球阀或液位控制器的控制高度，若浮球阀失灵或无浮球阀控制时，液面不得高于总高度的60%，不得低于总高度的20%。

（5）检查中间冷却器（双级压缩时）

1）中间冷却器的液位应保持在浮球阀或液位控制器控制的高度上。当浮球阀失灵时，可采用手动节流阀向中间冷却器供液，使液位控制在50%左右。

2）中间冷却器的压力不得超过0.4MPa（表压力），如超过，应进行降压。

（6）检查其他设备　检查氨泵、水泵、风机等，均应处于工作前的准备状态。

（7）供水供电　起动水泵，向冷凝器、气缸盖冷却水套及曲轴箱油冷却器供水；向制冷压缩机的电控柜供电。

2. 氨活塞式制冷压缩机的开机操作

（1）新系列氨活塞式单级压缩机开机操作

1）转动油过滤器手柄数圈，以清除脏物，使油路通畅。

2）拨动联轴器2～3圈。转动应轻松、有惯性。若转动过紧，应检查其原因并加以消除。

3）接通电源。

4）打开压缩机排气阀。

5）起动压缩机。

6）观察调整油压，使油压比吸气压力高0.15～0.3MPa。

7）根据吸气压力、电动机电流及压缩机运行声音缓慢开启吸气阀。

8）将能量调节装置手柄从“零”位拨至最少缸数位置，然后每隔2～3min将能量调节装置拨高一档，并相应将吸气阀开大一些，逐步调整气缸上载（见图3-1）。

9）填好车间运行记录。记录开机时间和制冷压缩机的吸、排气温度，吸、排气压力，油压、轴封温度，冷凝器进、出水温度及运行情况等。

图3-1　活塞式制冷压缩机控制台

压缩机运行正常后，再开启调节站的有关供液阀。重力供液时，开启氨液分离器的供液阀；氨泵供液时，机器运转后起动氨泵，开启低压循环桶的供液阀；若低压循环桶的液位高于50%，应先起动氨泵，再起动压缩机。

(2) 新系列氨活塞式配组双级压缩机的开机操作

1) 起动高压级压缩机，其操作程序同单级压缩机。

2) 当高压级压缩机运转正常后，中间冷却器的压力降到0.1MPa（表压力）时，起动低压级压缩机。如果低压级压缩机由几台氨压缩机组成则应逐台起动，其操作程序与单级压缩机相同。

3) 当高压级压缩机的排气温度达到60℃时，开始向中间冷却器供液。

4) 中间冷却器的压力与蒸发压力和冷凝压力有关。一般当高、低压机容积比为1:2时，中间压力宜控制在0.25~0.3MPa（表压力）；容积比为1:3时，中间压力宜控制在0.35~0.4MPa（表压力）。

5) 当高压级压缩机的吸气温度与排气温度下降较快时，应首先关闭中间冷却器供液阀和高压级压缩机吸气阀，关小低压级压缩机吸气阀。同时要注意油压不得降低，中间压力不得升高。检查中间冷却器的浮球阀是否失灵，液面是否过高，必要时进行排液处理。若湿行程严重，应紧急停机，停止高压级压缩机之后立即停止低压级压缩机。

6) 根据库房负荷情况适当开启有关供液阀，如氨泵供液，起动氨泵。

7) 填好开机记录。

(3) 新系列氨活塞式单机双级压缩机的开机操作　单机双级氨压缩机和配组双级氨压缩机开机步骤相类似。但起动时，应首先开启高压级、低压级排气阀，低压缸的卸载装置应处于“零位”，运转正常后，再开启高压缸吸气阀，然后使低压缸逐步上载。

3. 氨活塞式制冷压缩机正常运行的标志

1) 曲轴箱油面应保持正常位置。

2) 油压应比吸气压力高0.15~0.3MPa。

3) 油温一般保持在40~60℃，最高不超过70℃。

4) 压缩机机体不应有局部发热现象，安全阀管道也不应发热。

5) 轴承温度不应过高，一般为35~60℃。

6) 轴封温度不应超过70℃，其他运转摩擦部件的温度不应超过环境温度30℃。

7) 水套和油冷却器的冷却水进、出口温差为3~5℃。

8) 吸气温度应比蒸发温度高5~15℃。

9) 制冷压缩机排气温度应低于140℃。一般国产系列化单级制冷压缩机排气温度为70~135℃；双级制冷压缩机的低压级排气温度为70~90℃；高压级排气温度为80~120℃。

10) 气缸中和曲轴箱中不应有撞击声。

4. 氨活塞式制冷压缩机的停机操作

(1) 正常停机

1) 氨活塞式单级制冷压缩机的正常停机。

①停机前10~30min先关闭液体调节站上的有关供液阀或停止氨泵运转。

②逐档调节能量调节装置手柄，减少工作缸数，当蒸发压力降低后，关闭压缩机的吸气阀。

③停止压缩机，当压缩机完全停止转动后关闭排气阀，切断电源。

④将能量调节装置手柄拨至“零位”或最小一档。

⑤停机 10min 后，关闭压缩机水套的供水阀，待全部压缩机停止运转后停止向冷凝器供水。在冬季，停水泵后，应将压缩机水套、冷凝器中的存水放净，以免冻裂。如果停机时间较长，应将氨液收集储存于高压储液桶内，以减少泄漏和事故。

⑥在关闭阀门手轮上挂上“关”字的标志牌以示区别。

⑦填好车间停机记录。

2）氨活塞式双级制冷压缩机的正常停机。

①关闭供液调节站上的供液节流阀或停止氨泵供液。关闭中间冷却器供液阀。

②先关低压缸的吸气阀，如果是配组双级压缩机，应先停低压级压缩机，其他程序同单级制冷压缩机。

③待中间压力降到 0.1MPa（表压力）时，关闭高压缸吸气阀。如果是配组双级压缩机，停高压级压缩机的程序同单级制冷压缩机。

④按下“停机”按钮，并切断电源。当机器停止转动的同时，再关闭高压缸排气阀和低压级排气阀。

⑤停机 10min 后，停止冷却水系统的工作。

⑥在关闭阀门手轮挂上“关”字的标志牌以示区别。

⑦填好车间停机记录。

（2）非正常停机　非正常停机又称为事故停机，主要有如下几种情况：

1）突然停电停机。运转中遇到这种情况时，应先切断电源开关，以防突然来电而造成事故（有的电气系统有失压保护，在断电后能自动切断电路），并立即将压缩机的吸气阀、排气阀关闭，同时关闭有关的供液阀。待查明原因，修复后才可开机。

2）突然停水停机。冷却水突然中断时，应立即切断电源，停止压缩机运行，关闭其吸、排气阀和有关供液阀。查明原因，故障消除后才可开机。

3）遇火警停机。当与冷库相邻的建筑物发生火灾并威胁到制冷系统的安全时，应立即切断电源，对氨系统应迅速打开高压储液捅、中间冷却器、蒸发器等各制冷设备排液阀，启用紧急泄氨器将氨液迅速排出，防止因火灾蔓延而引起制冷系统发生爆炸事故。这种处理只能在万不得已的情况下才进行，还须征得主管部门和消防部门同意，不可随意进行。

4）机器设备发生故障时的停机。当压缩机在运转中，如果机器设备发生严重故障而急需停机，应立即切断电源开关，再关闭吸、排气阀和有关供液阀，抢修机器、设备。待故障排除后才可开机。

5. 氟利昂活塞式制冷压缩机的开、停机及正常运行的标志

（1）氟利昂活塞式制冷压缩机的开机　氟利昂活塞式制冷压缩机的开机操作基本上与氨活塞式制冷压缩机的开机操作相同。但由于氟利昂制冷剂的性质与氨不同，与氨活塞式制冷压缩机相比又有一些不同点。

1）氟利昂活塞式制冷压缩机开机前的准备工作。氨活塞式制冷压缩机开机前的准备也适用于氟利昂活塞式制冷压缩机开机前的准备。此外，还应做好以下难备：

①采用风冷式冷凝器时，应先起动风机，保证风量充足、风路畅通，然后再起动压缩机。

②没有曲轴箱油加热器的制冷压缩机，切忌让曲轴箱油温降低，应空载转动压缩机，使油中溶解的氟利昂蒸发；有曲轴箱油加热器的制冷压缩机，应将曲轴箱的油加热，使油中溶

解的氟利昂蒸发，以免开机时造成油压过低或“奔油”现象。

2）氟利昂活塞式制冷压缩机的开机操作过程如下：

①开启压缩机的排气阀、吸气阀及有关阀门。

②盘动压缩机联轴器数圈，应轻松有惯性。

③接通电源，起动压缩机，听声音是否正常，看油压是否正常。

④开启供液截止阀，检查电磁阀是否联动，电磁阀后采用热力膨胀阀。应检查开机后能否自动调节供液。

（2）氟利昂活塞式制冷压缩机的停机操作

1）缓慢关闭压缩机的吸气阀，关闭供液截止阀。

2）随着曲轴箱内压力的降低，按次序进行能量卸载。

3）当曲轴箱内的压力下降到规定值时停止压缩机转动。

4）把选择开关拨到停止位置。

5）关闭压缩机的排气阀。

6）关闭冷凝器的出液阀和进出水阀，停止水泵的运转。自控机组在短期停机时可不关阀门。

7）在冬季长时间停机时，应将冷凝器内的积水放干净，以防止冻裂水管或水盖（指卧式壳管式冷凝器）。在长期停机不使用时，应预先将制冷剂收在储液器或冷凝器（无储液器时）内。

8）停机时间较长时，应将各阀的阀盖拧紧，并将机器擦干净。

（3）氟利昂活塞式制冷压缩机正常运行的标志

1）压缩机的吸气温度不宜超过15℃（指冷库系统的工况下）。

2）工质为R22时，压缩机的排气温度不大于145℃；工质为R12时，压缩机的排气温度不大于125℃；一般采用R22时，其排气温度为80～140℃；采用R12时，其排气温度为70～120℃。

3）工质为R22时，压缩机的排气压力不大于1.5MPa（表压力）；工质为R12时，排气压力不大于1.2MPa（表压力）；工质为R22时，排气压力为1.0～1.4MPa（表压力）；工质为R12时，排气压力为0.8～1.0MPa（表压力）。

4）油压应比吸气压力高0.15～0.3MPa。

5）运转中润滑油的油温，对于开启式机组，不应大于70℃；对于半封闭式机组，不应大于80℃。

6）油位对单视孔压缩机不低于视孔的1/2；对双视孔压缩机应在下视孔的2/3以上，上视孔的1/2以下。

7）油分离器装有自动回油装置，应能自动回油。

8）检查温度控制器，应能按预定的温度停机或开机。

9）机器运转声音正常，不应有敲击声和异常杂声。

10）膨胀阀内制冷剂流通正常，无阻塞现象。用于制冷时，它的低压侧结霜，用于空调时，低压侧结露。

6. 活塞式制冷压缩机的加油操作

（1）氨活塞式制冷压缩机的加油操作　加油前应检查冷冻机油的规格、型号和质量，应符合压缩机的使用要求，并将其称重。加油的方法有以下几种：

1）利用压缩机油泵从油三通阀加油。其具体操作方法如下：

①按正常程序起动压缩机。

②将加油管内灌满冷冻机油，排走空气。然后将其一端套在油三通阀的加油接头上，一端（应带有过滤装置）插入油桶内，并不得露出油面。

③将油三通阀手柄由“运转”位置拨到“加油”位置，冷冻机油即经油路系统进入压缩机内。注意，在加油过程中加油管口始终不得露出油桶内的油面，以免吸进空气。当曲轴箱油面达到要求时，将油三通阀手柄由“加油”位置拨回“运转”位置。

④加油操作完毕，称剩余油量，算出加油量，填入记录表内。

2）利用大气压力与曲轴箱的压力差加油。此方法适用于没有油三通阀的压缩机的加油。其具体操作方法如下：

①压缩机正常运转中，关小压缩机的吸气阀，以增大曲轴箱与大气的压差。但油压不能过低，应及时调整好。

②当曲轴箱的压力低于外界大气压时，打开加油阀使冷冻机油在大气压力作用下，从油桶通过加油阀自动流入曲轴箱内。

③当曲轴箱的油面达到规定要求时，关闭加油阀。逐渐开大压缩机吸气阀，恢复正常运转。

④记录好加油量，拆下加油管。

3）利用专用油泵加油。此种方法是将固定的油管和油泵、储油器与每台压缩机连接起来，当压缩机需要加油时只需起动油泵，打开压缩机加油阀即可对一台或几台压缩机同时加油。既不影响压缩机的正常工作，也有利于机房卫生。

（2）氟利昂活塞式制冷压缩机的加油操作　氟利昂制冷压缩机组正常运转时排至系统的油可经油分离器自动回到曲轴箱内，因此压缩机的耗油量很少，无需经常加油。新安装的制冷压缩系统在初期，由于某些部件的壁间、管壁等会产生油膜而留下一定量的油，因此需补充一定量的油。若发现耗油量多，需经常加油，这表明系统或压缩机存在故障，需及时检查、修理。

加油的方法有以下几种：

1）从油三通阀加油。系列化制冷压缩机从油三通阀加油，其操作方法同氨活塞式制冷压缩机操作相同。

2）从曲轴箱上部加油孔加油。此方法适用于没有油三通阀、加油量较多的压缩机。其具体操作方法如下：

①关闭压缩机吸气阀，起动压缩机的同时打开排气阀，将曲轴箱内制冷剂排入冷凝器或储液器内，待曲轴箱压力低于大气压力时停机，并关闭排气阀。

②拧下加油孔螺塞，将加油管插入加油孔内，向曲轴箱加油。

③当达到要求油位时，停止加油，拧好螺塞，经排空后可投入运行。

3）从吸气阀旁通孔加油。此方法适用于没有油三通阀、加油量少的小型压缩机的加油。其具体操作方法如下：

①关闭吸气阀多用通道，拧下吸气阀多用通道螺塞，装上已备好的锥形接头和铜管（或尼龙管），并用手指堵住管口（见图3-2）。

②关闭吸气阀，使多用通道与曲轴箱相通，与低压系统断开，然后起动压缩机。

③当曲轴箱接近真空状态、堵管口的手指感到有较强的吸力时，停机并迅速关闭排气阀，使高压腔与冷凝器断开，然后缓慢旋松排气阀多用通道旋塞，将排气腔内的高压气体放入大气。

④把吸油管口浸入油桶并松开手指。在大气与曲轴箱内压力差的作用下，油从油通进入曲轴箱。在加油过程中，加油管口始终不得露出油桶内的油面。

⑤观察曲轴箱油面是否达到要求。若油面没有达到要求，而加油管口已无吸油能力时，用手指堵住管口，起动压缩机对曲轴箱再抽真空，继续加油，直到达到要求为止。

⑥拆下油管和锥形接头，拧紧吸气阀多用通道螺塞。起动压缩机，将曲轴箱内空气抽出，当听不到排气声时，将排气阀旁通螺塞迅速拧紧，并同时停机。

⑦打开压缩机的排气阀、吸气阀。加油工作结束。

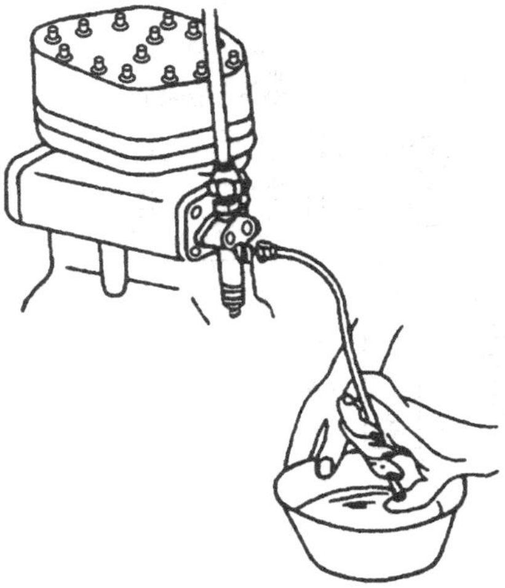

图 3-2　从吸气阀旁通孔加油

（二）螺杆式制冷压缩机组的操作程序

螺杆式制冷压缩机近年来发展迅速，应用也越来越广泛。螺杆式制冷压缩机的适用条件见表 3-1。图 3-3 是典型的喷油螺杆式单级制冷压缩机组系统流程图。

表 3-1　螺杆式制冷压缩机的适用条件

项　　目	单级压缩机		双级搭配低压级压缩机	
制冷剂	R717	R22	R717	R22
排气压力	≤1.67		≤0.6	
对应饱和温度/℃	45	46	≤13.8	≤10.9
吸气压力/MPa	-0.045~0.57	-0.017~0.62	-0.07~0.052	-0.05~0.101
对应饱和温度/℃	-45~12.5	-45~12.5	-55~-25	-55~-25
油压/MPa	高于排气压力 0.1~0.3			
油温/℃	30~65			
冷却水进口温度	15.5~33			
冷却水流量偏差	±10%			

螺杆式制冷压缩机开机前对制冷系统及冷却、冷媒系统的检查，与前述活塞式制冷压缩机的检查工作相同。

1. 开机前对螺杆式制冷压缩机组的检查

1）检查机组四周有无障碍物。

2）观察油位：润滑油液面在油镜中间位置偏上。

3）检察能量指示是否在零载位，若不在，先起动油泵减载到零载位。

4）检查机组阀门状态（见表 3-2）。

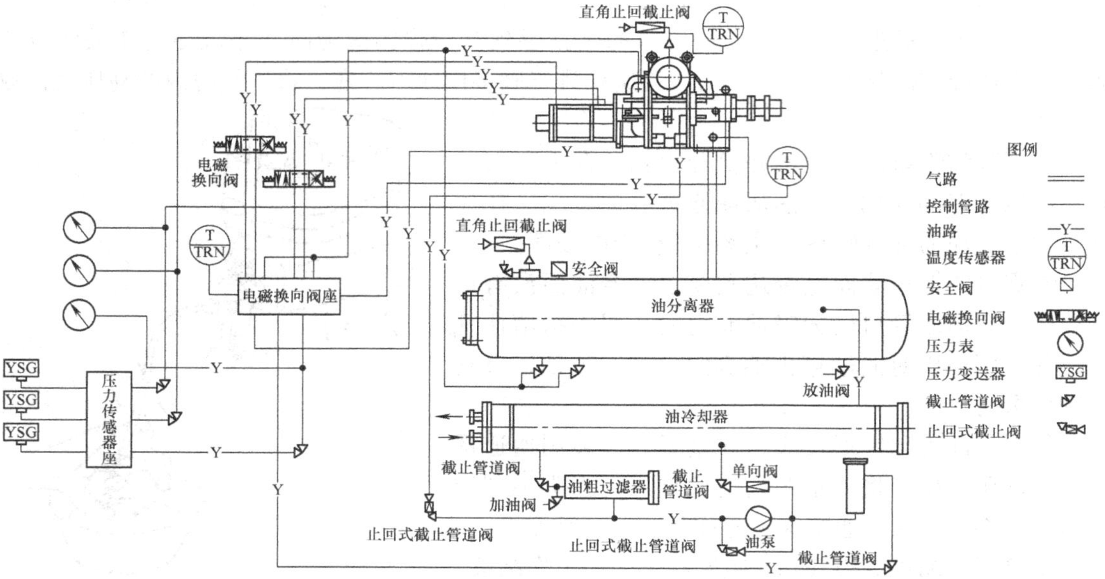

图 3-3 典型的喷油螺杆式单级制冷压缩机组系统流程图

表 3-2 螺杆压缩机阀门状态

工作状态 / 阀门名称	机组操作状态				备注
	停机		运行		
	暂时停机	长期停机或检修	调试阶段	正常工作阶段	
压缩机吸气阀	关	关	慢开	开	自动型暂时停机时开
压缩机排气阀	关	关	开	开	
油分离器与油冷却器间截止阀	开	开	开	开	部件检修时关
油泵与油冷间截止阀	开	开	开	开	
油泵与油分配器间截止阀	开	开	开	开	
加油截止阀	关	关	关	关	加油时开
均压截止阀	关	关	关	关	机组停机与起动时开，自动型开
均压电磁阀	关	关	关	关	仅自动型配置，机组停机与起动时开
压差供油节流阀	微开	微开	微开	微开	
安全阀前的截止阀	开	开	开	开	
油分放空阀	关	关	关	关	
压力表（压力传感器）阀	开	开	开	开	部件检修时关
补油截止阀	关	关	关	关	
回油截止阀 1	开	开	开	开	
回油截止阀 2	关	关	关	关	定期开
回油节流阀	微开	微开	微开	微开	

（续）

工作状态 阀门名称	机组操作状态				备　注
	停　机		运　行		
	暂时停机	长期停机或检修	调试阶段	正常工作阶段	
油分、油冷排污阀	关	关	关	关	
制冷剂油冷放油阀	关	关	关	关	定期开
油冷放气阀	关	关	关	关	
经济器供液截止阀	关	关	满载时开	满载时开	
经济器排污阀	关	关	关	关	自带经济器，有排污阀，定期开
经济器供液节流阀	微开	微开	微开	微开	
经济器供液电磁阀	关	关	开	开	自动型、自带经济器的机组有
补气截止阀	关	关	满载时开	满载时开	二次进气、自带经济器的机组有
能量调节油过滤器截止阀	开	开	开	开	部件检修时关

5）检查油冷却器，根据环境温度及油温，调整水冷式油冷却器的水流量或工质冷却油冷却器的工质流量。

2. 螺杆式制冷压缩机组的开机

（1）手动型螺杆式制冷压缩机组的开机

1）合上主电动机电源和控制电源（见图3-4）。

2）起动油泵，调节油压差，油压高于排气压力0.15～0.3MPa。

3）起动主机，待转换后缓慢开启吸气截止阀。

4）对压缩机逐渐增载，缓慢开启吸气阀，保证吸气压力在机组正常工作范围内，且所配电动机不超载运行，直至全部打开。

图3-4　螺杆式压缩机控制台

5）开启调整二次回油节流阀。

6）记录设备运行参数。

螺杆机组主要运行参数：排气压力、吸气压力、补气压力、油压、压缩机负荷、供油温度、冷却水进口温度、冷媒水出口温度、电动机电流等。

（2）自动型螺杆式制冷压缩机组的开机　国内开发的自动型螺杆式制冷压缩机由PLC可编程控制器、触摸屏、压力压差控制器、压力传感器等元件与控制柜一起组成一套完整的显示控制系统，共同完成对螺杆式制冷压缩机的控制。

1）触摸屏操作说明如下：

①初始画面。当机组首次通电并且没有报警时触摸屏显示首页，如图3-5所示，按“▼”键进入主菜单画面。

②主画面。图3-6所示为触摸屏的主菜单选择画面，操作人员可以选择进入任意所列画面。

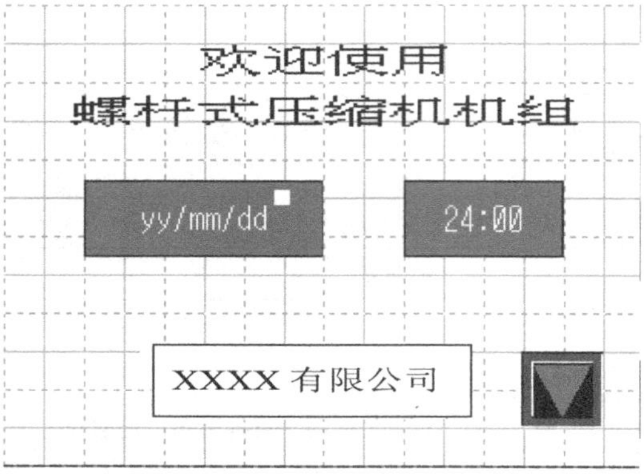

图 3-5　初始画面

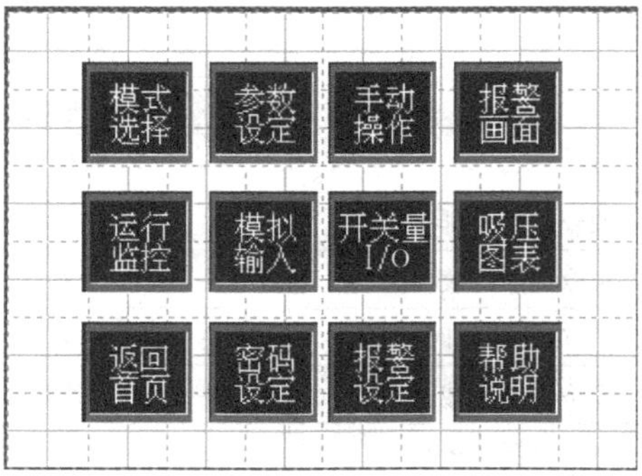

图 3-6　主画面

③参数设定画面。在菜单选择中按下“参数设定”后，进入参数设定画面，如图 3-7 所示。

按下修改参数后面的“进入”，进入参数密码画面，如图 3-8 所示。在输入正确的密码后，进入参数设定画面，如图 3-9 所示。在此画面中，操作人员可以修改吸气压力、电流、排气压力、重启延时时间的设定值。

按下重要参数后面的“进入”，进入重要参数密码画面，如图 3-10 所示。在输入正确的密码后，进入重要参数修改画面，如图 3-11 所示。在此画面中，操作人员可以修改 PID 调节参数、最大增减载时间、最小增减载时间、互感器变比值、机组系列等重要数值。注意：非调试人员请勿随便修改设定值。

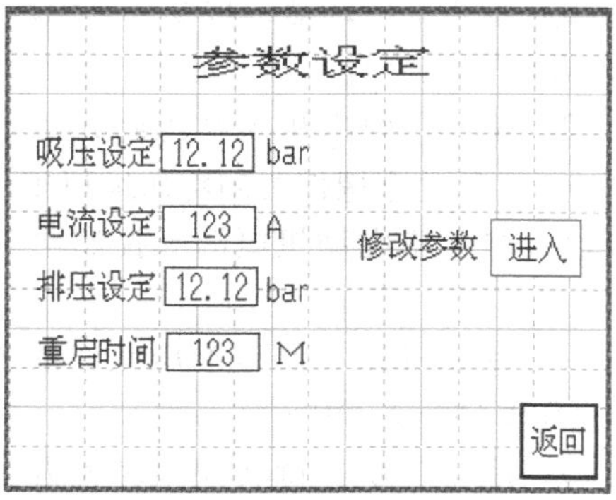

图 3-7　参数设定画面

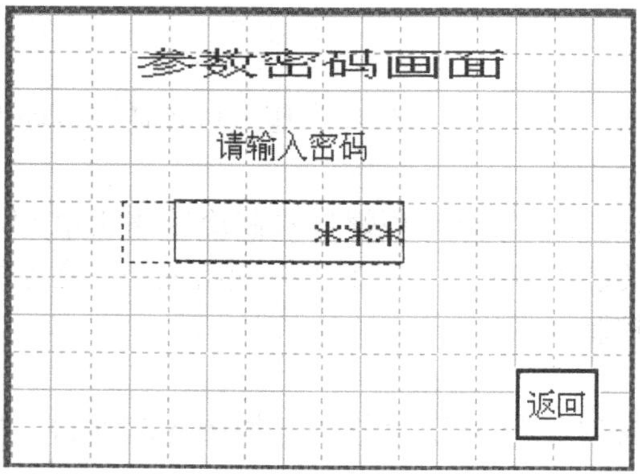

图 3-8　参数密码画面

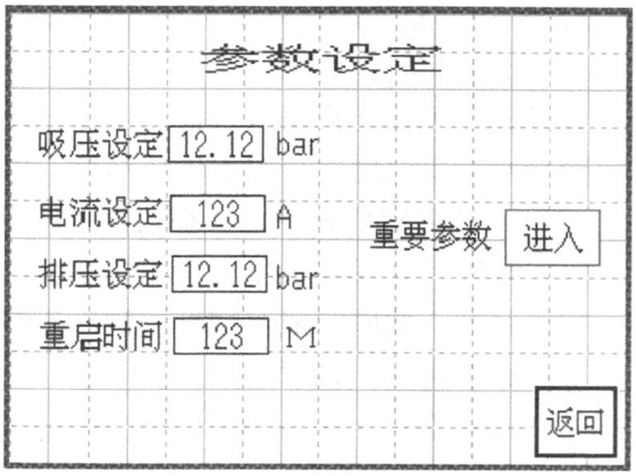

图 3-9　参数设定画面

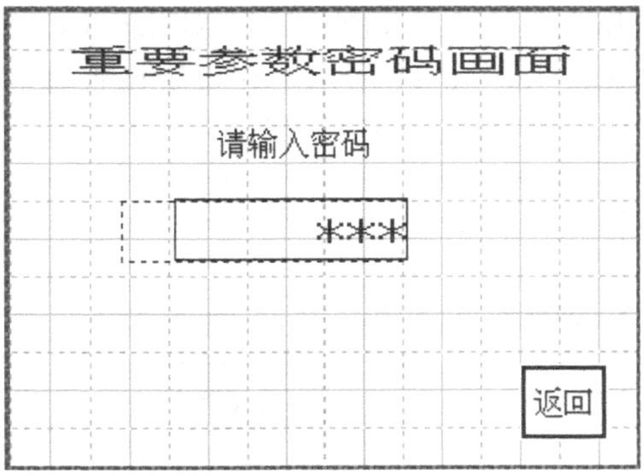

图 3-10　重要参数密码画面

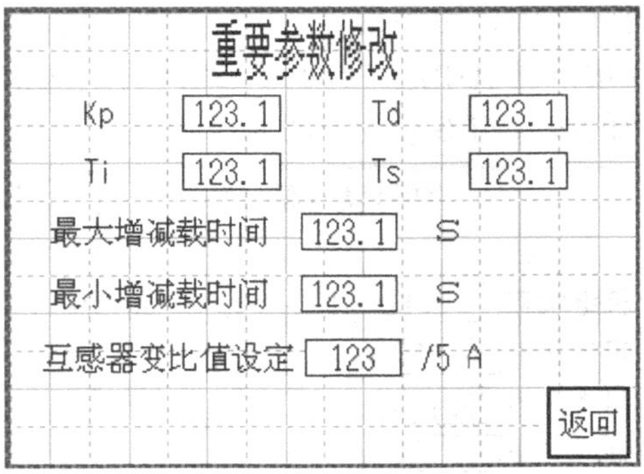

图 3-11　重要参数修改画面

用手指轻轻按下要修改的参数值，画面弹出键盘，操作人员应先按下键盘右下方的“Clr”按键清除当前数值，然后按需要输入新数值，最后按下“Enter”键确认。如果不进行修改，可以按下最上方的“Esc”键取消修改。注意，在输入数值的过程中触摸屏会有声音提示，数值不能超出设定范围。

按下“返回”按键，则返回上一级菜单。

④模式选择画面。图 3-12 所示为模式选择画面。机组的运行模式有三种，即“本地自动”、“调试状态”和“远程自动”，但操作人员每次只能选择一种运行模式。“投入/退出切换”可在选择好一种运行模式后，选择机组运行或停止。为了防止误操作，按下“投入/退出切换”后，会有小画面弹出。操作人员按下确认后命令才真正地被送下去。

⑤运行监控画面。图 3-13 所示为运行监控画面，操作人员通过此画面可以一目了然地观察各种参数。此画面中的参数均为只读参数。

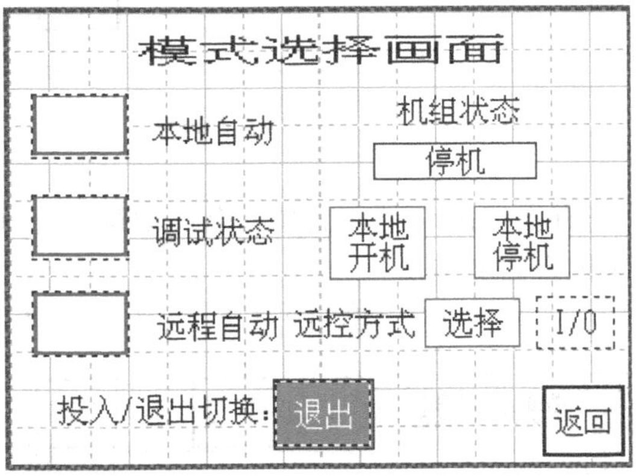

图 3-12　模式选择画面

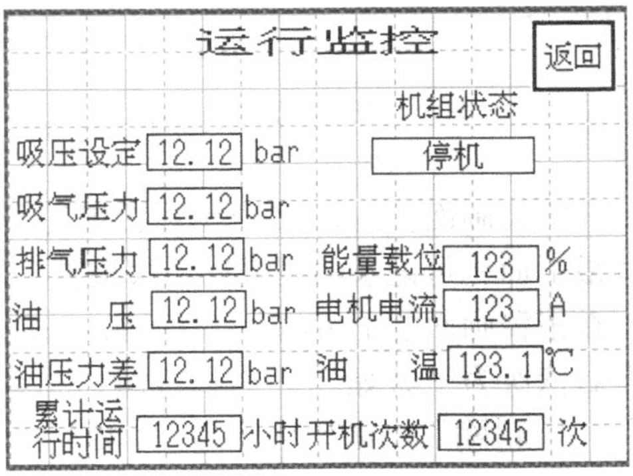

图 3-13　运行监控画面

⑥手动操作画面。图 3-14 所示为手动操作画面。在这一画面中，操作人员可以进行手动开/停机、手动上/卸载的操作。但是操作的前提是选择运行模式为调试状态，否则，手动操作无效。

⑦报警设置画面。在图 3-15 所示的报警设置画面里，操作人员只能浏览各种报警设置，如果需要修改，则按下修改参数按键进入报警设置密码画面，如图 3-16 所示。在报警设置

密码画面中，用手指轻点黑框会弹出键盘，提示操作人员输入正确的密码。如果密码正确，则在按下键盘中的“Enter”的同时进入报警设置画面，如图 3-17 所示。在报警设置画面中参数的修改与参数设定的修改相似。如果密码不正确，则会提示密码错误。

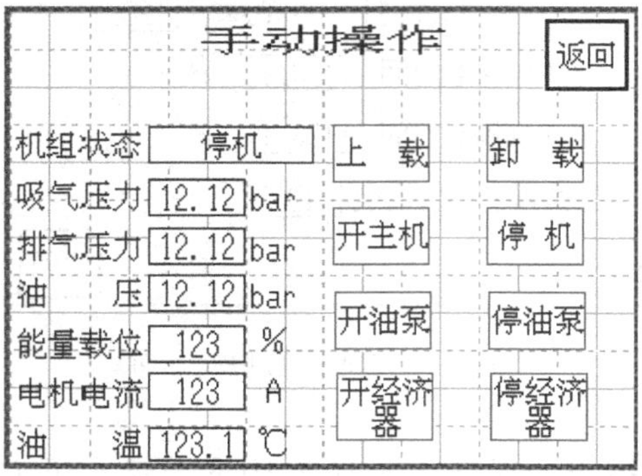

图 3-14 手动操作画面

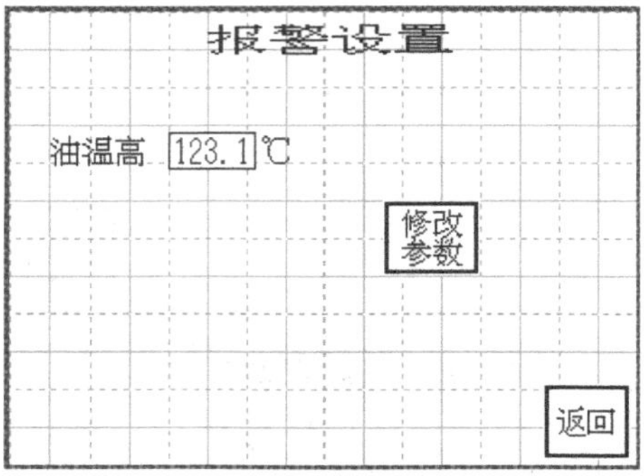

图 3-15 报警设置画面

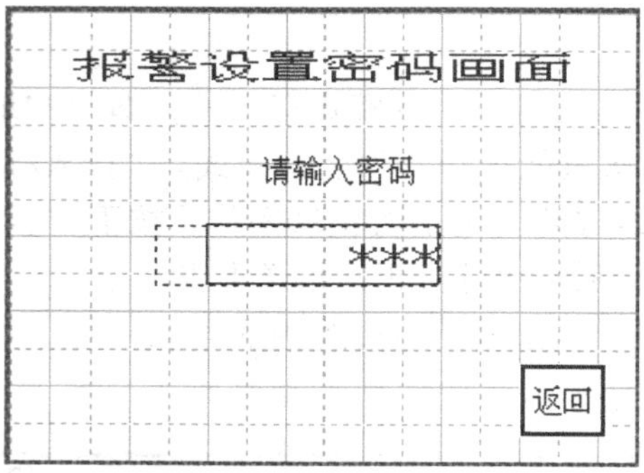

图 3-16 报警设置密码画面

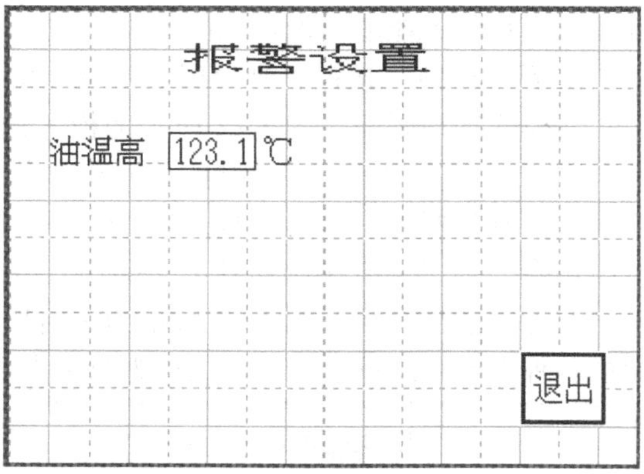

图 3-17 报警设置画面

⑧报警画面。图 3-18 所示为报警记录画面。当有报警出现时，触摸屏会自动跳到此画面，最下面一行记录的是最近一次报警，众多记录依次向上排列。

在报警画面左上方有 4 个按键，功能从左至右依次为“开始”、“上一行”、“下一行”、“删除”。按下“开始”，然后按下“上一行”、“下一行”可依次查看记录，按下“删除”可以以行为单位删除所选择的故障记录。如果想删除故障记录，按下“删除”按键后，会弹出一个密码画面，只有当输入正确的密码后，才可以进入故障记录删除画面。

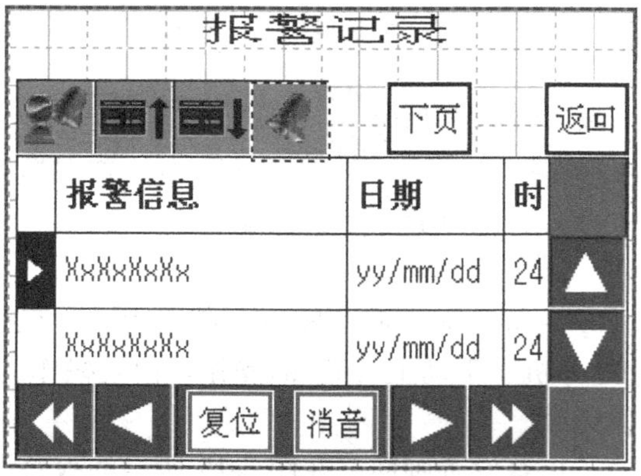

图 3-18 报警记录画面

⑨模拟输入画面。图 3-19 所示为模拟量输入画面，操作人员通过此画面可以查看当

前输入模拟量参数，便于对机组进行实时监控。按下“模拟修正”按键，会弹出密码画面，提示操作人员输入正确的密码。如果密码正确，则在按下键盘中“Enter”的同时进入修改画面。在修改画面中即可对检测参数进行修正。如果密码不正确，则会提示密码错误。

⑩开关量输入/输出画面。图 3-20 显示的是 PLC 开关量输入/输出点的状态，操作人员可以方便地参考此画面。当开关量闭合时，当前灯闪烁，当开关量断开时，当前灯灭。

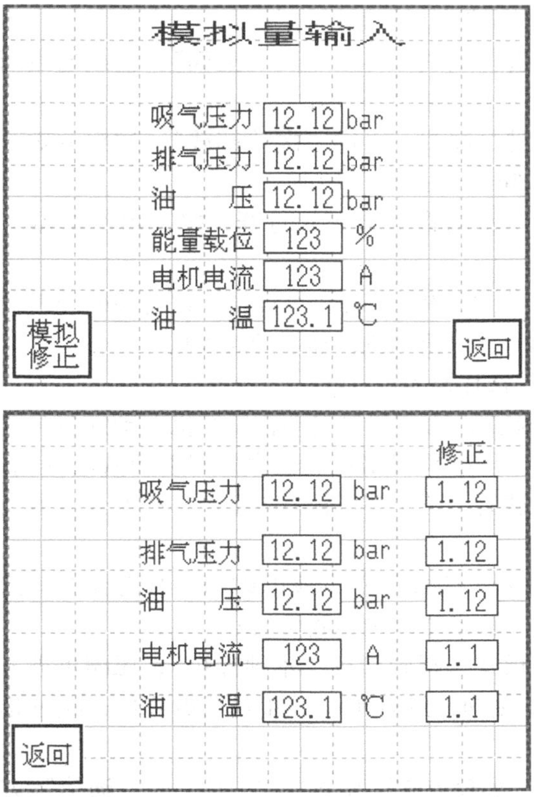

图 3-19　模拟量输入画面

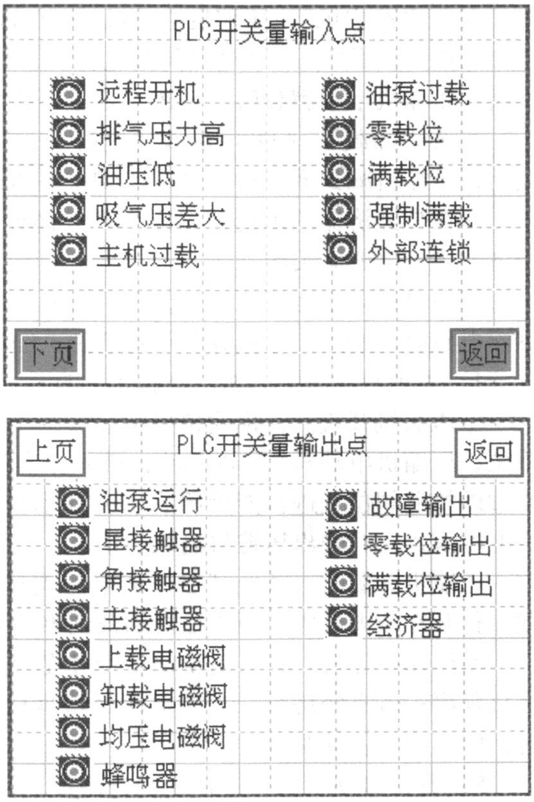

图 3-20　PLC 开关量输入/输出画面

⑪吸气压力图表画面。图 3-21 所示为吸气压力图表画面，操作人员通过此画面可以清楚地看见设定吸气压力与实际吸气压力两条曲线的连接变化，曲线数值每隔 10s 被采集一次。在此画面中参数不能进行修改。

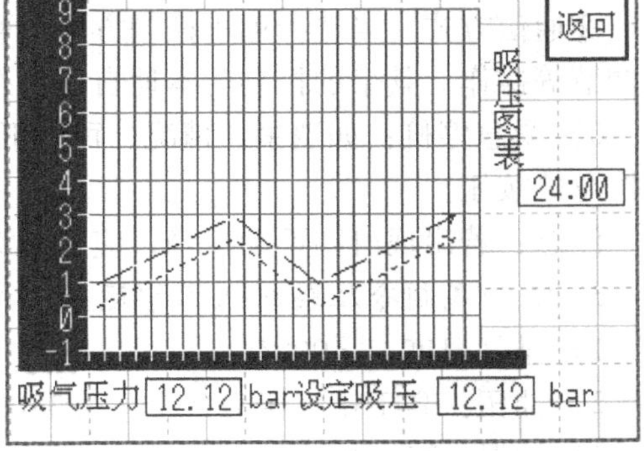

图 3-21　吸气压力图表画面

2）开机操作说明：

首先，进入运行监控画面，检查测量值是否正确，显示是否与压缩机各部分的实际状态对应，若不正确，找出原因并排除，如传感器断线、短路、损坏、PLC 测量模块错误等，保证测量值及初始状态的正确性。然后，进入参数设定画面，检查各参数设定是否正确，若不正确，则改正；进入报警设置画面，检查各参数设定是否正确，若不正确，则改正。

注意：保证以上各项正确才可开机。

3）调试状态：选择调试状态模式，选择投入。

①选择手动操作画面，按“开油泵”，油泵起动。

②按“卸载”，将压缩机卸载到零载位。

③按“开主机”，压缩机电动机Y—△起动后，进入正常运行状态。

④按“上载”，上载电磁阀通电打开，机组进行上载；再按一次“上载”，上载电磁阀关闭；压缩机增到满载后，再按“上载”键时，上载电磁阀不动作。

⑤按“卸载”，卸载电磁阀通电打开，机组进行卸载；再按一次“卸载”，卸载电磁阀关闭；压缩机减到零载后，再按“卸载”键时，卸载电磁阀不动作。

⑥在带经济器的机组中，按“开经济器”，经济器供液电磁阀打开；按“停经济器”，经济器供液电磁阀关闭。

⑦在机组处于运行状态时，在手动操作画面按“停机”；若有经济器，首先关闭经济器供液电磁阀，然后压缩机卸载至零载位；经过延时，停压缩机；油泵延时停机。

4）本地自动方式开机：选择本地自动模式，选择投入。

①压缩机开机。在模式选择画面按“本地开机”，油泵首先起动，压缩机自动卸载到零载位；压缩机电动机Y—△起动，进入正常运行。压缩机根据吸气压力控制上卸载电磁阀，通过调整滑阀位置进行能量调节。压缩机增到满载后，若压缩机仍需要上载，打开经济器供液电磁阀，此时输出压缩机满载位信号。

压缩机卸载时，若经济器供液电磁阀打开，先关闭经济器供液电磁阀，若需要继续卸载，打开卸载电磁阀。当压缩机卸载到零载位时，输出压缩机零载位信号。

②压缩机停机。在机组正常运行过程中，在模式选择画面按“本地停机”，压缩机进入停机程序；若有经济器，首先关闭经济器供液电磁阀，然后压缩机卸载至零载位；经过延时，停压缩机；油泵延时停机。

5）远程自动状态：选择远程自动模式，在“远控方式”中选择“I/O”或“通信”方式，选择投入。

①I/O 方式。当选择远程控制方式为 I/O 方式时，远程开停信号（开关量）有输入时，机组自动运行；远程开停信号输入断开后，机组正常停机。其余的控制与本地自动状态相同。

②通信方式。当选择远程控制方式为通信方式时，机组根据上位机信号进行开、停及能量调节等操作。其余的控制与本地自动状态相同。

6）紧急停机：如遇紧急情况，可按下急停按钮使机组停止运转。否则，机组运行中不要按急停按钮。

注意：若出现滑阀不动报警，应检查滑阀是否被卡住或零载位开关是否出现故障。

3. 螺杆式制冷压缩机组正常运行的标志

1）排气温度：<90℃。

2）油压：高于排气压力 0.15 ~0.3MPa。

3）油温：35 ~45℃。

4）压缩机、油泵轴封泄漏量：3mL/h。

4. 螺杆式制冷压缩机组的停机

（1）正常停机

1）压缩机减载，同时关小吸气阀。

2）待减载至零位时停止主机。

3）关闭吸气阀。

4）关闭排气阀。

5）延时 10min，停止水冷式油冷却器供水。

6）切断电源。

（2）非正常停机

1）故障停机。螺杆式制冷压缩机组装有安全保护装置，当压力、温度等超过规定范围时，控制器发挥作用使主机停机，同时铃响报警，故障显示，指出事故部位，消除事故后，才能再次起动。

发生故障停机时操作步骤如下：

①切断电源。

②关闭吸气阀、排气阀和供液截止阀（自带经济器机组）。

③查明原因并排除故障。

2）紧急停机。当机组或系统出现异常情况时必须紧急停机，具体步骤如下：

①按急停按钮。

②切断电源。

③关闭吸气阀、排气阀和供液截止阀（自带经济器的机组）。

④查明原因并排除故障。

3）断电停机

①关闭吸气阀、排气阀和供液截止阀（自带经济器的机组）。

②切断电源。

③查明原因并排除故障。

（三）制冷设备的操作

制冷系统中除制冷压缩机外，其余的均称为制冷设备，如冷凝器、中间冷却器等。设备按使用情况可分为高压设备、低压设备和中压设备。这些设备在运行中相互联系、相互影响。只有每个设备都操作正确，整个系统才能安全和有效地工作。

1. 高压设备的操作

（1）油分离器的操作　在氨系统中一般采用洗涤式和填料式油分离器，氟利昂系统一般采用过滤式油分离器。

1）洗涤式油分离器的操作。在制冷系统正常运行中，洗涤式油分离器的进气阀、出气阀和供液阀是处于常开状态的，放油阀是关闭的。

洗涤式油分离器内的制冷剂液面高度约为其高度的 1/3 左右。这个液面高度取决于冷凝器出液管和油分离器进液管的高度差而不需人为控制，在安装时应得到保证。若液面过高，将增加排气阻力，若液面过低，则影响分离效果。若在该设备下部出现发烫无法用手触摸的现象时，表明液体太少或没有液体，将严重影响分离效果，应及时找出原因并加以排除。

要判断洗涤式油分离器是否已分离出油，可用手触摸该设备的底部，如果底部温度较低说明已有存油，应及时放油。

2）其他油分离器的操作。填料式、过滤式油分离器的操作除没有洗涤式油分离器供液阀操作外，其余相同。

（2）冷凝器的操作

1）根据压缩机的制冷能力和冷凝负荷情况，确定投入运行的冷凝器台数和冷却水泵的台数。

2）除放油阀、放空气阀应关闭外，其余各阀均应开启。

3）经常注意冷凝压力，最高不超过1.5MPa（表压）。若压力偏高，应查明原因，及时排除。

4）检查冷凝器供水情况，应保证水量足够，布水均匀。对于立式壳管式冷凝器，冷却水应沿管内壁均匀分布，不能从配水槽溢出，分水器受阻时应及时清理。对于淋激式冷凝器，冷却水不应溢出配水槽或匀水板上缘，并应及时清除出水口端的脏物。

5）冷凝器的进、出水温差应根据冷凝器的种类调整，如立式壳管式冷凝器为2～3℃，卧式壳管式冷凝器为4～6℃，蒸发式冷凝器为5～10℃，淋激式冷凝器为2～3℃。

6）氨冷凝器应每月定期用化学方法或用酚酞试纸检查冷凝器出水中是否有氨，如果发现漏氨现象，应停止运行，查明原因，修复后才能使用。

7）若冷凝器内压力高于冷凝温度（约比出水温度高4～5℃）所对应的饱和压力，则说明冷凝器内混有空气，应及时放空气。

8）根据开机时间和压缩机的耗油量，定期对冷凝器放油。一般一个月至少放油一次。

9）根据水质情况定期清除水垢。一般每年清除一次，保证水垢厚度不超过1.5mm。

10）压缩机全部停机5～10min后，停止向冷凝器供水。当环境气温在0℃以下时，应将卧式冷凝器中的积水放净；对于淋激式和立式冷凝器，应把配水槽中的水放净，以免冻裂设备。

11）蒸发式冷凝器运行时，应先起动风机及循环水泵，再开启上端进气阀和下端出液阀。运行中压力不得超过1.5MPa（表压），要求冷却水不得中断（冬季气温较低时例外），冷却水应采用水处理设备处理。冬季停止工作时应将存水放净，以免冻坏设备。

12）风冷式冷凝器经长时间使用，管壁和肋片上积有尘埃，可用压缩空气吹扫或用专用清洗剂冲洗。

（3）高压储液器的操作

1）高压储液器在运行时，放油阀和放空气阀应处于关闭状态。压力表阀、液面指示器角阀，安全阀的截止阀和气体均压阀，进液阀和出液阀均处于开启状态。

2）开启液面指示器角阀时，应先打开上部的气体均压阀，后打开下部的液体均压阀。

3）正常工作中，高压储液器的液面最高不得高于其高度的80%，最低不得低于其高度的30%，平时应稳定在其高度的40%～60%之间。

4）高压储液器内压力和冷凝压力相同，不得高于1.5MPa（表压）。

5）系统中有数台高压储液器同时使用时，应开启相互之间的液体、气体均压阀，使其压力与液位均衡一致。

6）要定期放油。一般一个月至少放油一次。放油时要切断高压储液器与系统的联系，即关闭进液阀、出液阀和均压阀；在停止工作15min后，打开放油阀，向集油器放油。

7）高压储液器停止使用时，应关闭进液阀、出液阀，并使其液面不超过其高度的80%，与冷凝器连接的均压管不应关闭。

2. 中压设备的操作

中压设备的操作主要是中冷器的操作，具体操作步骤如下：

1）正常运行时，中冷器的进气阀、出气阀，蛇形盘管的进液阀、出液阀，液位控制器的均压阀都应开启，供液阀、手动节流阀、排液阀和放油阀都应关闭。

2）中冷器的液面应保持在液面指示器高度的50%左右。

3）中冷器的工作压力一般应在0.4MPa（表压）以内。

4）中冷器的供液通常用电磁阀和液位控制器来控制。操作人员应根据液面指示器的液位高度和高压级压缩机的吸气温度，来判断自动控制液位是否正常。若不符合要求，可改用手动节流阀供液，待修复后再用。

5）应及时放油。放油时，最好停止工作，若生产任务重，亦可在工作中缓慢打开放油阀，向集油器放油。

6）停机前，应关闭供液阀，停止向中冷器供液，使中间压力降至0.1MPa（表压）。

7）停止工作后，中间压力回升不得超过0.4MPa（表压）。若高于此压力，则应进行降压或排液处理，以确保安全。

3. 低压设备的操作

（1）低压循环储液桶的操作

1）检查低压循环储液桶的供液阀、放油阀、出液阀和排液阀是否关闭，其余各阀均应开启。

2）打开供液阀供液。目前低压循环桶的供液是由电磁阀和液位控制器自动控制的，也有手动节流阀辅助供液。

3）当低压循环储液桶内液面高度达到该桶高度的1/3时，开启低压循环储液桶的出液阀和氨泵的进液阀，起动氨泵向系统供液。

4）对装有液位控制器配合电磁阀自动供液的低压循环储液桶，要经常检查桶内液面是否正常，自动控制装置是否失灵。

5）要及时放油。放油时应停止低压循环桶工作，打开放油阀向集油器放油。低压循环储液桶一般均设有DJY-1型低压集油器，这样便于低压循环储液桶的放油。

6）对于兼作排液桶的低压循环储液桶，当库房进行热氨融霜时，按融霜操作要求，对其进行相应操作，并密切注意桶内液面，防止压缩机出现湿行程。

（2）氨泵的操作　在氨泵供液系统中，广泛采用屏蔽式氨泵，也有齿轮式和离心式氨泵，类型虽有不同，但操作程序基本相同。

1）氨泵起动前的准备工作有：

①了解上次停泵的原因，若因故障停泵，应在修复后才可起动。

②低压循环桶的出液阀和氨泵的进液阀应开启。

③氨泵周围应无障碍物，用手拨动联轴器应灵活（屏蔽泵除外）。

④检查离心式氨泵的电动机轴承和密封器，应注入足够的润滑油。

2）氨泵起动的操作步骤：

①开启氨泵抽气阀，降低泵内压力。

②当氨泵内充满氨液时，打开氨泵的出液阀。

③接通电源，起动氨泵。

④待电流表和压力表指针稳定后，关闭抽气阀，氨泵投入正常运行。

⑤氨泵在正常运行中，输液压力一般应为0.15～0.25MPa，压力表和电流表指针应稳定，运转电流不得超过规定值，氨泵应发出沉重均匀的输送液体的声音。氨泵泵体外壳应有结霜现象，而且在正常运转期间霜层不应融化。

3）氨泵停止运转的操作步骤：

①当冷间达到温度后，不需再降温时，应停止氨泵的运转。

②关闭低压循环桶的供液阀。对氨泵的进液阀应视情况而定，可关也可不关。例如，其他冷间需要降温或已经降温的冷间融霜后又马上入货降温时，可不必关氨泵进液阀；冷间在较长时间不需降温时，可将氨泵进液阀关闭。

③切断电源，停止氨泵运转。

④开启氨泵抽气阀。待氨泵内压力降到吸气压力时，关闭抽气阀。

（3）排液桶的操作

1）排液桶使用前，首先检查桶内是否有氨液，如果有氨液应先排出，使排液桶处于待工作状态。

2）打开降压阀，使桶内压力降至蒸发压力，然后关闭降压阀。

3）打开排液桶的进液阀和有关设备的排液阀进行排液工作。

4）在排液过程中，桶内压力超过0.6MPa（表压）时，应关闭进液阀缓慢打开降压阀，待压力降到蒸发压力后再关闭降压阀，打开进液阀重新进行排液。如此反复进行，直到排液结束或桶内液面高度达到桶高度的70%。

5）排液结束或达到限制液面高度后，关闭排液桶的进液阀，等液体沉淀30min后打开排液桶的放油阀，放掉液体中沉淀下来的油。如果放不出来或很慢，说明桶内压力偏低，此时应缓慢打开排液桶的加压阀，加压到0.6MPa（表压）帮助放油。放完油后关闭放油阀。

6）放油完毕后再向调节站排液。排液时，加压不超过0.6MPa（表压）。排液完毕后，关闭加压阀和排液阀。

7）排液完毕后，应缓慢开启排液桶的降压阀，将桶内压力降至蒸发压力后关闭降压阀，使排液桶处于待工作状态。

（4）氨液分离器的操作

1）氨液分离器工作时，除放油阀和手动节流阀关闭外，其余各阀均应开启。当浮球阀失灵时，才可打开手动节流阀供液。

2）氨液分离器正常工作时，在金属液面指示器1/2处应有霜层。远距离液面指示值在30%～50%之间。

3）根据压缩机的吸气温度、金属液面指示器和冷却排管的结霜情况、远距离液面指示器指示值来判断氨液分离器的供液是否合适。当压缩机吸气温度过低，远距离液面指示值上升时，说明氨液分离器供液太多，可能是浮球阀失灵或手动节流阀开启度过大，应及时切断供液，检修浮球阀或关小（关闭）手动节流阀。当压缩机吸气温度过高，金属液面指示器和冷却排管结霜不良或不结霜时，说明氨液分离器供液太少，可能是浮球阀失灵或手动节流阀开启度过小，应及时检修浮球阀或适度开大手动节流阀。

4）定期进行放油。

（5）气、液调节站的操作

1）气体调节站的操作。

①正常工作时，气体调节站上的回气阀是常开的，热氨融霜阀是常闭的。

②在库房进货或融霜前，应分别关小或关闭该冷间的回气阀。当库房开始融霜时，应打开融霜阀。

③进货或融霜后降温时，要缓慢开启回气阀，不得过快或过大，以免引起各冷间串压和压缩机湿行程等不良后果。

④降温过程中，应根据冷间的热负荷和压缩机的输气量等情况适当调整回气阀的开启度。

2）液体调节站的操作。

①液体调节站的供液阀一般应在压缩机开机后开启、停机前关闭。

②根据冷间热负荷的情况，货物进出库和进行热氨融霜时应进行相应的调整。

③液体调节站的排液阀平时应关闭。在冷间进行热氨融霜前，应关闭供液阀，开启排液阀。

④冷藏间热负荷较稳定，供液阀调整合适后不需时常调整；冻结间热负荷变化较大，因此，应根据具体情况对供液阀进行相应的调整。

（6）冷却排管的操作管理

1）保持正常的液面。由于冷却排管的形式和制冷系统供液方式不同，排管中液面要求保持的数量也不同。液量过多易使压缩机回霜，液量过少则库房降温困难。

排管中液面情况可根据排管结霜情况判断。例如，排管全部不结霜是由于供液太少引起的；上部结霜、下部不结霜是因排管内积油过多等原因所引起的。

2）排管以扫霜为主。根据油膜和霜层的情况，定期进行热氨融霜。但热氨融霜时的压力不得超过0.8MPa（表压）。

3）保护排管免受机械力撞击。经常检查排管的锈蚀情况，若发现问题应立即检修。

（7）冷风机的操作管理

1）冷风机起动前应检查风机与电动机的地脚螺栓不应松动；叶片及防护罩应完整；叶片与风筒不应摩擦，转动应灵活，轻松；轴承润滑情况应良好，并有足够的润滑油。

2）设有风道及出风导风板的冷风机应根据室内空气流动要求和货物情况，调整风速、风压、风量和导叶板角度，使之均匀配风。

3）起动冷风机前，应先开启冷间制冷剂回气阀或回盐水阀，后开启该冷间制冷剂供液阀或供盐水阀。

4）接通电源起动冷风机运转，如发现以下情况必须立即停止运转：

①风机不转或转速较慢。

②风机或电动机运转声音不正常。

③电流超过额定值。

④电动机过热、有焦味或冒烟现象。

⑤电动机或风机轴承温度过高。

⑥起动盘上熔断器烧断。

5）在运转中冷风机的冷却盘管组表面应均匀结有霜层。若发现结霜不匀或下部结霜上部不结霜（下进上出的供液方式），说明供液不正常，应进行调整，适当开大供液阀，增加供液量。若霜层太厚，将减少管组之间的空隙，阻碍空气流通，降低了传热系数和热交换效率，致使冷间温度下降困难而延长降温时间，所以冷风机冷却盘管组的结霜不能太厚，在使用中应及时进行融霜。

6）冷风机在使用中易发生叶片折断故障。由于叶片与风管碰击或者风管上残留的水滴结冰后粘住叶片，而叶片在低温下易冷脆，所以容易折断。为了防止叶片折断，应在冷风机冲霜后起动风机，甩掉水分。

7）当库温降至规定要求时，关闭供液阀或供盐水阀以及回气阀或回盐水阀，停止风机。

（8）盐水蒸发器的操作管理　盐水蒸发器主要用于间接制冷系统中，盐水通过蒸发器将其热量传给制冷剂而自身被冷却，然后由盐水泵将冷却了的盐水输送到冷却管组中吸收被冷却物的热量达到制冷的目的。它的形式一般有两种：一种是卧式壳管式盐水蒸发器，用于封闭式盐水循环系统；另一种是立管式、螺旋管式盐水蒸发器，用于敞开式盐水循环系统。

1）盐水蒸发器起动前的检查。

①检查搅拌器及盐水泵的润滑情况，应保持良好。

②盐水泵应无渗漏现象。

③检查蒸发器槽中盐水的密度和盐水量是否符合要求。对立管式、螺旋管式蒸发器，槽内盐水面必须高出排管上层主管100mm以上。

2）盐水蒸发器的起动。

①立管式、螺旋管式蒸发器的起动。首先起动盐水搅拌器，缓慢开启蒸发器制冷剂回气阀后，再开启有关制冷剂的供液阀，调整供液量。

当盐水箱内的盐水温度比冷间要求温度低8～10℃时，开启进、出盐水阀，起动盐水泵把盐水送入热交换器内。

②壳管式盐水蒸发器的起动。对于卧式壳管式蒸发器，为了避免管内盐水的冻结，应先开启蒸发器的进、出盐水阀，起动盐水泵，然后再开启制冷剂的回气阀及供液阀。

3）盐水蒸发器运行中的管理。

①对敞开式盐水循环系统，氨的蒸发温度应比盐水温度低5℃，盐水温度较冷间温度低8～10℃；对封闭式盐水循环系统，氨的蒸发温度应比盐水温度低8～10℃。

②对敞开式盐水循环系统，盐水的凝固点一般应比蒸发温度低5℃；对封闭式盐水循环系统，盐水的凝固点一般应比蒸发温度低8～10℃。

③每周检查一次盐水密度，保持盐水浓度合适。因为盐水浓度低时，在蒸发器中会结冰；若浓度过高，会增加溶液密度，不仅流动阻力大，而且热容量小。

④为了保持盐水清洁，配制盐水时应在配制箱内进行，不要直接在盐水池内溶盐。向盐水池添加盐水时要经过滤设备，以免混入杂质，堵塞管路。配制盐水时，禁止将氯化钙与氯化钠两类盐混合使用，以免生成复盐沉淀。

⑤定期放油。放油前，应停止蒸发器工作，待蒸发压力升高后再向集油器放油。

4）盐水蒸发器的停止运行。

①盐水蒸发器需停止工作时，应首先关闭制冷剂供液阀，待制冷系统蒸发压力降低后再关闭回气阀。

②蒸发器的盐水温度上升3～4℃时可停止盐水泵运转。随后关闭进、出盐水阀。

③如果盐水蒸发器长期停止工作，应让盐水温度升高后，把蒸发器抽空，然后再关闭制冷剂回气阀。

5）盐水的配制。

盐水浓度的确定和配制的重要依据是盐水凝固点。它与盐的种类和质量浓度有关。如氯化钠盐水的凝固点最低可达－21.2℃，质量分数为23.1%；氯化钙盐水的凝固点可达－55℃，质量分数为29.9%。上述最低凝固点又称盐水的共晶点。盐水溶液的配制应在共晶质量分数上。

【例3-1】 某0℃冷却间使用盐水降温，采用敞开式盐水蒸发器，盐水量为24m^3（包括盐水池与管道内盐水）。求所需盐量和水量。

【解】 根据设计要求，盐水温度应比冷却间温度低10℃，所以盐水温度＝(0－10)℃＝－10℃；

因为氨的蒸发温度应比盐水温度低5℃，所以，氨的蒸发温度 t_0＝(－10℃)－5℃＝－15℃；

敞开式蒸发器中盐水凝固点应比氨的蒸发温度低5℃，所以盐水凝固点为－20℃；

这时采用氯化钙或氯化钠盐水溶液皆可，现确定采用氯化钠溶液。

从氯化钠溶液的性能表（表3-3）中查得，当氯化钠盐水溶液凝固点为－20℃时，溶液中含盐量为22.4%，密度为1.17t/m^3。

因此，需配量为

盐水：24×1.17×1000kg＝28080kg

氯化钠盐量＝28080×22.4%kg＝6289.92kg

需水量＝(28080－6289.92)kg＝21790.08kg

表3-3　氯化钠、氯化钙盐水性能表

氯化钠（NaCl）					氯化钙（$CaCl_2$）				
在15℃时		盐的含量/kg		凝固点/℃	在15℃时		盐的含量/kg		凝固点/℃
密度/(t/m^3)	波美度/°Be′	溶液含量(%)	在100kg水中		密度/(t/m^3)	波美度/°Be′	溶液含量(%)	在100kg水中	
1.00	0.1	0.1	0.1	0.0	1.0	0.1	0.1	0.1	－0.0
1.01	1.6	1.5	1.5	－0.9	1.05	7.0	5.9	6.3	－3.0
1.02	3.0	2.9	3.0	－1.8	1.10	13.2	11.5	13.0	－7.1
1.03	4.3	4.3	4.5	－2.6	1.15	18.9	16.8	20.0	－12.7
1.04	5.7	5.6	5.9	－3.5	1.16	20.0	17.8	21.7	－14.2
1.05	7.0	7.0	7.5	－4.4	1.17	21.1	18.9	23.3	－15.7
1.06	8.3	8.3	9.0	－5.4	1.18	22.1	19.9	24.9	－17.4
1.07	9.6	9.6	10.8	－6.4	1.19	23.1	20.9	26.5	－19.2

（续）

氯化钠（NaCl）					氯化钙（$CaCl_2$）				
在15℃时		盐的含量/kg		凝固点/℃	在15℃时		盐的含量/kg		凝固点/℃
密度/（t/m^3）	波美度/°Be′	溶液含量（%）	在100kg水中		密度/（t/m^3）	波美度/°Be′	溶液含量（%）	在100kg水中	
1.08	10.8	11.0	12.3	-7.5	1.20	24.2	21.9	28.1	-21.2
1.09	12.0	12.3	14.0	-8.6	1.21	25.1	22.8	29.6	-23.3
1.10	13.2	13.6	15.7	-9.8	1.22	26.1	23.8	31.2	-25.7
1.11	14.4	14.9	17.5	-11.0	1.23	27.1	24.7	32.9	-28.3
1.12	15.6	16.2	19.3	-12.2	1.24	28.0	25.7	34.6	-31.2
1.13	16.7	17.5	21.2	-13.6	1.25	29.0	26.6	36.2	-34.6
1.14	17.8	18.8	23.1	-15.1	1.26	29.9	27.5	37.9	-38.6
1.15	18.9	20.0	25.0	-16.6	1.27	30.8	28.4	39.7	-43.6
1.16	20.0	21.2	26.9	-18.2	1.28	31.7	29.4	41.6	-50.1
1.17	21.5	22.4	29.0	-20.0	1.2861	32.2	29.9	42.7	-55.0
1.1751	21.1	23.1	30.1	-21.2	1.29	32.5	30.3	43.5	-50.6
1.18	22.1	23.7	31.1	-17.2	1.30	33.4	31.2	45.4	-41.6
1.19	23.1	24.9	33.1	-9.5	1.31	34.2	32.1	47.3	-33.9
1.20	24.2	26.1	35.1	-1.7	1.32	35.1	33.0	49.3	-27.1
1.203	24.4	26.3	35.7	-0.0	1.33	35.9	33.9	51.3	-21.2
					1.34	36.7	34.7	53.2	-15.6
					1.35	37.5	35.6	55.3	-10.2
					1.36	38.3	36.4	57.4	-5.1
					1.37	39.1	37.3	59.5	-0.01

为了降低盐水对金属的腐蚀性，可在盐水中加入适量的防腐剂，并把盐水的 pH 值调整为 7~9 即略带碱性，一般是采用氢氧化钠（NaOH）和重铬酸钠（$Na_2Cr_2O_7$）。它们的比例为 27∶100，即在每 100kg 重铬酸钠中需加入 27kg NaOH。有关用量见表 3-4。调配氢氧化钠和重铬酸钠溶液时要戴橡胶手套，防止重铬酸钠伤害皮肤。

表 3-4　重铬酸钠与氯化钙、氯化钠的用量

氯化钙溶液		氯化钠溶液	
盐水密度/(kg/L)	每 100kg 氯化钙(73%纯度)应用重铬酸钠量/kg	盐水密度/(kg/L)	每 100kg 氯化钠(73%纯度)应用重铬酸钠量/kg
1.160	0.695	1.118	1.79
1.169	0.656	1.126	1.67
1.179	0.621	1.134	1.57
1.188	0.587	1.142	1.47
1.198	0.566	1.150	1.39
1.208	0.528	1.158	1.32
1.218	0.502	1.166	1.24
1.229	0.478	1.175	1.18
1.239	0.455		
1.250	0.453		

(9) 平板冻结器的操作　平板冻结器是将食品直接放在平板之间，利用平板内的氨液的吸热蒸发使食品快速冻结的冻结装置。它与一般冻结方式相比，具有结构紧凑、传热系数大、换热效率高、冻结时间短、冻品干耗小、质量好、操作与检修方便、便于机械化等许多优点。它适用于分割肉、家禽、鱼类等，不适用于冻结形状不规则、厚度较大及不能挤压的食品。

平板冻结器的操作程序如下：

1) 检查平板冻结器起动前是否因故障而停止工作。如有故障，应先排除后才能使用。

2) 平板冻结器内应无障碍物。平板与托板应紧密接触。油泵转动应灵活，油液压系统应处于正常备用状态。

3) 观察平板冻结器是否有结霜现象。如果有结霜，说明平板内有液态制冷剂，应将其抽出直到平板无霜为止。

4) 使制冷系统做好降温准备工作。

5) 起动油泵。

6) 当油泵正常工作后，按下电磁换向阀的“松开”按钮，使平板上下方向拉开距离（卧式）或按水平方向拉开距离（立式），准备装货。

7) 装入待冻食品，其装入量应比平板上缘低3cm。

8) 按下电磁换向阀的“压紧”按钮，将平板压紧。

9) 缓慢打开氨系统回气阀或回气电磁主阀，然后打开供液阀或供液电磁主阀，起动氨泵供液，根据平板结霜情况和压缩机吸气温度及吸气压力变化来调整供液量，以满足平板对供液量的要求。

10) 对卧式冻结须经过2～3h，对立式冻结经过3～4h，当货物温度降至－15℃时，冻结完毕。此时应关闭供液阀或供液电磁主阀，开启排液阀，待液体排完后关闭排液阀，同时关闭回气阀。

11) 缓慢打开热氨融霜阀或融霜管上的恒压主阀向平板内供热氨，当压力达到0.6MPa（表压）时，打开排液阀。随后用间歇开、关排液阀的方式进行排液工作，直至融霜结束。热氨融霜经2～3min后，打开托板进水阀，使托板融霜。

12) 融霜结束后，关闭热氨融霜阀及排液阀，微开回气阀，使平板降压后关闭。

13) 起动油泵。待油泵运转正常时，按下电磁换向阀的“松开”按钮，将卧式平板拉开；对于立式平板，在拉开后还需要按下升降油缸的电磁换向阀的“上升”按钮，将立式平板提升，使之与冻品脱离。

14) 按下推料油缸的电磁换向阀“开启”按钮，利用推料板将冻品推出，然后复位。

15) 按下升降油缸电磁换向阀的“下降”按钮，对立式平板，使平板下降与托板恢复紧密接触；对卧式平板，使平板恢复原位即可。

以上程序即完成了一次冻结过程，又回到再次准备冻结的状态。

(四) 制冷系统的放油、放空气和除霜操作

1. 制冷系统放油

(1) 油进入制冷系统的原因

1) 压缩机在运转中，排气温度高达80～140℃，会使部分冷冻机油汽化成5～50μm的微粒，同时其排气速度高达15~25m/s，容易把部分汽化了的冷冻机油油雾带入制冷系统中。

2）油的蒸发量与压缩机的排气温度有直接关系。排气温度越高，油的蒸发率也越大。根据试验资料证明，当排气温度分别为80℃、100℃、120℃、140℃时，油的蒸发率分别为3.13%、7.68%、16.03%、34.68%。冷冻机油随排气进入油分离器后，大部分油被分离出来并沉淀在底部，但仍有少量油随之进入此后的设备内，并随着温度的降低以薄膜状积附在换热设备的传热表面上或沉积于设备底部。

（2）油在系统中的危害

1）使冷凝温度和冷凝压力升高，冷凝器传热恶化。因为油进入冷凝器后产生的油膜的热导率远比金属小，使热阻增大，传热系数减小。

2）使蒸发温度和蒸发压力下降，压缩机产冷量下降，单位功耗增加，使冷间降温困难。原因有两方面，一方面与冷凝器的原因一致；另一方面，由于在蒸发器内积油，将使蒸发器有效面积减少。

3）易造成堵塞，引起系统工作不正常。这主要是由于油的粘度大，遇到污物和机械杂质易混合成胶状的物质，这种胶状物质积聚在截面较小的管道或阀门时，极易造成堵塞，引起制冷工况的紊乱。

为避免和减少油进入制冷系统，除设置性能良好的油分离器和正确掌握压缩机加油量外，在运转中必须做好制冷设备的定期放油工作。另外，还应注意加入与放出油量的平衡。如果发现压缩机加油量增多，而放出的油量减少，应查明原因及时排除，并增加放油次数，以防止过多的油进入制冷系统内。

（3）制冷设备放油的基本要求

1）最好在设备停止工作时放油，这时放油的效率高而且安全。

2）设备放油都需经集油器放出，以减少氨的损失并保证操作安全。

3）设备放油时，只能一个设备放油完毕后再进行另一个设备的放油，不能两个及多个设备同时进行放油操作。

4）当制冷系统在运行期间，制冷设备需要放油时，也可不停止设备的运行，但必须注意不影响制冷系统的正常工作以及安全运行。

5）从集油器放油时，操作人员应带橡胶手套和眼镜，在放油管侧面操作，不得离开操作地点。

（4）制冷设备的放油操作

1）洗涤式油分离器的放油操作。

①检查集油器是否处于低压工作状态。如果集油器内有积油，应先放出，当集油器压力较高时，应打开降压阀，使其压力一直降至接近制冷系统的回气压力为止，再关闭降压阀。

②对洗涤式油分离器放油前，应先关闭该油分离器的供液阀5~10min，使油内制冷剂液体蒸发，使油沉淀。但停止供液时间不宜过长，以免妨碍油分离器的正常工作。

③当油分离器外壳中、下部温度升到40~45℃时，打开放油阀和集油器的进油阀，向集油器放油。

④当发现洗涤式油分离器放油阀处管道发凉或有结霜时，说明油已放完，应关闭放油

阀，开启供液阀恢复正常工作。

⑤放油次数应根据压缩机的耗油量而定，一般正常工作情况下每周1次为好。

2）冷凝器的放油操作。冷凝器一般每月放油1次，因为放油间隔时间长，有多台冷凝器的还可轮流放油。因此，要求冷凝器在停止工作时放油。其操作程序如下：

①准备好集油器，使其处于待工作状态。

②调配压缩机的排气线路，使气体通往继续工作的冷凝器中，然后关闭放油冷凝器的进气阀，在不停供冷却水的情况下工作约30min，使油沉淀。

③关闭冷凝器出液阀和均压阀，打开放油阀和集油器的进油阀，使油流入集油器内。待油放完后调整有关阀门，恢复冷凝器的正常工作。

3）高压储液桶的放油操作。

①高压储液桶放油时一般不停止工作，直接向集油器放油。

②当高压储液桶液位指示器中发现油位上升时，说明桶内有积油即可进行放油。

③高压储液桶应定期放油，一般每月1~2次为宜。

4）中间冷却器的放油操作。双级压缩机低压级的排气中大部分油在中间冷却器内被分离并沉积在容器底部。因此中间冷却器和油分离器一样也需定期放油，一般每周放油的次数不少于一次。中间冷却器放油和油分离器相似。中间冷却器放油一般在工作状态下进行，因此具体操作时要特别仔细，严防中间冷却器内的液体进入集油器，以免影响中冷器和高压级的正常工作。

5）低压循环储液桶的放油操作。以往冷库低压循环储液桶放油，都是通过低压循环储液桶下面的放油管将油排往共同的集油器。由于集油器经减压后同低压循环储液桶的压力一样，放油则靠重力自流。但一般放油管都比较细，共同集油器距离又比较远，低温状态下油粘滞性大，还夹杂着脏物，油很难放出来。这种情况最好的方法是在热氨冲霜后，桶内压力较高或利用热氨适当加压来放油。

DJY—1型低压集油器是专门为低压循环储液桶的放油而设计的（见图3-22）。它安装在低压循环储液桶的底部中心的下方，而且用最短的管道（管径为$\phi57mm\times3.5mm$）、较大的阀门（$DN50$）来和低压循环储液桶直接连接，确保低温油能够靠重力流入集油器，可靠地将脏油放出。DJY—1型低压集油器的底部设计成法兰联接，放油后根据需要可以拆开清除污垢。低压循环储液桶内焊渣、油垢等污物很多，DJY—1型低压集油器兼有排污的功能。

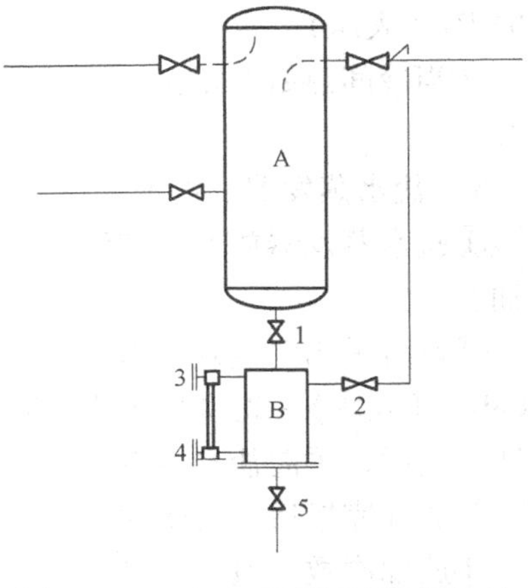

图3-22　DJY—1型低压集油器放油
A—低压循环桶　B—低压集油器
1、2、5—直通阀　3、4—角阀

DJY—1型低压集油器的放油操作方法如下：

①检查放油阀是否已关紧。

②开抽气阀，观察压力表与低压循环储液桶上压力表的压力是否一致。

③开进油阀，逐渐开足，让油和污物流进集油器。此时，由于油温很低，一部分低温氨液也随油流入，集油器壳体和液位计均被厚霜包住。进油阀要开一段时间，让低压循环储液桶内脏油慢慢流进集油器。

④关闭进油阀。

⑤集油器的厚霜不必处置。静置一两天，待集油器内氨液被抽空，靠空气温度加热，霜层逐渐融化，玻璃液位计的油位也逐渐现出。

⑥关小抽气阀，留半圈不关，让空气继续对油加热。

⑦在放油管下方放一个盛油盘，逐渐开大放油阀，让油和污物流入。

⑧观察油快放完时，关闭抽气阀。

⑨如果认为油中污物不多，关放油阀；如果认为油太脏，可将下部法兰盖拆开，擦洗内部，然后将法兰盖装好。法兰盖的八副 M10 螺栓、螺母均须涂润滑脂安装，可避免锈蚀，便于拆检。

⑩将盛油盘拖至室外，任其向大气挥发，消除油中氨味。

6）氨液分离器的放油操作。

①氨液分离器放油时一般不停止工作。但放油时放油阀应微开，以防止将氨液放出。放油较慢时，可适当加压，但压力不得高于 0.5MPa（表压），放油完毕后，将压力降低到回气压力。

②在工作允许的情况下，也可停止工作放油。这时关闭供液阀、出液阀、进气阀、出气阀，使其压力升高或加压，但压力不得高于 0.5MPa（表压）。然后，适当开启放油阀向集油器放油。放油完毕后，缓慢打开出气阀，使压力降低到回气压力后，再打开其余的阀门，恢复其正常工作。

③氨液分离器每月放油 1 ~2 次为宜。

7）排液桶的放油操作。

①当排液完毕后，关闭桶的进液阀，使桶内液体暂时不要排出，等 30min，油沉淀后再行放油。

②当桶内压力低，放油困难时，可适当开启加压阀用热氨加压，但压力不得高于 0.6MPa（表压）。

③当冷间热氨融霜排液后，排液桶均需放油一次。其他情况视液面指示器油面决定放油次数。

8）盐水蒸发器的放油操作。

①盐水蒸发器放油时需停止工作，使盐水蒸发器内压力自然回升到大气压力后向集油器放油。

②也可采用向蒸发器盐水槽中供热盐水的方法来提高蒸发器的压力，但压力不应高于 0.6MPa（表压）。先将盐水蒸发器中的冷却水放入专用槽内，同时关闭盐水蒸发器的供液阀及回气阀后，再向盐水蒸发器供热盐水。待压力略高于大气压力后即可进行放油工作。

③放油完毕后，关闭放油阀，再缓慢打开回气阀和供液阀，恢复盐水蒸发器工作。

④放油次数一般为半月一次。

9）集油器的放油操作。

①当各设备向集油器放油时，应先打开集油器的降压阀，待压力降至回气压力时关闭降压阀。

②开启放油设备的放油阀和集油器进油阀，待设备油全部进入集油器或集油器油面接近 70% 时，应关闭设备放油阀和集油器的进油阀。

③微开降压阀，使油中氨液蒸发，当集油器的压力接近回气压力时，关闭降压阀，静置20min，看集油器压力表指针是否上升。若有显著上升，应重新开启降压阀，直到压力不再上升为止。再开启放油阀将油放出，然后关闭放油阀。

④记录放油时间和放油量。

氟利昂系统由于制冷剂和润滑油互溶，仅在油分离器设有自动或手动向制冷压缩机曲轴箱回油阀门。其他设备要考虑依靠制冷剂的流动把润滑油带回，所以不考虑放油操作。

2. 制冷系统放空气

在制冷系统中，往往有一部分不凝性气体，它的主要成分是空气，还有少量的制冷剂和润滑油的分解物。它们在冷凝压力和冷凝温度下是不会凝结的，故称之为不凝性气体，习惯上统称为空气。

（1）空气进入制冷系统的原因

1）制冷系统在投产前抽真空不彻底，使部分空气留在系统中。

2）充灌制冷剂和冷冻机油时，因操作不慎使空气进入制冷系统。

3）低压系统或曲轴箱内压力低于大气压时，空气从阀门、轴封等密封不严处渗入系统。

4）压缩机排气温度过高使部分油和氨分解成不凝性气体存在系统内。

（2）空气在制冷系统中的积聚部位　在工作中，空气大多是从低压系统和压缩机等不严密处进入的，但经压缩机压缩后都将排至高压系统。由于高压储液桶具有液封作用，空气很难再进入低压系统。所以，制冷系统中的空气主要积聚在冷凝器和高压储液桶中。

立式壳管式冷凝器运行当中，制冷剂气体会沿着管壁运动，受到冷却水的冷却作用，制冷剂气体逐渐被冷凝为液体沉到底部，这时制冷剂气体量减少，则空气含量相对增多。由于空气较氨重，所以氨系统冷凝器最冷部位的空气的含量也就最多。系统中空气的积聚部位主要在冷凝器的中下部和高压储液桶的上部。

对于氟利昂制冷系统，因为空气比氟利昂制冷剂轻，空气积聚在上部，所以应选择在冷凝器和高压储液器的最高部位放空气。

（3）空气对制冷系统的危害　根据道尔顿定律，在制冷系统中，冷凝压力等于制冷剂分压力和空气分压力之和。因此，聚集在冷凝器中的空气越多，其分压力就越大，总压力（即冷凝压力）必然相应提高。另外，由于空气在冷凝器表面上形成的气体层会产生附加的热阻，使冷凝器的传热系数降低，在热负荷一定的情况下，也会导致冷凝压力的升高。

冷凝压力的升高将导致制冷压缩机制冷能力的下降，功耗增加。又因空气的等熵指数（$\kappa'=1.41$）大于氨的等熵指数（$\kappa=1.28$），因此，当系统中存在空气时，压缩机的排气温度会升高，从而导致压缩机运转条件恶化。空气中的水分和氧气会加剧金属材料的腐蚀，并加速润滑油的老化及氧化。鉴于空气在系统中的危害，所以必须采取措施防止空气渗入系统和及时排除系统中的空气。

（4）制冷系统是否存在空气的检查判断

1）压缩机排气压力表指针急剧摆动。

2）压缩机排气温度高于正常温度。

3）冷凝压力高于该冷凝温度（约比出水温度高4～5℃）所对应的饱和压力。

通过计算的方法可以确定系统是否有空气。如果系统中存在空气，其冷凝压力偏高。设含有空气的冷凝总压力为 p，冷凝压力为 p_K，则空气在冷凝器中的含量 g 为

$$g=\frac{p-p_K}{p}\times100\% \tag{3-1}$$

式中，p 及 p_K 均采用绝对压力。

【例 3-2】 实测到含空气的氨冷凝压力表读数为 1.127MPa，又测得冷凝温度为 28℃，试判断冷凝器中是否存在空气。

【解】 将冷凝总压力 p 换算成绝对压力得

$$p=(1.127+0.098)\text{MPa}=1.225\text{MPa}$$

查附录 B 氨的热力性质表，当温度为 28℃时，$p_K=1.099\text{MPa}$（绝对压力），则空气含量为

$$g=\frac{p-p_K}{p}\times100\%=\frac{1.225-1.098}{1.225}\times100\%=10.4\%$$

（5）制冷系统的放空气操作

1）氨系统的放空气操作。空气分离器主要有卧式四重管式和立式空气分离器两种类型。立式空气分离器一般采用自动放空气。这里主要介绍卧式四重管式空气分离器的放空气操作（见图 3-23）。

①检查空气分离器的回气阀，应是常开的。

②打开冷凝器或高压储液桶的放空气阀。

③开启空气分离器的混合气体进气阀，转动 2～3 圈，注意此阀不得全开。

④微开空气分离器的供液节流阀约 1/12～1/6 圈。供液节流阀开启度大小也可根据回气管的结霜情况进行调整。回气管上的结霜长度不宜超过 1.5m。

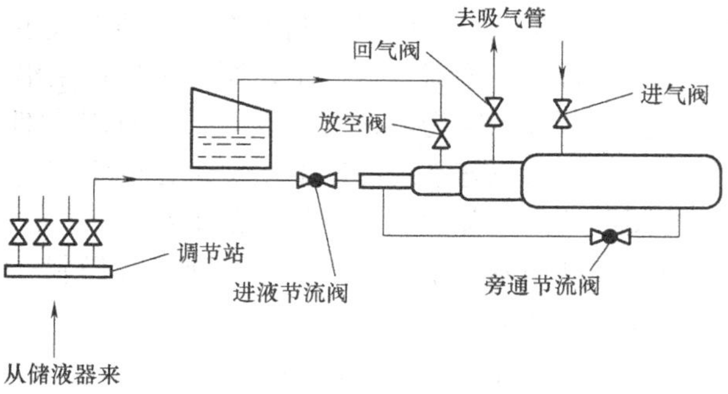

图 3-23 卧式四重管式空气分离器的放空气操作

⑤当空气分离器底部外壳用手触摸有凉的感觉并有干霜出现时，将放空气阀接口用橡胶管插入储水容器内，放空气阀的开启度要小，以减少氨的损失。可根据水中气泡及混浊情况来调整放空气阀的开启度。气泡在水中上升过程中呈圆形且无体积变化，水不混浊，水温也不上升，则认为放空气阀开得合适，放出的气体为空气。若气泡在上升过程中体积逐渐缩小甚至消失，则说明放出的气体中含有较多氨气，这时应关小放空气阀。若水温上升，水很混浊呈乳白色并发出轻微的爆裂声，则说明有氨液放出，应停止放空气的操作。

⑥在放空气过程中，混合气体中的氨气逐渐被冷凝为氨液并积存于底层，当外壳结霜高度到它本身的1/3～1/2 时，应关闭供液节流阀，开启回液旁通节流阀，使底层氨液进入最里层循环。注意回液旁通节流阀开的时间不能过早，否则底层冷凝的氨液一旦排完，将会使

混合气体中的空气返回低压系统中。

⑦结束放空气时，首先关闭放空气阀以防止氨气放出；再关闭供液节流阀和混合气体进气阀。回气阀一般不应关闭。

2）氟利昂系统的放空气操作。由于氟利昂系统多采用全封闭或半封闭式压缩机，空气进入系统的可能性较小，所以一般不设空气分离器。氟利昂系统内的空气可在停机后从压缩机排气阀的旁通孔处排除，其操作步骤如下：

①关闭冷凝器或储液器的出液阀。

②利用压缩机将低压系统内的制冷剂抽至冷凝器内或储液器内。

③待低压系统压力降到真空状态时，停机关闭压缩机吸气阀，但排气阀不关闭，且开足冷却水量，使高压气体制冷剂充分液化。

④20～30min 后，拧松排气阀多用通道螺塞，关闭排气阀半圈左右，使其成为三通状态，将空气从多用通道处排出。

⑤用手心挡住排出气流，若没有凉快感，则说明排出的大部分为空气。当有凉的感觉且手上有点滴油迹时，说明空气已排完，应拧紧螺塞，停止放空气。

⑥为了检查系统内是否有空气，可再起动压缩机，看排气压力表指针是否剧烈摆动等，视情况再按上述方法继续放空气。

有的氟利昂系统在冷凝器或储液器顶部装有放空气阀，这时空气也可通过放空气阀直接放出。

3. 蒸发器的除霜

冷间降温过程中，冷却排管和空气冷却器（俗称冷风机）的冷却管组，表面温度在冰点以下且始终低于冷间的空气温度。空气受到冷却，空气中的水分就会析出附着在冷却管组的表面上而结成霜层。当蒸发器长时间工作后，其表面将结有较厚的霜层。霜层的导热系数仅为0.116～0.139W/m·℃，霜层过厚，会使导热系数大大降低，换热效率下降，从而造成制冷量减小，压缩机功耗增大，且由于制冷剂蒸发不良，极易发生湿行程。尤其对采用肋片管的冷风机，结霜后不但使导热系数下降，而且影响空气流通，换热效率明显下降。因此，对蒸发器应定期除霜。常用的除霜方法有以下几种：

（1）人工除霜　人工除霜通常是人力用竹扫帚扫除冷却排管表面的霜层。这种方法操作简单，不影响库房的正常工作；但扫霜的劳动强度大，除霜不彻底；仅适用于冷库中的光滑冷却排管。

（2）热氨融霜　热氨融霜的作用原理是把热氨蒸气引入蒸发器，使其与壁外霜层进行热交换，迫使霜层吸热融化从蒸发器的换热盘管上脱落，从而达到除霜的目的。为了缩短融霜时间，提高融霜效率，融霜用热氨一般都从单级压缩机的排气管上引出，因为单级压缩机的排气温度较高，对融霜有利。为了减少热氨中夹带油量，用于融霜的热氨应先经油分离器分离以后再进入蒸发器。

热氨融霜时产生的液氨一般通过盘管流入排液桶；对氨泵供液系统，融霜产生的氨液可直接排入低压循环储液桶。

热氨融霜不但可以融霜，还可清除附着在冷却盘管内壁上的润滑油及其他污物，因此，热氨融霜可明显提高盘管的传热效果。

热氨融霜的具体方法与制冷系统的形式和管路设置有关，这里分别对氨泵供液系统

（不带排液桶，融霜排液进入低压循环桶）和重力供液系统的融霜加以介绍。

1）氨泵供液系统（不带排液桶，融霜排液进入低压循环桶）的融霜。氨泵供液系统（不带排液桶）的热氨融霜系统如图3-24所示。

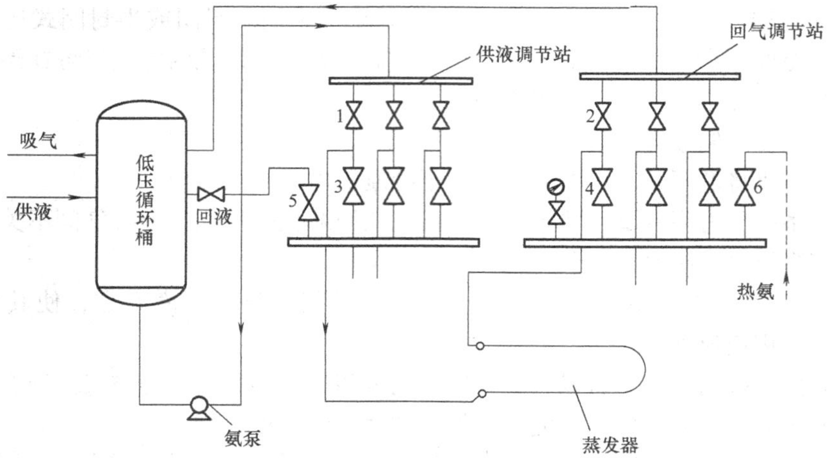

图3-24　氨泵供液系统（不带排液桶）的热氨融霜系统

1—供液阀　2—回气阀　3—冷间排液阀　4、6—热氨冲霜阀　5—总排液阀

①融霜前的准备工作：

a. 最好选择在冷间出货后或库内无货时进行。冻结物冷藏间内有货物时，应在货物上加盖油布或帆布，在地坪上铺席子，以免蒸发器上的融霜掉下来污染食品或使地坪结冰。

b. 冷风机的融霜应视生产情况而定。一般冷却间或冻结间在冷却过程或冻结过程结束，货物出货后即可进行一次融霜。

c. 准备好盛装融霜时排出液体的容器。设有排液桶的氨泵供液系统应检查桶内液面，必要时先排液。对于不设排液桶的氨泵供液系统则应停止低压循环桶的供液，以便接受融霜排液。

d. 冬天开机少，冷凝压力低时，热氨温度低，此时可减少冷凝器供水量，以提高压缩机的排气温度。

e. 为了缩短融霜时间，对于光滑排管可先行扫霜，有水融霜管路的冷风机应做好水冲霜的准备工作。

②融霜的具体操作方法。

a. 检查低压循环桶的液面，使其液面不高于其高度的40%。

b. 关闭液体调节站上融霜库房的供液阀1和回气调节站上的融霜库房的回气阀2。

c. 打开低压循环桶上的排液阀，打开液体调节站的总排液阀5和冷间排液阀3，使蒸发器内的氨液能排入低压循环储液桶。

d. 缓慢地开启热氨融霜阀4和6，增加排管内的压力，但不应超过0.8MPa。然后，用间歇开、关液体调节站排液阀的方法进行融霜排液工作。排液时，应密切注意低压循环桶的液面，最高不得超过其高度的60%。超过时，应停止融霜，待氨液排走后再进行融霜。

e. 当冷间蒸发器的霜层融净时，关闭气体调节站上的总热氨融霜阀6和冷间的热氨融霜阀4，然后关闭液体调节站上冷间排液阀3和总排液阀5，停止融霜。

f. 恢复库房工作时，应缓慢地开启气体调节站回气阀2降低排管内的压力。当降至系统蒸发压力时，开启液体调节站供液阀1向库房供液。

2）重力供液系统利用排液桶进行热氨融霜的操作步骤（见图3-25）。

①融霜前的准备工作：查看库房内的储存情况，查看排液桶内液位和压力。若有液体先进行排液，再进行降压，使其处于低压状态。

②关闭供向要融霜蒸发器的冷间供液阀6，将蒸发器内存留的液体蒸发抽出。

③蒸发器抽净后关闭冷间回气阀9，打开排液桶上的进液阀，液体调节站融霜蒸发器的冷间排液阀7和总排液阀8。

④开启气体调节站上的总热氨融霜阀11，缓慢开启气体调节站上融霜蒸发器上的冷间热氨融霜阀10，压力应控制在0.6～0.8MPa。

⑤融霜过程中，排液桶液面不得超过其高度的70%，如有超过，需停止融霜，待氨液排掉后再进行融霜。

⑥当蒸发器霜层融净后，关闭气体调节站上的总热氨融霜阀11和融霜蒸发器上的冷间热氨融霜阀10。然后关闭液体调节站上的冷间排液阀7和总排液阀8，缓慢开启回气阀降压。

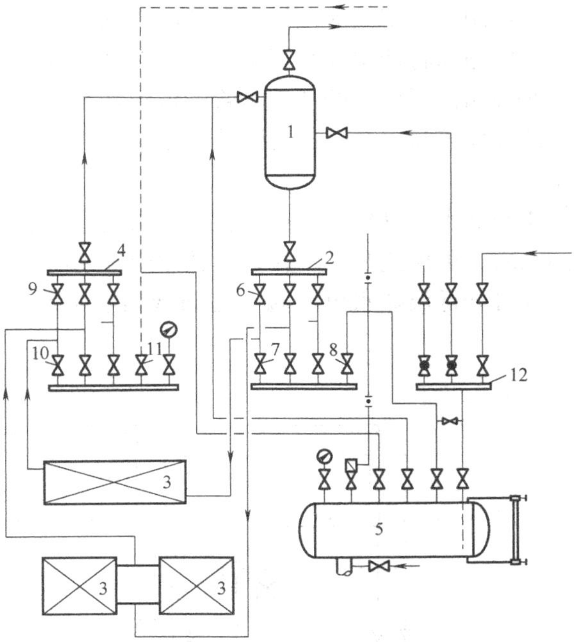

图3-25　重力供液系统热氨融霜示意图
1—氨液分离器　2—液体调节站　3—蒸发器
4—气体分调节站　5—排液桶　6—冷间供液阀
7—冷间排液阀　8—总排液阀　9—冷间回气阀
10—冷间热氨融霜阀　11—总热氨融霜阀
12—总调节站

⑦当压力降低后，恢复各阀门状态，恢复制冷工作。

（3）水冲霜及热盐水融霜

1）水冲霜操作。水冲霜是利用具有一定水压的水流直接向蒸发器的外表面喷水，使霜层被水的热量融化并被水冲掉。根据试验，若冲霜水压保持在0.15～0.2MPa，在20min内可完成冲霜工作，大约每平方米冷却排管的用水量不小于0.035m³。

水冲霜不但效果好而且操作简单，便于管理。但冷风机排管内的油污等无法排出，电量、水量耗费较大，目前仅使用在带有排水管道的冷风机的融霜。其具体操作方法如下：

①关闭冷风机供液阀，开启回气阀，拔去冷风机排水口堵木。

②慢慢打开上水阀，起动融霜水泵，将20℃左右的水送到冷风机冷却排管的上方往下喷淋。冲霜时，应注意冷风机排管内的压力不得超过0.6MPa。

③冲霜完毕后，停止水泵工作，关闭上水阀，开冲霜水管回水阀，排空管内存水以免冻结。

④待冷风机冷却排管上的水滴尽后，开冷风机的轴流风机吹去管表面附着的水膜，开启

冷风机的供液阀恢复正常工作。

2）热盐水融霜操作。热盐水融霜因不需将盐水盘管里的冷盐水加热，所以不损失冷量，而且融霜时间短，操作较简便，但电能消耗较大。

间接制冷系统热盐水融霜示意图见图3-26所示。其具体操作方法如下：

①融霜前将盐水加热器中盐水加热升温到20℃左右（可利用水蒸气或电阻丝加热）。

②关闭需要融霜的盐水盘管的低温盐水进、出口阀。

③开启该盐水盘管的融霜热盐水和热盐水融霜排回阀，并起动热盐水循环泵进行热盐水融霜。

④当盐水盘管外的霜层融化后，关闭融霜热盐水阀。待盐水盘管内热盐水被热盐水循环泵抽完后，可停止泵的工作，并关闭热盐水融霜排回阀。

⑤打开低温盐水出口阀，起动低温盐水循环泵，再打开低温盐水进口阀，恢复正常工作。

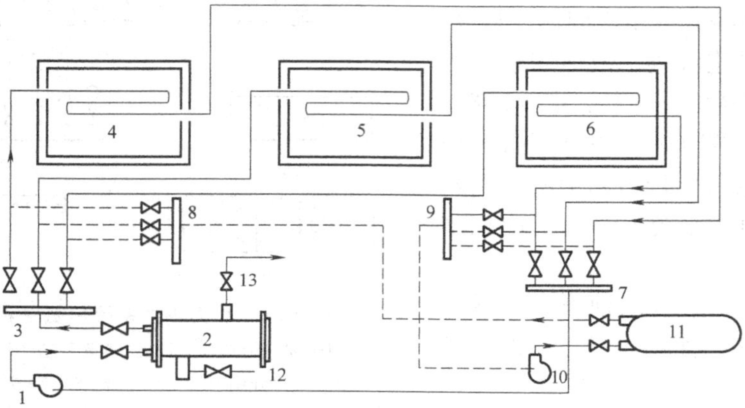

图3-26　间接制冷系统热盐水融霜示意图

1—低温盐水循环泵　2—盐水蒸发器　3—低温盐水调节站
4、5、6—盐水盘管　7—低温盐水吸热后回水调节站
8—融霜热盐水调节站　9—热盐水融霜后排回水调节站
10—热盐水循环泵　11—盐水加热器
12—制冷剂进液阀　13—制冷剂出液阀

热盐水融霜注意事项：

a. 热盐水温度一般为20 ℃左右，不宜过高，以免融霜后库温升高。

b. 有吹风冷却系统融霜时必须关闭风机。

c. 应在盐水盘管下面设置盛水盘，并能顺利地将融霜后的冰水排走。

（4）热氨和水联合冲霜　水冲霜只能解决蒸发器外表面霜层对传热的不良影响，但没有解决其内部积油对传热的不良影响。因此对于冷风机可采用热氨和水联合冲霜。这种方法融霜效果好，冲霜时间短且能将蒸发器内的积油及时排出，但其操作较为复杂。其操作方法如下：

1）融霜前，应先做好准备工作（同热氨融霜和水冲霜的准备工作）。

2）用热氨融霜5min左右，使霜层与蒸发器表面脱开。

3）用25℃左右的水冲霜15～20min。借助水温、水量及水自上而下的冲力将霜层冲掉。

4）当霜层冲掉，接水盘里没有冰块后，停止水冲霜。

5）利用热氨来“烘干”蒸发器的外表面，以免蒸发器外表面的水膜、水滴结冰而影响传热效果。当蒸发器管壁外表面无水滴时，即可停止热氨融霜。

（5）电加热融霜　电加热融霜的方法是在空气冷却器的冷却管组间安装电加热元件，融霜时通过电加热融化冷却管组表面的霜层。这种融霜方法多用于高温冷藏间或预冷间的小型氟利昂空气冷却器。在低温冷藏间中，采用这种融霜方法效果往往不是很理想，时间偏长，库温回升影响较大且不经济。

四、拓展知识

（一）活塞式冷水机组的试运转与调试

1. 活塞式冷水机组试运行前的检查与准备

目前广泛使用的活塞式冷水机组均为多机头（最多可达8台）半封闭压缩机组合的机型，俗称多机头机型。下面以开利30HK/HR型活塞式冷水机组为例介绍其开机前的检查与准备工作。

（1）试车前的检查

1）检查所有辅助设备，如冷水循环泵、空气处理设备或其他由冷水机组提供液体的末端设备。

2）打开压缩机吸气和排气截止阀，关紧一圈，使压力达到测试表上的数值。

3）打开供液截止阀（靠近干燥过滤器处）。

4）整定温度控制器或主温度继电器。

5）检查压缩机油位。

6）检查制冷剂是否泄漏。开利30HK/HR型活塞式冷水机组在出厂时已加了部分制冷剂，试车前，首先进行测压，如果保压良好，则可按照说明书的要求加足制冷剂。

如果系统中无制冷剂压力，系统就必须做气密性试验。修复漏点后，必须给系统去湿抽真空，然后再充填制冷剂。

7）检查各电气接头是否已紧固。检查电源是否与机组铭牌额定值相一致。

8）检查曲轴箱电加热器是否与压缩机曲轴箱锁紧。

9）曲轴箱电加热器已通电24h，压缩机曲轴箱已升温。

（2）日常开机前的检查

1）检查每台压缩机的油位和油温：

①油面在1/8～3/8高度。

②油温在40～50℃，手摸加热器须发烫。

2）检查主电源电压和电流：

①电源电压为340～440V。

②三相电压不平衡值<2%（>2%时绝对不能开机）。

③三相电流不平衡值<10%。

3）起动冷冻水泵和冷却水泵，两个水系统的循环建立起来以后，调节蒸发器和冷凝器进、出口阀门的开度，使蒸发器、冷凝器的进、出口压差在0.05MPa（0.5kg/cm^2）左右。

4）检查冷冻水供水温度的设定值是否合适，不合适可改设。

2. 活塞式冷水机组及其水系统的起动

以开利 30HK/HR 型活塞式冷水机组为例，由于这两种型号的机组大都具有两组独立的制冷回路，分别叫做 A 系统和 B 系统，每一回路都有一至若干台活塞式压缩机。因此，在机组起动时先要确定由哪个回路首先开始起动，即要确定在机组的控制面板上将选择旋钮放在“A”还是“B”的位置上。确定好后按“ON”或“1”的按钮，机组就可以起动了。

如果选择按钮放在“A”的位置，则 A 系统的第一台压缩机首先起动，当需要增载时，若干分钟后机组会自动起动 B 系统的第一台压缩机；如果还要增载，再过若干分钟后机组又会自动起动 A 系统的第二台压缩机，依次交替起动，直到两个制冷回路的压缩机全部起动运行为止。

显然，如果将选择按钮放在“B”的位置，则首先起动的是 B 系统的第一台压缩机，根据需要，若干分钟后机组又会自动起动 A 系统的第一台压缩机，其后依次交叉顺序起动。

压缩机起动时间及延时时间应遵守以下规律：

1）30HK—036、065、115：第一台起动时间为 5′58″，每台间隔 1min。

2）30HR—161、195、225：第一台起动时间为 1.5～3min，每台间隔 0.5min。

3. 活塞式冷水机组的正常运行参数与制冷量调节

（1）正常运行参数　开利 30HK/HR 型活塞式冷水机组正常运行的正常参数参见表 3-5。

表 3-5　开利 30HK/HR 型活塞式冷水机组的正常运行参数（R22）

参　数	正常范围	参　数	正常范围
蒸发压力	0.4～0.6MPa（4～6kg/cm²）	冷却水温差	4～5℃
吸气温度	蒸发温度 5～10℃过热度	油温	低于 74℃
冷凝压力	1.7～1.8MPa（17～18kg/cm²）	油压差	0.05～0.08MPa（0.5～0.8kg/cm²）
排气温度	110～135℃	电动机外壳温度	低于 51℃
冷却水压差	0.05～0.10MPa（0.5～1.0kg/cm²）		

（2）制冷量调节　开利 30HK/HR 型活塞式冷水机组的制冷量调节是通过制冷量调节装置自动完成的。制冷量调节装置由冷冻水温度控制器、分级控制器和一些由电磁阀控制的气缸卸载机构组成，通过感受冷冻水的回水温度来控制压缩机的工作台数，由一台特定压缩机若干个工作气缸的上载或卸载来实现制冷量的梯级调节。

4. 活塞式冷水机组及其水系统的停机操作

开利 30HK/HR 型活塞式冷水机组的停机分为手动停机和自动停机。

（1）手动停机

1）常规停机。

①按“OFF”或“O”按钮，停止机组运行。

②10min 后停水泵。

③切断 380V 电源。

2）长期停机。

①关闭供液阀，将制冷剂储存在冷凝器中。

②按“OFF”或“O”按钮，停止机组运行。

③10min 后停水泵。

④关闭压缩机吸排气阀。

⑤切断 380V 和 220V 电源。

（2） 自动停机

1） 故障停机。造成停机的各种故障有如下几种：

①断流器跳闸。哪一台压缩机电动机出故障，相对应的断流器就会跳闸，该台压缩机会自动停下，压缩机故障指示灯亮。

②排气超高压。机组（036～115）或某一回路（161～225）自动停下，排气超高压故障指示灯亮。

③吸气超低压。机组（036～115）或某一回路（161～225）自动停下，吸气超低压故障指示灯亮。

④排气高温。机组（036～115）或某一回路（161～225）自动停下，排气高温故障指示灯亮。

⑤低水温。冷冻水供水温度低于 2℃时，机组（036～225）自动停下，低水温故障指示灯亮。

⑥小流量。冷冻水流量小于额定流量的 1/2 时，机组（036～225）自动停下，缺水指示灯亮。

2）故障停机的处理。

①看清是上述哪一种故障引起的停机。

②按下“OFF”或“O”按钮（此时故障灯灭）。

③采取相应的措施，排除故障。

（3）注意事项

1） 常规停机（非长期停机）时，不能切断 220V 电源，要保持曲轴箱中的油加热器在机组停机期间始终保持通电加热状态。

2）断流器跳闸后不能轻易合闸，更不能跨接断流器直接起动电动机，需对电动机和接线进行仔细检查，查明跳闸原因并正确处理后才能合闸。

3）排气超高压和低水温故障排除后，需按保护开关上的手动复位按钮，然后按停机开关后才能进行重新开机操作。

4）吸气超低压、排气高温和小流量故障排除后自动复位，当自动复位后，按停机开关，才能重新开机。

（二）螺杆式冷水机组的试运转与调试

1. 螺杆式冷水机组调试前的准备

1）由于螺杆式冷水机组属于中大型制冷机，所以在调试中需要设计、安装、使用等三方面密切配合。为了保证调试工作有条不紊地进行，有必要由有关方面的人员组成临时的试运转小组，全面指挥调试工作的进行。

2）负责调试的人员应全面熟悉机组设备的构造和性能，熟悉制冷机安全技术，明确调试的方法、步骤和应达到的技术要求，制订出详细具体的调试计划，并使各岗位的调试人员明确自己的任务和要求。

3）检查机组的安装是否符合技术要求，机组的地基是否符合要求，连接管路的尺寸、规格、材质是否符合设计要求。

4）机组的供电系统应全部安装完毕并通过调试。

5）单独对冷水和冷却水系统进行通水试验，冲洗水路系统的污物，水泵应正常工作，循环水量应符合工况的要求。

6）清理调试的环境场地，达到清洁、明亮、畅通。

7）准备好调试所需的各种通用工具和专用工具。

8）准备好调试所需的各种压力、温度、流量、质量、时间等测量仪器和仪表。

9）准备好调试运转时必需的安全保护设备。

2. 螺杆式冷水机组的调试

（1）制冷剂的充注　目前，制冷机组在出厂前一般都按规定充注了制冷剂，现场安装后，经外观检查如果未发现意外损伤，可直接打开有关阀门（应先阅读厂方的使用说明书，在运输途中，机组上的阀门一般处在关闭状态）开机调试。如果发现制冷剂已经漏完或者不足，应首先找出泄漏点并排除泄漏现象，然后按产品使用说明书要求加入规定牌号的制冷剂。注意制冷剂的充注量应符合技术要求。

由于安装或维修的原因，需要对机组进行现场冷媒充注时，操作如下：

1）用真空泵将机组真空抽至50Pa以下，若12h后真空上升低于13Pa，表明真空检查合格。

2）真空检查合格后，确定冷冻水泵开启，冷冻水在蒸发器内处于流动状态时，通过冷凝器底部的角阀充注孔注入规定量的制冷剂。

制冷剂的充注量及制冷剂牌号必须符合规定。若制冷剂充注量不足，会导致冷量不足；若制冷剂充注量过多，不但会增加费用，而且可能对运行能耗等带来不利影响。

在充注制冷剂前，应预先准备足够的制冷剂。充注时，可直接从专用充液阀门充入。由于系统处于真空状态，钢瓶中制冷剂与系统压差较大，当打开阀门时（应先用制冷剂吹出连接管中的空气，以免空气进入机组，影响机组性能），制冷剂迅速由钢瓶流入系统。充注完毕后，应先将充液阀门关闭，再移去连接管。

（2）螺杆式冷水机组调试前的准备工作　制冷剂充注结束后（如果需要充注制冷剂），可以进行负荷调试。近年来，螺杆式冷水机组在机组性能和电气控制方面都有了长足的进步，许多机组在正式开机前可以对主要电控系统做模拟动作检测，即机组主机不通电、控制系统通电，然后通过机组内部设定，检测机组的电控系统组件是否运行正常。如果电控系统出现了问题，可以及时解决。最后再通上主机电源，进行调试。在调试过程中，应特别注意做如下准备工作：

1）确认冷媒量。

2）操作显示屏的进、出水温度显示正常。

3）压缩机角阀、冷凝器角阀都确认打开。

4）电控柜内主电路与控制电路接线有无松动，绝缘电阻正常。

5）主电源确认（三相五线，不得零地合一），确认电压正常、相序正确，并记录。

6）水系统安装符合安装要求，确认各阀门已打开，管道已冲洗干净。冷冻水、冷却水的水流开关安装正确，接线正确；冷冻水、冷却水系统已注满水，管道空气已排净。

7）试运转前，螺杆机组提前12h通电。

主机通电检查，确认油加热器工作正常。检查进、出水温度传感器感温管内有无导热油，如果不正常，检查加热器和接线。准备工作检查就绪，机组通电预热。

（3）螺杆式制冷机组的开机调试

1）检查水泵运转是否平稳，应无剧烈振动噪声。检查水泵运转方向是否正确；水流开关动作正常；进、出水压差确认。打开自动排气阀，排除系统内的空气，水泵运转 15min 以上，使水系统运行平稳。确认冷却塔工作正常；确认机组设置参数正确，开机。

2）压缩机起动时，观察压力变化是否正常。若高压降低，低压升高，则立即按下紧急停机开关，排查原因。观察冷凝器后供液电磁阀是否打开，机组加载是否正常（25%、50%、75%依次加载，相对应的电磁阀依次得电，最后100%加载，电磁阀全部断电）。

3）机组运行参数记录（调试记录表）。

①记录主机吸、排气压力，电压、电流等参数。

②记录冷冻水、冷却水进、出水压力，温度等。

③冷冻水温度达到设定后卸载，加载运行。

④温度达到规定值后机组依次按 75%、50%、25% 卸载。

⑤温度上升后机组能够按 25%、50%、75% 的顺序加载。

⑥冷冻水被控制在设定范围内，调试完毕。

3. 螺杆式冷水机组的运行控制

螺杆式冷水机组控制装置的核心部件一般采用德国西门子公司 S7—200 系列 PLC，操作界面采用日本 Digital 公司 GP37W2 触摸屏或德国西门子文本显示器（TD200），操作界面采用中文对话方式，易于操作。整个控制装置自动化水平高，可靠性高。

控制系统包括压缩机起动部分及控制部分。标准配置时，压缩机起动采用△-△或不间断星三角起动方式，可以有效地避免起动过程中出现很高的转换电流峰值。控制柜主要包括以下部件：

电流互感器（PA）；接触器（KM1 ~ KM2 或 KM1 ~ KM3）；相序保护器（ABJ1-14DY 或 GMR-32）；PLC 单元。PLC 单元又包括：

CPU 单元（完成数据运算处理）；ID 模块（进行开关量信号采集）；AD 模块（进行模数转换，采集模拟量信号）。

（1）机组开机过程控制

1）给控制柜通电对压缩机油加热器进行预热，预热时间至少 8h 以上才可开机（这种情况下控制回路可以不通电）。

2）压缩机预热时间达到 8h 以上后可开机，先开循环水泵（冷水泵），再开冷却水泵。

3）循环水泵系统和冷却水泵系统均循环以后，对于单机头螺杆式冷水机组直接按起动键，若是多机头螺杆式冷水机组则需先选择机号再按起动键。

4）观察起动过程，首先起动冷冻水泵；延时 2min 后起动冷却水泵，1min 后机组开始起动。机头起动方式为星三角（Y-△）起动，转换时间为 5s。起动时，压缩机以 25% 能量运行 30s 后转入 50% 能量运行；再根据温度进行上载控制。

5）观察冷水系统的进、出口温度显示是否正确（制冷情况进水温度大于出水温度），机组的运行电流是否在主机标定的范围内。

6）直接停机按停止键，停机时压缩机以 25% 能量运行 30s 后停机；再延时 1min 停冷却水泵，再延时2min停冷冻水泵。

7）若冷却水泵与冷冻水泵没有联锁，则停机时须等压缩机停止后再延时1min手动停止冷却水泵，再延时2min手动停止冷冻水泵。

（2）机组加/卸载过程控制

1）加载过程。

①当控制装置电源接通时间超过设定值（压缩机最小停机时间），且冷水出口温度高于（设定值+温差值）（通常设定值为7℃，温差值可在1.0~5.0℃之间设定）时，机组投入起动运行。起动时自动选择运行时间最短的机头先起动。压缩机加载间隔时间可在触摸屏上设定（1~10min）。

②当冷水出口温度在（设定值+温差值）与设定值之间时，机组停止加载运行。

③每台机头两次起、停间隔时间最少为5min。

2）卸载过程。

①当冷水出口温度低于（设定值-温差值）时，机组将开始卸载，先卸运行时间最长的机头；满足卸载时间间隔后，冷水出口温度仍然低于（设定值-温差值）时再继续卸载。

②当系统出现故障或停机时，机组投入快速卸载运行，每台机头先转入25%能量运行30s后停机。

③当机头本身系统出现故障时，该机头停止运行，待故障消除后，按复位键，该机头重新自动投入运行。

4. 螺杆式冷水机组的起动

（1）开机前的准备

1）确认机组和控制器的电源已接通。

2）确认冷却塔风机、冷却水泵、循环水泵均已开启。

3）确认末端风机盘管机组均已通电开启。

（2）机组的起动

1）进入显示屏操作界面上的窗口，在开机画面中设定机组的控制方式（手动和自动）、状态（运行和停止），然后选择运行、开机，机组便起动起来。

2）机组将做一次自检，几秒钟后，一台压缩机起动，待负荷增加后另一台压缩机起动。

3）一旦机组起动，所有的操作均为自动的。机组根据冷负荷（冷冻水供回水温度）的变化自动起停。

（3）正常运行

1）机组正常运行，控制器将监控油压、电动机电流和系统的其他参数，一旦出现任何问题，控制系统将自动采取相应的措施，保护机组，并将故障信息显示在机组开机画面上（详情请参阅安装、操作和维护手册）。

2）在每24h的运行周期内，应有专人以固定的时间间隔永久性记录机组运行工况。

（4）螺杆式冷水机组运行中的注意事项

1）机组的正常开、停机，必须严格按照厂方提供的操作说明书的步骤进行操作。

2）机组在运行过程中，应及时、正确地做好参数的记录工作。

3）机组运行中如果出现报警停机，应及时通知相关人员对机组进行检查，也可以直接与厂方联系。

4）在机组运行过程中，严禁将水流开关短接，以免冻坏水管。

5）机房应有专门的工作人员负责，严禁闲杂人员进入机房，操作机组。

6）机房应配备相应的安全防护设备和维修检测工具，如压力表、温度计等，工具应存放在固定的位置。

5. 螺杆式冷水机组正常运行的标志

螺杆式冷水机组正常运行的标志有：

1）压缩机排气压力为1.47～1.8MPa（表压）。

2）压缩机排气温度为45～90℃，最高不得超过105℃。

3）压缩机的油温为40～55℃。

4）压缩机的油压为0.2～0.3MPa（表压）。

5）压缩机运行过程中声音应均匀、平稳，无异常声音。

6）机组的冷凝温度应比冷却水温度高3～5℃；冷凝温度一般应控制在40℃左右，冷凝器进水温度应在32℃以下。

7）机组的蒸发温度应比冷媒水的出水温度低3～4℃，冷媒水出水温度一般为5～7℃。

6. 螺杆式冷水机组的停机

（1）手动停机

1）只要开机画面上的机组开机切换为停机，就可以使机组停机。

2）为了防止出现破坏，即使在机组停机时也不要切断机组的电源。

（2）故障停机　如果机组出现故障，开机画面上会显示故障，自动报警，并自动停机

（3）螺杆式冷水机组停机注意事项

1）机组在停机后应切断主电源开关。

2）如果机组处于长期停机状态，应将冷水、冷却水系统内部的积水全部放掉，防止产生锈蚀。水室端盖应密封住。

3）机组在长期停机时，应做好维修保养工作。

4）在停机期间，应该将机组全部遮盖，防止积灰。

5）在停机期间，与机组无关的人员不得接触机器。

思考与练习

一、判断题

1. 活塞式制冷压缩机的油压是0.15～0.3MPa。（　　）
2. 国产系列化活塞式制冷压缩机的油压应比曲轴箱内的压力高0.15～0.3MPa。（　　）
3. 对于R22制冷系统，开机前要先接通油加热器。（　　）
4. 制冷系统正常运行时，油分离器的进气阀、出气阀要关闭。（　　）
5. 制冷系统正常运行时，高压储液器的液面不得高于其高度的80%。（　　）
6. 制冷系统正常运行时，高压储液器的压力不得高于1.5MPa。（　　）
7. 冷风机停机时应先关回气阀，再关供液阀。（　　）
8. 热氨融霜时，进入蒸发器前的压力不得超过0.8MPa。（　　）
9. 高压储液器放油时一般不停止工作，直接向集油器放油。（　　）

10. 制冷系统正常运行时，水冷式冷凝器的冷凝压力不得高于1.5MPa。(　　)

11. 氨制冷系统配组双级机须先开低压机，后开高压级。(　　)

12. 将配组双级制冷压缩机调换为单级运转，可在运行中调整阀门。(　　)

二、问答题

1. 制冷压缩机在运行前应做好哪些准备工作?
2. 单级氨制冷压缩机的开机操作程序和正常运行的标志有哪些?
3. 试述配组式双级制冷压缩机的开机操作程序。
4. 氟利昂制冷压缩机的正常运行标志有哪些?
5. 试述螺杆式制冷压缩机的开机操作程序。
6. 冷凝器和蒸发器的运行管理包括哪些内容?
7. 氨泵的运行管理包括哪些内容?
8. 制冷压缩机有哪几种加油方法?各适用于什么机型?分别说明其加油步骤。
9. 如何进行集油器、冷凝器、中冷器、低压循环桶的放油操作?
10. 试述DJY—1型低压集油器的放油操作步骤。
11. 制冷系统存在空气的危害和现象有哪些?如何进行放空气操作?
12. 试述氨泵供液系统热氨融霜和水冲霜的操作步骤。

项目四　制冷系统与设备的运行调整

一、学习目标

终极目标　根据实际情况对制冷系统运行参数进行分析，根据负荷和冷库的进货情况对机器和系统进行调配和调整。掌握造成机器设备和系统常见故障的原因并进行排除。

基本目标

1）掌握制冷系统的运行参数和正常运行的标志。

2）能对制冷压缩机进行调配。

3）能对制冷压缩机的湿行程进行操作调整。

4）掌握制冷系统常见故障的排除方法。

5）熟悉活塞式冷水机组常见故障的排除方法。

6）熟悉螺杆式冷水机组常见故障的排除方法。

二、工作任务

根据不同制冷系统的机器和设备的配置，完成制冷压缩机和制冷设备的调整，保证机器设备的正常运行和冷库的降温；能够排除一般的常见故障。

三、相关知识

（一）制冷系统运行参数分析

制冷系统的工作参数有：蒸发温度与蒸发压力、冷凝温度与冷凝压力、吸气温度与吸气压力、排气温度与排气压力、中间温度与中间压力等。其中，蒸发温度与蒸发压力、冷凝温度与冷凝压力是制冷系统的主要工作参数。制冷系统的操作调整就是要根据工况条件的变化控制各个工作参数，使制冷系统在最经济最合理的条件下运行，以达到提高制冷系数、降低功耗和保证安全运行的目的。

1. 蒸发温度和蒸发压力

蒸发温度是指液体制冷剂在一定压力下沸腾时的饱和温度。由于蒸发温度与蒸发压力呈对应关系，因此在操作中，对蒸发温度与蒸发压力的调整具有同等的意义。

蒸发温度可以通过气体调节站上回气压力表的读数换算成绝对压力后，查制冷剂的热力性质表得到。例如，氨的蒸发压力为0.43MPa时，蒸发温度为0℃；蒸发压力为0.101MPa时，蒸发温度为-33℃。

蒸发温度是制冷系统最重要的工作参数之一，它应根据冷加工工艺的要求确定。蒸发温度一般应比库温低8~10℃；比载冷剂的出口温度低5℃。当某些冷间对相对湿度要求较严格时，蒸发温度可按相对湿度的不同来选用。相对湿度要求在90%时，蒸发温度应比冷间温度低5~6℃；相对湿度要求在80%左右时，蒸发温度应比冷间温度低6~7℃；相对湿度要求在75%时，蒸发温度应比冷间温度低7~9℃。

决定蒸发温度和蒸发压力的主要因素是制冷剂的蒸发量与压缩机吸气量之间的关系。如果蒸发量等于压缩机的吸气量，则蒸发压力与蒸发温度稳定不变。反之，则会引起蒸发压力与蒸发温度的升高和降低。在操作中，改变蒸发量与吸气量之间的关系是调节蒸发温度和蒸发压力的基本方法。

影响蒸发量和吸气量的因素主要与库房的热负荷、蒸发器的传热面积和压缩机的容量有关。控制和调整上述几个因素，就可以控制和调整制冷系统的蒸发温度和蒸发压力。

（1）库房热负荷的变化　已建成的制冷系统，其蒸发器和压缩机的制冷能力是相对固定的。但库房的货物由于常有出入，其负荷时有变化。此外，库房围护结构的传热量也是随着外界气温的升降而变化的，所以库房热负荷是一个变量。

在其他条件不变的情况下，热负荷增大，制冷剂的蒸发量增大，由于蒸发量大于压缩机的吸气量，因而蒸发温度和蒸发压力升高。相反，如果蒸发量小于压缩机的吸气量，蒸发温度和蒸发压力就会逐渐下降。

（2）蒸发器的传热面积发生变化　当库房热负荷及压缩机容量不变时，如果库房蒸发器传热面积减小，则蒸发温度和蒸发压力降低；如果传热面积增大，则蒸发温度和蒸发压力升高。在实际操作中，压缩机的容量和蒸发器的传热面积都是固定不变的。但是蒸发温度和蒸发压力的变化可以通过节流阀的开启度来调节。如果开启度小，供液量不足，蒸发器内制冷剂的蒸发量小于压缩机的吸气量，蒸发温度和蒸发压力就下降，这时蒸发器的部分传热面积便成为气体的换热器，从而使气体过热，压缩机的吸气和排气温度便都升高。相反，如果节流阀开启度过大，蒸发器内充满制冷剂液体，蒸发器内的制冷剂蒸发量大于压缩机的吸气量，蒸发温度和蒸发压力便相应升高，这样，压缩机可能形成湿行程。

（3）压缩机容量的变化　压缩机的容量可以通过改变压缩机的工作台数或工作的气缸数来调整。压缩机的容量应与库房的热负荷相适应。如果库房的热负荷不变，而压缩机的容量增大时，就会使系统蒸发温度和蒸发压力降低，或使压缩机产生湿行程。反之，如果压缩机容量减小，由于压缩机未能及时吸回蒸发器内形成的制冷剂蒸气，又会使蒸发温度和蒸发压力升高，库房降温困难。

在冷库的制冷工艺设计中，蒸发温度是根据制冷工艺的要求，通过技术经济分析后综合考虑的。在实际运行中的蒸发温度是变化的，蒸发温度偏离设计要求过高或过低都是不利的。若蒸发温度过高，不能满足食品冷冻加工的工艺要求，被冷却对象达不到要求的低温，或降温速度达不到要求。若蒸发温度过低，会使压缩机的能量指标与运转经济性变坏。

蒸发温度降低，运行经济性差的主要原因是：蒸发压力降低时，气体的比体积增大，单位容积制冷量减少，压缩机吸入的制冷剂蒸气的功耗增加。例如，一台8AS—12.5氨制冷压缩机，在冷凝温度为30℃、蒸发温度为-15℃的工况下运行，当蒸发温度降为-30℃时，对制冷压缩机运行参数的影响见表4-1。根据表4-1的参数变化计算可得，蒸发温度降低后制冷剂的质量循环量减少了62.38%，吸气比体积增大89.39%，单位容积制冷量降低了48.3%，单位压缩功增加51.4%，制冷压缩机的制冷量减少了64.4%，制冷系数从4.79降至3.11。由此可见，蒸发温度过低对制冷系统的经济性影响较大。随着蒸发温度的降低，制冷压缩机的制冷量减少，能耗增大。因此，在系统操作调整中应力求使蒸发温度稳定在设计的温度上，避免蒸发温度过低。

造成蒸发温度过低的原因归纳起来有以下几点：

1）制冷压缩机的制冷量大于蒸发器在同一时间内的换热量。

2）冷库的热负荷减少。

3）蒸发器表面霜层增厚，蒸发器内油污增加，使蒸发器制冷能力降低。

4）系统内制冷剂不足，使蒸发器有效传热面积减少。

5）节流阀开启度过小，蒸发器供液量不足。

6）重力供液系统中，氨液分离器中液位降低，蒸发器供液量减少。

在制冷系统的操作调整中，应针对蒸发温度过低的具体原因采取必要的措施，如及时地除霜，对蒸发器进行放油清理，适当增大供液量，减少制冷压缩机运转的台数或缸数等，使蒸发温度保持正常。同时，根据上面的分析可知，蒸发温度升高对节能是有利的。因此，在满足制冷工艺要求的前提下，适当地提高蒸发温度是合理的，并有利于降低运行费用。

表 4-1　8AS—12.5 氨制冷压缩机在蒸发温度为 -15℃和 -30℃运行的参数变化

参数 \ 蒸发温度	-15℃	-30℃
活塞排气量/(m^3/s)	0.1572	0.1572
压力比 p_K/p_0	4.94	9.76
输气系数 λ	0.73	0.52
压缩机实际吸气量/(m^3/s)	0.1148	0.0817
吸气比体积/(m^3/kg)	0.5088	0.9635
单位质量制冷量/(kJ/kg)	1102.4	1182.7
单位容积制冷量/(kJ/m^3)	2166.7	1123.7
压缩机的制冷量/kW	248.7	91.9
单位压缩功/(kJ/kg)	229.8	347.9
节流后的闪发气体量(%)	16.1	26.3

2. *冷凝温度和冷凝压力*

冷凝器中制冷剂由气体冷凝成饱和液体时的温度称为冷凝温度。冷凝温度是与冷凝压力相对应的，冷凝压力越高，冷凝温度也越高。

冷凝温度和冷凝压力是制冷系统的重要工作参数，它对运行的经济性、安全性都有直接、重大的影响。以氨制冷系统为例：当蒸发温度为 -15℃时，若冷凝温度从 30℃上升到 40℃，制冷量约减少 5%；冷凝温度每升高 1℃，耗电量约增加 3%。而且随着冷凝温度的升高，将使排气温度升高，润滑油大量挥发进入换热器，使换热效率降低。此外，过高的冷凝压力将使系统失去安全运行的保证，所以规定 R717 和 R22 制冷系统冷凝温度不得高于 40℃，冷凝压力不得高于 1.5MPa（表压）；R12 制冷系统的冷凝温度不得高于 50℃，冷凝压力不得高于 1.2MPa（表压）。

冷凝温度属于正常范围的标志有：

1）立式、卧式壳管式和淋激式冷凝器，冷凝温度比冷却水出水温度高 4～6℃。

2）蒸发式冷凝器的冷凝温度与空气的温度有关，比夏季室外空气的湿球温度高 5～10℃。

3）对于风冷式冷凝器，冷凝温度比空气温度高8～12℃。

制冷系统运行时，影响冷凝温度变化的主要因素是冷却介质温度的变化、冷凝器换热效率的变化、冷却介质的进出口温差的变化、制冷剂纯度的变化和压缩机制冷量的变化。一般通过压缩机的排气压力来了解冷凝压力的变化。调节冷凝温度时，可根据热负荷的变化、压缩机的排气压力和排气温度的变化情况来调节冷却水量、冷却水温、放空气量，并对冷凝器及时除水垢或污垢。

冷凝温度的高低取决于冷凝器的传热面积、热阻、冷却介质的温度、流量和流速、制冷剂的纯度和充注量，以及压缩机的排气温度和排气量等。制冷系统在正常运行时，由于与之有关的因素基本是稳定的，可调节范围不大。因此，冷凝温度和冷凝压力也相对比较稳定。若冷凝温度和冷凝压力出现异常变化，往往是系统出现故障（如突然断水或冷凝器的台数配备不当）所致。所以在操作中应注意经常检查，发现问题时要认真分析查找原因及时解决。

3. 制冷压缩机的吸气温度

制冷压缩机吸入气缸的气体温度称为吸气温度。吸气温度可从制冷压缩机吸气阀上的温度计测得。

吸气温度总是高于蒸发温度，其数值取决于蒸发温度和回气管的绝热情况。从理论上讲，氨压缩机吸入饱和气体最为理想。但为了保证压缩机安全运行，防止湿行程，并且使回气管绝热层的造价不至于过高，允许吸入气体稍有过热，一般情况下，吸入气体的过热度为5～10℃。在不同的蒸发温度下，氨压缩机允许的吸气温度见表4-2。

表4-2 氨压缩机允许的吸气温度

蒸发温度/℃	5	0	-5	-10	-15	-20	-25	-28	-30	-33	-40	-45
吸气温度/℃	10	1	-4	-7	-10	-13	-16	-18	-19	-21	-25	-28
过热度/℃	5	1	1	3	5	7	9	10	11	12	15	17

在氟利昂制冷系统中，没有回热器的情况下，吸气温度应比蒸发温度高5℃左右；有回热器的情况下，吸气温度应比蒸发温度高15℃左右。但是其吸气温度最高不超出15℃。

吸入气体的过热度太大，必将提高压缩机的排气温度；吸入温度过低，有可能吸入湿蒸气，导致压缩机湿行程，两者都是不利的。

4. 制冷压缩机的吸气压力

制冷压缩机的吸气压力是指制冷剂蒸气吸入气缸前的压力，可以通过吸气压力表测得。由于回气管道存在流动阻力，所以吸气压力一般比蒸发压力稍低。

吸气压力过低将引起压缩比增大，油压过低，制冷效率降低等不良后果。因此，压缩机的安全保护上都设有低压控制器，使吸气压力不低于设定值，以保证压缩机运行的经济性和安全性。

引起吸气压力过低的主要原因有蒸发压力过低、回气管道堵塞、吸气过滤网堵塞或吸气阀开得过小等。在制冷压缩机运行过程中，如果因吸气压力过低而停机，应认真查找原因，加以解决。

5. 制冷压缩机的排气温度

制冷压缩机的排气温度是指制冷剂蒸气经过压缩后排出时的温度，可以通过排气温度计测得。

制冷压缩机的排气温度取决于吸气压力、排出压力、吸入气体的过热度和干度。在其他参数不变的情况下，压缩机吸、排气压差越大，排气温度越高；吸入气体过热度越大，排气温度越高。

制冷压缩机正常的排气温度可以用吸入状态和排气压力在压焓图上查得。氨单级压缩机排气温度见表4-3。氨压缩机的排气温度可按下列公式估算。

单级制冷压缩机的排气温度可按下式估算：

$$t_p = [(t_0 + t_k) \times 2.4] + \Delta t_r$$

双级制冷压缩机的排气温度可按下式计算：

$$t_{dp} = [(t_0 + t_{zj}) \times 2.4] + \Delta t_r$$

$$t_{gp} = [(t_k + t_{zj}) \times 2.4] + \Delta t_r$$

式中　t_p——压缩机的排气温度，单位为℃；

t_{dp}——低压级的排气温度，单位为℃；

t_{gp}——高压级的排气温度，单位为℃；

t_{zj}——中冷温度，单位为℃；

t_0——蒸发温度，单位为℃；

t_k——冷凝温度，单位为℃；

Δt_r——吸入气体的过热度，单位为℃。

计算时，t_k、t_0、t_{zj}均只取绝对值，不计算负号。以上公式只适用于t_0在0℃以下时的计算。

我国国家标准规定了小型和中型活塞式制冷压缩机的最高排气温度。为了保证压缩机的正常运行，操作调节中不能超出允许的最高排气温度。一般氨单级活塞式制冷压缩机的排气温度应小于150℃；R22和R502应小于145℃；R12应小于125℃。

对于螺杆式制冷压缩机，由于采用喷油式机型，工作容积中的大量润滑油吸收了被压缩气体的热量，压缩过程不再是近似等熵过程，因此不能用上述公式和表4-3中的数值来判断正常排气温度。实际上，喷油螺杆式制冷压缩机由于油的冷却作用，排气温度总是低的。一般R22和R717的排气温度应小于105℃；R12的排气温度应小于90℃。

表4-3　氨单级压缩机排气温度　（单位：℃）

蒸发温度	冷凝温度						
	20	22.5	25	27.5	30	32.5	35
±0	45	53	60	65	70	73	80
-2	50	58	64	69	74	77	85
-4	55	63	68	73	78	81	90
-6	62	69	79	82	89	92	95
-8	66	74	80	87	93	96	100
-10	71	79	85	92	98	101	105
-12	75	83	89	96	103	106	110
-14	80	87	93	101	108	111	115

（续）

蒸发温度	冷凝温度						
	20	22.5	25	27.5	30	32.5	35
-16	84	92	99	106	113	116	120
-18	89	99	101	111	119	121	125
-20	93	102	109	116	123	126	130
-22	98	107	114	121	128	131	136
-24	103	113	120	126	133	136	140
-26	109	118	125	130	137	140	143
-28	114	123	130	134	140	143	146
-30	120	128	133	138	143	146	150

注：1. 本表适用于单级压缩机和双级压缩机高压级排气温度；双级压缩机时用中间冷却温度。

2. 折线右下方的工况压缩比大于8。

引起排气温度升高的原因有很多，当出现故障时要及时排除。

1）由于冷凝温度升高，相应的冷凝压力也升高，将引起排气温度升高。冷却水量不足，水温太高或断水，冷凝器中污垢太多或积油，使其换热效率下降，制冷系统内有空气，都会使冷凝压力升高，排气温度也升高。

2）蒸发温度降低，相应的蒸发压力降低，引起排气温度升高。节流阀开启度过小，供液管道阻塞，将会引起蒸发压力降低，使压缩机吸气比体积增大，排气温度升高。

3）吸气管道过长，隔热效果不好，蒸发器供液不足等都将引起吸气过热，使排气温度升高。

4）由于压缩机本身垫片击穿、阀片损坏、活塞环泄漏、气缸拉毛等原因造成高、低压腔串气，都将使排气温度升高。

排气温度过高将使润滑油温度升高，粘度下降，使摩擦表面油膜不易形成，将使压缩机增加磨损、发热及运动件的损坏。排气温度达到润滑油闪点温度时，易使润滑油炭化、结焦，很容易在排气阀门处形成积炭，将会使气阀泄漏、阀片破裂、活塞环窜气，还会使活塞与气缸拉毛。

排气温度升高时，冷凝器的热负荷增加，使冷凝器的冷却水耗量增大。压缩机的活塞和气缸等机件温度也升高，从而使压缩机的输气系数减小、效率降低。

因此在制冷系统运行过程中，要注意调节冷却水量、冷却水温，定期清洗冷凝器的水垢或污垢；及时排出系统中的不凝性气体；调节蒸发器供液量，保证吸气管路的隔热良好，防止吸气过热。在满足冷间温度条件下，应尽可能调高蒸发温度，以减小压缩比。

6. 过冷温度

冷凝后的制冷剂饱和液体经冷却后的温度称为过冷温度。过冷温度低于冷凝温度的差值，称为过冷度。

液体过冷是在冷凝压力下进行的，过冷度一般为5℃。制冷剂过冷后，可使节流后的闪发气体减少，压缩机的制冷量增大。当冷凝温度为30℃、蒸发温度为-15℃时，每过冷1℃，氨制冷系统的制冷系数约提高0.46%。

氨单级压缩制冷循环可通过再冷却器利用低温的深井水过冷。在正常情况下，进、出水温差为2～3℃。R12等制冷系统应采用回热循环，利用回气进行过冷。

7. 中间温度和中间压力

在双级制冷压缩机中，低压级排出的过热气体在中间冷却器内冷却为干饱和气体，此时的压力称为中间压力，相应的温度称为中间温度。对于有中压蒸发器的中间冷却器，中压蒸发器的蒸发温度就是中间温度。

中间温度决定中间压力，中间压力还取决于低压级的排气量、中间冷却器的蒸发量和高压级的吸入量。因此，中间温度就与蒸发压力、冷凝压力、高低压气缸比以及影响中间冷却器蒸发量的诸因素有关。只要其中一个参数变化，中间温度就会发生相应的变化。

不同类型的双级制冷系统的中间温度应根据有关参数在压焓图上求得。不考虑过冷度和中间冷却器蒸发量的中间温度可从表4-4和表4-5中查出，可供操作管理双级制冷压缩机运行工况时参考。

中间压力过高或过低的原因和造成的后果与冷凝压力升高或蒸发压力降低的情况基本相同。

8. 液位

（1）高压储液器　高压储液器的液位应控制在30%～80%。液位过高，可能是因为低压系统供液太少或制冷系统制冷剂充注量过多；液位过低可能是因为蒸发器供液过多，也可能是低压容器的液位过高，应严密注意压缩机的吸、排气温度变化，防止湿行程的发生。高压储液器的液位过低，是制冷剂不足的表现，将会失去液封作用，高压气体窜入低压系统，使制冷系统不能正常工作。

（2）中间冷却器　中间冷却器的液位一般由浮球阀或液位控制器加电磁阀自动控制，通常为50%。液位过低会使高压级压缩机的吸、排气温度升高，中冷器的分油能力降低，冷却盘管内的制冷剂液体得不到较好的冷却，影响制冷效果。液位过高可能会造成高压级压缩机的湿行程。

（3）氨液分离器　氨液分离器的液位一般为氨液分离器高度的30%～40%，最高不得超过50%。在重力供液制冷系统中，通常根据冷间热负荷的变化相应地调节供液膨胀阀的开启度，以维持氨液分离器中液位的稳定。若液位过低，不能保证每组蒸发器的均匀供液；若液位过高，压缩机会发生湿行程。

（4）低压循环桶　在氨泵供液系统中，低压循环桶的液面高度一般稳定为桶高的30%～40%，最高不超过50%。若液位过低，易使氨泵不上液，制冷系统无法正常制冷；若液位过高，压缩机会发生湿行程。

（二）制冷系统的调整与管理

1. 制冷系统正常运行的标志

（1）制冷压缩机正常运转的标志

1）氨制冷压缩机的吸气温度一般高于蒸发温度5℃，氟利昂制冷压缩机的吸气温度最高不超过15℃，排气温度一般不低于70℃，不高于150℃。

2）油泵的排出压力应稳定，活塞式制冷压缩机的油压应比吸气压力高0.15～0.3MPa；螺杆式制冷压缩机的油压应比排气压力高0.15～0.3MPa；油温一般保持在45～60℃，最高不超过70℃，最低不低于5℃。具体数值应参照压缩机制造厂的使用说明书。

表 4-4 高、低压级（缸）容积比为 1:2 时，氨双级压缩机的中间温度 （单位:℃）

蒸发温度	冷凝温度																				
	20	21	22	23	24	25	26	27	28	29	30	31	32	33	34	35	36	37	38	39	40
-25	-4.8	-4.6	-4.4	-4.2	-4	-3.8	-3.6	-3.4	-3.2	-3	-2.8	-2.6	-2.4	-2.2	-2	-1.8	-1.6	-1.4	-1.2	-1	-0.8
-26	-5.7	-5.5	-5.73	-5.1	-4.9	-4.7	-4.5	-4.3	-4.1	-3.9	-3.7	-3.5	-3.3	-3.1	-2.9	-2.7	-2.5	-2.3	-2.1	-1.9	-1.7
-27	-6.6	-6.4	-6.2	-6	-5.8	-5.6	-5.4	-5.2	-5	-4.8	-4.6	-4.4	-4.2	-4	-3.8	-3.6	-3.4	-3.2	-3	-2.8	-2.6
-28	-7.5	-7.3	-7.1	-6.9	-6.7	-6.5	-6.3	-6.1	-5.9	-5.7	-5.5	-5.3	-5.1	-4.9	-4.7	-4.5	-4.3	-4.1	-3.9	-3.7	-3.5
-29	-8.4	-8.2	-8	-7.8	-7.6	-7.4	-7.2	-7	-6.8	-6.6	-6.4	-6.2	-6	-5.8	-5.6	-5.4	-5.2	-5	-4.8	-4.6	-4.4
-30	-9.3	-9.1	-8.9	-8.7	-8.5	-8.3	-8.1	-7.9	-7.7	-7.5	-7.3	-7.1	-6.9	-6.7	-6.5	-6.3	-6.1	-5.9	-5.7	-5.5	-5.3
-31	-10.2	-10	-9.8	-9.6	-9.4	-9.2	-9	-8.8	-8.6	-8.4	-8.2	-8	-7.8	-7.6	-7.4	-7.2	-7	-6.8	-6.6	-6.4	-6.2
-32	-11.1	-10.9	-10.7	-10.5	-10.3	-10.1	-9.9	-9.7	-9.5	-9.3	-9.1	-8.9	-8.7	-8.5	-8.3	-8.1	-7.9	-7.7	-7.5	-7.3	-7.1
-33	-12	-11.8	-11.6	-11.4	-11.2	-11	-10.8	-10.6	-10.4	-10.2	-10	-9.8	-9.6	-9.4	-9.2	-9	-8.8	-8.6	-8.4	-8.2	-8
-34	-12.9	-12.7	-12.5	-12.3	-12.1	-11.9	-11.7	-11.5	-11.3	-11.1	-10.9	-10.7	-10.5	-10.3	-10.1	-9.9	-9.7	-9.5	-9.3	-9.1	-8.9
-35	-13.8	-13.6	-13.4	-13.2	-13	-12.8	-12.6	-12.4	-12.2	-12	-11.8	-11.6	-11.4	-11.2	-11	-10.8	-10.6	-10.4	-10.2	-10	-9.8
-36	-14.7	-14.5	-14.3	-14.1	-13.9	-13.7	-13.5	-13.3	-13.1	-12.9	-12.7	-12.5	-12.3	-12.1	-11.9	-11.7	-11.5	-11.3	-11.1	-10.9	-10.7
-37	-15.6	-15.4	-15.2	-15	-14.8	-14.6	-14.4	-14.2	-14	-13.8	-13.6	-13.4	-13.2	-13	-12.8	-12.6	-12.4	-12.2	-12	-11.8	-11.6
-38	-16.5	-16.3	-16.1	-15.9	-15.7	-15.5	-15.3	-15.1	-14.9	-14.7	-14.5	-14.3	-14.1	-13.9	-13.7	-13.5	-13.3	-13.1	-12.9	-12.7	-12.5
-39	-17.4	-17.2	-17	-16.8	-16.6	-16.4	-16.2	-16	-15.8	-15.6	-15.4	-15.2	-15	-14.8	-14.6	-14.4	-14.2	-14	-13.8	-13.6	-13.4
-40	-18.3	-18.1	-17.9	-17.7	-17.5	-17.3	-17.1	-16.9	-16.7	-16.5	-16.3	-16.1	-15.9	-15.7	-15.5	-15.3	-15.1	-14.9	-14.7	-14.5	-14.3

表 4-5　高、低压级（缸）容积比为 1:3 时，氨双级压缩机的中间温度　（单位:℃）

蒸发温度	冷凝温度																				
	20	21	22	23	24	25	26	27	28	29	30	31	32	33	34	35	36	37	38	39	40
-25	2.3	2.5	2.7	2.9	3.1	3.3	3.5	3.7	3.9	4.1	4.3	4.5	4.7	4.9	5.1	5.3	5.5	5.7	5.9	6.1	6.3
-26	1.3	1.5	1.7	1.9	2.1	2.3	2.5	2.7	2.9	3.1	3.3	3.5	3.7	3.9	4.1	4.3	4.5	4.7	4.9	5.1	5.3
-27	0.3	0.5	0.7	0.9	1.1	1.3	1.5	1.7	1.9	2.1	2.3	2.5	2.7	2.9	3.1	3.3	3.5	3.7	3.9	4.1	4.3
-28	-0.7	-0.5	-0.3	-0.1	0.1	0.3	0.5	0.7	0.9	1.1	1.3	1.5	1.7	1.9	2.1	2.3	2.5	2.7	2.9	3.1	3.3
-29	-1.7	-1.5	-1.3	-1.1	-0.9	-0.7	-0.5	-0.3	-0.1	0.1	0.3	0.5	0.7	0.9	1.1	1.3	1.5	1.7	1.9	2.1	2.3
-30	-2.7	-2.5	-2.3	-2.1	-1.9	-1.7	-1.5	-1.3	-1.1	-0.9	-0.7	-0.5	-0.3	-0.1	0.1	0.3	0.5	0.7	0.9	1.1	1.3
-31	-3.7	-3.5	-3.3	-3.1	-2.9	-2.7	-2.5	-2.3	-2.1	-1.9	-1.7	-1.5	-1.3	-1.1	-0.9	-0.7	-0.5	-0.3	-0.1	0.1	0.3
-32	-4.7	-4.5	-4.3	-4.1	-3.9	-3.7	-3.5	-3.3	-3.1	-2.9	-2.7	-2.5	-2.3	-2.1	-1.9	-1.7	-1.5	-1.3	-1.1	-0.9	-0.7
-33	-5.7	-5.5	-5.3	-5.1	-4.9	-4.7	-4.5	-4.3	-4.1	-3.9	-3.7	-3.5	-3.3	-3.1	-2.9	-2.7	-2.5	-2.3	-2.1	-1.9	-1.7
-34	-6.7	-6.5	-6.3	-6.1	-5.9	-5.7	-5.5	-5.3	-5.1	-4.9	-4.7	-4.5	-4.3	-4.1	-3.9	-3.7	-3.5	-3.3	-3.1	-2.9	-2.7
-35	-7.7	-7.5	-7.3	-7.1	-6.9	-6.7	-6.5	-6.3	-6.1	-5.9	-5.7	-5.5	-5.3	-5.1	-4.9	-4.7	-4.5	-4.3	-4.1	-3.9	-3.7
-36	-8.7	-8.8	-8.3	-8.1	-7.9	-7.7	-7.5	-7.3	-7.1	-6.9	-6.7	-6.5	-6.3	-6.1	-5.9	-5.7	-5.5	-5.3	-5.1	-4.9	-4.7
-37	-9.7	-9.9	-9.3	-9.1	-8.9	-8.7	-8.5	-8.3	-8.1	-7.9	-7.7	-7.5	-7.3	-7.1	-6.9	-6.7	-6.5	-6.3	-6.1	-5.9	-5.7
-38	-10.7	-10.5	-10.3	-10.1	-9.9	-9.7	-9.5	-9.3	-9.1	-8.9	-8.7	-8.5	-8.3	-8.1	-7.9	-7.7	-7.5	-7.3	-7.1	-6.9	-6.7
-39	-11.4	-11.5	-11.3	-11.1	-10.9	-10.7	-10.5	-10.3	-10.1	-9.9	-9.7	-9.5	-9.3	-9.1	-8.9	-8.7	-8.5	-8.3	-8.1	-7.9	-7.7
-40	-12.7	-12.5	-12.3	-12.1	-11.9	-11.7	-11.5	-11.3	-11.1	-10.9	-10.7	-10.5	-10.3	-10.1	-9.9	-9.7	-9.5	-9.3	-9.1	-8.9	-8.7

3）润滑油应不起泡沫（氟利昂制冷压缩机除外），油面应保持在油面视孔的1/2处，或最高与最低标线之间。

4）制冷压缩机的滴油量应符合制造厂说明书的规定。

5）制冷压缩机的卸载机构要操作灵活，工作可靠。

6）制冷压缩机的轴封温度一般不超过70℃，轴承温度一般不超过60℃，压缩摩擦部件温度不应超过室温30℃，压缩机机体不应有局部发热或结霜现象，表面温差不大于20℃。

7）冷却水的温度应稳定，出水温度不超过35℃，进、出水温差一般为3~5℃。

（2）制冷设备正常运转的标志

1）水冷式冷凝器的工作压力不超过1.5MPa。

2）壳管式冷凝器冷却水的水压不低于0.12MPa，且必须保持一定的进水温度与水量，对风冷式冷凝器和蒸发式冷凝器也应保证一定的进风温度和风量。

3）储液器液面指示不低于桶高的30%，且最高液面不超过桶高的70%。

4）盘管式蒸发器表面应均匀结霜或结露。

5）设备上的安全阀应启闭灵活，压力表指针应相对稳定，温度计指示正确，其他保护装置应调到规定值，且动作正常。

2. 制冷系统的操作调整

在操作调整制冷系统前，要熟悉制冷系统及有关机器设备的性能、制冷剂的流向、阀门的开启和关闭情况。

（1）制冷系统操作调整前应熟悉的问题　制冷系统的操作是压缩机和制冷设备单元操作的综合，制冷系统的调整是根据系统各部分的温度、压力、液位等变化进行的。操作调整前应熟悉系统的特点、冷间热负荷的分布情况、压缩机的制冷能力。

1）熟悉制冷系统的特点

①直接膨胀制冷系统。直接膨胀式制冷系统多为10~50t的氟利昂全自动供液系统的小冷库。冷库的开、停机和库温由温度控制器控制。在投产前把自动控制和热力膨胀阀调试正常即可。平常只是通过看、听、摸，检查是否有不正常现象，若有不正常现象，通过检修排除即可。

②重力供液制冷系统。重力供液制冷系统一般为100~300t的氨制冷系统的小冷库，应经常注意膨胀阀的开启度，以适应制冷装置正常运转的要求，并经常注意氨液分离器的液面高度。它是靠氨液分离器的液柱压力向各冷间输送液体的。由于各冷间的热负荷不同，冷间与液体分调节站的距离不同，管道的阻力也各不相同。因此，需要调节液体分调节站上供液阀的开启度，以满足各冷间供液降温的需求。

③氨泵供液制冷系统。在氨泵供液制冷系统操作中，主要用UQK—40型液位控制器和电磁阀配合向低压循环桶自动供液，因而液面较稳定。但是要注意自动控制阀门是否失灵，同时经常注意氨泵的运行情况，根据冷库各冷间热负荷的不同调整液体分调节站供液阀的开启度，以满足冷间降温供液量的需求。

2）熟悉各冷间冷却设备的特点与冷间热负荷的分布情况。应熟悉各冷间冷却设备的传热面积，并熟悉各冷间热负荷的分布情况、制冰等设备的负荷情况，以配备相适应的制冷压缩机。

3）熟悉制冷压缩机的制冷能力。由于制冷压缩机的运转工况不同，热负荷也不断地变化，所以制冷压缩机的制冷量也随之发生变化。操作人员要熟悉每台制冷压缩机在不同工况下的制冷量，并根据制冷系统热负荷的变化调整制冷压缩机的能量调节装置，或者调配压缩机的台数。

（2）调配制冷压缩机的要点　调配制冷压缩机的主要依据如下：

1）根据冷间热负荷的大小和蒸发器的传热能力的大小，尽量使压缩机的制冷能力和冷却设备的传热能力与冷间的热负荷相适应。

2）根据压力比调配制冷压缩机。对于活塞式制冷压缩机，当 p_k/p_0（冷凝压力与蒸发压力的绝对压力）比值小于8时，应配置单级制冷压缩机；压力比值大于8时，配置双级制冷压缩机。当采用双级制冷压缩机时，应优先采用单机双级制冷压缩机，因为配组双级制冷压缩机的电动机功率大，无用功耗较大。

3）根据不同的蒸发温度配置制冷压缩机。应根据不同的蒸发压力和温度配置不同的制冷压缩机分别担负降温任务。如果有的系统热负荷不大，单独开一台制冷压缩机不经济，或者机器调配困难时，允许把相近的蒸发温度系统（如 -28℃和 -33℃）合并成一个系统进行降温。制冷和冷却间的蒸发温度虽然接近，但最好由单独制冷压缩机降温，以免热负荷变动时相互影响。同时，不同蒸发温度系统合并成一个系统也不利于节能。

4）对于间歇式冻结器，其冷间的温度是不断变化的，导致蒸发温度不断变化，应单独配置制冷压缩机；对于连续式冻结器，其冷间的温度是比较稳定的，蒸发温度变化不大，也最好单独配置制冷压缩机降温，以免热负荷变动时互相影响。

（3）库房降温的调整

1）高温冷藏库的降温调整。高温冷藏库是储存鲜蛋、果品和蔬菜等的库房，它的库温一般为0～-4℃。这种冷库的降温分两种情况：一是库内大量进货时，库内热负荷大，需要较快地降温；二是库内达到保温要求时，库房内热负荷较小，而要求库房内温差波动不大。例如，储存蒜苔时库温为 -0.5～+0.5℃；储存苹果时库温为 -1～0℃。储存时间较长，库温要求严格。库房降温调整时，一般可采用间断开、停机的方法或者大、小机器互相调配的方法降温。这种情况下库房降温应注意以下几点：第一是在夏天，超过设计的外界环境温度使库温难以达到要求时，应检查蒸发器是否霜层过厚或者管内油污过多，应用热氨和水冲霜法解决，另外，还有可能是室外向室内通风道的风门关闭不严，向室内进热风，应检修处理；第二是库内进货量过小时，降温时应特别注意不能降得过低，否则新鲜果品蔬菜变成冻品，会造成很大的损失；第三是在冬季，可用通风的方式降温，这样可以节能；第四是尽量使系统在高的蒸发温度下运行，以保证冷间的湿度。

总之，操作者应掌握好以上的要点，严格控制库内温差，调好风道送风的均匀度，根据热负荷的大小和外界环境温度的变化，安全合理地调配机器设备，就既能保证商品的质量又能节能。压缩机的吸气压力控制在0.15MPa左右为宜。

2）低温冷藏间的降温调整。低温冷藏间的特点是热负荷变化较小，库房温度的波动也较小，一般在 -18℃左右。当选配适当的压缩机降温时，蒸发压力比较稳定，一般掌握在0.02～0.03MPa较好，若过高，降温慢；若过低，浪费电能，运转不经济。供液的调整容易掌握。在和 -33℃系统合并在一起进行降温或者库房出、入货物时，热负荷波动较大，这时应关小供液膨胀阀，使排管中的液面降低，以防出现压缩机湿行程。库房出入货结束后，再把膨胀阀调大些，使之处于正常降温的状态。

3）冻结间、制冰等设备的降温调整。冻结间、制冰等设备运行中的特点是热负荷变化大，因此，需要随时根据变化及时进行调整，才能使设备运行正常，降温达到要求。现介绍冻结间、制冰等设备降温调整过程中的注意要点。

①了解货物降温时的放热情况。例如，肉类的降温分三个阶段：肉的温度由常温降到0℃，这是鲜肉的冷却过程，这一过程是放显热的过程，据测试，这一过程的放热量可占总放热量的33%左右；肉温从0℃降到－5℃的过程为从鲜肉变为冻肉的过程，这时放出的是潜热，这一过程的放热量约占总放热量的52%左右；肉温从－5℃降到－15℃为冻肉的降温过程，此过程是冻肉放显热的过程，放热量约占总放热量的14%左右。从上面的分析可以看出，在降温过程中，各个阶段放热量不一样，因而热负荷变化也不一样，应将压缩机的调配与热负荷的变化相适应。

②入库结束或冲霜完毕库房降温开回气阀时，操作人员应注意压缩机的吸气压力和温度，以及低压循环桶或氨液分离器的液面变化，以防机器出现湿行程。在操作回气阀时，应先微开，听到有气体节流声时，不再开大，等听不到节流声时（7～10min），再慢慢开启，以防回气阀开得过快，大量的液体回到低压循环桶或氨液分离器内，造成严重湿行程事故。

③供液量的调整。当冻结间开始降温时，由于货物放出的热量大，冷间温度较高，传热温差大，制冷剂出现强烈的沸腾状态。在这种情况下，供液量应适当，尤其是不能过多，以免引起压缩机湿行程，同时由于蒸发压力过高，影响其他库房的降温。当库温降到与蒸发温度的差值接近设计要求时，蒸发器内的氨液沸腾逐渐缓和，可适当增加供液量。这时机器的吸入压力和温度相对稳定，库房降温速度较慢。肉温在0～－5℃时，放出潜热的时候热负荷最大。这时不要认为库温降得慢而将供液阀开得过大，从而造成压缩机湿行程；也不要认为供液过多减少供液量，使蒸发压力过低，机器的吸气量过少，制冷量减少，以致于库温不但不降低反而升温。只有回气压力基本稳定，吸气温度缓慢下降，高压储液桶和低压循环桶的液面波动不大时，才是正常的。

冷间温度继续下降，由鲜肉变成冻肉后的继续降温过程放出的热量逐步减小，蒸发量随之减小，供液量也应随之减小。

为了保证压缩机正常运转，防止湿行程，通常在冻结间出库前，提前15min左右停止供液，降低蒸发器内的液面，以利于下次降温时的安全操作。

④冻结间进货超过设计要求，机器的吸入压力过低，库房降温困难时，可进行二次冲霜，以解决因热阻过大传热效果差，致使库温达不到要求，同时供液难以控制的问题。

冻结间入货过少而热负荷过小时，除适当配置压缩机外，在供液上也要适当控制，并尽量少开冷风机上的鼓风机，以免造成能源浪费，增加食品的干耗。

⑤货物一次冻结时，入库前应将库温降到－10℃以下，入库时应随时降温，库温应保持在－2℃以下，以防滴水污染商品和冻融循环使建筑物受到破坏。

⑥多个冻结间连续降温时，由于降温时间有先有后，操作时也应根据先后次序进行降温。由于库房温度差别较大，热负荷差别也较大，操作调整时较难掌握。一般用三种方法进行操作调整：其一是用两个系统降温，回气管连接两个系统前3～4h用单级机降温。当库温与蒸发温度的差值接近正常时，改为－33℃系统降温；其二是关小回气阀，适当调节蒸发器的回气量；其三是控制冷风机的供液量，并控制鼓风机的开启台数，实现正常降温。一般最后一种方法应用较广泛。

（4）制冷压缩机的调配和制冷量的调整

1）制冷压缩机的调配。制冷压缩机要根据库房的热负荷进行调配，如冻结间刚进热货时，制冷剂蒸发温度会急剧上升，有时会从 -33℃上升到 -18℃，此时可用单级压缩机降温，当压缩比大于8后再用双级压缩式制冷系统降温。如果冻结间较多，进行连续性生产，系统中存在几个蒸发温度时，一般不做换机运转。肉温在0～-5℃时，热负荷最大，应适当增加机器，以适应降温的要求。但必须指出：如果将运转中的配组双级机改为单级机运转，或者将运转中的单级压缩机配组为双级压缩机运转，必须先停止运转中的压缩机，然后调整排气阀门及其他阀门，调整无误后，重新起动压缩机。严禁压缩机不停止运转而调整阀门，以免造成严重事故。

当制冷压缩机的制冷量大于冷间热负荷时，应调换制冷量较小的制冷压缩机或者利用能量调节装置卸载部分运转。

当运转中的压缩机与新降温的房间相连通时，应密切注意机器的回气压力和温度，如吸气压力上升或吸气温度下降，应迅速关小压缩机的吸入阀，防止机器湿行程。

制冷系统的操作管理人员要根据冷间的货物进出情况和温度变化情况，系统地调整阀门的开启度及机器配置，严禁一开到底的做法。

2）制冷压缩机制冷量的调整。制冷压缩机的制冷量要根据库房的温度来调整，如冻结间刚进货时，制冷剂的蒸发温度会从 -33℃上升至 -18℃左右，此时，应先开单级压缩机降温。如果冻结间较多，又进行连续生产时，压缩机的吸气压力波动不大时，可不做换机运转。食品温度在0～-5℃时，冻结负荷最大，可适当增加压缩机的制冷能力，如增加开机台数或使已卸载压缩机上载。

制冷压缩机的制冷量大于冷间热负荷时，应调换制冷量较小的压缩机或利用压缩机上的能量调节装置卸载部分运转。

制冷压缩机在运行中，如需与已停止降温的冷间相连通时，必须缓慢地开启调节站的回气阀。同时，密切注意回气温度与压力，如吸气过潮或吸气压力很快上升，应迅速调整压缩机的吸气阀，防止湿行程。

【例4-1】 某冷库有 -15℃蒸发温度氨制冷系统，其冷间热负荷为112kW；有 -33℃蒸发温度氨制冷系统，其冷间热负荷为229kW。冷凝温度在38℃时如何选配制冷压缩机完成降温任务？

【解】 对 -15℃氨制冷系统：

$t_k=38℃$时，查附录B氨饱和热力性质表可得$p_k=1.47\text{MPa}$；

$t_0=-15℃$时，查附录B氨饱和热力性质表可得$p_0=0.24\text{MPa}$；

压力比$=p_k/p_0=1.47/0.24=6.13<8$，应配单级制冷压缩机。

当$t_k=38℃$，$t_0=-15℃$时，一台4AV—12.5制冷压缩机经计算制冷量为110.5kW，基本合适。

对于 -33℃氨制冷系统：

$t_k=38℃$时，查附录B氨饱和热力性质表得$p_k=1.47\text{MPa}$；

$t_0=-33℃$时，查附录B氨饱和热力性质表得$p_0=0.103\text{MPa}$；

压力比$=p_k/p_0=1.47/0.103=14.27>8$，应配双级活塞式制冷压缩机。

当$t_k=38℃$，$t_0=-33℃$时，一台8AS—12.5作低压级制冷压缩机，一台4AV—12.5作

高压级制冷压缩机时，经计算制冷量为126.18kW，选用两套合适。

为了省略计算，选用制冷压缩机时也可通过查上述型号的制冷压缩机的制冷量曲线图直接求得制冷压缩机的制冷量。

（三）制冷压缩机湿行程的操作调整

1. 活塞式制冷压缩机的湿行程

制冷压缩机在运转中，由于液体制冷剂进入压缩机的工作气缸而引起气缸壁结霜的现象称为压缩机的湿行程。氟利昂制冷压缩机由于吸气的允许过热度比较大，一般情况下不会发生湿行程。湿行程主要发生在氨制冷压缩机中。

轻微的湿行程因为只有少量液体进入气缸，液体因吸收气缸壁的热量而汽化，一般无液击声，常表现为压缩机吸、排气温度迅速下降，阀片声音沉重、喑哑，气缸或吸气腔部位有结霜现象。如果有大量液体进入气缸，由于液体是不可压缩的，将使气缸内产生很高的压力。当气缸内压力超过排气压力0.3MPa左右时，安全盖被顶起，排气通道增大，液体被排出；当活塞下行时，气缸内压力降低，安全盖随之落下，这时便产生因敲击气缸而发出的响声，俗称"敲缸"。当压缩机发生"敲缸"现象时，曲轴箱甚至排气腔部位都会出现结霜现象。

2. 活塞式制冷压缩机产生湿行程的原因

1）向低压循环桶、氨液分离器、空气分离器等供液过多，使容器的液面过高，致使压缩机吸入液体。另外中冷器供液过多，致使双级制冷压缩机中的高压机出现湿行程。

2）开机时压缩机的吸气阀开得过快，管内少量液体吸入压缩机内出现湿行程。

3）库房降温时，回气阀开得过快，运转中设备内的氨液受热急剧沸腾，大量的液体快速回到循环桶，使桶内液面过高，液体被压缩机吸入，致使压缩机出现严重的湿行程，甚至还会造成设备损坏、人员伤亡事故。正确的操作是微开回气阀，有气体节流声时不再开大，当没有气体节流声时再慢慢开启。

4）制冷系统正常运转时，库房内突然增加热负荷，机房操作人员没有意识到，引起压缩机湿行程。因此，冷库出、入货物时，必须通知机房操作人员，以防止这一问题的发生。

5）氨液分离器内油过多使供液管供液不畅通，致使该容器液面过高而引起压缩机湿行程。

6）蒸发器内有油污，外边霜层过厚，不能使供进蒸发器的液体充分蒸发，带回较多的湿蒸气或液体引起压缩机湿行程。

7）几个蒸发器共用一个氨液分离器，各蒸发器的供液阀调整不当，供液过多的蒸发器回液造成压缩机湿行程。

8）制冷系统加氨量过多，运转调配不当造成压缩机湿行程。

9）压缩机配置过大，把低压循环桶或氨液分离器的液体吸回，引起压缩机的湿行程。

通过对以上原因的分析，在系统运行中，操作人员时刻注意上述问题，压缩机的湿行程是可以预防的。

3. 活塞式制冷压缩机发生湿行程的故障现象

活塞式压缩机发生湿行程的故障现象有三个：

1）机器的吸、排气温度下降得很快。

2）机器阀片由清脆的起落声变成喑哑的声音。

3）吸气腔周围有白霜。

出现以上现象时，要及时进行调整，若发现较晚就会出现气缸的敲击声。

4. 活塞式制冷压缩机发生湿行程的危害

1）使制冷压缩机产冷量降低，使库房降温困难。

2）吸、排气阀片因遇冷变脆，加之受液体冲击力的作用，易使阀片产生裂纹或破碎。

3）压缩机的运动部件因不均匀收缩而产生气缸拉毛现象。

4）湿行程会引起油压过低、润滑油中断现象，而造成巴氏合金轴瓦烧毁事故。

5）由于曲轴箱内温度低造成油冷却管冻裂。

6）如果制冷压缩机的安全弹簧失灵或没有安全弹簧，有可能将气缸盖顶坏，造成机器损坏。

7）若出现严重湿行程，会由于“敲缸”而导致机毁人亡的严重后果。

5. 活塞式制冷压缩机湿行程的操作调整

（1）单级氨制冷压缩机湿行程的操作调整

1）发生轻微湿行程时，应迅速关小制冷压缩机的吸气阀，并使气缸适当卸载；发生严重湿行程（即“敲缸”现象）时，应立即停机。

2）关小和关闭供液节流阀。

3）检查氨液分离器或低压循环桶内的液面，若液面过高，应设法降低液面至正常液位。

4）查明制冷压缩机发生湿行程的原因，并及时加以排除。

5）若曲轴箱内存有少量氨液，可利用压缩机运转时产生的热量使其蒸发，并采用间歇调整气缸上载的方法将其逐步排出。若吸气管道内存有氨液，可间歇开吸气阀，调整气缸上载，使吸入的少量液体在气缸内逐步汽化。

6）待机体表面霜层融化，压缩机吸气温度升高，排气温度升至70～80℃时，可逐渐开大吸气阀，并调整气缸逐步上载，压缩机恢复正常工作，根据氨液分离器或低压循环桶内的液面情况，适当开启供液节流阀。

7）湿行程发生时，应注意调整好油压和油温。因为在关闭制冷压缩机吸气阀后，曲轴箱逐渐被抽成真空状态，使油泵的输油效率降低，油的粘度增加，其润滑性能变坏，机器运转条件恶化。当油压低于0.05MPa而无法调整上去时，需停机，以避免发生机器严重磨损、连杆大头“咬死”和烧瓦事故。如果油压能及时调整到0.15MPa，可不必停机，但应增加曲轴箱内油冷却器和气缸冷却水套内的水量和水温以提高油温，保持油压，也可防止油冷却器水管和气缸水套冻裂。

（2）双级氨制冷压缩机湿行程的操作调整　低压级发生湿行程的操作调整与单级制冷压缩机基本相同，但在调整过程中还应注意中间冷却器内的液面、高压级吸气温度以及油压等的变化情况，若不正常，应及时调整。

高压级湿行程主要是中间冷却器液面过高造成的。其调整方法是：

1）关闭中间冷却器的供液阀，同时关小或关闭低压级压缩机的吸气阀，把气缸卸载到最小缸数运转。

2）关小或关闭高压级制冷压缩机的吸气阀，把气缸卸载到最小缸数运转。此时应注意油压不得过低，应及时调整到正常压力。

3）将中间冷却器内过多的液体制冷剂及时排出。

4）待高压级制冷压缩机机体表面霜层融化时，可缓慢开启吸气阀，逐步调整高压级气缸上载。

5）待压缩机正常工作时，视液面情况向中间冷却器供液，恢复双级制冷压缩机的正常工作。

（四）制冷系统的故障分析与排除

1. 制冷系统故障的检查方法

制冷系统出现故障时，会有很多不正常现象出现，若能及早发现并加以排除，可防止事故的发生。因此，认识和掌握制冷系统常见故障的分析与排除方法是非常必要的。故障检查的基本方法是“一看、二听、三摸、四分析”。

（1）看　看制冷压缩机、水泵、制冷设备等的工作压力；看压缩机吸气和排气温度；看润滑油的油位和油温；看储液设备的液位；看库房温度和蒸发器的结霜情况；看压缩机、水泵、冷风机等的工作电流；看制冷压缩机吸入端的结霜情况；看系统管道焊缝、螺纹、法兰和压缩机轴封等部位是否有油迹；看液体过滤器和热力膨胀阀进口端是否结霜；看自控元件的设定值是否符合要求。

（2）听　听制冷压缩机、水泵、冷风机工作时的运转声音；听膨胀阀进、出口端制冷剂的流动声音；听冷却塔风机工作时的运转声音。

制冷压缩机正常运转时会发出有规律的机器运转声，制冷压缩机内的阀片发出轻微并均匀的跳动声。听制冷压缩机内部的声音可借助长柄螺钉旋具等工具（见图4-1）。如果制冷压缩机的运转声音沉闷，可能是制冷压缩机发生了湿行程。如果听到气缸内有敲击声，可能是气阀组件螺钉松动，阀片破裂，气环、油环断裂或发生敲缸等。如果听到曲轴箱内有撞击声，则可能是运动部件间隙过大或松动的原因；如果有较重的摩擦声，可能是由于润滑不好或断油造成需润滑的部位产生干摩擦。

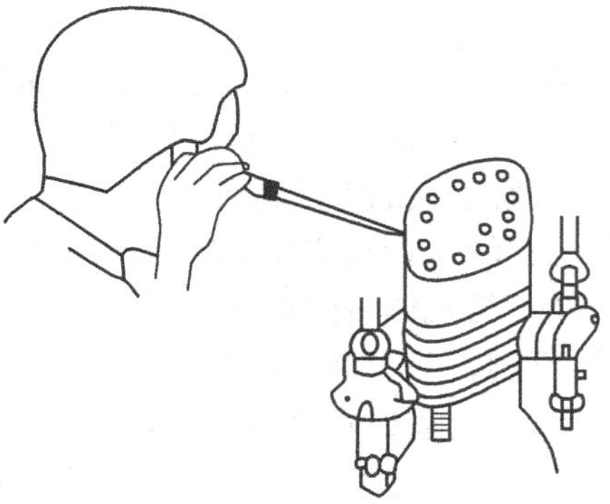
图4-1　听机器内部的声音

听膨胀阀中制冷剂流动的声音。正常情况下可听到膨胀阀内连续而微小的液体流动声。若听到膨胀阀内声音加大或间歇出现断续的流动声，则说明制冷剂的量不够。

制冷系统中的运转设备（如氨泵、水泵、风机等）润滑不好时都会发出干摩擦声。有敲击声时可能是机件松动。另外，氨泵有啸叫声时可能是因为发生了气蚀。风机发出连续碰擦声时，可能是风扇叶碰撞外壳和风筒造成的。

（3）摸　手摸制冷压缩机和其他运转设备摩擦部位的温度，触摸物体测温的感觉特征见表4-6；摸制冷设备及管道阀门等有关部位的温度；摸制冷压缩机、水泵、制冷设备等工作时的振动情况。

（4）分析　通过看、听、摸，对制冷系统的故障进行初步检查，根据压力、温度、液位、结霜等情况来判断制冷系统的工作是否正常；经过综合分析，确定故障发生的原因和部位，并根据实际情况进行调整和维修，及时排除故障，确保制冷系统安全、经济、合理地运行。

表 4-6　触摸物体测温的感觉特征

温度/℃	手　感　特　征	温度/℃	手　感　特　征
35	低于体温，微凉	65	强烫酌感，触 3s 缩回
40	稍高于体温，微温舒服	70	剧烫酌感，手指触 3s 缩回
45	温和而稍带热感	75	手指触有针刺感，1s ~ 2s 缩回
50	稍热但可长时间承受	80	有烘酌感，手一触即回，稍停留则有轻度酌伤
55	有较强热感，产生回避意识	85	有辐射热，焦酌感，触及烫伤
60	有烫酌感，触 4s 急缩回	90	极热，有畏缩感，不可触及

2. 制冷系统的常见故障分析与排除

在制冷装置的操作过程中，当工作条件和工作参数发生变化时，操作人员可凭借仪表、液面指示器等观察的数据加以分析，及时进行制冷装置的调整，以确保系统的正常运行。若不能及时调整或者调整不当，就会出现故障。若故障不能及时排除，就会造成后果严重的事故。因此，分析故障发生的原因、掌握排除一般故障的方法，对操作维修人员来说，是十分重要的。

（1）氨和氟利昂制冷系统常见故障的分析和排除　见表 4-7。

表 4-7　氨和氟利昂制冷系统常见故障的分析和排除

故障现象	故　障　分　析		故　障　排　除
机组运转噪声大	1）压缩机、电动机地脚螺钉松动 2）传动带或飞轮松弛		1）紧固螺钉 2）调节传动带张紧度，检查飞轮螺母、键等
活塞压缩机有异常声响	气缸部分	1）气缸余隙过小 2）活塞销与连杆小头衬套间隙过大 3）吸、排气阀片或阀片弹簧折断 4）假盖弹簧断裂 5）因吸入液体制冷剂造成“液击”	1）调整余隙，适当加厚缸垫 2）更换衬套或活塞销 3）更换阀片、弹簧 4）更换假盖弹簧 5）调整工况，调整膨胀阀开度
	曲轴箱部分	1）连杆大头轴瓦与曲柄销间隙过大	1）调整间隙 2）更换连杆大头瓦 3）适当提高油压
		2）主轴颈与主轴承间隙过大	1）调整间隙 2）更换轴套 3）适当提高油压
		3）连杆螺栓松动、脱落	紧固、更换螺栓，用开口销锁紧

（续）

故障现象	故 障 分 析	故 障 排 除
压缩机排气压力过高	1）系统混入空气等不凝结气体 2）水冷冷凝器的冷却水泵不转 3）冷凝器水量不足 4）冷却塔风机未开启 5）风冷冷凝器的冷风机不转 6）风冷冷凝器散热不良 7）水冷冷凝器管壁积垢太厚 8）系统内制冷剂充注过多	1）排除空气 2）检查、开启水泵 3）清洗水管、水阀和过滤器 4）检查冷却塔风机 5）检查、开启冷凝风机 6）清除风冷冷凝器表面灰尘；防止气流短路，保证气流通畅 7）清除冷凝器水垢 8）取出多余制冷剂
压缩机排气压力过低	1）冷凝器水量过大，水温过低 2）冷凝器风量过大、气温过低 3）吸、排气阀片泄漏 4）气缸壁与活塞之间的间隙过大，气缸向曲轴箱串气 5）油分离器的回油阀失灵，致使高压气体返回曲轴箱 6）气缸垫击穿，高、低压串气 7）系统内制冷剂不足 8）制冷蒸发器结霜过厚，吸入压力过低 9）空调蒸发器过滤网过脏，吸入压力过低 10）储液器至压缩机之间的区域出现严重堵塞	1）减少水量或采用部分循环水 2）减少风量 3）检查、更换阀片 4）检修、更换气缸套（体）、活塞或活塞环 5）检修、更换回油阀 6）更换缸垫 7）充注制冷剂 8）融霜 9）清洗过滤网 10）检修相关部件（如电磁阀等）
压缩机排气温度过高	1）排气压力过高 2）吸入气体的过热度太大 3）排气阀片泄漏 4）气缸垫击穿，高、低压腔之间串气 5）冷凝压力过高，蒸发压力过低，以及回气管路堵塞或过长，使吸气压力降低压比过大 6）冷却水量不足，水温过高或水垢太多，冷却效果降低 7）压缩机制冷量小于热负荷致使温度过高	1）采取有关措施，降低排气压力 2）调节膨胀阀的开启度，减少过热度 3）研磨阀线，更换阀片 4）更换缸垫 5）调整压力，疏通管路，增大管径及尽可能缩短回气管管长 6）调整冷却水量和水温，清除水垢 7）增开压缩机或减少热负荷
压缩机吸入压力过高	1）蒸发器热负荷过大 2）吸气阀片泄漏 3）活塞与气缸壁之间泄漏严重 4）气缸垫击穿，高、低压腔之间串气 5）膨胀阀开启度过大 6）膨胀阀感温包松落，隔热层破损 7）卸载—能量调节失灵，正常制冷时有部分气缸卸载 8）油分离器的自动回油阀失灵，高压气体窜回曲轴箱 9）制冷剂充注过多 10）系统中混入空气等不凝结气体 11）供液阀开启度太小，供液不足	1）调整热负荷 2）研磨阀线、更换阀片 3）检修和更换气缸、活塞和活塞环 4）更换缸垫 5）适当调小膨胀阀的开启度 6）放正感温包，包扎好隔热层 7）调整油压，检查卸载机构 8）检修、更换自动回油阀 9）取出多余的制冷剂 10）排出空气 11）调节供液阀

（续）

故障现象	故 障 分 析	故 障 排 除
压缩机吸入压力过低	1）蒸发器进液量太少 2）制冷剂不足 3）膨胀阀“冰堵”或开启度过小 4）膨胀阀感温剂泄漏 5）供液电磁阀未开启，液体管上过滤器或电磁阀脏堵 6）储液器出液阀未开启或未开足 7）吸气截止阀未开启 8）蒸发器积油过多，换热不良 9）蒸发器结霜过厚，换热不良 10）蒸发器污垢太厚 11）蒸发器冷风机未开启或风机反转	1）调大膨胀阀开度 2）补充制冷剂 3）拆下干燥过滤器，更换干燥剂，调节开启度 4）更换膨胀阀 5）检修电磁阀，清洗通道 6）开启、开足 7）全开吸气截止阀 8）清洗积油 9）融霜 10）清洗污垢 11）起动风机，检查相序
油压过高	1）油压调节阀调整不当 2）油泵输出端管路不畅通	1）重新调整（放松调节弹簧） 2）疏通油路
油压过低	1）油压调节阀调整不当 2）油压调节阀泄漏，弹簧失灵 3）润滑油太脏，滤网堵塞 4）油泵吸油管泄漏 5）油泵进油管堵塞 6）油泵间隙过大 7）油中含有制冷剂（油呈泡沫状） 8）冷冻机油质量低劣、粘度过大 9）摩擦面的间隙过大，回油太快 10）油量不足 11）油温过低 12）油泵传动件损坏	1）重新调整，压紧调节弹簧 2）更换阀芯或弹簧 3）更换、清洗滤网 4）检修吸油管 5）疏通进油管 6）检修或更换油泵 7）关小膨胀阀，打开油加热器 8）更换清洁的、粘度适当的冷冻油 9）更换连杆瓦或轴套，调整间隙 10）找出原因，补充冷冻油 11）开启油加热器 12）检查、更换油泵传动件
曲轴箱油温过高	1）压缩机摩擦部位间隙过小，出现半干摩擦 2）冷冻机油质量低劣，润滑不良 3）压缩机排气温度过高，压缩比过大 4）机房室温太高，散热不良 5）油分离器与曲轴箱串气 6）压缩机吸气过热度太大	1）调整间隙 2）更换冷冻机油 3）调整工况，降低排气温度 4）加强通风、降温 5）检查、修复自动回油阀 6）调整工况，降低吸气过热度
压缩机耗油量过大	1）油分离器回油浮球阀未开启 2）油分离器的分油功能降低 3）气缸壁与活塞之间的间隙过大 4）油环的刮油功能降低 5）因磨损使活塞环的搭口间隙过大 6）三个活塞环的搭口距离太近 7）轴封密封不良，漏油 8）制冷系统设计、安装不合理，致使蒸发器回油不顺畅	1）检查回油浮球阀 2）检修、更换油分离器 3）检修、更换活塞、气缸或活塞环 4）检查刮油环的倒角方向，更换油环 5）检查活塞环搭口间隙，更换活塞环 6）将活塞环搭口错开 7）研磨轴封摩擦环或更换轴封，加大维护力度，注意补充冷冻油 8）清洗系统中积存的冷冻机油

（续）

故障现象	故 障 分 析	故 障 排 除
冷冻油呈泡沫状	液体制冷剂混入冷冻机油	调整制冷系统的供液量，打开油加热器
卸载—能量调节装置失灵	1）能量调节阀弹簧调节不当 2）能量调节阀的油活塞卡死 3）油活塞或油环漏油严重	1）重新调整弹簧的预紧力 2）查卸检修 3）拆卸更换
制冷系统堵塞（注：其现象是吸气压力变低，高压压力也变低）	1）传动机构卡死 2）油管或接头漏油严重 3）油压过低 4）卸载油缸不进油 5）干燥过滤器脏堵 6）膨胀阀脏堵 7）膨胀阀冰堵 8）膨胀阀感温剂泄漏 9）电磁阀不能开启	1）拆卸检修 2）检修 3）检修润滑系统 4）检查疏通油管路 5）拆卸干燥过滤器，清洗过滤网，更换干燥剂 6）拆卸膨胀阀和干燥过滤器，清洗过滤网，更换干燥剂 7）拆下干燥过滤器，更换干燥剂（应同时清洗过滤网） 8）更换膨胀阀 9）检查电磁阀电源，或检修电磁阀
热力膨胀阀通路不畅	1）进口过滤网脏堵，或节流孔冰堵 2）感温剂泄漏	1）检修膨胀阀和过滤干燥器 2）更换膨胀阀
热力膨胀阀出现气流声	系统的制冷剂不足	补充制冷剂
热力膨胀阀不稳定，流量忽大忽小	1）蒸发器的管路过长，阻力损失过大 2）膨胀阀容量选择过大	1）合理选配蒸发器 2）重新选择膨胀阀
压缩机不起动	1）主电路无电源或缺相 2）控制回路断开 3）电动机出现短路、断路或接地故障 4）温度控制器的感温剂泄漏，处于断开状态 5）高、低压控制器断开 6）油压差控制器自动断开 7）制冷联锁装置动作（如自动转入融霜工况）	1）检查电源 2）检查原因，恢复其正常工作状态 3）检修电动机 4）更换温度控制器 5）调整压力控制器的断开调定值 6）调整油压差控制器的断开调定值 7）检查电气控制系统
压缩机起动后不久停车	1）油压差控制器的调定值过高 2）油泵不能建立足够的油压 3）压力控制器的调定值调节不当 4）压缩机抱合（卡缸或抱轴）	1）重新调整油压差控制器的调定值 2）检查油压过低的原因 3）重新调节调定值 4）解体、检修压缩机

（续）

故障现象	故　障　分　析	故　障　排　除
压缩机运转中突然停机或起停频繁	1）高压压力超过调定值，压缩机保护性停机 2）油压差控制器调节不当，保护停机的压力值（油压差）与自动起机的压力值（油压差）的幅差太小 3）温度控制器调节不当，控制差额太小 4）油压过低 5）制冷系统出现泄漏故障，运转时低压过低，停机后低压迅速回升 6）压缩机抱合（卡缸或抱轴） 7）电动机超负荷或线圈烧损，导致熔体烧断或过热继电器动作 8）电路联锁装置故障	1）检查压力过高的原因，排除故障 2）重新调节保护停机和自动起机的幅差 3）重新调节起机温度和停机温度 4）检修、调整润滑系统 5）检漏、补漏、补充制冷剂 6）解体、检修压缩机 7）检查超负荷原因，排除故障 8）检查修复
压缩机停机后高、低压迅速平衡	1）油分离器回油阀关闭不严 2）电磁阀关闭不严 3）排气阀片关闭不严 4）气缸高、低压腔之间的密封垫被击穿 5）气缸壁与活塞之间漏气严重	1）检修回油阀 2）检修或更换电磁阀 3）研磨密封面，更换阀片 4）更换缸垫 5）检修气缸、活塞，或更换活塞环
压缩机运转不停而制冷量不足（不能达到停机温度）	1）制冷剂不足 2）制冷剂过多 3）保温层变差，导致“漏冷”现象严重 4）压缩机吸、排气阀片泄漏致输气量下降 5）气缸壁与活塞间漏气导致输气量下降 6）系统中有空气 7）蒸发器内油膜过厚，积油过多 8）冷凝器散热不良	1）补充制冷剂 2）取出多余的制冷剂 3）尽量维护保温层的隔热性能 4）更换阀片，研磨密封面 5）检修或更换活塞环，活塞或气缸套 6）排除系统内空气 7）清洗积油，提高传热系数 8）检查维护冷凝器
制冷剂泄漏（接头焊缝阀门和轴封处有油迹）	1）制冷系统管路的喇叭口或焊接点泄漏 2）压力表和控制器感压管的喇叭口泄漏 3）制冷系统各阀的阀杆密封不严 4）空调冷水机组蒸发器铜管泄漏或因蒸发温度过低而冻裂 5）开启式或半封闭压缩机的机体渗漏 6）开启式压缩机的轴封泄漏	1）重新加工连接部位 2）使用扩胀管器重新加工喇叭口 3）检修或更换阀门，更换橡胶填料 4）检修或更换铜管 5）进行定期修理 6）检修或更换轴封
压缩机轴封泄漏	1）摩擦环过度磨损 2）轴封组装不良，摩擦环偏磨 3）轴封弹簧过松 4）橡胶圈过紧，致使曲轴轴向窜动时动、静摩擦环脱离	1）研磨或更换摩擦环 2）重新研磨、调整、组装轴封 3）更换弹簧 4）更换橡胶圈

（续）

故障现象	故 障 分 析	故 障 排 除
装置运转但不制冷	1）制冷剂几乎漏尽（机组未设置低压控制器） 2）过滤干燥器严重脏堵（机组未设置低压器） 3）电磁阀没有开启（机组未设置低压控制器） 4）膨胀阀严重脏堵或冰堵（机组未设置低压控制器） 5）膨胀阀感温剂泄漏（机组未设置低压控制器） 6）压缩机高、低压腔之间的密封垫片被击穿，形成气流短路 7）吸、排气阀片脱落或严重破裂 8）蒸发器严重结霜 9）蒸发器表面积垢太厚 10）冷风机停转或倒转 11）卸载机构失灵	1）检查漏点，充注制冷剂 2）清洗滤网或更换干燥剂 3）检修或更换电磁阀 4）检修膨胀阀和干燥过滤器 5）更换膨胀阀 6）检修压缩机，更换垫片 7）更换阀片，研磨密封面 8）检修融霜系统，或人工除霜 9）清洗蒸发器 10）检修风机及其电气控制系统 11）检查、调整卸载机构
中间压力太高	1）从高压级看容积配比小 2）高、低压串气或进气管路不畅 3）能量调节机构失灵，使高压级吸气少 4）中冷隔热层有损坏，供液量小，低压级排气不能充分冷却，蛇形管损坏 5）蒸发压力高使中间压力升高 6）冷凝压力高使中间压力升高	1）调整压缩机 2）检修高压机 3）检修能量调整装置 4）修理隔热层，调整供液阀，修理蛇形管 5）减小蒸发压力 6）减小冷凝压力
冷间降温困难	1）进货量太多或进货温度过高，冷间门关不严或开门次数过多 2）供液阀或热力膨胀阀调整不当，流量过大或过小，使蒸发温度过高或过低 3）隔热层受潮或损坏使热损失增多 4）电磁阀和过滤器中油污、脏物太多，管路阻塞或不通畅 5）蒸发器面积较小 6）管壁内表面有油污、外表面结霜过多 7）制冷剂充灌过多或过少，使蒸发压力过高或过低 8）热力膨胀阀感温包感温剂泄漏，冰堵或脏堵	1）控制进货量和进货温度，关严门和减少开门次数 2）调整供液阀或热力膨胀阀 3）检修隔热层 4）清洗过滤网和电磁阀，疏通管路 5）增加蒸发器面积 6）排除油污和霜层 7）调整制冷剂量，检修压缩机 8）检修感温包，更换制冷剂或干燥剂，清洗过滤网
冷却排管结霜不均或不结霜	1）供液管路故障，如供液阀开启太小，管道、阀门和过滤网堵塞，管道和阀门设计或安装不合理，电磁阀损坏使供液不均 2）供液管路中有“气囊”，使供液量减少 3）蒸发器中积油过多，传热面积小 4）蒸发器压力过高和压缩机效率降低，使制冷量减少 5）膨胀阀感温剂泄漏 6）膨胀阀冰度、脏堵或油堵	1）调整供液量，疏通管路，改进管道和阀门，修复或更换电磁阀 2）去除“气囊” 3）及时放油 4）降低蒸发压力，检修压缩机，提高效率 5）检修感温包 6）清洗滤网，更换干燥过滤器

（续）

故障现象	故　障　分　析	故　障　排　除
高压储液器液面不稳	冷间热负荷变化大，供液阀开启度不当	适当调整开启度
压缩机湿行程	1）供液阀开启过大，气液分离器或低压循环储液器液面过高，中冷器供液过多或液面过高，出液管堵塞或未打开，空气分离器供液太多 2）蒸发面积过小，蒸发器积油太多或霜层太厚，使传热面积减小 3）冷间热负荷较小或压缩机制冷量较大，使制冷剂不能完全蒸发 4）吸气阀开启过快或气缸润滑油太多 5）热力膨胀阀感温包未扎紧，受外界影响误动作 6）系统停机后，电磁阀关不紧，使制冷剂大量进入蒸发器	1）调整供液阀，检查有关阀门和管道，排除多余液体，放出多余制冷剂 2）增加蒸发面积或减少产冷量 3）冲霜和放油；调配压缩机容量 4）缓慢开启吸气阀，调整油压 5）检查感温包安装情况 6）缓慢开启吸气阀，注意压缩机的工作情况
压缩机吸气压力比蒸发压力低得多	1）吸气管道、过滤网堵塞或阀门未全开，管道太细 2）“液囊”存在，使压力损失过大，吸气压力过低	1）清洗管道、过滤网、调整阀门和管径 2）去除“液囊”段
压缩机排气压力比冷凝压力高得多	1）排气管路不畅（阀门未全开、局部堵塞等） 2）管路配置不合理（如管道太细）	1）清洗管道，调整阀门 2）改进管路
氟系统油分离器故障	1）回油阀（自动）打不开，长期不热 2）回油阀关闭不严，长期发热或发凉结霜 3）滤网堵塞	1）检修浮球或阀针孔等 2）检修浮球机构、阀针及阀针孔等 3）清洗滤网

（2）氨泵常见故障的分析和排除　见表4-8。

表4-8　氨泵常见故障的分析和排除

故障现象	故　障　分　析	故　障　排　除
不能起动或正常运行中突然停泵	1）停泵时间较长，泵内液体大量蒸发，造成系统“净吸入压头”降低，产生气蚀，差压控制器动作 2）低压循环储液桶液位过低，吸入段净压头不够，差压控制器动作 3）差压控制器延时时间过短 4）差压控制器调定值定得太高，在设定时间内氨泵达不到调定压差值 5）其他电气或机械故障	1）排除泵内气体后再开泵 2）排除低压循环储液桶供液控制系统故障 3）调整延时时间，齿轮泵一般调至30～60s，屏蔽泵调至6～10s 4）正确调定压差值，齿轮泵通常为0.07～0.08MPa，屏蔽泵为0.05～0.06MPa 5）检查修复电气或机械故障

（续）

故障现象	故 障 分 析	故 障 排 除
氨泵电动机工作电流和压力下降	1）低压循环储液桶液面过低 2）泵内进入大量润滑油 3）吸入气体 4）叶轮损坏 5）供液管堵塞	1）排除低压循环储液桶供液控制系统故障 2）检查进油原因，排油 3）排气 4）更换新叶轮 5）清理供液管
齿轮氨泵密封器泄漏；氨泵密封器温度过高	1）动环、定环磨损、拉毛 2）橡胶密封圈磨损、老化 3）压盖螺母压得过紧、间隙压死温度升高、缺少润滑油	1）清洗、研磨密封环 2）更换橡胶密封圈 3）调整固定螺母松紧度，清洗注油器，保证供油
氨泵发生振动和噪声	1）电动机轴与泵轴安装不同心 2）轴承磨损引起二轴不同心 3）叶轮与密封环摩擦 4）紧固螺栓松动 5）泵产生严重气蚀、部分零件损坏或松动	1）重新进行调整 2）更换轴承 3）重新调整间隙，对摩擦造成损伤的部位进行修理 4）紧固松动螺栓 5）属于泵本身结构或设计安装不合理引起的气蚀，应进行统一考虑解决办法；按规定程序进行操作，调整阀门；更换损坏零件，检查、固定松动螺栓；防止制冷系统热负荷大幅度变化，保持低压循环储液桶液面稳定

（3）风机常见故障的分析和排除　见表4-9。

表4-9　风机常见故障的分析和排除

故障现象	故 障 分 析	故 障 排 除
风量、风压不足	1）风管漏气 2）系统阻力大，局部堵塞 3）传动带打滑或断裂 4）电动机转速降低 5）风机叶轮与轴配合松动 6）转动方向不对（新安装风机）	1）堵塞漏风部位 2）清除堵塞物 3）更换传动带 4）检查供电电压或电动机其他原因 5）检查松动原因并进行处理 6）检查、调整转动方向
叶轮损坏或变形	1）叶片固定螺栓松动或铆钉松动，腐蚀脱落 2）轴承磨损，风机轴偏斜，叶轮与外壳严重摩擦 3）叶轮内落入石块等硬质杂物打坏叶片	1）重新固定或铆接 2）修理变形叶片、更换轴承 3）清理杂物，修复变形叶片
轴承过热或卡死	1）轴承缺润滑油脂 2）滚子轴承工作寿命已结束 3）轴承安装不好或风机轴与电动机轴不同心、轴承偏磨 4）轴瓦刮研，安装间隙过小	1）清洗轴承、加润滑油脂 2）更换新轴承 3）调整电动机、风机轴同心度 4）重新刮研轴瓦，调整轴与轴瓦间隙

（续）

故障现象	故障分析	故障排除
风机不规则振动	1）两轴不同心 2）风机和电动机上两带轮安装不平行或电机移位，固定螺栓松动 3）带轮键槽或键磨损、松动，带轮松动 4）风机叶轮平衡不好 5）机壳刚性不够	1）调整同心度至符合要求 2）重新进行调整、固定电动机位置 3）修理键槽，更换磨损键 4）进行叶轮平衡检查 5）对外壳进行加固

（4）冷却水系统的常见故障及排除　冷却水系统中的冷却塔和水泵有运动部件，故障较多，而管路和阀门安装调试好后很少动作，故障较少。

1）冷却塔故障的分析和排除。产生故障的原因及排除方法如下。

①不能起动：电源方面的原因有停电或忘记合闸；电源电压太低；配线错误、断线、缺相或接线端子松动、接触不良等。

其他原因有热动继电器和连接装置松动，送风电动机故障和传动带断开等。解决办法是复位热动继电器，检修连接装置和电动机，更换传动带。

②冷却能力不强：选用的冷却塔不匹配，容量小；应重新选配或增加冷却塔。

从供水系统看，循环水量太多或不足，散水管和散水槽孔堵塞，使水量不足，影响水的蒸发；循环水偏流，传热和传质减弱，冷却能力下降。解决方法是调整供水阀门，清洗散水槽和散水管。

从风机系统看，冷却能力不强的原因有：风机反转；风机因电源或线路故障不运转；轴承磨损影响风量；送风机叶片角度不对，风量不大；风扇叶片破损，风量不够；传动带松弛，风道被堵，空气流通不畅等。处理方法是检修电源及线路，更换轴及轴承，调整叶片角度，更换叶片和传送带。

③运转中循环水减少：主要原因有散水槽、散水管和补水管堵塞；补水和供水不足，水泵流量少不匹配，管路太细配置不合理等。处理方法是清洗管路、调整压力、开足阀门、更换水泵、重新配管等。

④运转中带出的水多：从循环水看，水量太多或偏流易造成带出水过多；从风路系统看，风量过大，布水器喷淋管喷水方向变化，也易多带水。处理方法是调节阀门，清洗散水槽；检查风机叶轮，更换风机。

⑤运转中散水槽内水溢出：主要原因是散水槽堵塞；循环水量多，水从上面滴下来，散水槽的结构不合理等。处理方法是清洗散水槽、调整循环水量、检修散水槽。

⑥运转中有振动和杂声：故障原因有风机轴弯曲或损坏，旋转不平稳；轴承部分损坏；风机叶片螺钉松动或与其他部件相碰；冷却塔外壳连接部位松动；电压过低，电动机发出异常声音。处理方法是更换轴、检修轴承、紧固螺钉、修理叶片、检查冷却塔外壳和电动机。

⑦运转中风机电动机过热：电路方面引起这种故障的原因有电动机绝缘不良、电压下降和缺相运转，导致电流加大；电动机短路，电流加大。解决方法是检修电动机、检查电压、紧固端子、更换电动机。

风机叶片角度不对，使负荷变大；轴承损坏，缺油或有异物，摩擦加剧；环境温度较高，都会影响电动机的温度。解决方法是重装叶片，检修轴承，选用耐高温电动机。

2）水泵故障的分析和排除　见表4-10。

表4-10　水泵故障的分析和排除

故障现象	故障分析	故障排除
水泵不吸水，压力表及真空表剧烈跳动	1）注入水泵的水不够，泵壳内有空气 2）吸入管与仪表（附件）漏气 3）吸水口露出水面	1）停泵，继续灌水、抽气 2）检查漏点，堵塞漏气处 3）降低吸水管高度，埋入水中
压力表有压力、出水管不出水	1）出水管阻力大或出水阀有故障 2）水泵旋转方向不对，转速不够 3）吸轮流道堵塞	1）检查出水管或出水阀 2）改变电动机转动方向，检查转速 3）清洗流道杂物
水泵消耗功率过大（电动机工作电流偏高）	1）填料压盖太紧，填料室发热（填料函体内不进水） 2）叶轮与泵壳之间间隙过大 3）水泵轴弯曲，轴线对中不好 4）电压偏低	1）放松填料压盖、清洗水封管 2）调整叶轮与泵壳之间间隙 3）修理或更换泵轴、进行对中检查 4）检查供电情况
水泵振动	1）地脚螺栓松动 2）联轴器不同心、减振圈磨损 3）泵轴弯曲	1）固定地脚螺栓 2）联轴器同心度找正，更换减振橡胶圈 3）校直或更换泵轴
轴承过热	1）轴承缺油或损坏 2）泵轴弯曲或联轴器不同心 3）润滑油变质，混入杂质	1）补充润滑油，更换轴承 2）校直泵轴，校正联轴器 3）清洗轴承和油槽、更换润滑油
填料漏水过多	1）填料压得不紧密、固定螺栓松动 2）填料磨损或失去弹性 3）填料缠法不对或质量不好 4）填料与泵轴接触处磨损严重，使填料密封不住	1）拧紧固定螺栓，并使水泵轻松转动 2）更换新填料 3）重新缠绕质量好的填料 4）修复泵轴磨损处，严重时更换新泵轴

3. 活塞式制冷压缩机的常见故障及排除

（1）压缩机不能正常起动运行

1）电源故障：断电、电压低。检查电压过低的原因，如果是电网临时出现降压，待电网电压恢复后再次起动。

2）电气线路故障：熔断器烧坏、接触器接线松动。

3）电动机故障。

4）曲轴箱压力高。通过放空阀将曲轴箱压力降到0.2MPa以下。如果经常出现曲轴箱压力高现象，要查明原因。

①吸、排气阀片泄漏，检查吸、排气阀片，研磨吸、排气阀座密封面。

②活塞环磨损密封不严，检查锁口间隙，更换活塞环。

③安全阀、缸套垫片泄漏。

④曲轴箱内存液，当压缩机停机后，液体受外界温度影响压力上升。

5）能量在高载位，将载位调整到零载位。

6）冷水和盐水机组的冷媒水温度达到温度控制器设定值或温度控制器失灵；检查冷媒水温度、温度控制器设定值以及温度控制器是否灵活。

7）压力继电器：压力超高、设定值过低或压力继电器报警未复位、失灵。

8）油压低，不能建立正常油压。对油压进行调整。参考油压低故障的排除方法。

9）冷水和盐水机组的冷却水、冷媒水断水，水流继电器报警或水流继电器故障。

（2）压缩机正常运转中突然停机

1）电源断电。碰到停电造成的停机，应及时把压缩机的吸、排气阀关闭，等来电后重新开机。

2）机组运行参数达到机组报警设定值报警停机。停机后，应首先把压缩机的吸、排气阀关闭，然后通过控制柜查看报警信息。常见的报警信息主要有：

①主电动机过载保护停机。这主要是由于机组吸气压力、排气压力过高或机组运动部件装配不合适，导致电动机过载。查明引起压力过高的原因，盘动压缩机应比较轻松，若较为沉重，应进行拆检。

②排气压力超高报警停机。检查引起排气压力高的原因，排除故障后要对压力继电器进行复位。

③油压差低保护停机。检查引起油压低的原因。

④冷却水、冷媒水断水报警停机。检查冷却水、冷媒水系统是否正常。

⑤冷媒水超低温报警停机。检查冷媒水温度是否达到设定值，对压缩机适当降低载位。

（3）压缩机排气温度过高

1）冷凝压力高，检查冷凝器冷却水系统、冷凝器换热管结垢情况。详见冷凝压力高的排除方法。

2）吸气过热度大。检查蒸发器供液是否过少，适当增大供液量。检查回气管道保温层是否损坏。检查吸、排气阀片是否破损，引起串气，并及时对系统进行放空气。

3）活塞上止点余隙容积过大，检测调整余隙容积。

4）缸盖冷却效果差，检查冷却水、缸套内的结垢情况。

5）安全阀漏气。安全阀密封不严，高、低压串气，会引起排气温度高。

6）活塞环、缸套垫片漏气，都会引起串压，造成排气温度高。

7）压缩机润滑不良，产生大量的摩擦热。停机检查润滑系统。

8）压缩机吸气压力过低，压缩机压缩比大。

（4）油压低

1）油泵管路堵塞或漏油，清洗疏通油管。

2）油压调节阀调节不当或失灵。调整油压，拆检油压调节阀。

3）油少，适量补充润滑油。

4）曲轴箱进液，油泵吸入有泡沫的油而引起油压下降。停机，排除曲轴箱内氨液或更换新润滑油。

5）油泵磨损。对油泵进行拆检。

6）连杆轴瓦与主轴承、小头衬套与活塞销严重磨损。检查修理或更换严重磨损的零部件。

7）油压表的表阀未开或表失灵。检查表阀、校核压力表。

8）油过滤器脏堵。拆洗油滤网，注意同时清洗曲轴箱。

9）油温高，润滑油粘度下降，引起油压降低。

10）曲轴箱后端盖垫片错位堵塞油泵进油通道。拆卸检查，调整垫片。

（5）曲轴箱中起泡沫

1）曲轴箱大量进液，压力降低时由于氨液蒸发引起泡沫。将曲轴箱中氨液抽空。

2）曲轴箱内加油过多，连杆大头搅动润滑油引起泡沫。将过多的润滑油放出。

（6）油温过高

1）曲轴箱内油冷却器未供水或水温高、水量不足等。检查冷却水系统。

2）轴瓦与轴承装配间隙过小、润滑油含有杂质致使轴瓦拉毛等，异常磨损产生大量摩擦热。调整装配间隙，使之符合要求，更换新油，更换轴瓦等已磨损的零部件。

3）排气温度过高。检查引起排气温度过高的原因。

（7）压缩机耗油大

1）活塞环、油环磨损。检查活塞环、油环锁口间隙，间隙过大的，进行更换。

2）油环装反或锁口安装在一条线上。重新装配油环，将三个锁口沿圆周平均布置。

3）活塞与缸套间隙大。检查缸套是否磨损。

4）排气温度过高，使润滑油汽化被带走。检查排气温度过高的原因。

5）加油过多。将多余的润滑油放出。

6）油分离器回油阀失灵。检修油分离器的回油阀。

7）压缩机回液，制冷剂的汽化带走大量润滑油。操作过程中注意调整供液，防止出现回液现象。

8）轴封漏油过多。

（8）能量调节失灵

1）油压过低。调整油压。

2）油管堵塞。清洗疏通油管。

3）油活塞卡住。拆卸清洗检查油活塞。

4）拉杆与转动环安装不正确，转动环卡住。检查装配情况。

5）油分配阀装配不当或失灵。

（9）曲轴箱中有敲击声

1）连杆大头轴瓦与曲轴轴颈的间隙过大。调整更换新瓦或新曲轴。

2）主轴承与主轴颈间隙过大。修理调整。

3）开口销断裂，连杆螺栓松动。紧固螺栓，更换开口销。

4）联轴器中心不正或联轴器键槽处松动。调整联轴器和检修键槽。

5）主轴承润滑不良。查明引起油压低的原因。

（10）压缩机湿行程　湿行程是压缩机操作中的一种常见故障，造成的危害和后果相当严重，在操作过程中一定要注意避免这种现象的发生。产生压缩机湿行程的主要原因有：

1）节流阀开启度过大，向蒸发器或低压循环桶（气液分离器、中间冷却器）等供液过多，造成供液量大于蒸发量的状况，因此在返回压缩机的气体中就含有一定量的液体或引起低压循环桶（气液分离器、中间冷却器）液面升高，液体易随气体一起进入压缩机。

2）起动压缩机时吸气阀开得过快，注意开机时要缓慢开启吸气阀。

3）蒸发器冲霜不及时，蒸发器内部存油，外部结霜，引起换热效率下降，蒸发器内的制冷剂液体不能充分地吸热汽化。

4）低压循环桶、气液分离器、中间冷却器选型过小。

5）低压循环桶、气液分离器、中间冷却器安装不当或安装高度不够。

6）热负荷变化剧烈，库房温差过大。

7）放空气时，供液阀开得过大。

8）压缩机的制冷能力大于蒸发器的能力，制冷压缩机吸气能力过大，使进入蒸发器的制冷剂液体未能及时蒸发吸热就被制冷压缩机吸回。

（11）气缸中有敲击声

1）气缸中间隙过小，调整余隙容积大小。余隙容积的大小可参考设备出厂说明书的技术装配要求。气缸中余隙容积的尺寸可用压熔丝法测量。测量时，将熔丝放置在活塞顶部，再装上排气阀门组、安全弹簧和气缸盖等，盘动压缩机几周后，拆下气缸盖，用千分尺测量熔丝的厚度即可得出气缸中的余隙容积。

2）活塞销与连杆小头间隙过大或缺油。加大压缩机的润滑压力，使油对部件进行充分的润滑。若油压加大后仍有敲击声，则必须更换磨损量大的活塞销。

3）排气阀组螺栓松动。检查紧固气阀螺栓。

4）油击，一般在压缩机刚刚起动上载时会发生油击现象，但很快就会消失。可以检查活塞环的磨损情况，是否耗油量过大。

5）液击，在压缩机刚起动时吸、排气管道内气体冷凝成的液体，或在运行中供液量与蒸发量不平衡造成回液产生液击。在机组运行中注意供液量与蒸发量相平衡。

6）气缸与连杆中心线不正或连杆扭曲，检查修理连杆。

7）气阀弹簧、阀片碎片或油内杂质进入缸内。检查修理更换相关零部件。

8）安全弹簧变形。更换安全弹簧。

9）活塞与气缸套间隙过大，检查活塞和气缸套。

（12）气缸拉毛　气缸拉毛是指压缩机在运转过程中，气缸工作面被损伤的现象。通常，气缸拉毛发生在气缸的工作正面。开始拉毛时，气缸壁与活塞之间拉伤部位较小，拉痕轻微，造成气缸外壁局部温度升高。当发生这些现象后，如果不及时修理，气缸壁被进一步拉损，使泄漏量加大，轻则影响压缩机的制冷量，缩短其使用寿命，重则造成活塞与气缸报废，发生活塞被卡住等严重事故。

1）活塞与气缸间隙太小，活塞环锁口间隙不当。更换合格的活塞环。

2）吸气中有杂质。检查、清洗吸气过滤网。

3）润滑油粘度太小或混有杂质，应更换润滑油。

4）排气温度过高，引起润滑油粘度下降。检查引起排气温度高的原因。

5）连杆中心与曲轴颈不垂直，活塞走偏，检修校正连杆。

6）压缩机回液，使气缸和活塞的温度变化剧烈。通常正常工作的压缩机是在过热的情况下运转，一旦低温的制冷剂液体被压缩机吸入，气缸壁突然遇冷，会产生急剧收缩，造成活塞与气缸壁之间的间隙变小而拉毛。

7）压缩机润滑不良，应检查油压。

8）活塞与气缸表面不光滑，其表面有飞边。在安装、维修压缩机时，活塞与气缸表面必须绝对干净，不得有飞边现象。

（13）压缩机串气

1）阀片破碎或不平。

2）排气阀座与气缸密封不严。

3）气缸与机体的垫片损坏。

4）卸载小顶杆太长或油压过低，致使吸气阀片漏气。

5）活塞环严重磨损或锁口没有错开位置。

6）安全阀漏气。

（14）阀片破损

1）压缩机出现湿行程，阀片变形或破裂。注意操作，避免压缩机回液。

2）阀片安装不平。安装阀片时要注意检查。

3）阀片受腐蚀。

4）阀片材质差。

5）气阀弹簧断裂，碎片打坏阀片。

6）阀片使用时间过长。

（15）连杆大头熔化

1）润滑油有杂质，应更换新油，装配新瓦。

2）油泵不供油或油压低，查明油压低的原因。

3）连杆大头轴瓦装配间隙小，调整间隙。

4）曲轴油孔堵塞，检查清洗曲轴油路。

（16）轴封漏油

1）油内有异物将动定环磨损、拉伤，检查研磨动定环。

2）内、外弹性圈老化，更换密封圈。

3）同轴度差，校正主电动机同轴度。

4）曲轴箱压力过高。停机时将曲轴箱降压，如果曲轴箱压力升高很快，要查明原因。

5）定环盖与机体石棉垫损坏，引起漏油。

6）轴封弹簧弹力不足，更换新弹簧。

活塞式制冷压缩机的常见故障及排除方法见表4-11。表4-11适用于氨机和氟机，但对氟机来讲还有一些故障情况值得注意，见表4-12。

表4-11　活塞式制冷压缩机的常见故障及排除方法

故障现象	原　因	排　除　方　法
压缩机不能起动	a. 电气线路故障 b. 高中压继电器和油压继电器断开	a. 检查并修理 b. 检查高中压继电器和油压继电器的连锁接点并调整
压缩机起动不久即停止	a. 油压过低 b. 油压继电器调定值太高	a. 用油压调节阀调高油压，如不能调高，按“润滑油油压过低”故障进行检查处理 b. 重新调整油压继电器的调定值

（续）

故障现象	原　　因	排除方法
气缸内有敲击声	a. 运转时活塞撞击排气阀 b. 气阀螺栓松动 c. 阀片损坏，活塞销与轴承间隙过大 d. 假盖弹簧力不够 e. 制冷剂液体进入气缸造成液击	a. 将有杂音的气缸打开，增加活塞与排气阀之间的间隙 b. 旋紧气阀螺栓 c. 拆卸气缸后检查，调整修理 d. 加垫增加弹簧力或更换 e. 将吸气截止阀及液体节流阀关小或暂时关闭
曲轴箱内有敲击声	a. 连杆大头轴瓦与轴承间隙过大 b. 轴承、主轴承间隙过大 c. 飞轮与轴或键配合松弛 d. 连杆螺栓松弛	a. 检查调整其间隙或更换 b. 检查调整间隙 c. 检查调整间隙、修理 d. 旋紧连杆螺栓
压缩机起动后无油压	a. 油泵传动零件失灵 b. 油泵进油口堵塞 c. 油压表失灵 d. 油细滤器及轴封无油	a. 拆卸后修理 b. 检查排除污垢 c. 更换油压表 d. 开机前应向油细滤器及轴封加油，防止开机时吸空
润滑油油压过低	a. 吸油过滤网堵塞 b. 油压调节阀失灵 c. 油泵齿轮与泵盖间隙过大（磨损） d. 曲轴箱内油量不足 e. 各部轴承间隙过大或部分油路漏油	a. 拆下清洗 b. 检查修理 c. 检查修理或更换 d. 增加润滑油 e. 检查修理
压缩机耗油量增大	a. 制冷剂液体进入曲轴箱 b. 压缩机的密封环、刮油环或气缸磨损	a. 将吸入截止阀和供液节流阀关小或暂时关闭 b. 检查，必要时更换
轴封漏油或漏气	a. 轴封密封面破坏 b. 耐油密封橡胶圈破坏	a. 检查修理 b. 更换密封橡胶圈
压缩机卸载装置机构失灵	a. 油压不够 b. 油管堵塞 c. 油缸内有污物卡死	a. 调节油压比吸气压力高 0.12～0.2MPa b. 拆开清洗 c. 拆开清洗
压缩机吸气温度过高	a. 系统中制冷剂不足 b. 蒸发器内制冷剂不足 c. 氨中含水量超过规定 d. 制冷系统低压管路绝热层不好	a. 补充制冷剂 b. 开大节流阀 c. 检查液氨含水量 d. 检查修理
压缩机排气温度过高	a. 吸入气体温度过高 b. 排气阀片破裂 c. 安全阀漏气 d. 活塞环漏气 e. 缸套下面垫片破裂漏气	a. 按“压缩机温度过高”故障检查调整 b. 打开气缸盖检查阀片 c. 检查安全阀，调整修理 d. 检查修理或更换 e. 检查更换

（续）

故障现象	原　　因	排　除　方　法
压缩机吸入压力太低	a. 液体管节流阀或吸气过滤网阻塞 b. 系统中制冷剂不足 c. 蒸发器内冷剂不足 d. 系统中的油太多	a. 形成真空后，拆卸检查并清洗 b. 补充制冷剂 c. 开大节流阀 d. 找出系统中积油部分把油放出
冷凝压力高（比规定值高）	a. 系统中有不凝性气体 b. 冷却水量不足和水温太高 c. 冷凝气内有污垢影响传热面积 d. 冷凝气内存氨过多	a. 放出不凝性气体 b. 检查水阀是否开启，水过滤器是否堵塞，设法降低水温 c. 清洗冷凝器 d. 放出多余氨

表 4-12　氟利昂活塞式压缩机的常见故障及排除方法

故障现象	原　　因	排　除　方　法
压缩机在运转中突然停机或停开频繁	a. 油分离器自动回油阀泄漏高压气体，使吸气压力升高，油温上升，油压下降 b. 热力膨胀阀冰堵	a. 拆检修复 b. 除去系统水分，更换干燥过滤器
气缸中有异声	a. 曲轴曲拐或连杆大头因油面太高拨油所产生的油液击声 b. 油击	a. 短时间不必停机，如长达几分钟要停机检查 b. 检修活塞、活塞环等间隙，检查油面高低等
压缩机不能起动	曲轴箱内油溶解了大量的氟利昂，使油压建立不起来	抽空油中制冷剂，或加热提高油温
压缩机耗油量过多	a. 吸气腔回油孔太小或堵塞 b. 油分离器回油不正常	a. 加大回油孔或通孔道 b. 查明原因并消除
能量调节机构失灵	油内溶解大量制冷剂，使油压建立不起来，或在油缸中蒸发，推动不了油活塞	抽空油中制冷剂，或加热提高油温

4. 螺杆式制冷压缩机的常见故障及排除方法

（1）机组不能起动

1）机组压力高。当机组在环境温度较高的情况下运行时，其排气压力较高，在停机后机组内部压力也会较高，这样在下次起动时容易造成压缩机起动困难。打开均压阀，将机组内压力降低。若机组上没有安装均压阀，可用安全放空的办法，直接将机组内压力降低。

2）电气、电源故障，如电源断电、电压过低等。检查电源情况。

3）机体内积油或存液过多。当上次停机时机体内存液未能及时排出，或压缩机起动时油泵运行时间过长，机体内存有大量的润滑油，当起动时形成液体压缩，起动负荷大，不能正常起动。将压缩机按旋转方向进行盘车，将机体内的积液排出。

4）压力继电器报警未复位。检查引起压力超高报警原因并排除后，复位报警按钮。

5）能量载位高。压缩机在上次停机时未进行卸载，压缩机起动力矩大，不能正常起动。起动油泵将压缩机进行减载。

6）温度达到温度控制器设定值或温度控制器故障。检查机组出水温度是否达到设定值及设定值是否合适，检查温度控制器及其接线是否存在故障。

7）油压低，不能建立正常油压，压缩机不能起动。检查引起油压低的原因并排除。

8）机组处于报警状态而未复位。如因冷却水、冷媒水断水或水流继电器故障引起的断水报警、油温高报警、冷媒水超低温报警等，应通过控制柜检查引起报警的原因并排除。

9）对于自动型机组，零载位开关松动，无零载位输入，压缩机一直在减载，最终会引起滑阀不动报警，压缩机不能起动。检查压缩机能否真正的卸到零载位，检查零载位开关是否灵活。

10）电动机绕组烧坏或短路。检查电动机。

11）压缩机与电动机同轴度超差。重新校正同轴度。

12）控制柜内接触器、中间继电器等电器元件故障。检查控制柜。

13）控制柜与控制台之间的电路接线有误，应检查电路。

14）压缩机内磨损烧伤。

（2）机组振动

1）机组地脚螺栓未紧固。检查、紧固机组地脚螺栓。

2）压缩机与电动机不同心。校正压缩机与电动机的同轴度。

3）机组与管道的固有频率相同而产生共振，引起机组振动加剧。改变管道支承点位置。

4）吸入过量的润滑油或液体制冷剂。按压缩机回液进行操作或停机盘车将油排出。

（3）能量调节失灵

1）CB 系列压缩机吸气端盖石棉垫损坏，造成高低压串气，制冷压缩机在起动瞬时增到满载，并不能进行减载。检查更换吸气端盖石棉垫。

2）四通电磁阀故障。电磁阀的常见故障有阀芯卡住、线圈烧坏、密封圈失效等。若阀芯卡住，可用手推动电磁阀两端应急按钮，或对电磁阀阀芯进行拆洗。

3）油管堵塞。疏通、清洗油管。

4）油活塞间隙过大、密封圈老化，上卸载腔不能完全封闭，引起自动上载。检查更换油活塞密封圈。

5）油活塞卡住。由于润滑油内含有的机械杂质，造成油活塞与油缸拉毛，油活塞卡住。

6）滑阀拉毛卡住。滑阀拉伤如图 4-2 所示。

7）油压低，能量调节动力不足。调整油压。

8）满载限位开关松动，压缩机没有满载信号，到满载时还有上载信号输入。

图 4-2　滑阀拉伤

9）CB 系列喷油导杆有飞边、脏物使其

卡住。拆检导杆，处理飞边。

10）CB 系列螺旋导管与喷油导管不同心或有异物使其卡住。拆检相关部件，修理螺旋导管与喷油导杆拉毛处或更换新部件。

11）喷油导管与螺旋导管的导向销断裂。检查更换导向销。

12）能量指示器故障，如指针松动脱落等。

（4）制冷压缩机排气温度过高　由于螺杆式制冷压缩机的润滑采用喷油润滑方式，其排气温度较活塞式压缩机低，一般在100℃以下。甚至一般情况下不对排气温度参数进行检测，但若发现排气温度异常高时，也需要注意。

1）由于压缩机喷油量不足或油内含有大量杂质造成不正常磨损。机体温度较高，应拆检压缩机机头。

2）机内喷油量不足，应调整喷油量。

3）油冷效果差，油温较高。检查引起油温高的原因并排除。

4）吸气过热度过大。检查调整供液，检查回气管道保温是否损坏，并及时对系统进行放空气。

5）压缩比过大。

（5）机组耗油大

1）供液量过大、热负荷减少等原因会引起压缩机回液，制冷剂液体进入压缩机，液体的蒸发带走大量润滑油，应调整供液。

2）油温过低，油分离效果差。

3）压缩机起动过程中增载过快，在油温较低、油分离效果较差的状态下压缩机很快达到满载状态。

4）加油过多，使油面没过挡板进入高效分离区。

5）油分离器二次回油效果差。如油分离器回油管 1 和 2 同时打开，回油滤网堵塞，回油节流阀未开，油管路堵塞等。正确调整阀门状态，油分离器回油阀门 1 常开，阀门 2 常关（定期开）；注意清洗回油滤网；正确调整回油节流阀，有油时开大，无油时开小。

6）排气温度过高，应检查引起排气温度高的原因并排除。

（6）油压过低

1）油压调节阀开启度过大，应适当调整阀门。

2）油量不足，应补充至足量润滑油。

3）油路管路或油过滤器脏堵（见图 4-3），应清洗油过滤网。

4）油泵故障、磨损。

5）压缩机内部泄油量大，需对机头进行大修。

（7）压缩机在运转中突然停机　压缩机突然停机一般是由于某些运行参数异常而发生的报警保护停机，或停电

图 4-3　油过滤网脏堵严重

等原因造成的。应首先关闭压缩机吸气阀，关闭系统供液阀；再到控制柜控制室检查报警信息并进行处理。常见的机组报警信息有：

1）吸气过滤器压差保护。

2）排气压力（中间压力）过高，使压力继电器动作。

3）温度控制器调得过小或失灵。

4）电动机超载使热继电器动作或熔丝烧毁。

5）油压过低使压差控制器动作。

6）油温超高报警。

7）吸气压力低报警停机。

8）冷却水、冷媒水断水报警停机。

另外还有控制电路故障，检查仪表箱接线端是否有松动、接触不良等现象。

（8）压缩机及油泵轴封漏油（允许值为3mL/h）

1）装配不良，轴封动环固定顶丝松动，应重新装配轴封。

2）密封圈老化变形，应更换新密封圈。

3）动定环破损。由于油内机械杂质等造成轴封动定环接触面磨损，不能密封，应更换新轴封。

4）轴封弹簧弹力不足，动定环接触弹力小，应更换新轴封。

5）压缩机与电动机同轴度差、管路振动等原因引起轴封漏油，在重新校正压缩机与电动机的同轴度。

（9）停机时压缩机反转　螺杆式制冷压缩机在停机后，由于压力回串，会带动转子反转，为此压缩机吸气阀为截止止回阀，在短时间内由于串压，允许几次反转。但反转严重，则说明止回阀关闭不严，主要原因有阀芯卡住、弹簧弹性不足或阀损坏，应对阀门进行拆检。

（10）油温高

1）油冷却器效果下降，应清除油冷却器传热面上的污垢，降低冷却水温度或增大水量（液氨量）。

2）工质冷却的油冷却器安装不当，不能保证充分供液、排气。参照工质冷却油冷却器与蒸发冷、虹吸罐的安装要求进行安装。

3）工质冷却的油冷却器工质侧存油。对工质侧进行放油。

4）工质冷却的油冷却器油侧存气，应对壳程进行放空。

5）排气温度高。检查引起排气温度高的原因并排除。

（11）压缩机运行中油压表指针振动

1）油量不足，应补充足量的润滑油。

2）油过滤器堵塞，应清洗油过滤网。

3）油泵故障，应检修油泵。

4）油温过低，应适当提高油温。

5）油泵吸入气体，产生气蚀。

6）油压调节阀动作不良，应拆检油压调节阀。

（12）油泵常见故障

1）油泵不打油，应检查电动机转向，电动机是否缺相。

2）油泵振动。原因有油泵气蚀、联轴器胶圈老化、管路振动等。

3）油压低。

4）轴封漏油。

（13）运行中有异常声音

1）由于润滑油脏、吸气滤网破损等原因造成异物进入压缩机的机体内。检查压缩机吸气过滤器，注意对压缩机进行换油。

2）推力轴承磨损破裂，转子轴向窜动量大，分别与吸气端座和排气端座发生摩擦拉伤，应检修机头。

3）滑动轴承磨损、转子与机壳摩擦，应检修机头。

4）联轴器松动，检查联轴器。

螺杆式制冷压缩机常见故障的分析和排除见表4-13。

表4-13 螺杆式制冷压缩机常见故障的分析和排除

故障现象	故障分析	故障排除
起动负荷大，不能起动或起动后立即停机	1）能量调节未至零位 2）压缩机与电动机同轴度过大 3）压缩机内充满油或液体制冷剂 4）压缩机内磨损烧伤 5）电源断电或电压过低（低于额定值10%以上） 6）压力控制器或温度控制器调节不当，使触头常开 7）压差控制器或热继电器断开后未复位 8）电动机绕组烧毁或短路 9）变位器，接触器、继电器线圈烧毁或触头接触不良 10）温度控制器调整不当或发生故障不能打开电磁阀 11）电控柜或仪表箱电路接线有误	1）减载至零位 2）重新校正同轴度 3）盘动压缩机联轴器，将压缩机腔内积液排出 4）拆卸检修 5）排除电路故障，按产品要求供电 6）按要求调整触头位置 7）按下复位键 8）检修 9）拆检，修复 10）调整温度控制器的调定值或更换温控器 11）检查、改正
压缩机在运转中突然停机	1）吸气压力低于低压继电器调定值 2）排气压力过高，使高压继电器动作 3）温度控制器调得过小或失灵 4）电动机超载使热继电器动作或熔断器烧毁 5）油压过低使压差控制器动作 6）油精滤器压差控制器动作或压差控制器失灵 7）控制电路故障 8）仪表箱接线端松动，接触不良 9）油温过高，油温继电器动作	1）查明原因，排除故障 2）查明原因，排除故障 3）调大控制范围，更换温控器 4）排除故障，更换熔断器 5）查明原因，排除故障 6）拆洗精滤器，压差继电器调到规定值。更换压差控制器 7）检查原因，排除故障 8）查明原因后紧固 9）增加油冷却器冷却水量

（续）

故障现象	故　障　分　析	故　障　排　除
机组振动过大	1）机组地脚螺栓未紧固 2）压缩机与电动机同轴度过大 3）机组与管道固有振动频率相近而共振 4）吸入过量的润滑油或液体制冷剂	1）塞紧调整垫铁，拧紧地脚螺栓 2）重新校正同轴度 3）改变管道支承点位置 4）停机，盘动联轴器将液体排出
运行中有异常声音	1）压缩机内有异物 2）推力轴承磨损破裂 3）滑动轴承磨损、转子与机壳摩擦 4）联轴器的键松动	1）检修压缩机及吸气过滤器 2）更换推力轴承 3）更换滑动轴承，检修 4）紧固螺栓或更换键
排气温度过高	1）冷凝器冷却水量不足 2）冷却水温过高 3）制冷剂充灌过多 4）膨胀阀开启过小 5）系统中存有空气（压力表指针明显跳动） 6）冷凝器内传热管上有水垢 7）冷凝器内传热管上有油膜 8）压缩机内喷油量不足 9）蒸发器配用过小 10）热负荷过大 11）油温过高 12）吸气过热度过大	1）增加冷却水量 2）开启冷却塔 3）适量放出制冷剂 4）适当调节膨胀阀开启度 5）排放空气 6）清除水垢 7）回收冷冻机油 8）调整喷油量 9）更换蒸发器 10）减小热负荷 11）增加油冷却器冷却水量 12）适当开大供液阀，增加供液量
压缩机机体温度过高	1）吸气温度过高 2）部件磨损造成摩擦部位发热 3）压力比过大 4）油冷却器能力不足 5）喷油量不足 6）由于杂质等原因造成压缩机烧伤	1）适当调大节流阀 2）停车检查 3）降低排气压力 4）增加冷却水量，降低油温 5）增加喷油量 6）停车检查
蒸发温度过低	1）制冷剂不足 2）节流阀开启过小 3）节流阀出现脏堵或冰堵 4）干燥过滤器堵塞 5）电磁阀未全打开或失灵 6）蒸发器结霜太厚	1）添加制冷剂到规定量 2）适当调节节流阀开启度 3）清洗、修理节流阀 4）清洗、更换干燥过滤器 5）开启、更换电磁阀 6）关小膨胀阀
油压过低	1）油压调节阀开启过大 2）油量不足（未达到规定油位） 3）油路管道或油过滤器堵塞 4）油泵故障 5）油泵转子磨损 6）油压表损坏，指示错误	1）适当调节油压调节阀 2）添加冷冻机油到规定值 3）清洗 4）检查、修理油泵 5）检修、更换油泵转子 6）检修、更换油压表

（续）

故障现象	故 障 分 析	故 障 排 除
油压过高	1）油压调节阀开启度太小 2）油压表损坏，指示错误， 3）油泵排出管堵塞	1）适当增大油压调节阀的开启度 2）检修、更换油压表 3）检修油泵
油温过高	油冷却器效果下降	清除油冷却器传热面上的污垢，降低冷却水温或增大水量
冷凝压力过高	1）冷凝器冷却水量不足 2）冷凝器传热面结垢 3）系统中空气含量过多 4）冷却水温过高	1）加大冷却水量 2）清洗冷凝器传热面 3）排放空气 4）开启冷却塔
润滑油消耗量过大	1）加油过多 2）奔油 3）油分离器效果不佳	1）放油到规定量 2）查明原因，进行处理 3）检修油分离器
油位上升	制冷剂溶于油内	关小节流阀，提高油温
吸气压力过高	1）节流阀开启过大或感温包未扎紧 2）制冷剂充灌过多 3）系统中有空气	1）关小节流阀，正确捆扎感温包 2）放出多余制冷剂 3）排放空气
制冷量不足	1）吸气过滤器堵塞 2）压缩机磨损后间隙过大 3）冷却水量不足或水温过高 4）蒸发器配用过小 5）蒸发器结霜太厚 6）膨胀阀开得过大或过小 7）干燥过滤器堵塞 8）节流阀脏堵或冰堵 9）系统内有较多空气 10）制冷剂充灌量不足 11）蒸发器内有大量润滑油 12）电磁阀损坏 13）膨胀阀感温包内充灌剂泄漏 14）冷凝器或储液器的出液阀未开启或开启度过小 15）制冷剂泄漏过多 16）能量调节指示不正确 17）喷油量不足	1）清洗过滤器 2）检修更换压缩机 3）调整水量，开启冷却塔 4）减小热负荷或更换蒸发器 5）定期融霜 6）按工况要求调整阀门开启度 7）清洗干燥过滤器 8）清洗节流阀 9）排放空气 10）添加制冷剂至规定值 11）回收冷冻机油 12）修复或更换电磁阀 13）修复或更换膨胀阀 14）开启出液阀到适当位置 15）查出漏处，检修后添加制冷剂 16）检修能量调节指示器 17）检修油路、油泵，提高油量
压缩机结霜严重或机体温度过低	1）热力膨胀阀开启过大 2）系统制冷剂充灌量过多 3）热负荷过小 4）热力膨胀阀感温包未扎紧或捆扎位置不正确 5）供油温度过低	1）适当关小阀门 2）排出多余的制冷剂 3）增加热负荷或减小冷量 4）按要求重新捆扎 5）减少油冷却器内冷却水量

（续）

故障现象	故障分析	故障排除
压缩机能量调节机构不动作	1）四通阀不通 2）油管路或接头处堵塞 3）油活塞间隙大 4）滑阀或油活塞卡住 5）指示器故障 6）油压过低	1）检修或更换四通阀 2）检修、清洗管路 3）检修或更换油活塞 4）拆卸检修 5）检修指示器 6）调节油压调节阀
压缩机轴封漏油（允许值为 6 滴/min）	1）轴封磨损严重 2）动环、静环平面度过大或擦伤 3）密封圈和 O 形圈过松、过紧或变形 4）弹簧座、推环销钉装配不当 5）轴封弹簧弹力不足 6）轴封压盏处纸垫破损 7）压缩机与电动机同轴度过大引起较大振动	1）更换轴封 2）研磨、更换动环或静环 3）更换密封圈和 O 形圈 4）重新装配 5）更换轴封弹簧 6）更换轴封 7）重新校正同轴度
压缩机运行中，油压表指针振动	1）油量不足 2）精过滤器堵塞 3）油泵故障 4）油温过低 5）油泵吸入气体 6）油压调节阀动作不良	1）补充油 2）清洗精过滤器 3）检修或更换油泵 4）提高油温 5）查明原因进行处理 6）调整或拆卸修理
停机时，压缩机反转不停（反转几转属正常）	吸气止回阀故障（如止回阀卡住，弹簧弹性不足或止回阀损坏）	检修或更换吸气止回阀
蒸发器压力与压缩机吸气压力不等	1）吸气过滤器堵塞 2）压力表故障 3）压力传感元件故障 4）阀的操作错误 5）管道堵塞	1）清洗过滤器 2）检修、更换压力表 3）更换压力传感元件 4）检查吸入系统 5）检查、清理
机组奔油	1）在正常情况下发生奔油主要是操作不当引起 2）油温过低 3）供液量过大 4）增载过快 5）加油过多 6）热负荷减小	1）注意操作 2）提高油温 3）关小节流阀 4）分多次增载 5）放油到适量 6）增大热负荷或减小冷量

5. 故障实例分析

【实例一】 一台已经使用了一年多的 8AS—12.5 活塞式制冷压缩机，在一次运转中发生湿行程，当处理后继续运转 2h 后，突然发生猛烈敲缸。当即停机，随即将吸入、排出阀门关闭。用铁棍拨动联轴器，结果拨不动。从放空阀放出氨气，拆下气缸盖，再拨动联轴器，虽能转动，但仍然很紧。

这时发现，其中一个气缸有如下一些问题：

（1）阀盖已破碎，阀盖与阀座连接的部分仍然固定在外阀座上。

（2）气缸口平面上有一小段压扁了的钢丝。

（3）缸内温度较高。

随即放油，并取出安全弹簧、阀座，再拨转联轴器，能转动，但仍较重。

拆开侧盖，松开连杆大头螺栓，取出缸套和活塞连杆，联轴器转动较轻松了。

进一步检查各零部件，又发现：

1）外阀座的密封线与气缸口的密封线之间被压成一道线痕。

2）缸套拉毛并发白，并挂有铝合金粉末。

3）活塞拉毛而且局部铝合金熔化。活塞环槽被熔化的铝合金填满，将活塞环粘在一起。

4）测量安全弹簧，其高度被压缩了16mm。

分析原因：

这个事故是从出现湿行程以后的2h内产生的。湿行程解决以后，为什么还会出现这么严重的事故而事前没有被发现呢？

从检查结果看，有如下三个现象：

1）阀盖破碎，弹簧被压缩。

2）活塞局部熔化，气缸内壁面拉毛。

3）外阀座和气缸套上平面的密封线损坏。

须弄清楚以上三个现象是怎样发生的，它们之间是怎样相互关联的，才能知道这个事故发生的根本原因是什么。

（1）阀盖破碎是不是活塞击坏的　从弹簧被压缩的情况来看，阀盖的破碎是弹簧被压缩之后才发生的。阀盖是与外阀座相连的，外阀座直接放在气缸套上，要使阀盖破碎，一是活塞碰击内阀座引起，二是阀盖的材质不好。如果阀座被碰击，只有活塞与阀座之间的余隙过小，才有可能。但活塞与阀座之间的余隙是固定的，而且机器是一直正常运转的，这个余隙是不可能突然减小的。检查时发现在阀座与气缸顶平面之间的密封线上压有一段小钢丝，这就增加了余隙。因此，阀盖的破碎不是活塞撞击的。另外，安全弹簧被压缩了16mm，显然冲击的力量已超过了弹簧的承受力，当然也超过了阀盖材料的强度，这就不是阀盖的材质问题，那是怎样破碎的呢？

（2）气缸套会不会冲击阀座　正常情况下，活塞在气缸内受曲轴和连杆的作用作往复运动，气缸套靠安全弹簧将阀座稳压在机体内，它是不会向上移动的，而活塞与气缸之间又有一定的间隙，活塞作往复运动时的带动力是不足以使气缸套向上冲击阀座的。所以，气缸套不会冲击阀座。但是，停机后联轴器转不动的现象说明活塞存在故障，活塞在气缸内卡死。如果是这样，就会使气缸和活塞一起工作，那就会出现气缸套冲击阀座的现象，这是意外的情况。

从活塞局部熔化和气缸拉毛的情况来分析，显然活塞工作时无油润滑，产生干摩擦引起高热，因为活塞是铝合金做成的，热膨胀系数较大（$23\times10^{-6}1/℃$）。当它受热后会胀大，同时热度达到铝合金的熔点时，便会熔化。这样活塞就会变形，温度较高的部位就会熔化，熔化了的铝合金进入活塞环槽又向周围间隙填充，最后整个活塞便在缸套内胀住，于是意外的情况发生了。缸套和活塞一起受连杆的作用冲击阀座，最终使安全弹簧压缩，阀盖被击碎。

（3）为什么会发生干摩擦 润滑油不能进入气缸套是由于气缸套内的气体压力大于曲轴箱的压力所致。那么气缸套内的气体压力为什么会超过曲轴箱的压力呢？外阀座与缸套上平面密封线之间有一小段钢丝、密封线压有一道线痕的现象说明阀座与缸套之间不密封，这样，高压气体就会窜入气缸套内，使活塞工作的气体为高压气体，于是润滑油进不去，就发生了干摩擦。

从上面的情况分析，发生事故的根本原因是一小段钢丝，它夹在阀座与气缸套上平面之间，破坏了阀座的密封，改变了压缩机的工作条件而导致事故的发生。

当氨液进入气缸，使运转中的矛盾激化，出现敲缸。但在这一过程中，气阀弹簧折断了一小段，落在阀座的密封面下，压在气缸上平面，当即使湿冲程缓和下来，显得敲缸问题解决了，而另一矛盾马上发生了，因为阀座不能密封，高压气体串入气缸，吸气阀片受压，不能吸入低压气体，活塞在气缸内作用的气体成了高压气体，于是产生润滑油不能进入气缸的矛盾。这个矛盾逐渐扩大，使气缸内活塞的运动处于干摩擦状态。活塞在干摩擦的状态下，既发生受热膨胀，又发生了局部熔化，经过两小时的变化，促使活塞在气缸套内胀住，胀住的位置是在缸套的中部，气缸和活塞一起作往复运动产生对阀座的冲击力。最后，安全弹簧被压缩而阀盖被击碎了。

【实例二】 活塞式制冷压缩机试车起动后，油压不能调节，高达 0.16MPa。停车检查油路，清除旧垫圈，重新起动，调节油压调节阀仍然不降压，于是拆卸油压调节阀（拆卸时按拆卸要求的程序拆），进行检查。

检查时，全部零件除了活瓣拿不出来外，都能拆出。活瓣卡死在阀体内，可用丝锥慢慢旋入活瓣内孔，将活瓣转动，然后取出来。发现阀体内有脏物和毛刺堵塞了活瓣移动的空隙，使活瓣不能活动，不能起调节作用。清除了毛刺和脏物后，重装全部零件，恢复正常工作。这一故障说明：凡是活动的零件，装好后能正常活动才可以。油压调节阀的阀体是装在后轴承座内的，对于这样一个部位，检修时也不能粗心大意。

【实例三】 有一台活塞式制冷压缩机，在试车时，油压不起，急停车，检查油泵吸油管各接头是否有不紧处漏油，没有发现问题，油压表阀也已打开。油过滤器里加满油，开始试车，油压还是不起。拆油泵检修时，才发现油泵与滤油器之间的垫片堵塞了排油孔。因此油压不起。从此也看出：工作不能马虎，若没有找到故障原因，不能轻易开机，必须彻底弄清原因，排除故障后才能开机，不然的话，可能导致故障的加重。

【实例四】 某单位新建一座 10t 氟利昂小冷库，采用 2 台 2F—6.3 型压缩冷凝机组，冷库是散装 U 形排管。试压检漏抽空合格后，加氟调试，运转 1h 一切正常，其后慢慢出现机器吸入压力降低，从压缩机的回气管向库房排管逐渐化霜，压缩机自动停机，再开机也无法运转的现象。试分析这一故障的原因，怎样检查排除？

根据以上情况分析，可能是热力膨胀阀进口滤网处被污物阻塞引起的。将热力膨胀阀前、后的截止阀关闭，拆开热力膨胀阀的进液阀处的活接头，取下铜网，用汽油清洗晾干，装复后再试机，压缩机开机后，吸气压力还是过低而自动停机。

再从哪里找原因呢？看来还得从阻塞上找原因，供液管路堵塞的可能性不大，再从回气管方面找原因。是否是压缩机的吸气过滤器被污物阻塞造成的？压缩机抽空后，会吸入气体。排气阀关闭，从吸入阀处拆吸气过滤器，拆开后发现滤网上粘满了棉毛和细灰土，在汽油里刷洗干净，晾干后装复。开机运转时，恢复正常了。引起排管化霜的主要原因是压缩机的吸气过滤器被污物阻塞。因为压缩机吸气量很少，热力膨胀阀供到排管的制冷剂过多，使压力升高而导致排管化霜。

【实例五】 某厂有一台2F—10型活塞式制冷压缩机，试机时轴封泄漏，而且运转时振动力大、有异响。请技术人员会诊没有找到症结所在，把制造厂的技术人员请来也没有解决问题。试分析以上故障应从哪些方面找原因？怎样检查排除？

根据压缩机所表现的故障特征，应一个个地分析处理。

其一是压缩机运转时有异响，这个异响来自哪里呢？关闭吸入、排出阀，拆下气缸盖和阀板后，再空车运转。声音在气缸的上部，经检查活塞顶部外缘处与吸气阀座轻微撞击。拆下吸气阀座，垫上两层牛皮纸再试验，撞击声没有了，机器的振动力也小了些。

其二是振动力大。除了以上原因外，还有电动机轴与压缩机轴同心度不符合要求。参照有关联轴器找正的方法，在垂直方向用加减垫片的方法、水平方向用移动电动机的方法找正。再开机时，机器的振动很小了，机器运转平稳。

其三是轴封泄漏问题。其原因如下：

1）轴封盖上的固定摩擦面不平或拉毛，活动石墨环塞上的摩擦面不平或者断裂。

处理方法：轴封盖上的摩擦面用研磨方法修理，一般粗磨、细磨，用冷冻油在玻璃板上精研，使其表面光滑如镜。精选石墨环，环的内径与曲轴颈之间的间隙一般不小于0.3mm。若间隙过小，不能自行调整曲轴轴线与摩擦面的垂直度，容易引起摩擦面处泄漏。

2）橡胶圈老化，应更换新件。

3）弹簧弹力不够，应更换新弹簧。

4）轴封垫片损坏，应更换新垫片。

5）轴封盖螺钉要对角均匀拧紧。

6）压缩机和电动机两轴要同心。

通过以上分析处理，解决了压缩机运转异响、振动力大和轴封泄漏的故障。

【实例六】 某厂有一台8AS—12.5型氨制冷压缩机，运转中发现电流表读数低于正常值，吸气压力也较高，手摸气缸盖的温度发凉；听这一列气缸的阀片没有清晰的起落声。分析引起这一故障原因是什么，怎样检修排除？

通过以上现象说明这台机器运转时，有一列气缸不工作。其原因是油卸载装置动作不灵。油卸载装置动作不灵有两种情况：其一是需要卸载时仍处于工作状态；其二是需要工作时，仍处于卸载状态。

对于这一故障，应停机检查。停机时应将机器内的氨抽干净，应在排空阀接通大气后进行。

首先，将油缸盖中间的活接头螺钉拆下来，用螺钉旋具推动油活塞，看其是否能推得动。若能活动，说明卸载机构的装配无问题，应检查油管路是否堵塞或油分配阀装配是否不当；若用力很大也推不动活塞和拉杆，说明卸载机构有问题，应进行检修排除。

（1）检查油路和油分配阀　若油管路阻塞，可拆下油管，用通气的方法进行吹除。若钎料流进管内阻塞，应更换新管。

若油分配阀工作油孔的位置不对应，可用打气试通的方法调整阀盖和指示牌的位置加以解决。

（2）检查卸载机构

1）若因油活塞和油缸的装配间隙过小或因拉毛卡住，拆卸检查后，用细砂纸和细锉打磨修理。清洗后，以油活塞在油缸内活动灵活为宜。

2）拉杆凸缘是否磨损严重，或者在转动环槽内卡住。拆卸检查后，用细锉修理。若拉杆凸缘磨损严重，在装配时，可换一个没磨损的方位装配。

3）卸载拉杆与隔板上支承孔间隙过小或有毛刺卡住。用细砂纸和细锉打磨修理，直到拉杆在支承孔内来回移动灵活。

4）在装配机器时，小顶杆没有处于工作状态而被排气阀座压得过紧，出现卡住的现象。处理的方法是：将气缸盖螺母全部拧下来，再用顶丝在油缸盖中间螺孔处，将卸载拉杆顶到工作位置，使小顶杆落到吸气阀线以下，然后将气缸盖上的螺母对角均匀拧紧即可。若装配排气阀和气缸盖时用紧顶螺钉使小顶杆处于工作状态，此故障就不会发生。装配后，用螺钉旋具推动油活塞和拉杆，使其移动灵活为宜。

5）油缸盖螺母拧得不均匀，造成油活塞端面偏斜，使油活塞在油缸内卡住。松开油缸盖螺母，然后对角均匀拧紧即可。

【实例七】 某小冷库，在冻结间冷风机采用水冲霜时，回气阀门突然爆破，造成跑氨事故。

事故发生后，操作人员分析了这次事故的原因，认为是由于阀门质量差造成的，但使其迷惑不解的是：热氨冲霜（压力高）阀门不破，水冲霜（压力低）阀门反而爆破。

事故分析：这次事故是由于错误的操作造成的。操作人员在冷风机水冲霜时，关闭了冷风机供液阀、回气阀，然后开启冲霜水阀进行水冲霜，造成回气阀爆破。从阀门破裂的断面来看，阀门并不存在质量问题。阀门的爆破是由于系统内超压所引起的“液爆”。所谓“液爆”，即液体受热膨胀产生超压而引起的爆炸。

“液爆”多数发生在超压系统中，阀门、法兰、焊缝等管道薄弱部分。“液爆”的发生必须具备三个条件：

1）充满液体的容器、管道。

2）容器、管道的进出通路均被关闭。

3）由外界影响使液体温度上升。

一般冻结间冷风机冻一次货冲一次霜（水冲霜），根据具体情况，再采用热氨和水冲霜（热氨冲霜还可以将冷风机蒸发器排管中的油冲到排液桶或低压循环储液桶）。此次水冲霜之前，由于冻结间冻货量少，连续生产几天后，才用水冲霜。由于蒸发排管霜层厚，蒸发排管内储液较多，已经过量，甚至是“满液”。在水冲霜时，排管内氨液温度升高，受热膨胀，而供液阀、回气阀门均被关闭，其他阀门又未开启。由于液体的压缩性很小，相对的膨胀系数较大，因此导致冲霜系统内压力急剧增高，造成阀门爆破。

四、拓展知识

（一）冷水机组的运行参数分析

冷水机组大多应用在空调工程上，不论其压缩机形式为活塞式、螺杆式，还是离心式，为满足空调工况的要求，均应具有相同的运行参数。弄清这些运行参数的特点及其规律性，对于冷水机组的安全、经济和无故障运行都有重要意义。

1. 蒸发压力与蒸发温度

蒸发器内制冷剂具有的压力和温度，是制冷剂的饱和压力和饱和温度，这两个参数可以通过设置在蒸发器内的相应仪器或仪表测量。也可以测量其中一个参数，通过相应制冷剂的热力性质表查到另外一个。

蒸发压力和蒸发温度与冷冻水带入蒸发器的热量有密切关系。空调冷负荷大时，蒸发器冷冻水的回水温度升高，引起蒸发温度升高，对应的蒸发压力也升高。相反，当空调冷负荷减少时，冷冻水回水温度降低，其蒸发压力和蒸发温度均降低。实际运行中，空调房间的冷负荷是经常变化的，为了使冷水机组的工作性能适应这种变化，一般采用自动控制装置对冷水机组实行能量调节，来维持蒸发器内的压力和温度在一个很小的范围内波动。蒸发器内压力和温度波动范围的大小，取决于空调冷负荷的需要和机组本身的自控调节性能。一般情况下，冷水机组的制冷量必须略大于其负担的空调设计冷负荷量，否则将无法在运行中得到满意的空调效果。

根据我国规定，冷水机组的名义工况为冷冻水出水温度7℃，冷却水进水温度32℃。其他相应的参数为冷冻水进水温度12℃，冷却水出水温度37℃。冷水机组在出厂时，若订货方不作特殊要求，冷水机组的自动控制及保护元器件的整定值将使冷水机组保持在名义工况下运行。由于提高冷冻水的出水温度对冷水机组的经济性十分有利，运行中在满足空调使用要求的情况下，应尽可能提高冷冻水的出水温度。

一般情况下，蒸发温度常控制在3～5℃，较冷冻水出水温度低2～4℃。过高的蒸发温度往往难以达到所要求的空调效果，而过低的蒸发温度，不但增加冷水机组的能量消耗，还容易造成蒸发管道的冻裂。

蒸发温度与冷冻水出水温度之差随蒸发器冷负荷的增减而分别增大或减小。在同样负荷情况下，温差增大则传热系数减小。此外，温差大小还与传热面积有关，而且管内的污垢情况、管外润滑油的积聚情况对其也有一定影响。为了减小温差，增强传热效果，要做到定期清除蒸发器水管内的污垢，积极采取措施将润滑油引回到油箱中去。

2. 冷凝压力与冷凝温度

由于冷凝器内的制冷剂通常也是处于饱和状态的，因此其冷凝压力和冷凝温度也可以通过相应制冷剂的热力性质表互相查找。

冷凝器所使用的冷却介质，对冷水机组冷凝温度和冷凝压力的高低有重要影响。冷水机组冷凝温度的高低随冷却介质温度的高低而变化。水冷式机组的冷凝温度一般要高于冷却水出水温度2～4℃，如果超过4℃，应检查冷凝器内的铜管是否结垢而需要清洗；空冷式机组的冷凝温度一般要高于出风温度4～8℃。

在蒸发温度不变的情况下，冷凝温度的高低对冷水机组功率消耗有决定意义。冷凝温度升高，功耗增大。此外，离心式冷水机组冷凝压力升高会引起压缩机喘振；反之，冷凝温度降低，功耗随之降低。当空气存在于冷凝器中时，冷凝温度与冷却水出口温差增大，而冷却水进、出口温差反而减小，这时冷凝器的传热效果不好，冷凝器外壳有烫手感。除此之外，冷凝器管子水侧结垢和淤泥对传热的影响也起着相当大的作用。因此，在冷水机组运行时，应注意保证冷却水温度、水量、水质等指标在合格范围内。

3. 冷冻水的压力与温度

空调用冷水机组一般是在名义工况所规定的冷冻水回水温度12℃，供水温度7℃，温差5℃的条件下运行的。对于同一台冷水机组来说，如果其运行条件不变，在外界负荷一定的情况下，冷水机组的制冷量（Q）是一定的。此时，由 $Q = W\Delta t^{\theta}$ 可知，通过蒸发器的冷冻水流量（W）与供、回水温度差（Δt）成反比，即冷冻水流量越大，温差越小；反之，流量越小，温差越大。所以，冷水机组名义工况规定冷冻水供、回水温差为5℃，这实际上就限定了冷水机组的冷冻水流量。该流量可以通过控制冷冻水经过蒸发器的压力降来实现。一般情况下这个压力降为0.05MPa，其控制方法是调节冷冻水泵出口阀门的开度和蒸发器供、回水阀门的开度。

阀门开度调节的原则，一是蒸发器出水有足够的压力来克服冷冻水闭路循环管路中的阻力；二是冷水机组在负担设计负荷的情况下运行，蒸发器进、出水温差为5℃。按照上述要求，阀门一经调定，冷冻水系统各阀门开度的大小就应相对稳定不变，即使在非调定工况下运行（如卸载运行）时，各阀门也应相对稳定不变。应当注意，全开阀门加大冷冻水流量，减少进、出水温差的做法是不可取的。这样做虽然会使蒸发器的蒸发温度提高，冷水机组的输出冷量有所增加，但水泵功耗也因此而提高，两相比较得不偿失。所以，蒸发器冷冻水侧进、出水压降控制在0.05MPa为宜。

为了冷水机组的运行安全，蒸发器出水温度一般都不低于3℃。此外，冷冻水系统虽然是封闭的，蒸发器水管内的结垢和腐蚀不会像冷凝器那样严重，但从设备检查维修的要求出发，应每三年将蒸发器的管道和冷冻水系统的其他管道清洗一次。

4. 冷却水的压力与温度

冷水机组在名义工况下运行，其冷凝器进水温度为32℃，出水温度为37℃，温差5℃。对于一台已经在运行的冷水机组，环境条件、负荷和制冷量都为定值时，冷凝器热负荷无疑也为定值，冷却水流量也必然为一个定值，而且该流量与进、出水温差成反比。这个流量通常用进、出冷凝器的冷却水的压力降来控制。在名义工况下，冷凝器进、出水压力降一般为0.07MPa左右。压力降调节方法同样是调节冷却水泵出口阀门开度和冷凝器进、出水管阀门开度。所遵循的原则也是两个：一是冷凝器的出水应有足够的压力来克服冷却水管路中的阻力；二是冷水机组在设计负荷下运行时，进、出冷凝器的冷却水温差为5℃。同样应该注意的是，随意过量开大冷却水阀门，增大冷却水量借以降低冷凝压力，试图降低能耗的做法只能事与愿违，适得其反。

为了降低冷水机组的功率消耗，应当尽可能降低其冷凝温度。可采取的措施有两个：一是降低冷凝器的进水温度；二是加大冷却水流量。但是，冷凝器的进水温度取决于大气温度和相对湿度，受自然条件变化的影响和限制；加大冷却水流量虽然简单易行，但流量不是可以无限制加大的，要受到冷却水泵容量的限制。此外，过分加大冷却水流量，往往会引起冷却水泵功率消耗急剧上升，也得不到理想的结果。所以冷水机组冷却水流量的选择，以名义工况下，冷却水进、出冷凝器压力降为0.07MPa下的流量为宜。

对于离心式冷水机组来说，冷凝压力过高或过低都会引起喘振。所以，当离心式冷水机组在气温较低的春、秋季节运行时，应适当减少投入运行的冷却塔台数或其风机台数，以便提高冷凝器的进水温度。也可以采用将一部分从冷凝器出来的冷却水经旁通引入其进水中的方法，同样可以达到提高冷凝器进水温度的效果。采用减小冷却水量，加大进、出水温差的方法也可以有同样的作用，但进、出水压降应适当调小。当 R11 离心式冷水机组遇到此种情况时，应满足冷凝压力和蒸发压力之差大于 0.06MPa 的要求，否则会发生喘振。

在气温较高的季节，运行活塞式冷水机组比较有利，因为这时冷凝压力较低，所以功率消耗大大降低。

5. 制冷压缩机的吸气温度

对于活塞式制冷压缩机来说，吸气温度是指压缩机吸气腔中制冷剂气体的温度；对离心式制冷压缩机来说，吸气温度应为吸气导叶片上制冷剂气体的温度。吸气温度的高低不仅影响排气温度的高低，而且对压缩机的单位容积制冷量有重要影响。压缩机吸气温度高时，排气温度也高，制冷剂被吸入时的比体积大，此时压缩机的单位容积制冷量小。相反，压缩机吸气温度低时，其单位容积制冷量大。但是，压缩机吸气温度过低，可能造成制冷剂液体被压缩机吸入，使活塞式制冷压缩机发生“液击”。对于离心式制冷压缩机来说，过低的吸气温度会使压缩机的吸气压力过低，从而可能产生喘振。

为了保证压缩机的正常运行，其吸气温度需要比蒸发温度高一些，亦即应具有一定的过热度。对于活塞式冷水机组，其吸气过热度一般为 5 ~ 10℃，如果采用干式蒸发器，则通过调节热力膨胀阀的调节螺杆，就可以调节过热度的大小。此外，要注意压缩机吸气管道的长短和包扎的保温材料性能的好坏对过热度会有一定影响。过热度给离心式制冷压缩机带来的影响，没有活塞式制冷压缩机那样敏感。所以，在离心式冷水机组中，吸气过热度一般为 2 ~ 3℃。离心式冷水机组一般采用满液式蒸发器，除了吸气管道的长短和保温性能的好坏对过热度大小有影响外，蒸发器中制冷剂液位的高低对过热度的大小也可以产生较大的影响。当制冷剂充灌较少，蒸发器中液位较低时，吸气过热度就会增加。因此，在冷水机组的运行中，必须注意压缩机吸气温度的控制。

6. 制冷压缩机的排气温度

制冷压缩机的排气温度是制冷剂经过压缩后的过热蒸气到达压缩机排气腔时的温度。由于压缩机所排出的制冷剂为过热蒸气，其温度和压力之间不存在对应关系，通常是靠设置在压缩机排气腔的温度计来测量的。排气温度要比冷凝温度高得多。排气温度的直接影响因素是压缩机的吸气温度，两者是正比关系。此外，排气温度还与制冷剂的种类和压缩比的高低有关。在空调工况下，由于压缩比不大，所以排气温度并不很高。当活塞式制冷压缩机吸、排气阀片不严密或破碎引起泄漏（内泄漏）时，排气温度会明显上升。在离心式冷水机组中，如果制冷系统混入空气，则吸气温度和排气温度都会升高。

7. 油压差、油温与油位

润滑油系统是冷水机组正常工作运行不可缺少的部分，它为机组的运动部件提供润滑和冷却条件，离心式、螺杆式和部分活塞式冷水机组还需要利用润滑油来控制能量调节装置或抽气回收装置。从各种冷水机组润滑系统的组成特点看，除活塞式冷水机组将润滑油储存在压缩机曲轴箱内依附于制冷系统外，离心式和螺杆式冷水机组都有独立的润滑油系统，有自己的油储存箱，还有专门用于降低油温的油冷却器。

（1）油压差　油压差是润滑油在油泵的驱动下，在油系统管道中流到各工作部位所需克服流动阻力的保障。没有足够的油压差，就不能保证系统有足够的润滑和冷却油量以及驱动能量调节装置时所需要的动力。所以，机组油系统的油压差必须保证在合理的范围内，以便机组运动部件得到充分润滑和冷却，灵活地操作能量调节装置。

（2）油温 油温即机组工作时润滑油的温度。油温的高低对润滑油粘度会产生重要影响。若油温太低，则油粘度增大，流动性降低，不易形成均匀的油膜，难以达到预期的润滑效果，而且还会引起油的流动速度降低，使润滑量减少，油泵的功耗增大；若油温太高，油粘度就会下降，油膜不易达到一定的厚度，使运动部件难以承受必须的工作压力，造成润滑状况恶化，易造成运动部件磨损。因此，合理的润滑油温度对各种形式的冷水机组来说都十分必要。

此外，油温对润滑油中制冷剂溶入量的影响也是不可忽视的。在压力一定的情况下，润滑油对制冷剂的溶解度随油温的上升而减少，保持一定的油温可以减少润滑油中制冷剂的含量，对压缩机安全、顺利地起动有良好的作用。因此，冷水机组起动操作规程通常规定，在机组起动前必须对机组中的润滑油进行不少于24h的加热，有的冷水机组（特别是R11离心式冷水机组）甚至在停机不使用的时间里，对润滑油的加热也不能停止。

（3）油位 油位是指润滑油在油储存容器中的液面高度。各种冷水机组的储油容器均设置油位显示装置，一般规定储油容器内的油位高度应位于视镜中央水平线上下5mm。规定油位高度是为了保证油泵在工作时，形成油循环所需要的油量足够。油位过低易造成油泵失油，从而引起运行故障或损坏事故。因此，必须在油位过低时及时向润滑系统内补充相同牌号的润滑油，使油箱内的油位达到规定的高度。

8. 主电动机运行电流与电压

主电动机在运行中，依靠输给压缩机一定的电流和规定的电压，来保证压缩机运行所需要的功率。一般主电动机要求的额定供电电压为380V、三相、50Hz，供电的平均相电压不稳定率小于2%。

实际运行中，主电动机的运行电流在冷水机组冷冻水和冷却水进、出水温度不变的情况下，随能量调节中的制冷量大小而增加或减少。活塞式冷水机组投入运行的压缩机台数或气缸数多少、离心式冷水机组导叶片开度的大小，都会影响运行电流的大小。但当冷冻水或冷却水进、出水温度变化时，就很难作出正确的判断。如某离心式冷水机组冷冻水回水温度为12℃、供水温度为7℃、导叶片开度为45%，与冷冻水回水温度为14℃、供水温度为9℃、导叶片开度仅为35%的两种工况，由于运行参数完全不同，不具备可比条件，很难直接得出哪种工况下主电动机负荷较重的结论。不过，通过安装在机组开关柜上的电流表读数可以反映出上述两种工况下的差别：凡运行电流值大的，主电动机负荷较重，反之，负荷就轻。通过对冷水机组运行电流和电压参数的记录，可以得出主电动机在各种情况下消耗的功率大小。

电流值是一个随电动机负荷变化而变化的重要参数。冷水机组运行时应注意经常与总配电室的电流表作比较，同时应注意指针的摆动（因平常难免有些小的摆动）。正常情况下因三相电源的相不平衡或电压变化，会使电流表指针作周期性或不规则的大幅度摆动。在压缩机负荷变化时，也会引起这种现象的发生，运行中必须注意加强监视，保持电流值、电压值在正常范围。

（二）冷水机组的故障分析与排除

1. 冷水机组故障分析的逻辑关系

冷水机组故障分析的逻辑关系如图4-4所示。

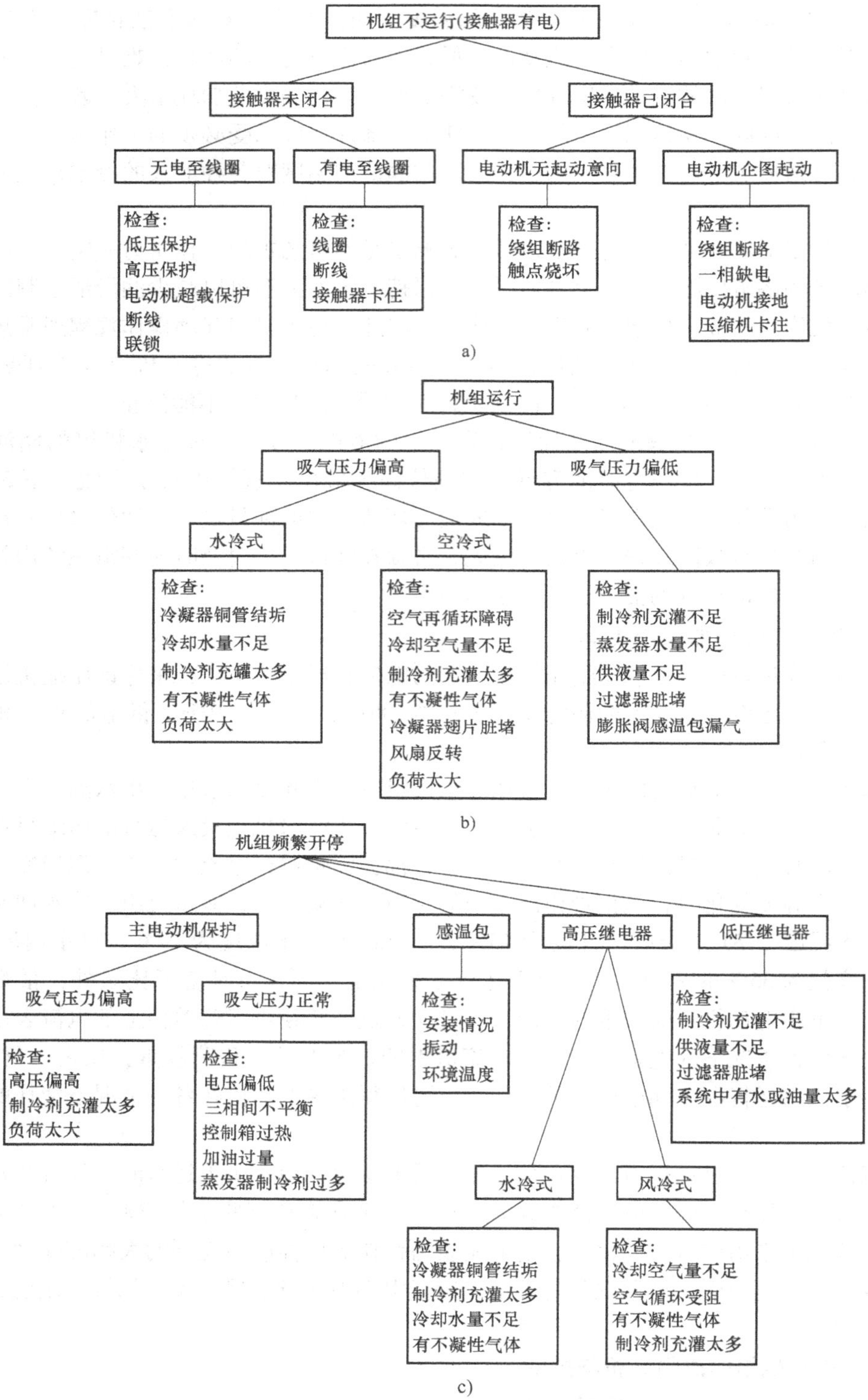

图 4-4　冷水机组故障分析的逻辑关系

a）机组不起动的故障逻辑关系　b）机组运转但制冷效果不佳的故障逻辑关系

c）机组频繁开停的故障逻辑关系

2. 活塞式冷水机组的常见故障分析及排除

开利活塞式多机头冷水机组是活塞式多机头冷水机组在空调工程应用上的典型代表，这里以开利 30HK/HR 型活塞式冷水机组进行故障分析。表 4-14 列出了开利 30HK/HR 型活塞式冷水机组常见问题和故障的分析与解决方法，表 4-15 则列出了该机型一些常见问题和故障的现象，可供诊断故障时参考。

表 4-14 开利 30HK/HR 型活塞式冷水机组常见问题和故障的分析与解决方法

问题或故障	原因分析		解决方法
吸气压力过低（低压保护开关动作，故障指示灯亮）	1）系统内制冷剂不够	①有泄漏 ②充灌量不足	①查出泄漏处，堵漏后补足制冷剂 ②补足制冷剂
	2）供液电磁阀故障	①电磁阀电气线路有问题 ②电磁阀有问题	①检查电气线路 ②检修电磁阀
	3）冷冻水出水温度过低	①出水温度设定过低 ②水流量太小	①提高设定值 ②加大水流量
	4）干燥过滤器堵塞 5）供液截止阀堵塞 6）热力膨胀阀故障 7）压缩机吸气滤网堵塞		4）清洗或更换过滤器 5）清洗供液截止阀 6）检修或更换、热力膨胀阀 7）清洗吸气过滤网
吸气温度过低	1）热力膨胀阀开启度过大 2）系统内制冷剂过多 3）冷冻水出水温度太低 4）蒸发器内隔离密封垫床有漏 5）机组停机时没有进行油加热		1）调小热力膨胀阀开启度 2）减少到合适量 3）提高出水温度设定值 4）检修或更换 5）检修油加热器，保证停机时自动加热
吸气温度过高	1）吸气压力太低，电动机外壳发热 2）膨胀阀开启度太小，吸气过热度太大 3）电动机线圈发热 4）冷冻水进、出水温度过高		1）查明原因，提高吸气压力 2）调大膨胀阀开启度 3）查明原因，降低电动机温升 4）降低冷冻水进、出水温度
排气压力过高（高压保护开关动作，故障指示灯亮）	1）冷却水流量太小	①冷却水泵故障 ②冷凝器管道有堵塞	①查明原因，排除故障 ②清洗管道
	2）冷却水进口温度偏高	①冷却塔风机不转或反转 ②冷却塔通风不良 ③冷却塔容量偏小 ④冷却水循环量偏小	①起动风机，反转的改正 ②改善通风环境 ③更换合适的或添加新冷却塔 ④加大循环水量
	3）冷凝器内管道有水垢 4）冷凝器隔离密封垫床破损，冷却水进、出口之间短路 5）冷凝器内有较高的不凝性气体（空气）压力 6）系统内制冷剂过多 7）压缩机排气通道阀门有故障		3）清除水垢 4）更换密封垫床 5）停机排放不凝性气体 6）减少到合适量 7）排除阀门故障

（续）

<table>
<tr><th>问题或故障</th><th colspan="2">原 因 分 析</th><th>解 决 方 法</th></tr>
<tr><td rowspan="2">排气温度过高（排气高温故障指示灯亮，机组停机）</td><td>1）电动机线圈发热</td><td>①电动机电压、电流不平衡或缺相
②吸气压力低，吸气过热，线圈得不到冷却
③压缩机发生机械故障，运转困难，造成电动机超负荷工作</td><td>①查明原因，使其达到平衡或不缺相
②查明原因，提高吸气压力
③排除压缩机故障</td></tr>
<tr><td colspan="2">2）吸、排气阀片碎裂，引起气缸、活塞损坏，机体发热。此外，由于阀片损坏，高、低压力串通，气缸内进行二次压缩，温度上升
3）气缸阀板密封床损坏，高、低压力串通，气缸内进行二次压缩，温度上升
4）排气压力过高
5）润滑不良，引起机械故障，致使电动机发热</td><td>2）更换损坏的阀片
3）更换损坏的密封床
4）查明原因，降低排气压力
5）改善润滑状况</td></tr>
<tr><td>电动机过载保护断流器跳闸（断流器短路指示灯亮）</td><td colspan="2">1）电源电压超出 380～440V 的范围
2）电源三相电压不平衡值大于 2%
3）电源三相电流不平衡值大于 10%
4）主电源接线接触不良，电线发热（绝缘层熔化），线电流增大
5）压缩机由于缺油或断油，造成运动部件咬死，电动机转不动，电流猛升
6）主电源 380V 缺相，电动机在二相状态下运转，电流猛升
7）电机 A、B 绕组缺相和相电压不平衡</td><td>1）查明原因，恢复到正常范围内
2）查明原因，降低到标准值以下
3）查明原因，降低到标准值以下
4）改善接线状况
5）查明原因，改善压缩机润滑状况
6）补全三相
7）重新正确接线</td></tr>
<tr><td>电动机烧毁（断流器断路指示灯亮）</td><td colspan="2">1）压缩机机械故障（如断油，运动部件卡死）引起断流器跳闸，在没有排除该故障的情况下，将断流器重新多次合上，多次起动电动机，多次跳闸
2）036 型机组部分绕组起动延时间隔超过 2s，但断流器未跳闸，几次起动运转后，引起部分绕组起动时间长而发热，直至烧坏绕组</td><td>1）拆开吸气端盖，取出烧坏的定子（绕组），修理或更换。同时，必须将压缩机也全部拆开清洗
2）036 型机组起动前，必须检查时间继电器是否把 A、B 两绕组的起动间隔时间设定在 1～1.5s</td></tr>
</table>

表 4-15　开利 30HK/HR 型活塞式机组一些常见问题和故障的现象

问题或故障	现　象
系统制冷剂不够	1）视镜内可看到大量气泡 2）制冷剂液管全部结霜 3）吸气压力低于 0.3MPa（3kg/cm^2）
干燥过滤器堵塞	1）过滤器前、后温度不一样 2）过滤器出口处结霜
供液截止阀堵塞	1）阀前、后温度不一样 2）阀后结霜
热力膨胀阀堵塞	1）阀前、后无温度差（不通） 2）阀出液部分严重结霜堵塞

（续）

问题或故障	现　　象
吸气温度过低	1）低压侧结霜严重 2）压缩机气缸内有液击声
1）冷凝器内管道有堵塞 2）冷凝器内管道结垢过厚	冷凝器进、出口压差 $\Delta p > 0.1\text{MPa}$（1kg/cm^2）
冷凝器内管道结垢过厚，换热效果差	冷凝器进、出口压差正常，但进、出口温差 $\Delta t < 2℃$
冷凝器隔离密封垫床破损冷却水进、出口之间短路	冷凝器进、出口压差 $\Delta p < 0.05\text{MPa}$（$0.5\text{kg/cm}^2$），进、出口温差 $\Delta t < 2℃$
蒸发器或冷凝器漏水	1）制冷剂视镜显示为铁锈色 2）供液管路堵塞严重 3）用制冷剂检漏仪对冷冻水进行检测，有含制冷剂的反应 4）系统中的制冷剂严重减少，在进行气密性试验时其他部位又找不到泄漏点，而压力又不能保持
润滑油：1）油脏 2）有水、变质	油色：1）发黑 2）发红
1）电源三相不平衡或电压变化 2）压缩机吸入液体制冷剂	电流表指针大幅度摆动

3. 螺杆式冷水机组的常见故障分析及排除

螺杆式冷水机组的故障主要来自电控系统和制冷系统，故障会导致机组无法正常起动、运行，制冷量明显下降或者机组产生严重损坏。正确判断各种故障产生的原因及采取合理的排除方法，这不仅涉及电气和制冷技术方面的理论知识，更重要的是还需具备实践技能，只有通过长时间的实践，才能获得维修制冷装置的丰富经验。

随着近年来螺杆式冷水机组的发展，机组的故障率较之以往大大减少；同时，机组控制系统也日趋完善。许多厂家的机组的控制系统都带有自动检测故障的功能。机组如果出现异常故障，通过传感器或其他一些设备控制系统会报警，并把报警代码或内容显示到机组的操作界面上，便于维修人员查阅。如果出现机组报警显示系统错误并不是造成故障的直接原因，就需要检查与报警相关的其他部件是否正常。表4-16列出了螺杆式冷水机组常见故障及排除方法。

表4-16　螺杆式冷水机组常见故障及排除方法

现象	原　　因	排　除　方　法
排气压力过高	1）系统内有空气或不凝性气体 2）冷却水进水温度过高或通过冷凝器水流不足 3）冷凝器铜管内覆盖鳞状物、石灰、腐蚀等 4）水泵故障 5）制冷剂充灌过多，冷凝器铜管浸没于制冷剂液体中 6）冷凝器上的气体入口阀未完全打开 7）吸气压力高于正常值	1）由冷凝器排出空气或不凝性气体 2）调节水阀或控制闸阀，检查冷却塔工作情况，检查管路内的过滤器 3）清洗铜管 4）检查冷却水泵 5）排出过量制冷剂 6）打开阀门 7）参考“吸气压力过高”现象进行排除

（续）

现象	原　　因	排　除　方　法
排气压力过低	1）流过冷凝器的水太多，或水温太低 2）液体制冷剂流入压缩机引起油泡 3）冷凝器液体出口阀泄漏 4）吸气压力低于正常值 5）制冷剂量不足，气体制冷剂进入液体管路	1）调节水阀或控制闸阀，检查冷却塔运行情况 2）检查和调整膨胀阀。确定感温包是否紧固于吸气管上并已隔热；冷却水入口温度高于限定温度 3）检查机组运行电流，如有需要，更换出口阀 4）参考“吸气压力过低”现象进行排除 5）充注足够的制冷剂
吸气压力过高	1）排气压力过高 2）制冷剂充灌过量 3）液体制冷剂从蒸发器流入压缩机 4）冷水管隔热不良	1）参见“排气压力过高”进行排除 2）排出过量制冷剂 3）检查和调整膨胀阀。确定感温包是否紧固于吸气管上并已隔热；冷水入口温度高于限定温度 4）检查管路隔热
吸气压力过低	1）未完全打开冷凝器制冷剂液体出口阀 2）液体管或吸气管堵塞 3）膨胀阀调整不当或故障 4）系统制冷剂不足 5）在系统内有过量润滑油参与循环 6）冷水入口温度低于标准温度 7）通过蒸发器的冷水量不足 8）排气压力低	1）打开阀门 2）检查制冷剂过滤器 3）正确调整过热度，检查感温包是否泄漏 4）检查制冷剂是否泄漏 5）检查润滑油量 6）调整温度设定值 7）检查冷水管路压力损失 8）调节水闸阀
压缩机因高压断开而停止	1）冷却水不足 2）冷凝器堵塞；入水口闸阀关闭 3）高压保护设定值不正确 4）制冷剂充灌过量	1）检查水闸阀 2）检查冷凝器铜管和水闸阀 3）检查设定值 4）检查制冷剂充灌量
压缩机因电动机过载而停机	1）电压过高或过低 2）排气压力过高 3）回水温度过高 4）过载元件故障 5）电动机或接线短路	1）检查电压与机组额定值是否一致，必要时更正相位不平衡 2）检查排气压力和确定排气压力过高的原因，并排除 3）检查回水温度过高的原因，并排除 4）检查压缩机电流，对比资料表上的全载电流 5）检查电动机接线座与地线之间阻抗
压缩机因电动机内温感器断开而停机	1）电压过高或过低 2）排气压力过高 3）冷水回水温度过高 4）电动机绕组感温器元件故障 5）系统制冷剂不足	1）检查电压与机组额定值是否一致，必要时更正相位不平衡 2）检查排气压力和确定排气压力过高的原因，并排除 3）检查原因，并排除 4）检查压缩机感温器接线座上的元件触点。检查应在已冷却的情况下进行（压缩机已经停止运行10min 以上） 5）检查制冷剂泄漏

（续）

现象	原　　因	排　除　方　法
压缩机因低压保护开关断开而停机	1）制冷剂液体管过滤器堵塞 2）膨胀阀故障 3）制冷剂充灌量不足 4）冷凝器制冷剂液体出口阀未完全打开	1）检查和修理过滤网或更换过滤器 2）检查膨胀阀 3）加制冷剂 4）打开阀门
压缩机有噪声	液体制冷剂由蒸发器吸入压缩机	节流制冷剂液体直至没有制冷剂液体由蒸发器排出，然后检查膨胀阀和回气过热度
压缩机不能运转	1）过载保护断开或控制线路熔丝烧掉 2）控制线路接触不良 3）断电 4）压缩机继电器线圈烧掉 5）相位错误	1）检查其断开原因并修理后，重新起动机组 2）检查控制电路及修理 3）检查电源 4）更换线圈 5）任意两相互调
卸载系统不能工作	1）温度控制器故障 2）卸载电磁阀故障 3）卸载机械结构损坏	1）调节温度设定或更换温度控制器 2）检查电磁阀线圈；检查油路是否堵塞 3）检查卸载机械结构部件

4. 离心式冷水机组的常见故障分析及排除

由于离心式冷水机组单机制冷量大，价格较为昂贵，因此，现生产的机组都采用微机控制、计算机故障诊断，这给使用者带来极大的方便。但由于各生产厂商所采用的计算机型号不同、人机界面不同，控制系统的故障及故障诊断代码就不一一介绍。表 4-17 就离心式冷水机组制冷及辅助系统常见故障和处理方法作一介绍。由于各机组制冷及辅助系统略有不同，且机组又有正压和负压之分，因此表 4-17 仅作参考。

表 4-17　离心式冷水机组的常见故障与处理方法

故障名称	现　　象	原　　因	排　除　方　法
压缩机起动不了	起动准备工作完成	1）电动机的电源事故 2）导叶不能全关 3）控制线路熔断器断线 4）过载继电器动作	1）检查电源，使之供电 2）将导叶自动-手动切换开关切换到自动位置 3）检查熔断器，加以更换 4）按下继电器的复位按钮，或检查继电器的设定电流。检查导叶控制装置的限流继电器，其设定值应低于过载继电器
	油泵起动不了	1）定时器频繁起动 2）开关不能合闸	1）等待过了所定的时间后再起动 2）按下过载继电器的复位按钮，检查熔断器是否断线
	油压无法上升	1）油柜内油位太低 2）油泵倒转 3）过滤器堵塞 4）油起泡沫	1）将油补到规定油位 2）重新接线（三相时更改任意两相的接线次序） 3）清洗过滤器或更换 4）冷水温度降低而只给蒸发器供水时，机器内部压力下降，油柜内的油起泡沫，要在消泡后起动。将油加热器恒温控制器的设定温度升高，分离掉油中的制冷剂

（续）

故障名称	现　　象	原　　因	排　除　方　法
冷凝器压力异常升高	冷却水出口温度和冷凝温度的温差增大	1）空气漏入机内 2）冷凝器管子结垢 3）冷却水中混有空气	1）开动抽气装置，将空气排掉；检查自动抽气装置阀的切换是否可靠，检查差压开关动作是否正确 2）将管子去垢 3）改进泵吸入口的填料等；将泵的吸入管插到水下
	同上，且冷却水出、入口的温差和阻力损失都减少	水室内的垫片外移或隔板破损	重新拆装冷凝器水室回水端盖，以克服冷却水短路而不流入管内的现象
	冷却水入口温度或出口温度高	1）冷却塔不好 2）冷却塔水量不足	1）检查风机的旋转；检查补给水是否足够；检查淋水喷嘴是否堵塞，旋转喷嘴的旋转情况 2）检查泵的排量是否正常；检查冷却水管路的阀是否全开；检查冷却水系统的过滤器是否堵塞
冷凝压力降低	压力表的指示值低于冷却水温度的相应值	压力表接管内有制冷剂凝结	不能有管子过长和中途冷却现象，修正接管的弯圈，防止凝结
	制冷剂冷却电动机的绕组温度上升	冷却水温度降低；水量过大	减少冷却水量，将冷却水出口温度升到规定值以上；水量要恰当
载冷剂不能冷却到规定温度	蒸发压力升高，电动机功率有多余	1）温度调节器的设定值太高 2）测温电阻管结露导致导叶开不了 3）导叶不能自动调节 4）导叶不能手动操纵 5）控制导叶开度的温度计信号变而电流量不变	1）修正调节器的设定值 2）干燥后将电阻管密封 3）检查导叶自动-手动切换开关是否位于自动位置 4）将切换开关置于手动位置，使导叶开关与负荷平衡，此时检查温度调节器的故障 5）可考虑为手动操纵器，导叶电动机或驱动机构有故障，予以改善；导叶的内部机构破损，予以修理
	蒸发压力升高，电动机满功率运行	制冷负荷过大	增加压缩机运转台数，减少每一台承担的负荷；空调区的外部大气漏入量过大，应加以调节
	冷凝压力升高	参照“冷凝压力异常升高”项	
	蒸发压力降低	参照“蒸发压力降低”项	
	压缩机排气温度降低	制冷剂量充灌过多，压缩机中吸入制冷剂液体	将制冷剂抽到相应的量

思考与练习

一、问答题

1. 制冷系统的主要运行参数有哪些？影响蒸发温度和冷凝温度的主要因素有哪些？

2. 影响蒸发温度变化的因素有哪些?

3. 影响冷凝温度变化的因素有哪些?

4. 影响制冷压缩机吸气温度的因素有哪些?

5. 影响制冷压缩机排气温度的因素有哪些?

6. 影响中间温度的因素有哪些?

7. 制冷压缩机排气温度过高有何危害?

8. 制冷系统操作调整前应熟悉哪些问题?

9. 制冷压缩机配机的要点有哪些?

10. 制冷压缩机湿行程的征兆有哪些?

11. 造成制冷压缩机湿行程的原因有哪些?

12. 冷库降温困难的原因有哪些?

13. 制冷压缩机轴封泄漏的主要原因有哪些?

14. 活塞式制冷压缩机常见故障有哪些? 发生故障的主要原因有哪些?

15. 制冷系统在运转过程中常见故障的原因和排除方法有哪些?

16. 制冷系统故障的检查方法和检查内容有哪些? 请举例说明。

17. 膨胀阀开启大小的依据是什么?

18. 制冷压缩机出现内部串气时，应从哪些机件上找原因? 怎样进行排除?

19. 制冷压缩机油压无法上升的原因有哪些?

20. 制冷压缩机油压过低的原因有哪些?

二、综合分析题

1. 某500t冷库，运行8年后的某天，高压桶液面指示器已满，开大向蒸发器的供液阀，致使压缩机出现湿行程，被迫停机，制冷系统不能正常运行。试分析其原因。

2. 某700t高温库，配置2台2AV—12.5水冷式压缩冷凝机组。第一年使用很好。第二年储存50万kg蒜苔，5月中旬入货，制冷系统运行正常。7月初，出现冷凝压力过高，压力控制器动作，压缩机自动停机。由于冷凝压力过高，开机不正常，有时开20多分钟就因排气压力过高自动停机。几天的时间，库温由0℃上升到4℃，而且还在继续上升，蒜苔就要变质，损失很大。应从哪些方面分析原因? 怎样排除故障?

3. 有一台8AS—12.5型压缩机有一列气缸不工作，应从哪些方面进行检查和分析?

4. 有一台8ASJ—17型单机双级机，高压机出现自动卸载，试分析其原因。

项目五　制冷压缩机的检修

一、学习目标

终极目标　掌握制冷压缩机拆卸、检修和装配的程序和方法，以减少制冷压缩机的磨损与损坏，延长制冷压缩机的使用寿命。

基本目标

1）会做检修计划和检修前的准备工作。

2）掌握制冷压缩机装卸的基本工艺。

3）掌握装配间隙的测量。

4）掌握零部件的检查与修理。

5）掌握制冷压缩机的装配与试机。

二、工作任务

1）活塞式制冷压缩机的中修。

2）螺杆式制冷压缩机的中修。

三、相关知识

（一）制冷压缩机检修的目的和检修前的准备工作

1. 检修的目的和内容

（1）检修的目的　活塞式制冷压缩机能否处于完好的运转状态，主要取决于能否正确合理地进行操作调整（包括安全操作）与正常的维护检修。一般来说，活塞式制冷压缩机能否正常运转，主要取决于以下几个因素：

1）制冷压缩机各运动部位的装配间隙、几何精度、零部件的磨损程度及制造质量等是否符合规定的技术要求。

2）制冷压缩机的润滑系统应畅通，油压、油温、油面和油的质量应符合机器的运转要求。

3）制冷压缩机的吸、排气压力和温度等参数的变化是否符合运转要求。

4）系统管道及机器内部是否干净。

5）机器的输气机构是否灵活，输气效率是否过低。

从以上因素看，操作与维修是有机的整体，机器运转中发现的问题通过操作调整无法解决时，需停机后用检修的方法来解决。

检修的目的是通过对机件的拆卸清洗和测量检查，查看机件的磨损或损坏情况，用修理或更换机件的方法，恢复机件原来的尺寸和良好的运转性能，以保证压缩机的正常运行，并延长机器的使用寿命。

机器的检修有两种，即计划检修和事故检修。计划检修根据计划执行时间的长短分为大修、中修和小修。事故检修就是在事故发生时的及时检修。

(2) 计划检修的内容和时限　活塞式制冷压缩机检修的内容和周期见表5-1。进行大修的检修内容包括中修和大修的内容，而中修则包括小修的内容。

表5-1　活塞式制冷压缩机检修的内容和周期

主要部件名称	小修(周期约3000~4000h)的工作内容	中修（周期约8000~10000h）的工作内容	大修（周期约20000h）的工作内容
排气阀组、安全弹簧与阀	检查和清洗阀片、内外阀座，更换已损坏的阀片及弹簧，调整其开启度，检查试验密封性	检查安全弹簧是否有斑痕或裂纹。检查余隙，并进行调整。修理或更换不严密的阀	检查修理和校验控制阀和安全阀，更换阀的填料，重浇合金阀座或更换塑料密封圈
气缸套与活塞	检查气缸套与吸气阀片密封面及与阀座面是否接触良好，检查气缸壁的表面粗糙度，并清洗污垢	检查活塞环与油环的锁口间隙、环与槽的高度、深度间隙，以及弹力是否符合要求。否则，应更换新的。检查活塞销与销座的间隙及磨损情况	测量气缸套与活塞的间隙，以及气缸套和活塞的磨损情况。若超过极限尺寸，应更换气缸套或活塞（包括活塞环和油环）
连杆体和连杆大头轴瓦	检查连杆螺栓和开口销或防松铅丝有无松脱及折断现象	检查连杆大头轴瓦径向和轴向间隙，以及小头衬套的径向间隙和磨损情况，如果超过极限尺寸，应更换新的小头衬套	依照修复后的曲拐轴颈配大头轴瓦，或重浇轴承合金；以修复后的连杆大头孔来配大头轴瓦；测量连杆大头与小头孔的两个方向的平行度，以确定连杆是否弯曲
曲轴和主轴承		测量各轴承的径向和轴向间隙，需要时应修整	测量曲轴主轴颈与曲拐轴颈的平行度，或各轴颈的磨损度（椭圆度和圆锥度），以便修整或更换曲轴；修整主轴承或重浇轴承合金
轴封		检查、调整轴封的各零件配合情况，若密封良好，待大修时进行拆卸	检查静环和动环的密封面是否良好，内、外弹性圈是否老化，弹簧性能是否符合要求，否则，应更换新的弹簧
润滑系统	清洗曲轴箱及粗滤油器，更换润滑油	检查和清洗油三通阀以及润滑系统。检查卸载装置是否良好，否则应进行修理或更换新的卸载装置	检查油泵齿轮的配合间隙，或更换齿轮和泵轴的轴衬；检查和清洗精滤油器；检查和清洗油分配阀，如果弹性圈老化，应更换新的
其他	检查卸载装置的灵活性，检查油冷却器是否有漏水现象，清除污垢，检查和清洗吸气过滤器	检查电动机与压缩机传动装置的倾斜度和轴心的同轴度；检查压缩机地脚螺栓和联轴器的紧固情况，以及塞销或橡胶套的磨损情况	检查和校验压缩机的压力表、控制仪表和安全装置；检查和清洗回油浮球阀，或进行修理；清洗气缸盖水套的污垢

2. 检修前的准备工作

(1) 检修人员的组织准备　对检修人员的组织方法一般有两种：一是由专职技术人员负责实行运行班轮流检修制，这种形式可以使制冷人员较全面地掌握操作与维修技术，但最少一年轮换一次，否则对掌握检修技术不利；二是专业检修班制，这种制度对检修机器是有利的，但不能较快地培养全面人才。无论用哪种组织形式，都要实行分工负责制，以便于机器的检修工作有秩序地进行。同时，当机器检修后出现故障便于查找责任，以加强检修人员的责任心。

（2）工作台和检修工具的准备

1）应准备钳工工作台，以便放置机器零件和检修工具等。

2）检修工具有如下几种：

①专用工具，如吊栓和装活塞的套筒等。

②钳工工具，如梅花扳手、套筒扳手、双头呆扳手、力矩扳手、活动扳手等；各种钳刀、钢锯、钳子、锤子、螺钉旋具以及钢字码、专用平板、起重工具、管钳等。

③测量工具，如塞尺、游标卡尺、外径百分尺、百分表、内径量表、框架水平仪等。

（3）易损件和检修材料准备

1）机器的易损件有阀片、气阀弹簧、活塞环、大头轴瓦、连杆螺栓、小头衬套、活塞销、主轴承、轴封零件、铝活塞、气缸套等。

2）检修材料，如布（纱布、帆布以及擦洗机件用布）；油（汽油、煤油、制冷压缩机润滑油）；各种类型的填料；细砂纸、研磨纸、石棉板、磨石、打气筒、油盘等。

（4）安全及记录图表的准备

1）机器检修时，因有汽油、煤油、氨等应禁止明火接近，以防发生火灾。

2）检修机器时，有关间隙和有关零件的磨损情况应做记录以便备查，活塞式制冷压缩机检修测量记录见表5-2。

表5-2 活塞式制冷压缩机检修测量记录

<table>
<tr><th>名称</th><th colspan="8">间隙/mm</th><th>备　注</th></tr>
<tr><td>活塞与气缸的余隙</td><td colspan="8">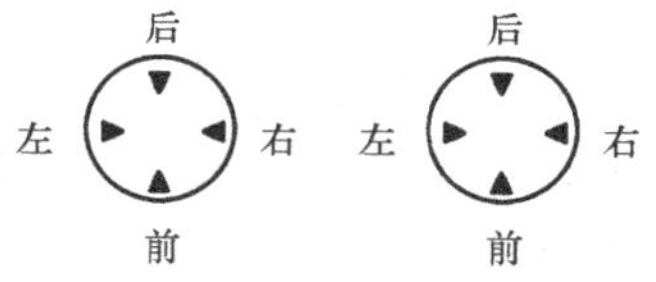
</td><td>前指联轴器或飞轮居于左侧的方位</td></tr>
<tr><td>轴径间隙</td><td colspan="8">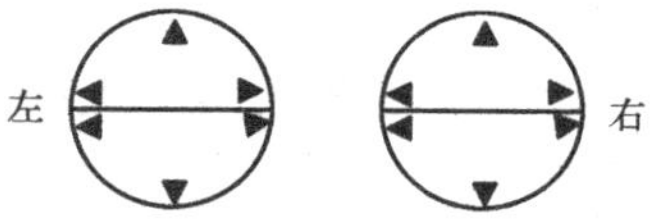
</td><td>“左”、“右”方位同上</td></tr>
<tr><td rowspan="4">活塞销的圆度</td><td colspan="4">左缸</td><td colspan="4">右缸</td><td rowspan="4">方位同上</td></tr>
<tr><td colspan="2">左端</td><td colspan="2">右端</td><td colspan="2">左端</td><td colspan="2">右端</td></tr>
<tr><td>上下</td><td>前后</td><td>上下</td><td>前后</td><td>上下</td><td>前后</td><td>上下</td><td>前后</td></tr>
<tr><td></td><td></td><td></td><td></td><td></td><td></td><td></td><td></td></tr>
<tr><td>连杆大头轴瓦与曲柄销间隙</td><td colspan="8">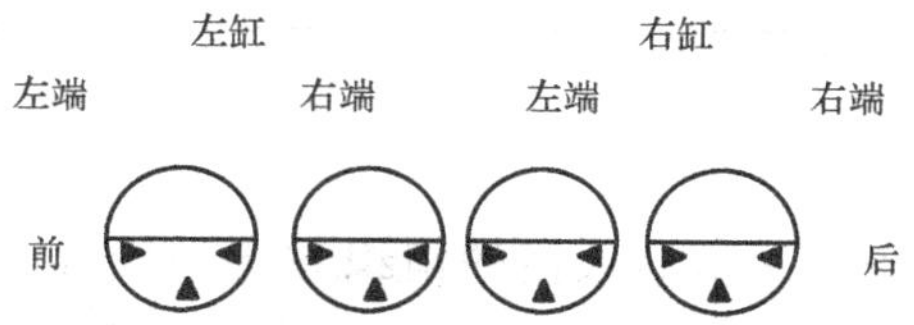
</td><td></td></tr>
</table>

（续）

名称	间隙/mm	备　注
油泵端轴承间隙	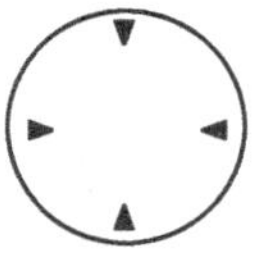	
气缸与活塞之间的间隙	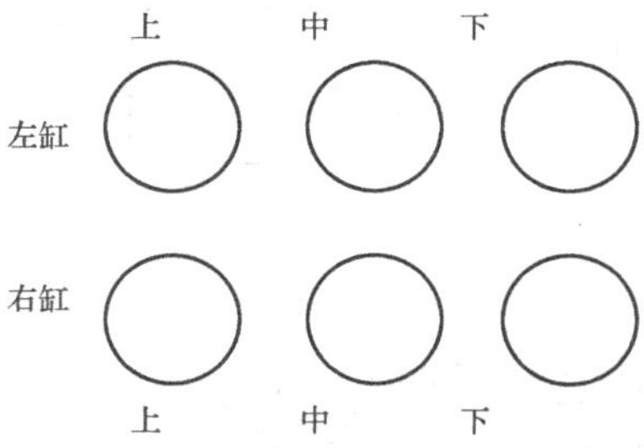	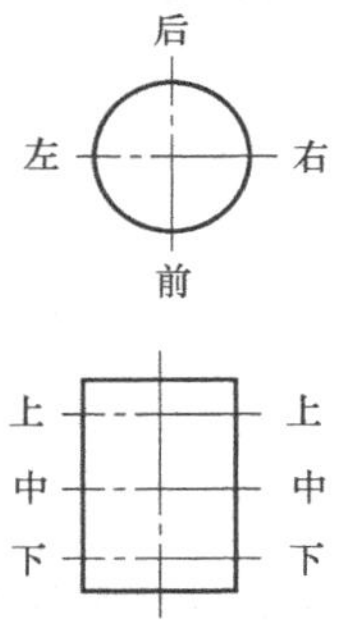
曲轴水平	上　　　　下	主轴转 180° 在曲轴断面测定
气缸平面水平	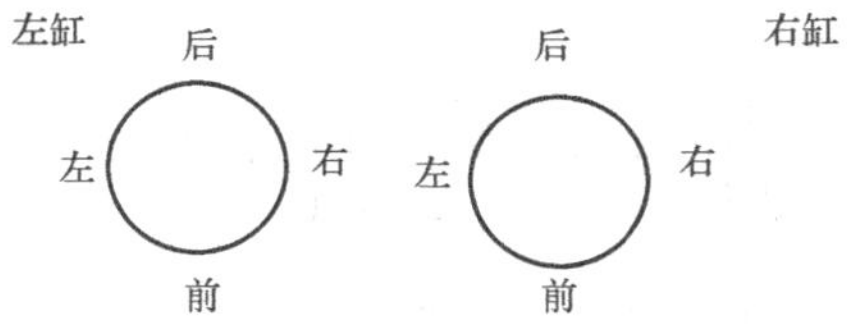	角度式氨压缩机不作测量
活塞销与连杆轴向间隙	左缸　　　　右缸	
活塞销与连杆径向间隙	左缸　　　　右缸	
活塞销与活塞孔径向间隙	左缸　　　　右缸	
气缸磨损情况	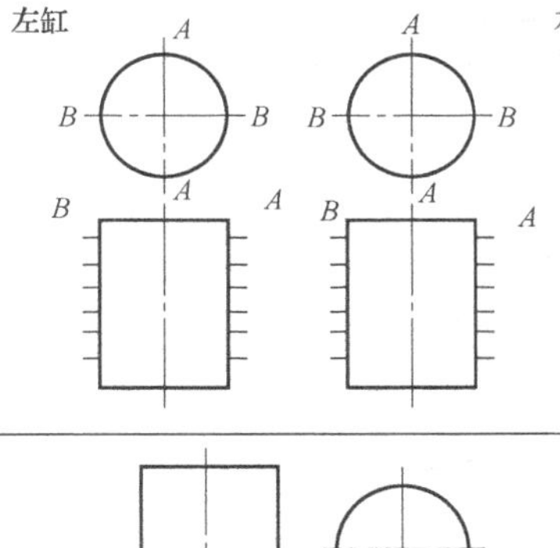	A—A 前后 B—B 左右
气缸垂直度	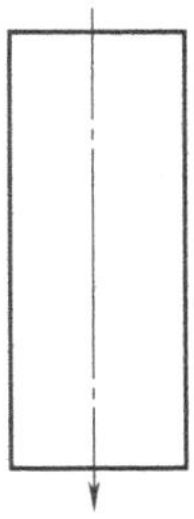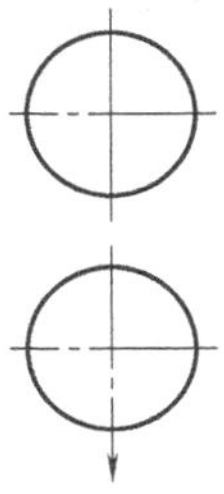	

（续）

<table>
<tr><th>名称</th><th colspan="5">间隙/mm</th><th>备　注</th></tr>
<tr><td>活塞磨损情况</td><td colspan="5">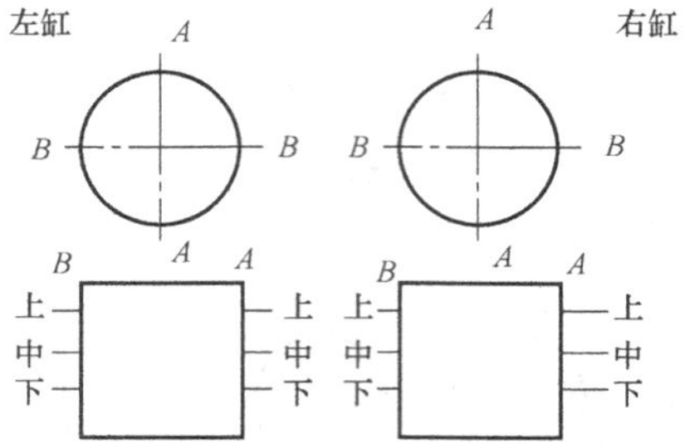
</td><td>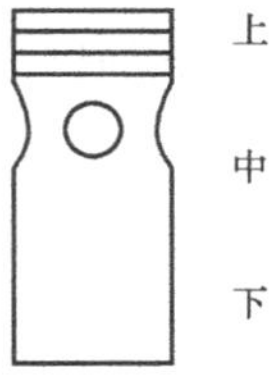

A—A 前后 B—B左右</td></tr>
<tr><td>曲柄销与主轴磨损情况</td><td colspan="5">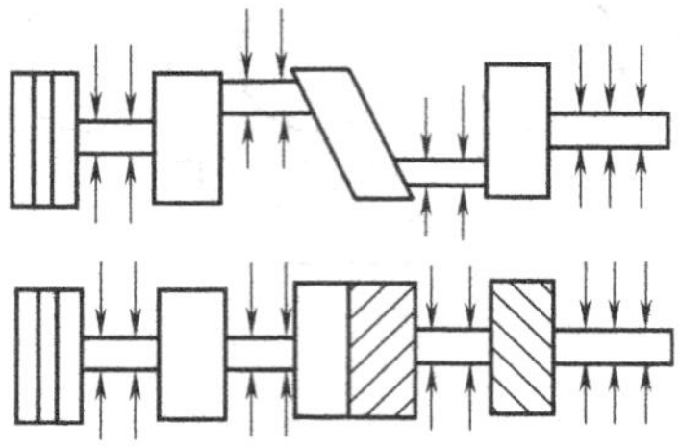</td><td></td></tr>
<tr><td>曲轴颈扭摆度</td><td colspan="5">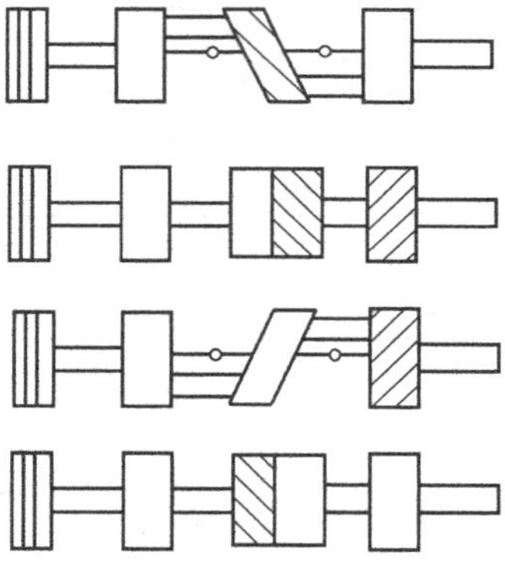</td><td>每转 90°测量一次</td></tr>
<tr><td>齿轮油泵间隙</td><td colspan="5">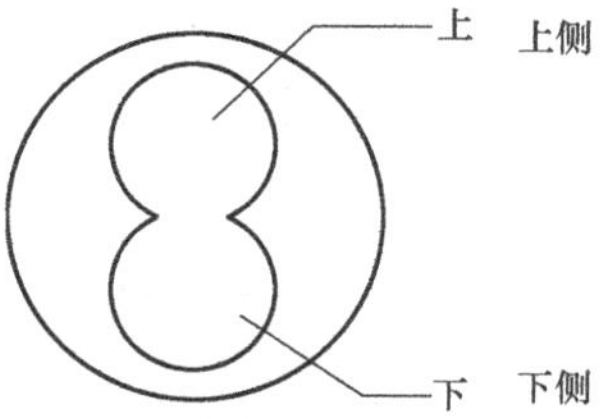
</td><td></td></tr>
<tr><td></td><td>一</td><td>二</td><td>三</td><td>四</td><td>油环</td><td></td></tr>
<tr><td>活塞环的锁口间隙</td><td></td><td></td><td></td><td></td><td></td><td></td></tr>
<tr><td>活塞环与槽的高度间隙</td><td></td><td></td><td></td><td></td><td></td><td></td></tr>
<tr><td>活塞环的厚度</td><td></td><td></td><td></td><td></td><td></td><td></td></tr>
<tr><td>活塞环与槽的深度间隙</td><td></td><td></td><td></td><td></td><td></td><td></td></tr>
</table>

（续）

名称	间隙/mm								备　注
	1	2	3	4	5	6	7	8	
吸气阀开启度									
排气阀开启度									
密封器间隙	上		下		前		后		

（二）制冷压缩机装卸的基本工艺

1. 零部件的连接方法

机器是由许多零部件组成的，这种组合过程称为装配。零件制造质量是机器质量好坏的重要前提条件，但是装配质量的好坏也是一个重要环节。不论什么样的机器，运转过程中有关机件总是要磨损的，因此在一定时间后，必须进行拆卸修理或更换易损零件，并重新进行装配，零件的装配又称为零件的连接，可分为固定连接和活动连接两种。

（1）固定连接　零件固定在一起，没有相对运动称为固定连接。根据拆卸情况又可分为可拆连接和不可拆连接。

1）可拆连接较普遍的有螺纹联接（利用螺栓、螺钉、螺母联接）和键、花键、楔、销等联接，其特点是装配后仍可拆卸，且不损伤零件。

2）不可拆连接，如焊接（包括气焊、电焊、锻接等）、钎焊（包括锡焊、铜焊、银焊等）、铆接和过盈配合等。这种连接的特点是当拆卸时，不可避免地要损伤一些零件，降低第二次连接的质量。

（2）活动连接　在零部件之间，使其保持一定性能的相互运动的连接，称为活动连接。如轴颈与轴承的连接，以保证轴的正常运转；活塞与气缸套（包括活塞环）的连接，以保证活塞在气缸中的往复运动和螺杆机卸载滑阀的往复运动等。

任何一种连接方式都必须保证机器的零部件正确地发挥作用。如固定零件的相对位置及其零件的几何精度，传动零件的正确接触，滑动、转动零件的灵活、均匀运动等。

2. 零件过盈配合的拆装

（1）打入和打出　用锤击的力量使配合件作轴向移动，是最简单的拆卸和装配零件的方法，它适用于较简单的、坚实或一般性部位。但在操作时应注意不要打坏零件。

为了便于零件的打入，在轴或孔处车上45°的倒角，并在轴或孔的装入处用砂纸打磨，装进4～5mm的距离时在装配面上涂油，才能较顺利地打入。

1）套配在轴上的零件的装配。过盈联接在轴上的零件主要是滚动轴承。具体装配时，可以固定好套配件，将轴打入（或从孔中打出），也可以固定轴，打入套配件（或打出套配件）。

滚动轴承打入轴上时，要求打击力量必须作用在滚动轴承的内圈上。若打在外圈上，就可能在滚动体和轨道上产生压痕，损伤轴承。在装配轴承时，最好用无缝钢管加工一个与内座相同的简单工具，这样打击时，用力均匀，质量也高。

2）衬套在孔中的装拆。将衬套或滚动轴承外圈装入孔内，都属于过盈配合。装配时，锤子的打击力量作用在衬套或滚动轴承的外座圈上，为防止损伤零件必须垫上铅板或铜板。

在打击零件时，用力不要过大，要对角敲击，以防衬套偏斜。

（2）用压力或拉力装卸　用压力或拉力装卸过盈零件与锤打方法相比，其优点是加工零件上的力均匀，能防止零件偏斜及表面损伤。这种方法可装卸尺寸较大或者过盈量大的零件。

用压力或拉力装卸零件的压床和工具如图5-1所示。压入或拉出零件用的压床种类较多，常用的有螺旋压床、齿条压床、风动压床和液压压床等。较小的零件可在台虎钳上进行装卸，如连杆小头衬套的装配。用压床装卸不方便的零件可用螺旋工具进行装卸，如压缩机上的飞轮、联轴器等。也可自制工具，如拆卸压缩机的联轴块，可在槽钢上钻 ϕ16mm 的孔，做两个专用螺杆，在轴头上放圆管，拧紧两边的螺钉即可把它拆下来。

（3）用加热和冷却的方法装卸零件　根据物体热胀冷缩的特性，用加热的方法使孔的直径扩大，用冷却的方法使轴的直径缩小，以使过盈量减少或者两零件间产生间隙。这种方法适用于过盈大于0.05mm或尺寸较大而宜压配的零件。

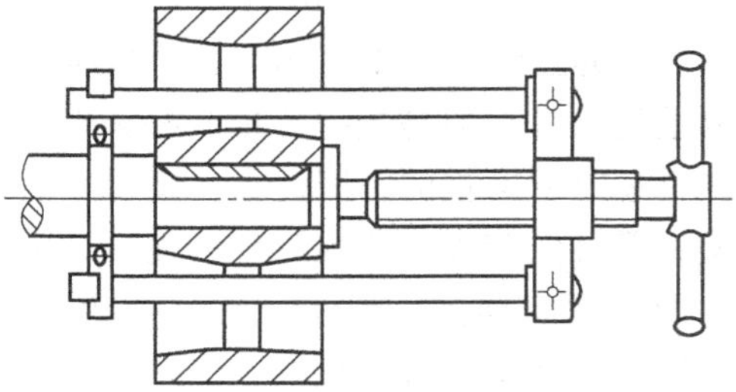

图5-1　用压力或拉力装卸零件的压床和工具

在实际操作时，加热零件不宜超过120℃，否则容易引起零件变形，失去原有的精度。加热可在沸水或热油池中进行，以保持加热均匀，减少变形。

有的零件不好拆卸，在拆卸时可加热到90～100℃，用螺旋工具加力拆卸即可，但注意加热时要均匀，以防零件变形。

3. 固定部件的装卸

（1）键联接　主要是平键和半圆键的装卸。

1）平键的装卸。平键和键槽是用机床精密加工的，一般不需要修配。若原来加工的键严重损伤，而另行加工的键需和键槽配合，一般可用锉削，也可在平板或玻璃板上用研磨砂研磨，直至和轴上的键槽配合适当为止，如图5-2所示。

一般平键与轮上的键槽为滑动配合，键的顶面与轮的键槽底面之间有0.5～0.8mm的间隙，以免键过硬使轴和轮的接触面不正。若轮的键槽严重损伤，可在与原槽成120°角处重新加工键槽，将原键槽用锡或轴承合金焊补填平。

2）半圆键的装卸。半圆键与平键的装卸方法相似，它能自动适应轮槽的斜度，它们之间是过渡配合的，如图5-3所示。国产系列化制冷压缩机的联轴器都是用这种方法联接的。

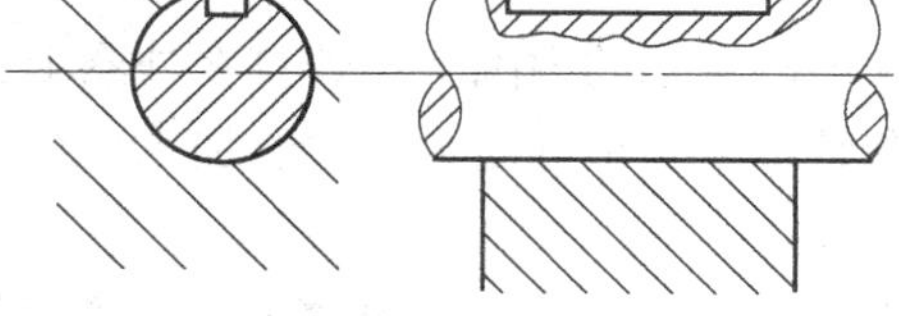

图5-2　平键的联接

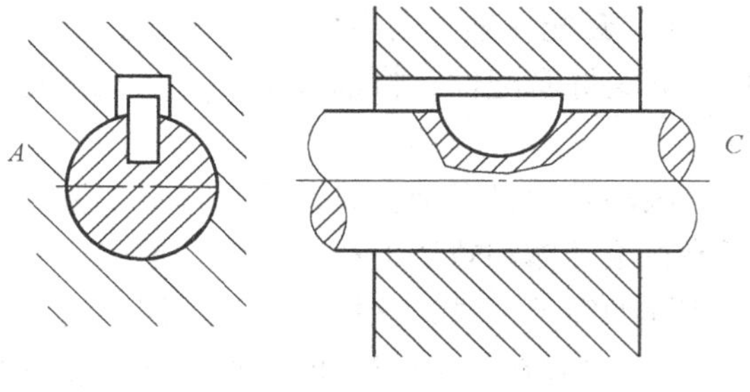

图5-3　半圆键装配

（2）销联接　常用的销有圆锥形和圆柱形两种。圆锥形销的锥度面 1∶50（即 1/50 锥度），只要锥度配合适当，装入孔内敲紧后即可紧密联接。如遇振动，有可能松动脱出，一般加装螺钉或销钉即可。

圆柱形销联接一般用于过盈配合，以打入或压入的方法装配。有的联接为了防止销件位置移动，采用尾部有螺纹的销钉。

拆卸这类销，可用冲子辨明方向，直接打出。若取不出，可用加热方法或用钻孔方法拆卸。

（3）螺纹联接　螺纹联接常用于贴合零件，也可用于把小零件固定在主要部件上，或用来把某一部件与另一部件联接在一起。螺纹联接都是对零部件固定位置的配合，要求联接牢固，不松动，拆卸时零件不受损伤。

（三）活塞式制冷压缩机的检修

1. 活塞式制冷压缩机的拆卸和装配间隙的测量

（1）拆卸时应注意的事项

1）机器拆卸前必须切断与系统的联系，放出压缩机内剩余的氨气，切断电源，放油。具体做法有两种：

①若机器内压力在 0.05MPa 以下，可在放空阀上连接橡胶管通到室外水桶内，开启放空阀，开机抽空，然后放油。

②若机器内压力较高，应查明原因，进行排除。然后抽空、排空，切断电源、水路，放油。

2）机器拆卸时要有步骤地进行，一般应先拆部件，后拆零件，由外到内，由上到下，有次序地进行。

3）在拆卸机器零件时，用力不宜过大，当零件难以拆卸时，应查明原因，采用适当措施拆卸，以防止零件损坏。

4）对拆下来的零件，要按零件上的编号（如无编号，应自行编号用钢字打印）有顺序地放置到专用支架或工作台上，切不可乱堆乱放，以免造成零件表面的损伤。

5）对于固定位置不可改变方向的零件，都应做好装配记号，以免装错。

6）对体积小的零件，拆卸清洗后，可装在主要零件上，以防丢失。

7）对拆下的水管、油管、气管等，清洗后要用木塞或布条塞住孔口，防止污物进入。对清洗后的零件应用布盖好，以防零件受污变脏，影响检修质量。

（2）整机拆卸与有关间隙的测量

1）部件的拆卸与测量。活塞式制冷压缩机配合间隙见表 5-3。

表 5-3　活塞式制冷压缩机配合间隙　　（单位：mm）

序列	配合部位	间隙（+）或过盈（-）		
		100 系列	125 系列	170 系列
1	活塞环部与气缸套	+0.22 ~ +0.342	+0.26 ~ +0.40	+0.37 ~ +0.49
2	活塞裙部与气缸套	+0.17 ~ +0.259	+0.20 ~ +0.303	+0.28 ~ +0.36
3	活塞销与销孔	-0.013 ~ +0.014	-0.013 ~ +0.014	-0.018 ~ +0.018
4	活塞环锁口	+0.4 ~ +0.6	+0.4 ~ +0.7	+0.7 ~ +1.1

（续）

<table>
<tr><th rowspan="2">序列</th><th rowspan="2">配合部位</th><th colspan="5">间隙（+）或过盈（-）</th></tr>
<tr><th>100 系列</th><th colspan="3">125 系列</th><th>170 系列</th></tr>
<tr><td>5</td><td>环与环槽轴向配合</td><td>+0.02 ~ +0.059</td><td colspan="3">+0.06 ~ +0.1</td><td>+0.05 ~ +0.09</td></tr>
<tr><td>6</td><td>主轴承与主轴颈</td><td>+0.09 ~ +0.11</td><td colspan="3">+0.072 ~ +0.148</td><td>+0.10 ~ +0.162</td></tr>
<tr><td>7</td><td>连杆大头轴衬与曲柄销轴</td><td>+0.09 ~ +0.11</td><td colspan="3">+0.092 ~ +0.174</td><td>+0.05 ~ +0.15</td></tr>
<tr><td>8</td><td>连杆小头与活塞销</td><td>+0.05 ~ +0.065</td><td colspan="3">+0.05 ~ +0.086</td><td>+0.043 ~ +0.073</td></tr>
<tr><td rowspan="2">9</td><td rowspan="2">连杆大头与曲柄销轴向间隙</td><td rowspan="2">+0.44 ~ +1.10</td><td>4 缸</td><td>6 缸</td><td>8 缸</td><td rowspan="2">+0.64 ~ +1.30</td></tr>
<tr><td>+0.8 ~ +1.1</td><td>+0.6 ~ +0.86</td><td>+0.4 ~ +0.6</td></tr>
<tr><td>10</td><td>吸气阀升程</td><td>2</td><td colspan="3">2.4 ~ 2.6</td><td>2.5</td></tr>
<tr><td>11</td><td>排气阀升程</td><td>1.5</td><td colspan="3">1.4 ~ 1.6</td><td>1.5</td></tr>
<tr><td>12</td><td>活塞上止点间隙（直线余隙）</td><td>+0.5 ~ +1.257</td><td colspan="3">+0.5 ~ +1.10</td><td>+1.00 ~ +1.60</td></tr>
<tr><td>13</td><td>曲轴与主轴承轴向间隙</td><td>+1.458 ~ +1.955</td><td colspan="3">+0.78 ~ +2.00</td><td>+1.00 ~ +2.50</td></tr>
<tr><td>14</td><td>油泵端面间隙</td><td>—</td><td colspan="3">+0.101</td><td>—</td></tr>
</table>

注：1. “+”表示为间隙；“-”表示为过盈。

2. 各尺寸最好选用中间数值。

氟利昂制冷压缩机主要部件配合间隙见表 5-4。

表 5-4 氟利昂制冷压缩机主要部件配合间隙 （单位：mm）

序号	配合部件	间隙（+）或过盈（-）				
		2F4.8	2F6.5	3FW5B	4FS7B	4F10
1	气缸与活塞	+0.025 ~ +0.045	+0.03 ~ +0.09	+0.13 ~ +0.17	+0.14 ~ +0.20	+0.16 ~ +0.20
2	活塞上止点间隙（直线余隙）	+0.4 ~ +0.9	+0.6 ~ +1.0	+0.8 ~ +1.0	+0.5 ~ +0.75	+0.5 ~ +0.75
3	吸气阀片升程	$0.45^{+0.05}_{-0.05}$	$2.6^{+0.2}_{-0.1}$	$2.2^{+0.1}_{-0.1}$	1.01 ~ 1.28	$1.2^{+0.1}_{-0.1}$
4	排气阀片升程	2	$2.5^{+0.2}_{-0.1}$	$1.5^{+0.5}_{-0.5}$	1.10 ~ 1.28	$1.5^{+0.5}_{-0.5}$
5	活塞环锁口间隙	+0.1 ~ +0.3	+0.1 ~ +0.25	+0.2 ~ +0.3	+0.28 ~ +0.48	+0.4 ~ +0.6
6	活塞环与环槽轴向间隙	+0.038 ~ +0.058	+0.02 ~ +0.045	+0.038 ~ +0.065	+0.018 ~ +0.048	+0.038 ~ +0.065
7	连杆小头衬套与活塞销配合	+0.015 ~ +0.025	+0.015 ~ +0.035	+0.01 ~ +0.025	+0.015 ~ +0.03	+0.01 ~ +0.03
8	活塞销与销座孔	-0.015 ~ +0.025	-0.015 ~ +0.005	-0.017 ~ +0.005	-0.02 ~ +0.03	-0.01 ~ +0.019
9	连杆大头轴瓦与曲柄销	+0.03 ~ +0.06	+0.035 ~ +0.065	+0.05 ~ +0.08	+0.052 ~ +0.12	+0.05 ~ +0.08

（续）

序号	配合部件	间隙（+）或过盈（-）				
		2F4.8	2F6.5	3FW5B	4FS7B	4F10
10	主轴颈与轴承径向间隙	+0.02～+0.05	+0.035～+0.065	+0.04～+0.065	+0.06～+0.12	+0.05～+0.08
11	曲轴与电动机转子	—	—	0.010～0.054	0.040～0.06	—
12	电动机定子与机体	—	—	0.04 用螺钉一只	0～0.03	—
13	电动机定子与电动机转子	—	—	0.50	0.50～0.75	—

制冷压缩机主要部位尺寸及偏差的测量方法见表5-5。

表5-5　制冷压缩机主要部位尺寸及偏差的测量方法

项目	技术要求	测量方法	附　注
活塞与气缸之间的间隙	正常间隙约为气缸直径的1/1000～2/1000，铝活塞的高转速压缩机采用较大间隙	用塞尺测量活塞与气缸直径的间隙，从气缸面上、中、下三个部位测量	间隙太小将引起干摩擦，间隙太大则漏气量增加、制冷效率降低，并使机械运动时产生撞击
气缸磨损	气缸磨损达气缸直径的1/200时，最好进行修理；磨损至1/150时，必须进行修理；气缸壁厚度磨损1/10时，最好更换；磨损1/8时，必须更换	用内径千分表（量缸表）测量气缸内壁的磨损情况	如进行镗缸，则镗缸后剩下缸壁厚度应用强度检验
气缸垂直度	顺轴中心线允许倾斜度，每1m长度不得超过0.15mm，其倾斜方向应与轴的倾斜方向一致；气缸与活塞中心线倾斜度，不得大于气缸与活塞之间间隙的一半	用测锤和内径千分尺先找准气缸顶中心点，再在气缸中部与下部每隔90°平面测量气缸壁，即可得出气缸的垂直度	气缸倾斜过度时，活塞与气缸发生干摩擦，容易引起气缸拉毛
活塞销中心线、曲轴销中心线与曲轴中心线之间的平行度允差	活塞销中心线与曲柄销中心线的平行度，每1m销的长度误差不得超过0.3mm；曲柄销中心线与曲轴中心线的平行度，每1m长度的误差不得超过0.2mm	—	—
曲轴水平度	每1m长的倾斜度不得超过0.2mm	用水平仪在外轴径或密封器轴颈测量，或在轴侧挂铅垂线，并用千分尺测量	—
曲轴颈与曲柄销的圆度	1）曲轴颈的圆度为1/1500时，最好进行修理，在1/1250时必须修理 2）曲轴销的圆度为1/1250时，最好进行修理，在1/1000时必须修理 3）圆锥度不得超过圆度的0.5倍 4）轴颈经多次车削、研磨后，其直径允许减小3%，超过此数应予更换	用外径千分尺测量轴颈的磨损情况	轴颈如果有圆度，则轴在转动中由于轴的中心线位置变动而产生轴的径向振摆，不仅破坏了机器工作的稳定性，而且使主轴承加速磨损

（续）

<table>
<tr><th>项目</th><th colspan="3">技术要求</th><th>测量方法</th><th>附　注</th></tr>
<tr><td>主轴承和连杆轴衬的径向间隙与轴向间隙</td><td colspan="3">主轴承的下部与轴颈120°包角内，应接触均匀，没有间隙。连杆轴承的上部同轴颈100°包角内亦无间隙</td><td>主轴承的径向间隙及各轴承的轴向间隙，用塞尺测量</td><td>轴承间隙过大，油压不容易形成，运转时机器有振动和不正常声响</td></tr>
<tr><td>活塞圆度</td><td colspan="3">新活塞的圆度不得超过其直径的1/500；工作后的活塞，最大允许磨损椭圆度约为1/1000～1.5/1000</td><td>用外径千分尺或千分表装在专用支架上，测量活塞磨损情况</td><td>—</td></tr>
<tr><td rowspan="4">活塞销和连杆小头衬套的径向间隙</td><td>衬套直径/mm</td><td colspan="2">径向间隙/mm</td><td rowspan="4">用塞尺测量径向间隙</td><td rowspan="4"></td></tr>
<tr><td>60</td><td colspan="2">0.05～0.07</td></tr>
<tr><td>60～110</td><td colspan="2">0.07～0.09</td></tr>
<tr><td>110～150</td><td colspan="2">0.09～0.12</td></tr>
<tr><td>活塞销的圆度</td><td colspan="3">活塞销的圆度应在活塞销直径的1/1200以内</td><td>用外径千分尺测量活塞销的磨损情况</td><td>活塞销在衬套内接触均匀，接触面角度为60°～70°</td></tr>
<tr><td>活塞环的间隙</td><td colspan="3">活塞环的间隙与环槽高度之间的正常间隙为0.05～0.08mm，超过0.15mm时应更换，环槽的正常深度比环的宽度大0.3～0.5mm，活塞环的搭口约为环直径的5/1000，搭口的极限间隙不得超过活塞环直径的15/1000；新活塞环与气缸的接触，不得小于活塞环圆的2/3，在整个圆周内，径向间隙不多于两处，并距离搭口大于30°，每处径向间隙的弧度不大于45°，间隙不大于0.03mm</td><td>用塞尺测量各部位的间隙；根据灯光漏光的情况测定环与气缸的接触情况，用塞尺测量环与缸壁的间隙</td><td>—</td></tr>
<tr><td rowspan="5">主轴承和连杆轴衬的径向间隙与轴向间隙</td><td colspan="3">主轴承的上瓦与轴颈之间，以及连杆轴衬下瓦与曲柄销之间的径向间隙，一般等于轴颈的1/1000</td><td rowspan="5">连杆轴承的径向间隙，用分别测量连杆轴承内径及曲柄销外径尺寸的方法求得</td><td rowspan="5">轴向间隙过大，则转动时曲轴容易产生轴向移动，轴承端面磨损较大，轴封的密封性也易受到影响</td></tr>
<tr><td>轴径直径/mm</td><td>最大间隙/mm</td><td>最小间隙/mm</td></tr>
<tr><td>80</td><td>0.11</td><td>0.09</td></tr>
<tr><td>80～180</td><td>0.11～0.15</td><td>0.09～0.13</td></tr>
<tr><td>180～200</td><td>0.15～0.20</td><td>0.13～0.17</td></tr>
<tr><td>活塞顶与气缸安全块之间的余隙</td><td colspan="3">一般的余隙为1～1.5mm，活塞顶端制成凹形时余隙为0.5～1.3mm</td><td>将软铅丝放在活塞顶部，装好安全块，转动飞轮，使活塞升至上止点，将铅丝压扁，用外径千分尺测量取出的软铅丝厚度，即得余隙数值</td><td>测量倾斜的气缸时，注意将软铅丝放妥并固定好，以免落入气缸与活塞之间的间隙内</td></tr>
</table>

（续）

项目	技术要求	测量方法	附　　注
吸、排气阀门的开启度及关闭的严密性	压缩机转速在500r/min以下，阀片的开启度为2～2.5mm；转速在500r/min以上，阀片的开启度为1.5～2mm；当阀片有轻微磨损或划伤时，应重新研磨和检修。当阀片磨损使其厚度比原标准尺寸小0.15mm时，应更换	阀片开启度的测量用深度尺或塞尺均可；阀片的严密性的检查，可用煤油做渗漏试验	开启度过大，则阀片运动速度大，阀片容易击碎；开启度过小，则制冷剂蒸气通过阀片的阻力增大，影响吸、排气效率
压缩机安全阀	调整表压为1618.1kPa时开启安全阀	用压缩空气进行校验	—
飞轮振摆度	飞轮转动时，其振摆度不应超过1mm	用千分表及支承架在飞轮外侧测量	
压缩机轴封	轴封装置良好时，不需拆卸。因轴封零件每拆一次就变动一次位置，加之轴封橡胶圈被润滑油浸泡发胀，拆后不再恢复原尺寸；轴封换油，可拆卸轴封室上、下接头，直接灌油清洗；轴封装置内两摩擦面平行度偏差超过0.02mm时，应检修或更换；轴封漏油每小时超过10滴时，应拆卸检查，并仔细研磨密封面，橡胶圈因老化、干缩变形，丧失弹性和密封能力时，应更换		
卸载机构	在拆卸气缸套时，必须检查气缸套转动环的顶杆是否能灵活上下滑动。转动环锯齿形斜面是否磨成凹坑，若有轻微磨损，用锯刀修正，若伤痕太大，应更换；推杆凸缘磨损比原尺寸少0.5mm时，应更换		

①气缸盖与排气阀的拆卸。先松动并拧下气缸盖短螺栓螺母，再均匀拧松两窄边的长螺栓螺母。当气缸盖升起2～3mm时，观察气缸垫片在哪一边粘得多，然后在粘得少的一边用螺钉旋具起下垫片，以免损坏。拆下气缸盖后，取出安全弹簧和排气阀。注意检查气阀弹簧、阀片有无损坏，穿心螺钉是否松动。

用塞尺测量排气阀升程，12.5系列压缩机的正常间隙为1.4～1.6mm，超过1.8mm应换新阀片。用深度游标卡尺测量吸气阀片的升程，12.5系列压缩机的正常间隙为1.9～2.1mm，超过2.3mm应换新阀片。

用压熔丝的方法测量气缸顶部余隙。拆下排气阀后，用40～50A的熔丝按垂直方向插入活塞顶部的螺孔中，保持熔丝在活塞的顶面上，然后装上排气阀、安全弹簧和气缸盖，缸盖螺钉拧紧后，盘动联轴器3～4周，再拆下气缸盖、安全弹簧和排气阀，把压扁的熔丝用

0～25mm 的外径百分尺测量，前、后、左、右四个点的平均值即为所测余隙。12.5 系列压缩机的正常余隙为 0.5～1.1mm。若余隙过大，主要是轴和轴瓦的磨损造成的。应该通过换瓦或调整气缸垫片把余隙调到要求的范围内，否则，机器的输气效率降低。若余隙过小，活塞顶部与内阀座相撞，使机件损坏，可加厚气缸垫片。

②拆卸曲轴箱侧盖。把螺母拆下，用螺钉旋具把侧盖撬开一条缝，这时人的面部不要对着缝隙处，以免氨冲击伤人。取下曲轴箱侧盖后，应检查油中的污物和金属屑的多少。

③拆卸活塞连杆部件。在拆卸连杆大头盖的同时应测量连杆大头轴瓦的径向间隙。其测量方法有两种：一个曲柄销上有两根以上的连杆时，可用塞尺进行测量，即先拆下一个大头盖，用塞尺测量相邻的两个连杆大头间隙，把其他活塞拆下后，再把先拆的大头盖拧紧，用塞尺测量其间隙；若一个曲柄销上只有一根连杆，用压熔丝的方法测量，一般把两条 5A 的熔丝放在大头盖的轴瓦上，然后再装到曲柄销上，装好后再拆下来，把压扁的熔丝用 0～25mm 的外径百分尺测量即可。12.5 系列压缩机的大头轴瓦径向间隙为 0.08～0.16mm，若超过 0.25mm 应换新瓦。在拆卸连杆大头轴瓦时，还应试试连杆大头的轴向移动是否灵活。用塞尺测量连杆大头总的轴向间隙。

拆下连杆大头盖，用吊环把活塞连杆部件提出后，应测量活塞环的高度间隙，可用塞尺直接测量，一般为 0.04～0.07mm，超过 0.1mm 时应换新环。拆下活塞环后，把环放在气缸内，用塞尺测量活塞环的锁口间隙。12.5 系列压缩机的正常间隙应为 0.5～0.7mm，超过 1.5mm 时应换新环。

把拆下活塞环的活塞放在气缸内，测量活塞与气缸之间的间隙，最好用两把塞尺两边同时插入，测得的数值准确。测量时分裙部和环部两部分测量，同时要测上、中、下三个部位。若所测部位超过正常最大间隙的 1 倍以上，应检查活塞和气缸的磨损度，以确定是否更换气缸套或者活塞。

拆下活塞销后，可把活塞销放在连杆小头衬套内用塞尺测量其间隙。12.5 系列压缩机的正常间隙为 0.035～0.061mm，超过 0.15mm 时应换衬套或活塞销。

④拆卸气缸套。用两只专用吊栓拧进气缸套顶部吸气阀座的螺孔内，用吊栓拉出气缸套。若过紧，可用木棒敲气缸底部，即可拉出；也可在两环间放上铁棍，然后用撬棍撬出。在拉出气缸套时，尽量不要损坏垫片。

⑤拆卸卸载机构。先将油管拆下来，再拆卸油缸盖法兰。拆法兰时应注意里边的弹簧，避免弹簧将法兰盖弹出伤人。拿下法兰和油活塞后，在吸气腔内用木棒敲击油缸即可把油缸、弹簧和拉杆一起取出。

每台 8AS—12.5 型压缩机有四套卸载机构，因四列气缸与机体前侧的距离不同，而拉杆的长度也不同，拆卸时应做好记号，以免装错。

⑥拆油泵和细滤油器部件。拆下细滤油器和油三通阀之间的油管，然后拧下细滤油器上的螺母，取下细滤油器和油泵。注意垫片最好不要损坏。

⑦拆油三通阀。拧下三通阀与机体的联接螺栓，取下三通阀，随之把网状滤油器取出。要注意垫片的层数。

⑧拆吸气过滤器盖。把法兰螺丝拧松，拆下最后的螺丝时，用手推住法兰，以防弹簧把法兰盖弹出。

⑨拆联轴器。对于 17 和 12.5 系列压缩机，可不移动电动机，但应将压缩机联轴器、中

间联接块和电动机联轴器统一画上装配记号。对于 10 系列压缩机要移动电动机，除在联轴器上画装配记号外，还应在电动机支脚和公共底座上画 8 条记号，这样在装配时不用再找电动机和压缩机轴的同心度。

对于 12.5 系列压缩机，拆下橡胶塞销挡板，取出橡胶塞销，转动电动机轴，看电动机联轴块是否与中间联接块有摩擦现象，并用塞尺测量电动机联轴器与中间联接块边缘之间的间隙。圆周各点的间隙不大于 0.2mm，即表明两轴是同心的；若各点间隙之差较大，又有摩擦现象，应找压缩机和电动机两轴的同心度。

拆下中间连接块的螺钉，把中间联接块推到电动机轴一侧。

拆压缩机联轴器有三种方法，首先将联轴器的挡板螺钉拧松（但不要将螺钉拿下来），在联轴块的两侧垫上方木用大锤敲击；另外，也可用两根长撬棍撬松；最好用槽钢自制的拉力器拉出。其工具可用 16 或 18 槽钢，按压缩机联轴器上螺孔的距离钻上两个 ϕ18mm 的孔，再制两个长 120mm 的 M16 螺栓，中间截块采用 ϕ89mm 的管子段即可。在拆卸时，下面最好垫上方木，以免联轴器掉下后砸坏公共底座或者伤人。

⑩拆轴封。均匀拧松压盖螺母，对角留两个螺母暂不拧下，将其他螺母拧下，用手推住压盖，再拧下两只螺母，以防轴封弹簧将轴封盖和其他零件弹出，损伤零件或者伤人。拆下后，将两环的密封面对着放好，以防损坏。

⑪拆后轴承座。在拆卸前，应用塞尺在前、后两端测量轴承的径向间隙，正常应为 0.08～0.15mm；同时，用塞尺在两主轴瓦的侧面测量曲轴的轴间间隙，正常应为 0.8～2.0mm。

在拆后主轴承座之前，还应用方木在曲轴箱内把曲轴垫好。拆下油管及与压缩机的联接螺钉。将两根 M12 专用螺钉拧到后轴承座的螺孔内，把轴承座顶开，然后用撬棍慢慢撬出。两边用力应均匀，防止将曲轴带出或卡住拉不出来。注意垫片最好不要损坏。

⑫拆曲轴。将曲轴从后轴承座孔取出。拆曲轴时，后轴承端应缠上布，以防移动时滑脱。曲轴前端拧上螺丝，插上管，以便推曲轴用。在中部曲轴箱内用方木抬曲轴，这样前、中、后都做好准备，协同一致，慢慢移动曲轴并抽出。注意曲拐不要碰伤后轴承座孔。若前轴承无损坏，可以不拆。

⑬拆其他零部件。如压力表盘、安全阀、吸入排出阀等。

2）几个部件的拆卸。

①拆排气阀组。拆穿心螺母时，一般用梅花扳手将其在地板上摔几下即可松脱，若过紧，可在台虎钳上夹住，再用梅花扳手松脱。另外，拆气阀弹簧时应用手拧紧弹簧取下，不能硬拉，以免损坏弹簧，拆卸清洗后应装配好。测量间隙可用塞尺测量，正常值在 1.5mm 左右。

②拆活塞连杆组。用尖嘴钳把钢丝挡圈拆下，若活塞销不紧，可用木棍直接敲出来；若过紧，可用 80℃以上的热水浸 5～10min，然后用木棍敲出；也可用专用工具——拉力器拉出。拆活塞销的专用工具如图 5-4 所示。

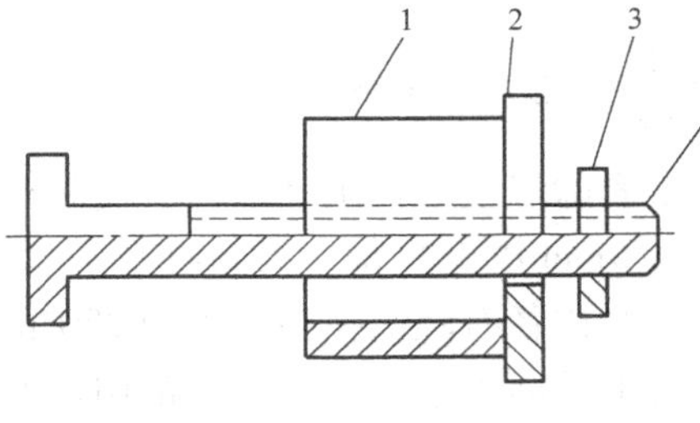

图 5-4　拆活塞销的专用工具

1—套筒　2—垫圈　3—螺母　4—拉杆

拆活塞环有三种方法：

a. 用两块布条套在环的锁口上，两手拉住布条，轻轻向外扩张，把环取下来。

b. 用3根0.8～1mm厚、10mm宽的铁片垫在环中间，便于环滑动取出，如图5-5所示。

c. 用专用工具拆活塞环，如图5-6所示。

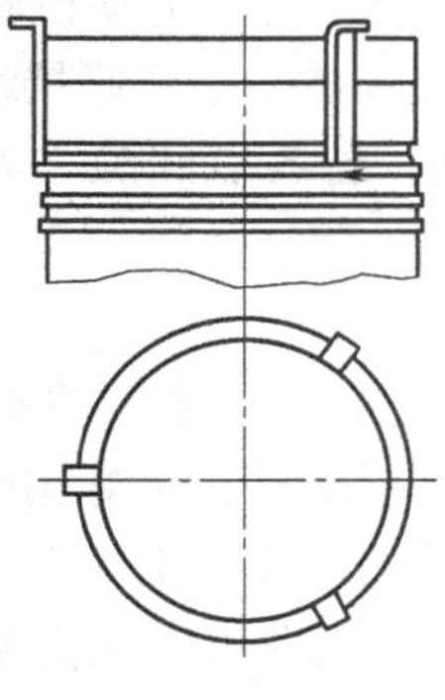

图5-5 拆卸、装入活塞环的方法

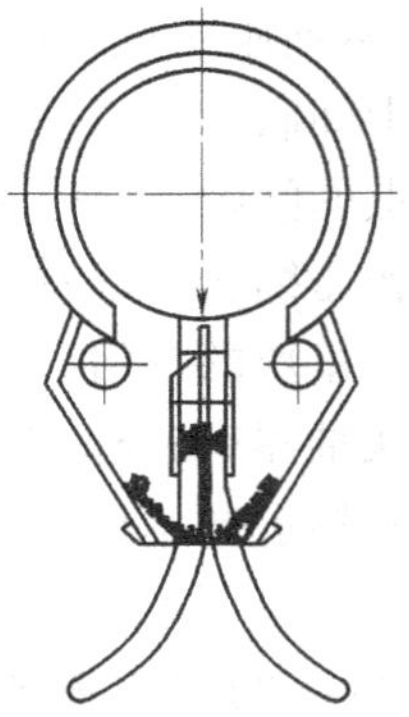

图5-6 拆卸、装入活塞环的工具

③拆轴封件。拆固定环，若该环紧贴在轴封盖上，可用螺钉旋具在非密封面侧轻轻撬开，拆下固定环。注意不要损坏密封面。

④拆油泵。拆卸前用手转动泵轴，看转动是否灵活，然后将泵盖螺母拧下，看主、被动轮和泵盖是否磨损。

⑤拆油三通阀。在拆卸前，将阀盖、指示盘、限位板、阀体用划针划上装配记号。拆下指示盘螺钉，取下指示盘，再拆下阀盖，取出阀芯，检查橡胶密封圈是否老化或损坏。

⑥拆细油过滤器。拆下过滤器盖螺钉，进行清洗，并检查梳片、夹片和滤片是否有损伤，若有损伤，应检修。

2. 零件的检查与修理

(1) 气缸套的检查与修理　检查气缸套的磨损情况，可用内径量表（量缸表）进行。不同的压缩机可选用不同的内径量表，如12.5系列压缩机可选用ϕ60～160mm规格的内径量表。把校正好零位的内径量表，在气缸内径上、中、下三个部位交叉测量6次，以检查气缸内壁的磨损情况。

系列化压缩机内径磨损1/250时，最好更换气缸套，磨损至1/200时必须更换。其圆度大于磨损总量的1/2时，应更换气缸套。

例如，12.5系列压缩机气缸套最大磨损量为$\frac{1}{250}\times 125=0.5$mm时，最好换气缸套；磨损量为$\frac{1}{200}\times 125=0.625$mm时，必须换气缸套。其圆度大于0.3mm时，应换气缸套。

气缸套除以上磨损限度外，吸气阀线上若有掉块、气缸严重拉毛（拉痕深0.5mm以上，宽度累计5mm以上）都应换新缸套。

气缸套内径有轻微拉毛，可用280#的细砂纸沿圆周方向进行打磨修理。

气缸上平面不平和阀线不平都用研磨方法修理。其步骤为：在特制平板上或5mm以上的厚玻璃板上，用研磨砂进行研磨，先粗磨，后细磨，再用冷冻油光磨，应达到$Ra0.1\mu m$，气缸的最大磨损量见表5-6。

表 5-6　气缸的最大磨损量　（单位：mm）

气缸直径	圆　度		径　向　磨　损	
	<500r/min	≥500r/min	<500r/min	≥500r/min
50～100	—	0.25	—	1.00
101～150	—	0.30	—	1.20
151～200	0.30	0.35	1.60	1.50
201～250	0.35	0.40	2.00	1.80
251～300	0.40	0.45	2.40	2.20
301～350	0.45	0.50	2.80	2.60

（2）排气阀的检查与修理　检查阀片是否损坏，翘曲、磨损是否超过限度（一般不大于0.3mm），若以上条件有一种不符合要求，应更换阀片。

检查气阀弹簧，若有损坏或者偏斜的，应全部更换新弹簧。

若内、外阀座上的阀线及外阀座的下平面不平时，应用研磨方法修理。研磨的方法和步骤可按研磨气缸套的方法进行。研磨后、应能达到表面粗糙度的要求，如12.5系列外阀座下平面与气缸顶平面的接触处，晚上可用灯光检查，以接触处不透光为合格。

（3）活塞体的检查与修理　根据活塞直径的大小可分别选用不同规格的外径千分尺进行测量。如12.5系列压缩机可选用100～125mm的外径千分尺测量活塞的上、中、下三个位置的磨损度。

系列化压缩机新活塞的圆度不得超过其直径的1/1500，工作后的活塞最大允许磨损圆度为1/1000～1.5/1000，见表5-7。

表 5-7　活塞的最大磨损量　（单位：mm）

活塞直径	活塞圆度	活塞圆锥度	活塞直径	活塞圆度	活塞圆锥度
50～100	0.20	0.20	201～250	0.30	0.30
101～150	0.20	0.20	251～300	0.30	0.30
151～200	0.25	0.25	301～350	0.45	0.45

进行活塞的修理时，若其表面上有轻微拉毛，可用细砂纸沿圆周方向打磨。

（4）活塞环的检修　活塞环的高度间隙和锁口间隙不应超过规定要求，见表5-8。超出规定要求的应更换新活塞环。换新环时，应测量其锁口间隙，若锁口间隙过小，可用整形锉锉到工作锁口最小的要求尺寸。用塞尺检查活塞环与环槽间径向间隙如图5-7所示。

表 5-8　活塞环的高度间隙与锁口间隙　（单位：mm）

气缸直径	环与环槽的高度间隙		活塞环处于工作状态时的锁口间隙	
	正常的	最大的	正常的	最大的
50～100	0.05～0.07	0.15	0.5～0.6	2.5
101～150	0.05～0.07	0.15	0.6～0.8	3.0
151～200	0.05～0.07	0.15	0.8～1.0	3.5
201～250	0.06～0.08	0.20	1.0～1.3	4.0

（续）

气缸直径	环与环槽的高度间隙		活塞环处于工作状态时的锁口间隙	
	正常的	最大的	正常的	最大的
251～300	0.06～0.08	0.20	1.3～1.5	4.5
301～350	0.06～0.08	0.20	1.5～1.8	5.0

1）活塞环处于工作状态，170系列的锁口间隙达到3mm，125系列达到2.5mm，100系列达到2mm时，应更换活塞环。

2）170系列的活塞环与环槽的轴向间隙超过0.2mm，125系列超过0.2mm，100系列超过0.12mm时，应更换活塞环。

3）活塞环与气缸壁接触面小于圆周长2/3，其余不接触部分与气缸壁的间隙大于0.03mm时，应更换活塞环。

（5）活塞销的检查与修理　活塞销用外径千分尺测量其磨损，其圆度超过活塞销直径的1/1200时，应换新活塞销。若磨损在要求的范围内有轻微拉毛，可用细砂纸打磨光。一般磨损为0.1～0.15mm时，应换新活塞销。

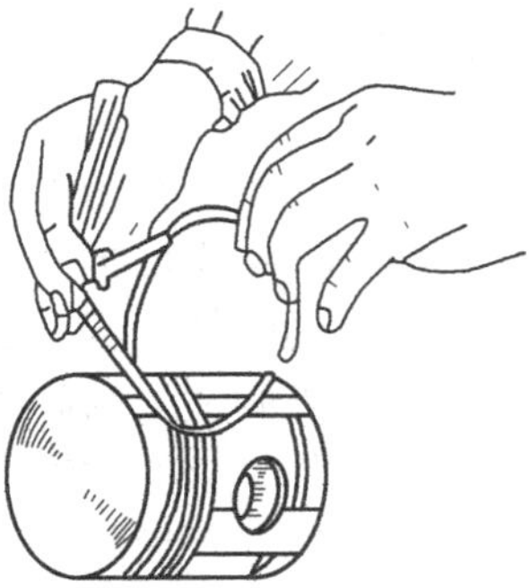

图5-7　用塞尺检查活塞环与环槽间径向间隙

170系列的活塞销与连杆小头轴承的径向间隙超过0.12mm，125系列超过0.12mm，100系列超过0.08mm时，就应更换滚针或活塞销；170系列的活塞销轴颈比标准尺寸小0.05mm，125系列比标准尺寸小0.08mm，100系列比标准尺寸小0.05mm时，应更换新活塞销。

（6）连杆小头衬套的检修　连杆小头衬套可用内径量表进行测量，一般磨损0.1mm以上时应换新衬套。

在换新衬套时，因连杆小头衬套与连杆小头孔是过盈配合，因此一般要用细砂纸将铜衬套外径的一头（约5mm）打磨光，使其能装到连杆小头孔内。让其油槽呈水平方向，用台虎钳将衬套压入连杆小头孔内。

（7）连杆大头轴瓦的检查与修理　连杆大头轴瓦磨损检查可以从两个方面进行，通过检查连杆大头的间隙，判断其是否超过正常运转要求；通过采用外径千分尺测量新旧轴瓦的厚度差来判断其磨损度，若差值（即间隙）大于0.13mm，应换新轴瓦。

更换新轴瓦时应检查轴瓦的边缘是否与连杆大头的母线对齐；轴瓦的背面是否与连杆大头的内圆面贴合紧密。轴瓦的内面与曲柄销应在120°包角内接触均匀，若不均匀或间隙过小应用三角刮刀进行刮配，直至瓦面接触均匀，装配间隙符合要求，装到曲柄销上轴向移动灵活，表明所换新瓦合格。

应注意：连杆大头轴瓦有两种，一种是普通的，若曲轴上的曲柄销磨损量在0.2mm以内的，可选用这样的大头轴瓦；另一种是加厚轴瓦，曲柄销磨损量为0.20～0.45mm时采用这种轴瓦，其合金的加厚余量一般为0.1～0.15mm。在检修时，应视曲轴曲柄销的磨损程度选用。

若连杆大、小头孔中心线有轻度不平行现象，可用刮拂活塞销衬套的方法进行修理。

（8）主轴承轴衬的检修　主轴承轴衬的磨损可用内径量表检查测量，磨损超过0.15mm

或者径向间隙超过 0.25mm 时，应换新轴承轴衬。

更换新轴承轴衬时，应用三角刮刀分段刮拂，直至套在主轴颈上的轴承轴衬转动灵活，接触面均匀，装配间隙达到要求时，才可装到主轴承座上。在装主轴承轴衬时，注意销子孔要对准销子，若对不准，应重新卸下后再进行装配。

若主轴承轴衬磨损不大，但轴衬面有拉毛现象，可用三角刮刀刮拂的方法修理。

（9）检查曲轴的主轴颈和曲柄销　曲轴的主轴颈的磨损用外径千分尺测量，磨损量大于 0.35mm 时应大修或换曲轴。

曲柄销的磨损可分为总磨损、椭圆磨损和圆锥磨损。

用千分尺找出最大磨损处的磨损量。总磨损量超过轴径的 5/1000 时，应进行喷涂或镀铬修理，也可换新曲轴。

曲轴的圆度是同一截面上磨损量最大和磨损量最小的直径之差。曲柄销的圆度为 1/1000 时必须进行修理。

圆锥度的测量也用外径千分尺。圆锥度为曲轴的同一方向上两轴肩直径之差与所测量两点之间的距离之比，即 $(D-d)/L=$ 圆锥度。圆锥度不得超过圆度的 0.5 倍。曲柄销的圆锥度和圆度如图 5-8、图 5-9、图 5-10 所示。

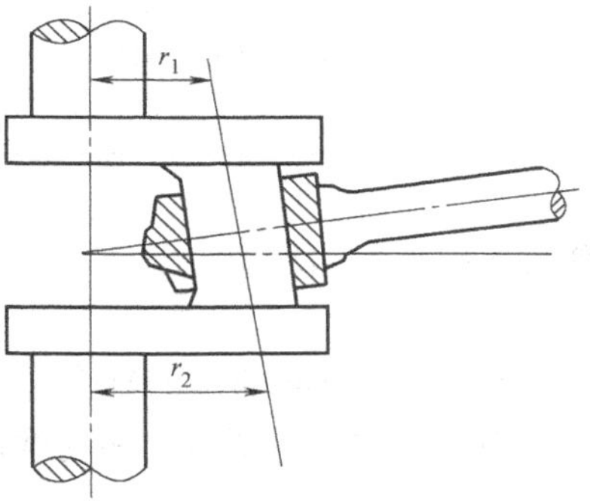

图 5-8　曲柄销不平行时连杆的倾斜情况

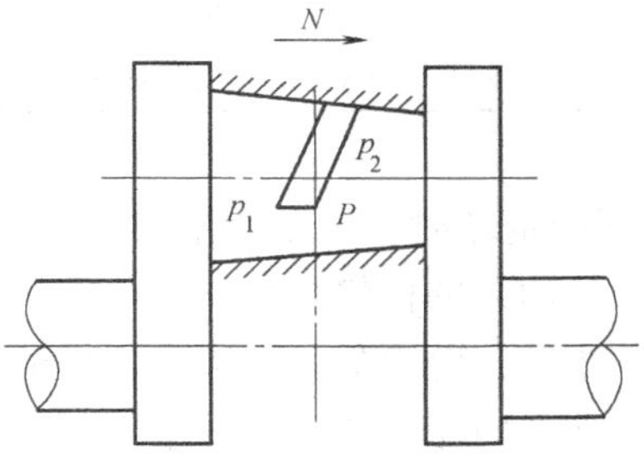

图 5-9　曲柄销的圆锥度

（10）检查连杆螺栓　检查连杆螺栓的螺纹，螺栓颈部的过渡圆角处有无裂纹，可用 5 倍以上的放大镜观察。如果有裂纹，即在裂纹处有渗油的黑印，这时应更换新螺栓，同时应检查连杆螺栓的变形情况。

连杆螺栓一般不做修理，若发现下列情况之一时可换新件：

1）螺纹牙损坏。

2）螺纹处出现裂纹。

3）螺栓与螺孔配合松弛。

4）螺栓产生残余变形，超过其长度的 2/1000 以上。

（11）轴封零件的检修

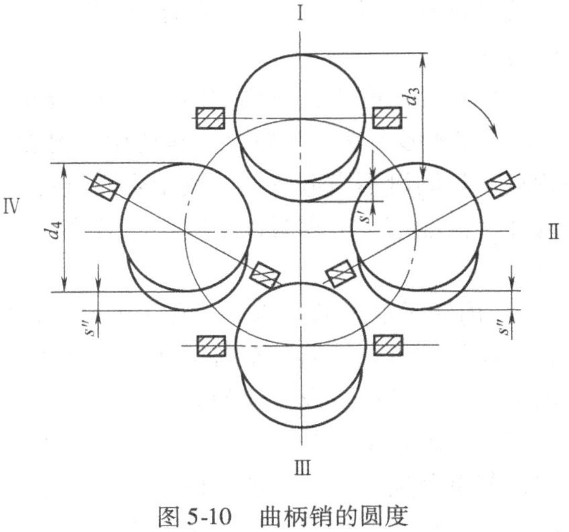

图 5-10　曲柄销的圆度

1）橡胶密封环老化或损坏，应换新件。

2）轴封弹簧弹力不足，用新旧弹簧在玻璃板上对比自由高度的方法，若高度差大于8mm，应换新弹簧。

3）固定环和活动环的摩擦面磨损量超过0.5mm时，应换新件。

若两环的摩擦面有拉毛现象，用研磨法进行修理，一般先粗磨，再细磨，最后光磨，其表面粗糙度应达到*Ra*0.1μm以上。研磨粉及研磨液的配制分别见表5-9和表5-10。一般修理后的表面涂润滑油后两环的摩擦面对着研磨，拿着活动环能吸起固定环为合格。

表5-9　研磨粉的配制表

名称	符号	成分	颜色	硬度	应用	适用材料
碳化硅	T	95%～97% w(SiC)	黑	比刚玉硬	粗磨	铸铁、铜
碳化硼	TP	85%～95% $w(B_4C)$	灰黑	很硬	粗磨　精磨	硬质合金、不锈钢
金刚石	120/180　400/500	C	灰黄	最硬	粗磨　精磨	硬质合金

表5-10　研磨液的配制表

类别	研　磨　液	类别	研　磨　液
粗磨	煤油	特精磨	L-AN15全损耗系统　油
精磨	25%　L-AN15全损耗系统油　75%　煤油		

换新固定环时，销子孔不要过紧，否则修理后的轴封还出现泄漏现象。

（12）油泵的检修

1）外啮合齿轮泵。由于吸、排油之间的压力不同，可能造成吸油部位的轴套、泵壳处的偏磨；装配不良，造成齿轮之间啮合不均匀，也可能出现齿轮端面与泵盖之间的磨损以及油内有污物形成拉毛现象，使输油效率降低。

若泵壳径向偏磨在0.6mm以上，应换新泵壳。若磨损在要求的范围内，有轻微的拉毛现象，可用细砂纸打磨修理。

若泵盖有拉毛现象，可在厚玻璃板上用研磨砂进行研磨，其表面粗糙度应达到*Ra*0.1μm。

若齿轮轻微磨损，可用细砂纸打磨，若严重磨损超过齿厚的10%以上，应换新齿轮。

2）月牙形内啮合齿轮泵。从使用情况看，被动轮的心轴容易形成偏磨，主要原因是被动轮过重且润滑不当造成的。改用聚四氟乙烯硬塑料或者其他轻型耐磨材料制成的被动轮，孔内加了供油槽，可克服以上问题。若主动轮、被动轮和泵壳出现轻微拉毛，可用细砂纸进行打磨。

3）内转子油泵的检修。内转子油泵在运转中出现的缺陷主要是：主动转子和被动转子啮合不均匀；齿轮端面与泵盖偏磨；润滑油中有细砂粒等污物，造成拉毛现象；两轴套中心线加工或安装不正造成端面的偏磨等。

若内、外转子啮合不均匀，可用涂色法找到硬磨点，用刮刀进行刮修或者用细砂纸打磨修理；若泵盖偏磨可在厚玻璃板上用研磨方法进行修理；若两轴套加工不正，可用刮轴套的方法进行校正；若转子泵严重拉毛或者有掉块现象，应换内、外转子。

（13）对机体螺纹的修理　螺钉断裂在机体上的螺孔内，一般可用手电钻钻眼法，再用倒丝锥将断螺钉取出来。若取不出来，可将原来的螺孔扩大，将断螺钉全部钻掉，再用比原来大一号的丝锥对所钻孔重新攻螺纹，并另制新螺栓与之相配。这种螺栓一端的直径与扩孔后的螺纹直径相符，另一端的直径与原来的螺纹直径相符。

若螺孔的螺纹倒牙，高出平面，可将高出的飞边锉平。若螺纹孔太靠边，密封垫片压不严，可在螺钉上缠上聚四氟乙烯塑料密封带，再压上垫片即可防止泄漏。若机体出现裂纹，一般不进行修理。

（14）曲轴箱油冷却器的修理　如果油冷却器水管冻裂，可除去油污，将裂缝焊补，也可将裂纹部分截去，换上同样规格的管子焊接。焊补后用压力为0.6MPa的空气试漏，合格后才可使用。

（15）卸载装置的检修　卸载装置常见的故障是转动环槽与拉杆凸缘卡死，油缸与油活塞拉毛，拉杆的支承孔处拉毛卡住等。

对于拉杆凸缘与转动环槽处卡住，一般用锉刀锉去毛刺，再用细砂纸打光即可；对于油缸、油活塞、拉杆支承孔处拉毛，用细砂纸打磨光即可。

（16）联轴器的检修　联轴器孔与轴接触不良，可修刮联轴器孔，并检查键的上接触面是否过硬，直至修到轴和联轴器孔的锥度接触一致为宜。

弹性圈磨损和橡胶塞销磨损或老化，应换新件，否则会由于塞销折断而发生事故。

（17）油三通阀的修理　油三通阀常见的故障是加油时曲轴箱的油向加油桶方向泄漏，同时引起油压不上升。从上述故障看，其原因主要是阀体靠曲轴箱处的橡胶密封环处泄漏。

在检修时，应检查橡胶密封环是否损坏或老化，若出现以上现象应换新橡胶环。

若换上橡胶环还泄漏，其原因有三个：其一是橡胶环直径过细；其二是在阀体上加工的半圆形凹槽过深；其三是O形橡胶环表面被切坏，可能是由于阀芯的下圆角没有倒角或者倒角过小，把橡胶环切坏，检修时用细锉锉成60°倒角即可。

（18）压缩机吸入和排出阀的检修　压缩机的吸入和排出阀常见的故障是：密封填料损坏引起向外界漏氨；阀芯的密封线受到损伤而关闭不严或者在机体内部串泄。

阀门对外界漏氨时，应换新密封填料；阀杆轻微拉毛可用细砂纸打光，若阀杆被磨细，应换新阀杆或者用45钢重新制作新件换上。

阀芯引起的泄漏，在检修时应根据不同材料的阀芯采取不同的检修方法。若阀芯的密封圈是用聚四氟乙烯硬塑料制作的，拆下旧密封圈换上新件即可；若阀芯的密封圈是轴承合金制作的，较轻微磨损可用三角刮刀刮平，若严重损坏，应重浇合金。

3. 活塞式制冷压缩机的装配

制冷压缩机的零件经过拆卸，检查修理后，即可重新组装起来。组装的程序是：先将零件组装成部件，然后进行总装。

（1）部件的组装

1）活塞连杆部件的组装。

①连杆小头衬套的装配方法前面已介绍过，但装配后必须检查与活塞销的径向间隙是否适当，活塞销在衬套内转动是否灵活。

②装活塞销。若换新活塞销，装配时可将活塞浸在80℃以上的热水中5～10min，然后

拿出活塞将活塞销放到销孔内，用木锤轻轻敲入，边摆动连杆体边敲活塞销，直至装配适当。在冬天，连杆活塞销孔也要加热，以防温差过大，活塞销孔急剧收缩，装不进去。活塞销装配后，在两边装上活塞销挡圈。

③装活塞环时，可用两布条勒住环口，用手的拇指和中指拉紧布条，食指压住环的两侧，以免应力集中而断裂，将活塞环装入环槽内。

2）油泵部件的组装（指内转子油泵）。

①放入挡油板，装上偏心筒。

②装上内、外转子。

③装上泵的端盖，要对角均匀拧紧螺钉，并用手转动泵轴，转动灵活为宜。泵盖的端面间隙在0.03～0.05mm为宜。

3）气阀部件的组装。环状气阀组装图如图5-11所示。

①气阀弹簧若有一个损坏，应全部换新的，以免弹力不匀，阀片漏气。在装配时，可把大圈拧紧然后放在弹簧座内，应注意不要装偏斜，并在玻璃板上对比，挑选自由高度一样的。

②检查阀盖上阀片升程两侧有无毛刺，若有毛刺应用细锉修理，并把阀盖和内、外阀座清洗干净。

③装阀盖、阀片和外阀座用M6螺钉联接，注意阀片应放正。

④装内阀座和穿心螺钉。拧紧后，螺杆上的销孔一定要对准冕形螺母上的凹口。若拧紧后对不准，可用锉刀修磨螺母底面或用加垫片（用易拉罐皮最好）的方法解决，千万不能用松螺母的方法解决。

⑤装配后，用螺钉旋具试验阀片各处在升程中活动是否灵活。若不灵活，阀片装偏，应重新调整后装好，并用汽油试漏，不漏为合格。

4）安全阀部件。安全阀部件若泄漏时，应送到当地技术监督局指定的校验单位或冷冻机厂维修校验，使用单位不能随便拆修。

5）三通阀部件组装。

①装配时应注意定位，手柄或者箭头所指的位置要与标牌上各位置相符，并用通气的方法检验工作、加油、放油的位置是否正确。

②限位板的螺钉要装平，否则，阀杆转动不灵活。

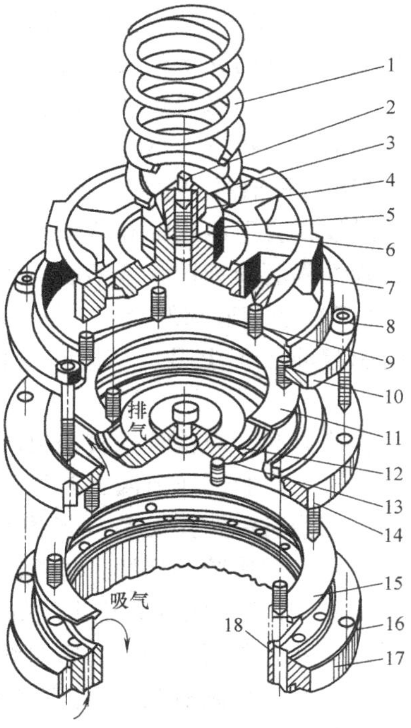

图5-11　环状气阀组装图

1—安全弹簧　2—螺钉　3—开口销孔　4—槽形螺母　5—套圈　6—六角螺母　7—假盖　8—内六角螺钉　9—气阀弹簧　10—导向环　11—排气阀片　12、16—垫片　13—内阀座　14—外阀座　15—吸气阀片　17—气缸套　18—气缸壁

6）油分配阀部件的组装。

①阀芯装配后，安装手柄时，要按标牌所指示的位置进行试通。从进油口吹风，用手指按住到各油缸的通孔，从“0”位到“1”位逐个检查，无误后再装好标牌。若按事先做的记号组装，可以避免装错。

②装油管联接螺母时，先将油管与垫圈对好，然后用手拧进三四扣再用扳手拧紧，防止螺纹错扣。

（2）制冷压缩机的总装　总装是将各个已经组装好的部件按一定顺序逐件装入机体。图 5-12 所示为 8AS-12.5 型制冷压缩机的总装图。

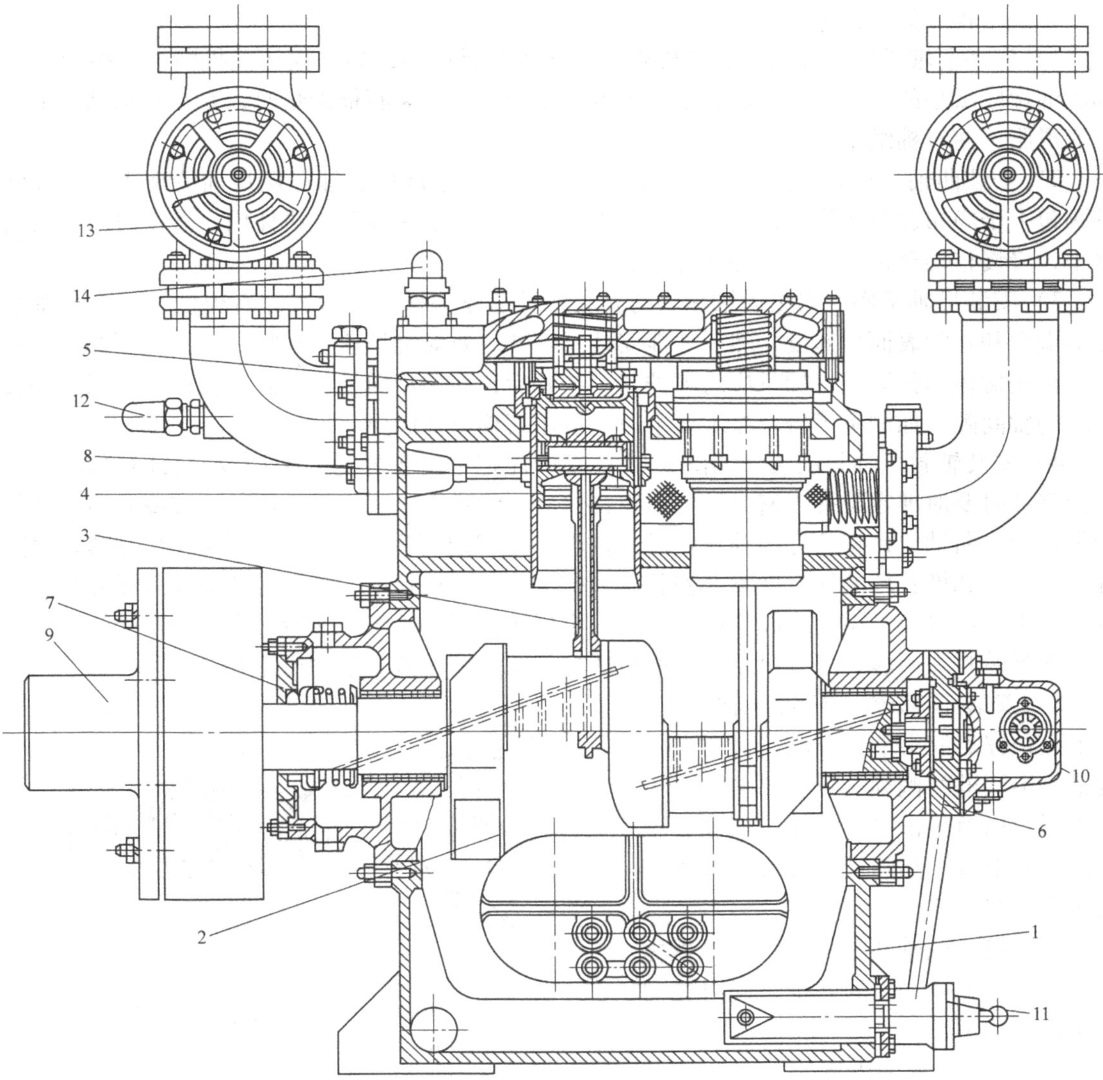

图 5-12　8AS—12.5 型制冷压缩机的总装图

1—机体　2—曲轴部件　3—连杆部件　4—活塞部件　5—气阀部件　6—油泵部件　7—轴封部件　8—能量调节部件　9—联轴器部件　10—滤油器部件　11—油三通阀部件　12—排空阀　13—截止阀　14—安全阀

曲轴、活塞连杆组、卸载装置、油管路、密封器等在进行总装时，除仔细检查每个部件的相对位置、安装前后关系正确无误外，还要检查有无碰伤，如有碰伤要及时修理。各个部件都应用煤油或汽油清洗干净，特别是油孔、螺纹孔要仔细地清洗。在装配过程中，凡有相互运动的零件表面均要涂润滑油，既防腐蚀也易于装配。凡是拧紧螺栓、螺母时，都要注意用力均匀，不要损坏螺母。拧螺母时，最好选用套筒扳手或梅花扳手。机件凡是与外部接触的结合面，都应加石棉垫片，以保证密封性。凡是机件装配间隙的结合面（如前、后主轴承与座孔的结合面等），其垫片厚度应按要求选用，不得任意改变。

总装的程序如下：

1）安装前轴承座。安装前，要检查石棉垫片有无损伤，如已损坏或折断，须按原来石棉耐油橡胶纸垫的规格重新另做，纸垫上的孔要合适，安装石棉纸垫时，要在石棉纸垫上涂上润滑脂，使石棉纸垫贴牢，再拆时不易损坏。

2）安装曲轴。在安装前，要将前后主轴颈、曲柄销部件和油孔用煤油清洗干净，并将轴颈包上干净布以免碰伤表面。安装时，将曲轴从后轴承座孔装入机体内。搬运时，前后要水平，慢慢移动至正常位置，并注意不能碰伤机体。

3）安装后轴承座。安装后轴承座与安装前轴承座一样，要检查好石棉纸垫以及后轴承孔的端面和孔的表面粗糙度，然后才能安装。安装时要对准螺栓，稍抬高一点，不要碰毛螺钉，再用撬棒承托运入，螺母应对称拧紧。装好后，即转动曲轴，看是否灵活，注意曲轴装入后的轴间隙，如测量不符合技术要求时，可用石棉垫片的厚薄度调整。

4）安装轴封。轴封的装配如图 5-13 所示。先把轴封盖处的耐油橡胶圈及固定环装好，装固定环时要对准定位孔，密封面要平正；然后，将弹簧座、弹簧、耐油橡胶圈及活动环等装平，套入曲轴，再将装好的轴封盖慢慢推进。使固定环密封面对正，然后均匀拧紧螺栓。弹簧的弹力和橡胶环的松紧度可在安装时试验橡胶环的松紧度，以推进活动环后慢慢弹出为好。如果弹出过快，说明橡胶环内径太大，应另换新环；反之，弹不出来，说明橡胶环内径太小或弹簧弹力不够，应查出原因，调整适当。注意轴封盖的垫片要完好。

5）安装联轴器。安装联轴器时，在轴上稍擦点润滑油，并将半圆键装入键槽，半圆键两侧须和键槽贴合。套上联轴器，用锤敲击平面使锥度收紧，要注意不能上偏。半圆键顶面要与联轴器底槽略有些间隙。

电动机的联轴器与机件的联轴器之间要保留有 2 ~ 4mm 的间隙，同时径向要用直尺找平。

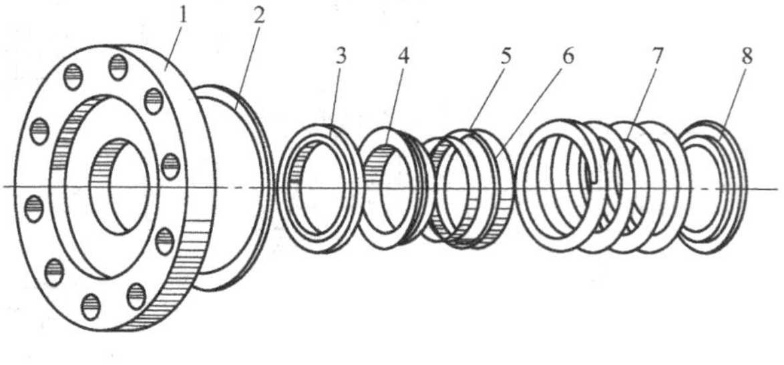

图 5-13 轴封的装配

1—压板 2—橡胶密封圈 3—固定摩擦环 4—转动摩擦环 5—紧圈 6—钢圈 7—轴封弹簧 8—弹簧座

6）安装油泵。油泵的轴要对准曲轴后端的传动块的长孔，泵体螺栓孔侧的油路通孔要与后轴承座上的通孔对准，同时检查石棉纸垫是否完好，石棉纸垫上的孔要与油路孔对准，并清除毛边，以防堵塞油孔。

油泵装上后，要转动曲轴，要求油泵转动灵活。

7）安装滤油器。滤油器应和油泵一块组合安装，安装前应检查石棉纸垫是否完好，出油孔是否对准油泵上的油孔，装上后拧紧螺母。

8）安装三通阀。三通阀与油泵之间要安装连接油管，当油泵安装后，即装三通阀。先将粗油过滤器装入机件的曲轴箱内，装时要注意过滤器里边的石棉纸垫，要求石棉纸垫与机件孔边贴牢，以防漏油。再将六孔盖装入，孔盖与过滤器端面之间的石棉纸垫要完整，特别注意不要漏装六孔盖上的石棉纸垫，以免造成油泵不上油及漏油现象。然后安装三通阀，拧紧螺母，连接油管要冲洗干净并畅通，两端纸垫配好并分别与油泵进油孔和三通阀的出油孔对好，拧紧螺母。

9）安装卸载装置。安装时，要按拆卸时的编号安装，不要装错。先装油缸外圈的石棉纸垫，再将油缸装入孔内，后装油活塞，再装入卸载装置的法兰，螺栓要均匀拧紧。法兰装好后，将螺钉旋具插入法兰中心的通孔，推动油活塞，检查卸载装置是否灵活。若不灵活，应查找原因，加以消除。

10）安装气缸套。气缸套安装前，要检查转动圈和顶杆，转动圈有左、右旋之分，不能把它装错。顶杆的高度要相同。

安装时要对号，要利用吊栓平直地把气缸套插入机体的缸套孔内，注意定位销与定位槽的位置。垫圈要先装进缸套孔的密封面上，转动圈槽要对准拉杆凸缘，插入时不能用力过猛。装好后要检查卸装载置是否正确，再次将螺钉旋具插入卸载装置的法兰中心通孔，推动油活塞，检查顶杆是否能升降以及卸载装置是否灵活。

11）安装活塞连杆组件。制冷压缩机的活塞连杆组件如图 5-14 所示。把曲轴转到上止点位置，按气缸套的编号利用吊栓吊起活塞连杆部件，将活塞连杆部件倒过来，从大头油孔中间向活塞销加油，将活塞和气缸表面加油，放好活塞套筒，并将活塞环的锁口错开 120°，将活塞装入气缸套内，连杆大头装到曲柄销上，然后将连杆盖装上，并拧紧连杆螺钉。注意连杆盖外表面的加工要与连杆大头的加工面贴合。连杆螺栓拧紧后（拧时不能用力过猛），螺栓头部要和连杆大头平面贴合，然后穿入防松钢丝扎牢。

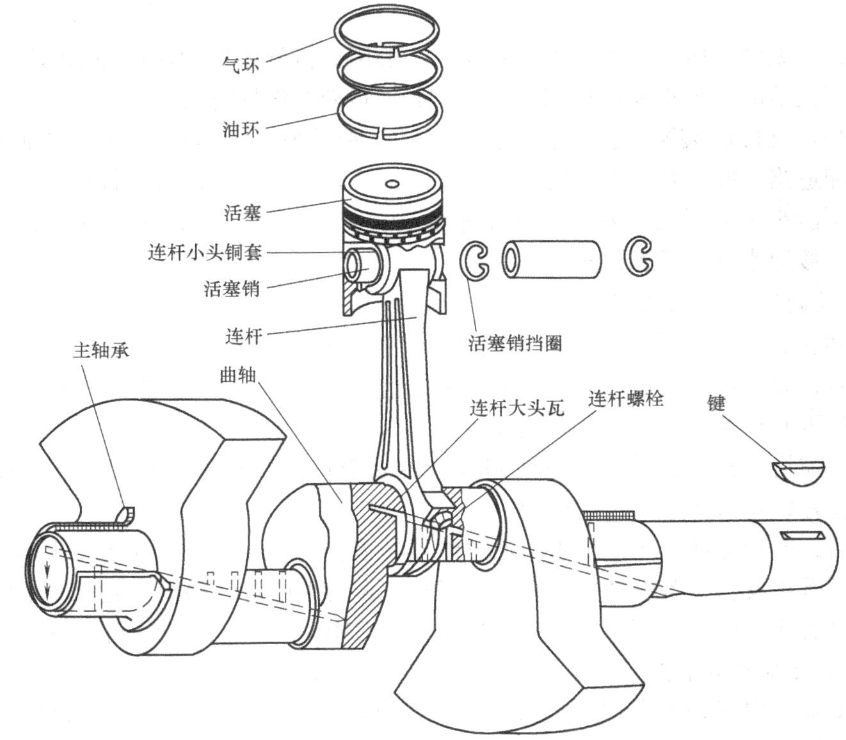

图 5-14　制冷压缩机的活塞连杆组件

若活塞连杆的组装下不去，应从以下方面找原因：

①卸载小顶杆没有处于工作状态，致使气缸上部与气缸套下部之间有较大的缝隙，活塞环的锁口弹出后卡到气缸边缘上。

②连杆大头与曲柄销的轴线不平行，转动活塞使之平行。

③一个曲柄销上装两根以上的连杆，装最后一根时，应将已装上的连杆拨向一边，空出安装间隙。装连杆盘车时，应把气缸套压住，以免被活塞推上来。

12）安装排气阀座与假盖弹簧。放排气阀座前，将卸载装置用专用螺钉顶起，使小顶杠落下，处于工作状态，以免吸气阀片放不正或滑到气缸顶面上。将吸气阀片安放在气缸套的密封线上，再把装好的排气阀座放在气缸套顶平面上，放上后再将排气阀座移动一下，检查有无卡住的现象。最后放入假盖弹簧，假盖弹簧必须垂直于排气阀座。

13）安装气缸盖。安装气缸盖时，首先检查石棉纸垫是否完好，要注意里面的假盖弹簧座孔要与假盖弹簧对准，若没有对正，可用螺钉旋具拨正。同时，要注意缸盖冷却水的进、出水管，防止冷却水走短路。

装上气缸盖后，先拧上两根较长螺栓的螺母，两只螺母要均匀拧紧。将卸载装置的专用螺钉拧出，从卸载装置法兰中心的螺孔插入螺钉旋具推动油活塞，试验其灵活性。只有能灵活移动，卸载装置在运转时才能起作用。

卸载装置、气缸套、吸气阀片、排气阀座、假盖弹簧、气缸盖等零件安装后，转动曲轴，若发现有轻有重和有碰击的感觉，则可能是余隙太小，活塞顶面碰击内阀座，必须调整余隙将气缸套拿出，可用增加垫片的厚度来调整。垫片增加的厚度可用测量气缸余隙的方法确定。

若曲轴转动太紧，应检查连杆轴承间隙。一般用螺钉旋具拨动连杆轴承的轴向间隙，找出轴向移动不灵活的轴承重新进行刮修，直至曲轴转动有惯性时为合格。

14）其他零部件的装配。控制台、油管、油压调节阀、安全阀、吸入和排出阀、放空阀等一一装配适当，并注意有关阀门接头的垫片应完好。特别是油管的螺母垫片，应安放正确，垫片孔不能小于油管孔。装上曲轴箱侧盖，并将侧盖上的小油塞拆下来，最后用漏斗向曲轴箱加油，接通水路，准备试车。

4. 活塞式制冷压缩机的试机

（1）空机试机　大修后的压缩机，尤其是更换曲轴、连杆大头轴瓦、主轴承、气缸和活塞等零件后，需要自动磨合其活动表面的表面粗糙度；应检查运转时的油压、油温是否正常；运转时是否有异响声；轴封是否泄漏等。

系列化压缩机空机试运转前，应使卸载装置处于0位，开启放空阀，拆下吸气过滤器盖，用白布包好以免污物进入压缩机内。

盘车灵活，曲轴箱油冷却器供水、油过滤器装满油等准备工作做好后，即可通电运行。先点动起动，看正反转，若电动机反转，则任意对调两相电源线即可。若无其他问题，可开机运行，开机后注意调整油压，应比吸气压力高0.3MPa，一次运行时间，若无问题可运行30~50min，油冷却器的油温应不高于50℃，机件温度自然冷却到常温后，再开1h左右停机。若一切正常，30min后再开机试验，检查上载和卸载是否灵活，一般反复试验3~4次，若上、卸载灵活，即可认为空机试机结束。

（2）连通制冷负荷试机　连通制冷负荷试机按正常操作即可。试运转2~3h，无异常现象时可交付生产使用。

（四）螺杆式制冷压缩机的检修

1. 螺杆式制冷压缩机零部件的检修周期和内容

零部件的检修周期和内容及易损件见表 5-11、表 5-12。

表 5-11　零部件的检修周期

序号	部件项目		检修周期				备注
			3 个月	半年	1 年	3 年	
1	轴封	O 形圈		清洗	更换		
		密封面		清洗	拆检		
		轴封套			拆检		
		轴封腔		清洗			
	轴承	主轴承				拆检	运行 4×10^4h 更换
		推力轴承				拆检	
	平衡活塞及活塞套				拆检		
	内容积比及能量调节机构	O 形圈			更换		
		电磁阀过滤网		清洗			
2	电动机		见电动机使用说明书				
3	联轴器	同轴度	检查				
		螺栓螺母	检查、紧固				
			其他检修项目见联轴器使用说明书				
4	油分滤芯		压差大于 0.1MPa 时更换①				
5	油冷却器	水冷冷却	壳程放气		检查 除垢		根据水质和腐蚀情况进行处理
		制冷剂冷却	管程放油、壳程放气				
6	油泵	轴套				更换	
		轴封		更换			
		轴承				拆检	运行 4×10^4h 更换
		联轴器柱销			更换		
7	油过滤器 吸气过滤器 补气过滤器	O 形圈			更换		清洗过滤网时必须更换
		过滤网					根据系统清洁度进行定期清洗
8	安全阀				校验		
9	压力表、传感器				校验		
10	压力、压差控制器		校验				
11	地脚螺栓		紧固				

① 压差是指油气滤芯前后的压力差，可按冷凝器冷凝压力与压缩机排气压力之差估算，但必须排除压缩机排气截止阀与冷凝器之间的阻力损失。

表 5-12 螺杆式制冷压缩机的易损件

序号	名称	材料	数量	备注	检修周期			部位
					半年	1 年	3 年	
1	O 形圈	NBR70	2	R717	清洗	更换		密封套与滑阀导杆之间
		CR70		R22				
2	O 形圈	NBR70	2	R717	清洗	更换		油活塞
		CR70		R22				
3	O 形圈	NBR70	2	R717	清洗	更换		螺旋杆与压盖之间
		CR70		R22				
4	O 形圈	NBR70	1	R717	清洗	更换		轴封套
		CR70		R22				
5	O 形圈	NBR70	2	R717	清洗	更换		平衡活塞、阴转子密封盖
		CR70		R22				
6	油缸体盖板垫片	NF—1901	1		清洗	更换		油缸体盖板与油缸间
7	密封套垫片	NF—1901	1		清洗	更换		密封套与吸气端座间
8	轴封盖垫片	NF—1901	1		清洗	更换		轴封盖与排气端座间
9	油缸体垫片	NF—1901	1		清洗	更换		油缸与吸气端座间
10	密封垫	NF—1901	1		清洗	更换		螺旋杆压板与油缸体盖板间
11	深沟球轴承 6001		1				拆检	油缸体盖板内
12	轴承		2 对				拆检	推力轴承
13	轴承		1				拆检	阴转子排端
14	轴承		1				拆检	阳转子排端
15	轴承		2				拆检	吸气端滑动
16	平衡活塞		1			拆检		
17	平衡活塞套		1			拆检		
18	轴封		1		清洗	拆检		

2. 螺杆式制冷压缩机拆卸前制冷剂的回收

1）关闭吸气阀、排气阀，打开油分离器上的均压截止阀（自动型机组需将均压电磁阀打开）。

2）当机组内的压力与低压系统压力平衡后，关闭均压截止阀（自动型机组需将均压电磁阀关闭）。

3）将机组内的剩余气体回收，直到确认机组完全卸压。

注意：回收气体时应注意机房内的空气流通。

3. 螺杆式制冷压缩机的拆卸

所有拆卸下的零件全部按顺序标记所在位置，妥善收好，否则无法进行组装。由于压缩机中有很多较重部件，在吊装这些部件时要注意安全，防止部件掉落造成人身伤害。

图 5-15 为 LG—B 系列 LG—12、16、20 螺杆式压缩机的分解图，表 5-13 是 LG—12、16、20 螺杆式制冷压缩机零部件明细表，以此螺杆式制冷压缩机为例说明零部件的拆卸步骤。具体零部件的拆卸顺序如下：

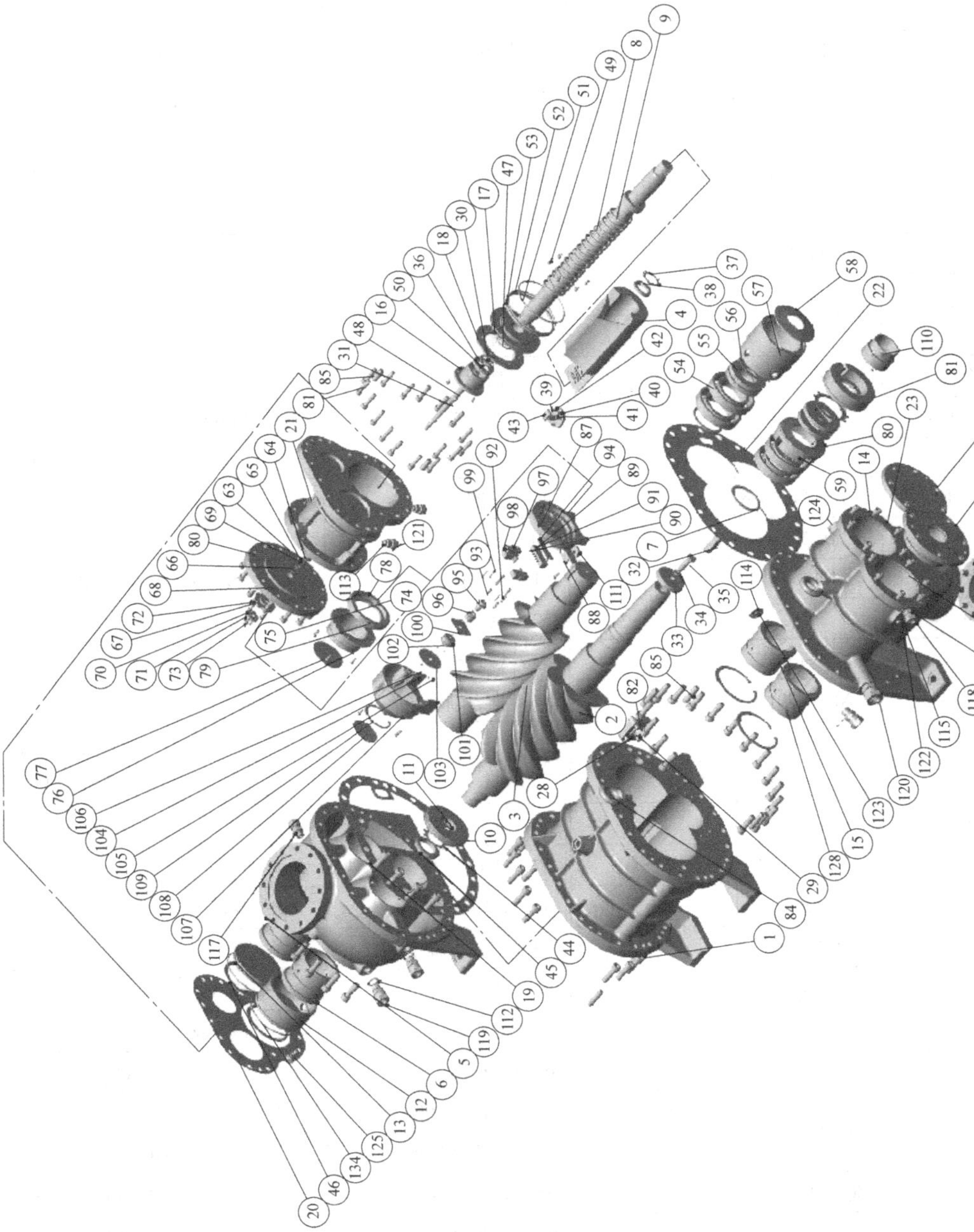

图 5-15　LG—12、16、20 螺杆式压缩机的分解图

表 5-13 螺杆式制冷压缩机零部件明细表

序号	名称	材料	备注	序号	名称	材料	备注
1	机体	HT250		35	螺钉		GB/T 5781—2000
2	阳转子	QT600—3		36	垫片	45	
3	阴转子	QT600—3		37	垫圈		GB/T 858—1988
4	滑阀	HT250		38	圆螺母		GB/T 858—1988
5	吸气端座	HT250		39	滑阀导块轴	45	
6	吸气端主轴承	15/ZSnSb11Cu6		40	销		GB/T 119. 1—2000
7	轴承隔圈	Q235—A		41	螺钉		GB/T 70. 1—2000
8	滑阀导管	45		42	导块轴垫片	NF-1901	
9	卸载弹簧	60Si2MnA		43	滑阀导块	45	
10	平衡活塞	45		44	垫圈		GB/T 858—1988
11	平衡活塞销	35		45	螺母		GB/T 812—1988
12	平衡活塞套	15/ZSnSb11Cu6		46	挡圈		GB 893. 1—1986
13	阴转子孔密封盖	Q235—A		47	O 形圈	CR70/NBR70	R22/R717
14	排气端座	HT250		48	螺钉		GB/T 70. 1—2008
15	阴轴排端主轴承	15/ZSnSb11Cu6		49	垫圈		GB/T 93—2008
16	密封套	HT200		50	销		GB/T 119. 1—2000
17	油活塞	HT200		51	O 形圈	CR70/NBR70	R22/R717
18	油活塞压板	45		52	密封环	B F-4	
19	吸气端垫片	NF—1901		53	密封环	A F—4	
20	油活塞缸体垫片	NF—1901		54	推力轴承	NSK	
21	油活塞缸体	HT250		55	圆螺母		2 个左旋 2 个右旋 GB/T 812—1988
22	排气端垫片	NF—1901					
23	排气端座垫片	NF—1901		56	止动垫圈		GB/T 858—1988
24	轴封盖	HT200		57	阴转子轴承压套	HT200	
25	阴转子轴承压盖	HT200		58	F 碟簧	60Si2MnA	
26	排气法兰	Q235—C		59	阳转子轴承压套	HT200	
27	排气法兰垫片	NF—1901		60	M 碟簧	60Si2MnA	
28	补气方法兰垫片	NF—1901	一次进气压缩机不带	61	轴封套	15/ZSnSb11Cu6	
				62	O 形圈	CR70/NBR70	R22/R717
29	补气方法兰	Q235—A	一次进气压缩机不带	63	油活塞缸体盖板	HT200	
				64	深沟球轴承		GB/T 276—1994
30	螺旋导杆衬套	ZQSnD10—1		65	轴用弹性挡圈		GB 894. 1—1986
31	螺旋导杆	45		66	孔用弹性挡圈		GB 893. 1—1986
32	联轴器键	45		67	螺旋杆压板	HT200	
33	压板	Q235—A		68	密封垫	NF-1901	
34	垫圈		GB/T 93—2008	69	O 形圈	CR70/NBR70	R22/R717

（续）

序号	名称	材料	备注
70	压板 A	45	
71	螺钉		GB/T 70. 1—2008
72	螺钉		GB/T 70. 1—2008
73	传动套	45	
74	能量指针	Q235—A	手动型
75	螺钉		手动型 GB/T 67—2008
76	防护罩	HT200	手动型
77	指示板	有机玻璃	手动型
78	帽盖	Q235—A	手动型
79	销		手动型 GB/T 119. 1—2000
80	螺钉		GB/T 70. 1—2008
81	螺钉		GB/T 70. 1—2008
82	螺钉		GB/T 70. 1—2008
83	螺钉		GB/T 70. 1—2008
84	螺钉		GB/T 825—1988
85	销		GB/T 119. 1—2000
86	销		GB/T 119. 1—2000
87	指示器座	ZL101	自动型
88	指示器座角铁角钢		自动型
89	垫板	有机玻璃	自动型
90	端子盘		自动型
91	螺钉		自动型 GB/T 818—2000
92	长支腿	铝型材 2A11	自动型
93	短支腿	铝型材 2A11	自动型
94	传动套	45	自动型
95	微动开关凸轮（乙）	铝型材 2A11	自动型
96	微动开关凸轮（甲）	铝型材 2A11	自动型
97	微动开关定位板	Q235—A	自动型
98	微动开关		自动型
99	螺钉		自动型 GB/T 818—2000
100	电位计支座	铝板 1050A	自动型
101	电位器		自动型
102	螺钉		自动型 GB/T 818—2000
103	指针盘	铝板 1050A	自动型
104	指针	钢板 Q235—A	自动型
105	垫圈	GB 859—1987	自动型
106	螺钉	GB/T 67—2000	自动型
107	指示器盖	ZL101	自动型
108	指示器盖玻璃	有机玻璃	自动型
109	挡圈		自动型 GB 893. 1—1986
110	轴封	约翰克兰	
111	直形接头		自动型
112	垫片		
113	垫片		
114	垫片		
115	垫片		
116	垫片		
117	垫片		
118	接头组		
119	接头组		
120	接头组		
121	接头组		
122	定位螺栓		
123	螺塞		
124	螺塞		
125	接头组		
126	阳轴排端主轴承	15/ZSnSb11Cu6	
127	排气端盖垫片	NF—1901	25 以上机型
128	轴承压盖	HT200	25 以上机型
129	垫片		25 以上机型 GB/T 854—1988
130	螺钉		25 以上机型 GB/T 5783—2000
131	排气端盖	HT250	25 以上机型
132	O 形圈	CR70/NBR70	R22/R717 25 以上机型
133	外隔圈	Q235—A	25 以上机型
134	O 形圈	CR70/NBR70	R22/R717

（1）拆卸轴封

1）拆去固定轴封盖（24）的内六角头螺钉，留下两个对称的螺钉，再交替地松开剩下的两个螺钉，使轴封弹簧轻轻地推动轴封盖。如果这时轴封盖与垫片粘在一起，松开螺钉后，用手将其分开。

2）拆去轴封盖。将轴封盖从轴的一端拉出，注意不要撞到轴上。

3）拆去轴封盖后，擦拭轴并仔细检验。如果轴上有任何划伤的痕迹，用细砂纸打磨，以避免拉出轴封时损坏O形圈（62）。

4）拆下静环（参见图5-16中5）、静环密封圈（参见图5-16中6），松开固定动环（参见图5-16中4）的紧固螺钉（参见图5-16中2）。

5）松开动环紧固螺钉（参见图5-16中2），用手抓住动环（参见图5-16中4）小心地向外拉，注意不要划伤轴。

6）拆下定位螺栓（122，20以下机型有），将两个螺栓插入轴封套（61）的螺栓孔中，与轴平行地向外拉，注意拉时不要将轴封套倾斜。

氨螺杆式制冷压缩机在拆卸轴封时有可能有少量R717工质漏出，大量的R717对人体有害，因此在拆卸过程中需要注意，以免对人身造成伤害。

（2）拆卸能量指示部件　能量指示器通过将电位器的旋转角度转换为电信号的方式指示卸载滑阀的位置。能量指示部件分为自动型与手动型两种。当拆卸压缩机时，能量指示器应作为部件拆除。

1）拆卸自动型能量指示部件。

①将指示器上的电线拆去，拆去固定指示器盖（107）的3个螺栓。

②这时可拆下指示器盖（107）、指示器盖玻璃（108）、挡圈（109）。注意不要碰碎指示器盖玻璃。

③拆除相应螺钉即可拆除指针（104）以及指针盘（103）、电位器（101）、微动开关凸轮（95、96）等零件。

④拆除指示器座（87）与油活塞缸体盖板（63）固定的螺钉，沿着与油活塞缸体（21）平行的方向拉出其余指示器零件。

⑤拆除将微动开关（98）固定于指示器座（87）上的螺钉即可将微动开关拆下。

2）拆卸手动型能量指示部件。

①拧开帽盖，可将指示板以及帽盖拿下。

②将防护罩（76）与油活塞缸体盖板（63）固定的螺钉拆除，就可将防护罩取下。

③拆除螺钉，即可将轴封套（61）以及能量指针（74）取下。

注意：拆除能量指示部件时要将所有电源断开，以免造成人身伤害。

（3）拆卸油活塞缸体盖板　深沟球轴承（64）及螺旋杆压板（67）安装在油活塞缸体盖板（63）上，位于油活塞缸体（21）的末端。这些部件如果没有异常（如泄漏），不必拆卸。

1）拆除固定油活塞缸体盖板（63）的螺钉。

2）油活塞缸体盖板（63）与螺旋杆压板（67）间有深沟球轴承（64）、螺旋杆（31）与螺旋杆压板（67）间有O形圈（69）。沿着与油活塞缸（21）中心线平行的方向拉出油活塞缸体盖板。

（4）拆卸油活塞及油缸体　油活塞（17）及油活塞缸体（21）的拆卸步骤如下：

1）将油活塞（17）拉到满负荷位置，油活塞是由锁紧螺母固定到滑阀导管（8）上的，将锁紧螺母上的锁紧垫圈的爪弄直。

2）用随机工具中的锁紧螺母扳手卸去锁紧螺母。

3）将两个吊孔螺钉固定到油活塞（17）的螺钉孔中，利用其拉出油活塞。

4）可以通过拆去螺钉及定位销，将油活塞缸体盖板（63）与油活塞缸体（21）作为一个部件从吸气端座（5）上拆下。

注意记录拆油活塞缸体（21）时拆下的定位销的位置，组装时将定位销安装在原来的位置。

（5）拆卸排气端盖　拆除将排气端盖（131）固定到排气端座上的螺钉，留下一个顶部的螺钉以防压盖突然掉下。拆下最后一个螺栓。如果垫片粘到排气端盖或排气端座（14）上，用小锤轻敲端盖的侧面使垫片脱落。

注意记录拆排气端盖（131）时拆下的定位销的位置，组装时将定位销安装在原来的位置。

（6）拆卸平衡活塞　对于螺杆式制冷压缩机来说，阳转子（2）受到来自排气侧的强大的推力载荷，并且其转速也比阴转子（3）快得多。如果两种转子用同一种类型的推力轴承（54），则阳转子侧的轴承寿命将会短得多。因此，在阳转子驱动轴的末端用一个活塞来抵消部分载荷。这个活塞通常称为平衡活塞（10）。平衡活塞与活塞套（12）之间的间隙非常小（小于轴承与轴之间的间隙），以防止泄漏。平衡活塞按下列步骤拆卸：

1）拉出平衡活塞套（12）。由于有间隙，很容易完成，下一步拆去O形圈（134）。

2）平衡活塞（10）是由螺母固定到轴上的，将螺母上的锁紧垫圈的爪弄直，用随机工具中的螺母扳手卸去螺母。

3）用吊孔螺栓将平衡活塞（10）沿与轴平行的方向拉出，平衡活塞销（11）将留在键槽中。

4）如果还想拆去吸气端主轴承（6），这时要拆去内部的挡圈（46）。

（7）拆卸轴承压盖

1）拆去所有轴承压盖（25、128）的固定螺钉。

2）在轴承压盖（25、128）上的对称点处攻有盲螺纹孔（20以下机型有）。平衡地装上螺钉以便压起轴承压盖。有足够的间隙以后，用小铲将垫片从法兰面上剥离，注意不要损坏垫片。

3）取出碟簧（58、60，25以上机型没有）以及轴承压套（57、59）。

（8）拆卸滑阀、转子及机体

1）由于螺杆式制冷压缩机的转子（2、3）很重，当拆卸转子时需要用麻绳或尼龙带。当清洗机体（1）时，用绳子将转子以及排气端座（14）悬挂起来，连同排气端座一起从机体中拉出。

2）注意不要碰坏吸气端座（5）内的主轴承（6）。

3）不要将转子（2、3）直接放在地板上，否则会损坏齿边。将转子轴放在支架上。

4）握住滑阀（4），将滑阀拉出机体（1）。

5）滑阀导管（8）末端有一个螺母，将它拆下，然后拆下锁紧垫圈。

注意记录拆排气端座（14）时拆下的定位销的位置，组装时将定位销安装在原来的位置。

（9）吸气端座及吸气端主轴承　吸气端座（5）及吸气端主轴承（6）的拆卸步骤如下：

1）拆去将吸气端座（5）固定于机体（1）上的所有螺钉。

2）将一些螺钉装到机体（1）侧的盲螺纹孔中，以平衡地顶开吸气端座。螺钉应该交替地一点点地拧紧，使吸气端座（5）均匀地压起。

3）定位销拆去后，将吸气端座（5）移出机体（1）。

4）拆去阴转子孔密封盖（13）。

5）要拆吸气端主轴承（6），首先要先拆去相应挡圈（46），然后从转子侧推出轴承。如需用小锤来拆下轴承，应用木块或类似的东西垫在上面以免损坏。

注意记录拆吸气端座（5）时拆下的定位销的位置，组装时将定位销安装在原来的位置。

（10）推力轴承　推力轴承（54）是压缩机中最重要的部件之一。压缩机性能的良好体现取决于正确的安装及推力轴承的调节，否则将导致操作故障。因此，装配及拆卸轴承时一定要特别地小心。该轴承在确定转子的排气端面与轴承座之间的间隙方面起着很重要的作用。

推力轴承的拆卸步骤如下：

1）将碟簧（58、60，25 以上机型没有）与轴承压套（57、59）取出。

2）推力轴承（54）是由螺母（55）固定的，将螺母上的锁紧垫圈（56）的爪弄直，拆去螺母。

3）推力轴承内圈与轴之间为间隙配合。将一段直径为 2mm 左右的带有小勾的钢丝插入轴承外圈与轴承压套（57、59）之间，钩住轴承压套并将其拉出。

4）轴承隔圈［7，25 以上机型还带有轴承外隔圈（133）］位于轴承之后。零件上都作了标记以区分哪些是阴转子的，哪些是阳转子的。将相关的零件放在一起以免混淆。不正确的装配将导致配合尺寸上的错误，引起压缩机咬死。

（11）排气端座及主轴承　一般来说，压缩机的这一部分不需要进一步的拆卸，因为排气端座与机体拆开之后基本没有什么零件了，如无需要可保持该状态。为了拆出主轴承，用钳子先拆去轴承盖侧的挡圈，然后拉出主轴承。如果轴承装得很紧，用小锤垫着木块敲出。不要用木块直接敲击轴承。

检查轴承内径及转子轴外径以确定是否有异物附着在轴承上。

4. 螺杆式制冷压缩机的检修

螺杆式制冷压缩机的检查测量工作应与零件的拆卸过程结合进行。尤其是各配合零部件之间的配合间隙，运转出现磨损情况（指正常磨损或非正常磨损）时，必须随拆随测量，对发现的问题要找出原因，用修理或更换机件的方法恢复正常的配合间隙。螺杆式制冷压缩机的配合间隙见表 5-14。

（1）轴封部件的检修　20 系列以下的轴封部件的检修可参照图 5-16 进行。

1）检查轴封动环 4 与静环 5 的摩擦表面。具有光滑的无污染表面的动环、静环可以再利用，如果有划伤的痕迹、拉毛，则需更换，否则将导致泄漏。

2）检查 O 形圈。O 形圈有变形、破损和老化时应更换。在氟利昂制冷系统中，O 形圈容易受腐蚀，如果发现O形圈有不正常的地方就要更换。应当注意的是对于氟利昂制冷压缩机，O形圈应使用氯醇橡胶；对于氨制冷压缩机，O形圈应使用氯化丁腈或丁腈—40。

表5-14　螺杆式制冷压缩机的配合间隙　（单位：mm）

序号	配合部件	间隙或过盈		
		LG16C	LG20C	备注
1	转子排气端面与排气端座间隙	0.08～0.10	0.100～0.12	—
2	转子吸气端面与吸气端座间隙	0.30～0.40	0.30～0.45	—
3	机体孔与转子径向间隙	0.18～0.24	0.20～0.25	—
4	滑阀与机体径向间隙	0.05～0.06	0.04～0.08	装配时选配 0.040～0.060
5	滚动轴承孔与转子轴颈间隙	0.06～0.08	0.06～0.10	装配时控制在 0.080～0.115
6	滚动轴承内圈与轴颈间隙	—	0～0.028	—
7	主轴承外径与机座孔间隙	—	-0.026～+0.014	装配时选配 -0.026～-0.005
8	平衡活塞与平衡活塞缸套间隙	0.08～0.10	0.08～0.135	—
9	轴承护圈与单列向心轴承外圈端面间隙	0.01～0.02	0.005～0.01	—
10	滑阀导块宽部间隙	—	0～0.044	—

3）检查轴封套的摩擦表面，若发现有磨损，应更换新的零件。由于轴封套1是专为压缩机设计的，只能用特定的零件。

4）如果拆卸轴封时，轴封盖垫片没有损坏，就不需要更换。

25系列以上的轴封部件的检修可参照图5-17进行。

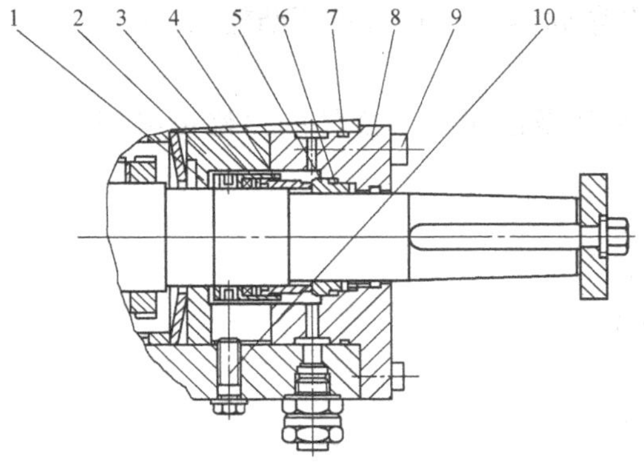

图5-16　20系列以下轴封部件图

1—轴封套　2—动环紧固螺钉　3—动环密封圈　4—动环　5—静环　6—静环密封圈　7—O形圈　8—螺钉　9—轴封盖　10—定位螺钉

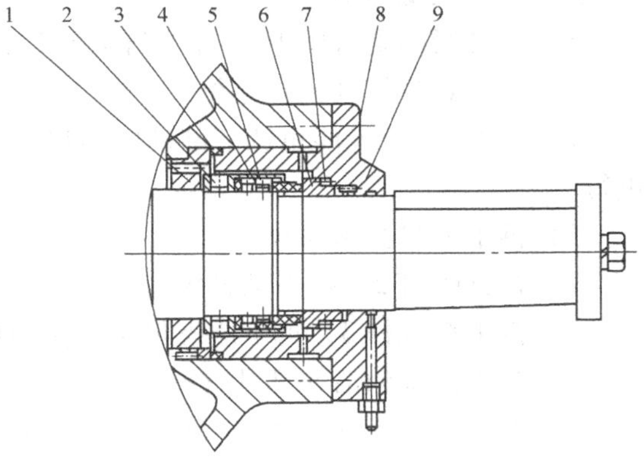

图5-17　25系列以上轴封部件图

1—轴封套　2—动环紧固螺钉　3—O形圈　4—动环　5—动环密封圈　6—静环　7—静环密封圈　8—螺钉　9—轴封盖

（2）能量指示器部件的检修　手动型能量指示器部件的检修可参照图5-18进行。

1）检查各密封件、传动件是否有损坏，并视情况进行更换或维修。

2）按拆卸的相反顺序依次将各零件装回原处，请注意将指针调在零位。

自动型能量指示器部件的检修可参照图5-19进行。

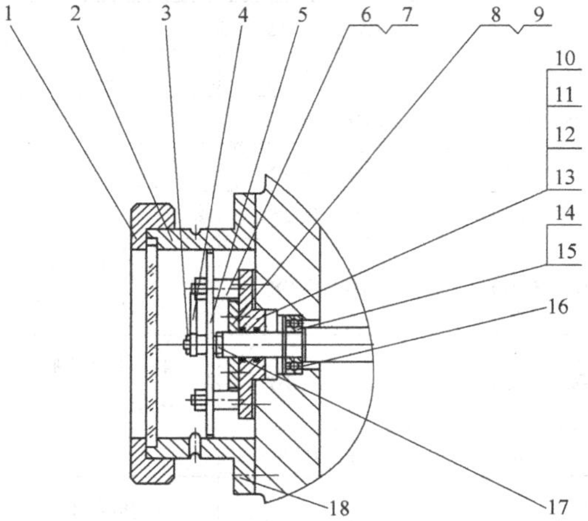

图5-18　手动型能量指示器部件图

1—螺帽　2—防护罩　3、9、12、18—螺钉　4—指针　5—座板　6—支撑杆　7—螺母　8—压板　10—螺旋杆压板　11—垫片　13—O形圈　14—轴承　15—轴用弹性挡圈　16—孔用弹性挡圈　17—传动套

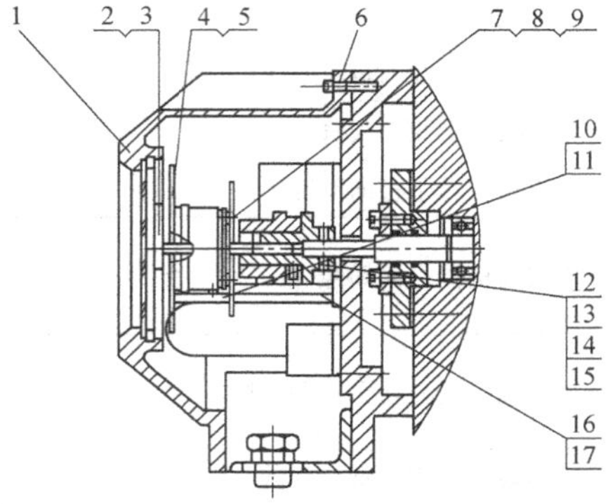

图5-19　自动型能量指示器部件图

1—指示器盖　2、5、6、9、11、17—螺钉　3—指针　4—指示板　7—电位器　8—电位器座板　10—短支腿　12—凸轮甲　13—凸轮乙　14—紧固螺钉甲　15—紧固螺钉乙　16—长支腿

1）拆卸螺钉6，将指示器盖1整体拆下。

2）松开螺钉11，拆下短支腿10。

3）松开螺钉9，拆下电位器7及电位器座板8。

4）松开长支腿16及螺钉17。

5）松开紧固螺钉甲14，拆下凸轮甲12，松开紧固螺钉乙15，拆下凸轮乙13。

6）请注意将指针调在零位。

（3）内容积比及能量调节部件的检修　内容积比及能量调节部件的检修可参照图5-20进行。

1）拆下能量指示器部件。

2）松开螺钉2，拆下油缸体盖板1（含垫片）。

3）拆下螺旋杆3，拆下圆螺母4和止动垫圈5。

4）拆下能量油活塞部件（6～12）。

5）拆下孔用弹性挡圈13及隔板部件（14～18）。

6）拆下圆螺母19和止动垫圈20，拆下内容积比油活塞部件（21～27）。

7）检查各密封环及O形圈，如有必要，应进行更换或维修。

8）按拆卸的相反顺序依次将各零件装回原处。

（4）平衡活塞部件的检修　平衡活塞部件的检修可参照图5-21进行。

1）平衡活塞6与平衡活塞套3之间的间隙，若小于转子轴与轴承之间的间隙，套容易受到磨损。检查O形圈2，如果有磨损就要更换。

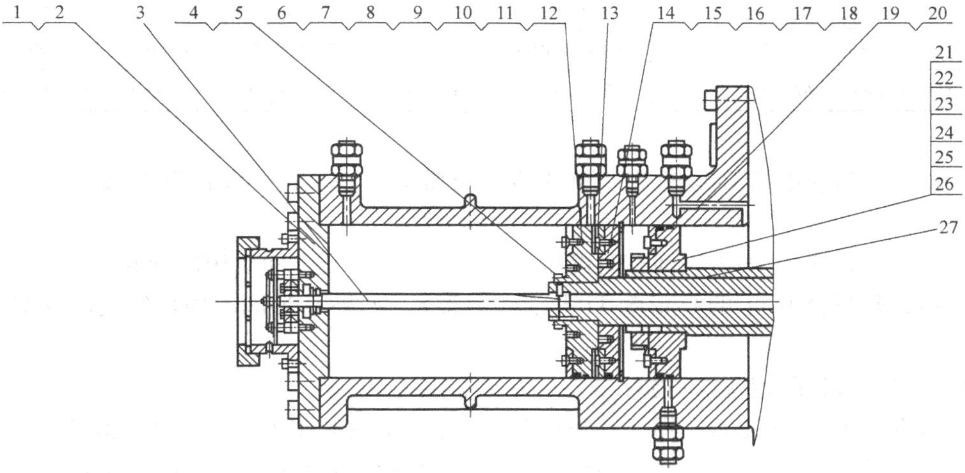

图 5-20　内容积比及能量调节部件图

1—油缸体盖板　2、8、16、23—螺钉　3—螺旋杆　4—圆螺母　5—止动垫圈　6—能量油活塞　7—压板　9、17、20—垫圈　10—密封环Ⅰ　11—密封环Ⅱ　12、27—O 形圈　13—孔用弹性挡圈　14—隔板　15—隔板压弧　18—密封环　19—圆螺母　21—内容积比油活塞　22—压板　24—垫圈　25—密封圈Ⅰ　26—密封圈Ⅱ

2）平衡活塞与平衡活塞套的配合面属于动密封，平衡活塞套内表面出现拉磨沟槽属于正常，但应按照表 5-15 的尺寸用精度为 0.02mm 的游标卡尺对平衡活塞外径和平衡活塞套内径进行测量，超过尺寸的零件应更换。

（5）油活塞缸体盖板检查　按图 5-15 所示的零件进行说明。

1）如果指示器工作异常，检查油活塞缸体盖板 63、深沟球轴承 64 及 O 形圈 69 有无异常。

2）如果制冷剂或油泄漏，更换 O 形圈 69。在这种情况下，油活塞缸体盖板 63 的密封部分应按照下面的步骤进行检查：

①松开内六角头螺钉，拆去螺旋杆压板 67。

②压板 A70、O 形圈 62、密封垫 68 一并拆下，拆除压板 A 相关螺钉即可更换 O 形圈。如果需要更换深沟球轴承 64，先拆下挡圈 65、66，再更换深沟球轴承。

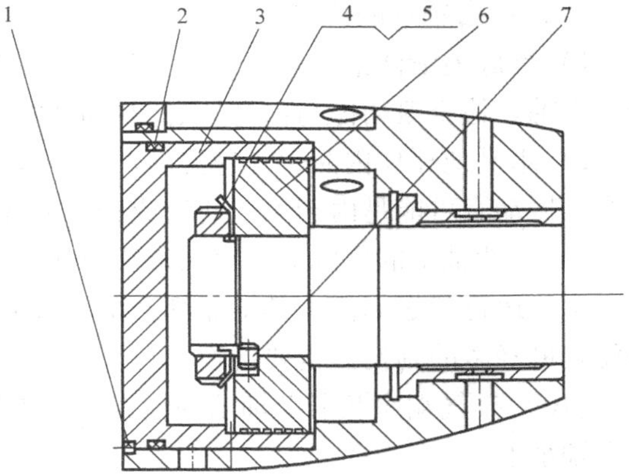

图 5-21　平衡活塞部件图

1—防转销 A　2—O 形圈　3—平衡活塞套　4—圆螺母　5—止动垫圈　6—平衡活塞　7—防转销 B

③检查螺旋杆压板 67 上的沟槽是否有损坏及异常的磨损，必要时应更换。

（6）油活塞及油缸体的检查

表 5-15 平衡活塞与平衡活塞尺寸

项目	12.5 系列	16 系列	20 系列	25 系列	32 系列
平衡活塞套内径/mm	ϕ75.00 ~ ϕ75.04	ϕ96.00 ~ ϕ96.05	ϕ120.00 ~ ϕ120.05	ϕ150.00 ~ ϕ150.05	ϕ185.00 ~ ϕ185.05
平衡活塞外径/mm	ϕ74.90 ~ ϕ74.93	ϕ95.89 ~ ϕ95.93	ϕ119.89 ~ ϕ119.93	ϕ149.89 ~ ϕ149.92	ϕ184.87 ~ ϕ184.90

1）检查油活塞中的 O 形圈 51，如果发现异常应更换。这些零件至少每两年要更换一次。

2）油活塞缸体 21 的内表面有时可能有一层油渣。清洗干净后用砂纸磨光。

3）检查密封套 16 上的 O 形圈 47 及滑阀导管 8。如果 O 形圈有损坏的痕迹或变硬应更换。

（7）滑阀、转子及机体的检查

1）检查转子 2、3 是否有损坏。轴封 110 及轴承的安装位置必须要进行检查。

2）检查转子齿形尤其是边缘，看是否有损坏及异常的磨损。如果螺杆式制冷压缩机运转正常，则应该没有损坏。如果有刮擦的声音则可能是吸气过滤器受到损坏而使异物进入了系统。

3）检查滑阀 4 与机体 1 之间的摩擦表面及间隙。

4）检查机体的内表面。如果转子没有损坏，则机体的内表面也应无损坏或异常。如果机体内表面有旋转留下的痕迹，则可能是轴颈出了问题。转子直径的磨损小于 0.3% 时对性能无影响，磨损过大时将导致性能的下降。

（8）吸气端座及滑动轴承的检查

1）检查 O 形圈 134 是否有损坏，若有损坏，应更换新的。

2）检查轴承的内圈 62，看是否有异物附着在轴承金属上。还要检查轴承的尺寸。

（9）推力轴承的检查

1）彻底地清洁推力轴承 54 并吹干。检查轴承的滚珠及圈，轴承应光亮，滚动体保持架上无毛。检查滚动体与保持架之间的间隙。

2）水平地抓住内圈，迅速旋转内圈。如果手指感觉有不正常的振动，则需进一步仔细检查。振动有可能是由于加工残渣或轴承的异常引起的。

3）虽然轴承的实际运行寿命取决于操作环境，原则上轴承应该每运行三年进行一次拆检。不管运行状态如何，其寿命都会由于载荷及温度的变化而缩短。如果轴承有任何损坏，即使是最轻微的划伤，也要更换。

（10）排气端座及滑动轴承的检查　检查轴承内径及转子轴外径，以确定是否有异物附着在轴承上。

5. 螺杆式制冷压缩机的装配

拆卸、检查及其他必要的修理工作结束之后，压缩机就要进行正确的重装。进行重装之前，应确定所有的零部件都在。要注意每一个步骤，任何错误都有可能导致压缩机运行时发生故障。重装与拆卸的工作正好相反。在重装之前，所有的工具及零件都要进行彻底地清洗，零件用压缩机油处理。

（1）排气端座、吸气端座及主轴承　由于排气端座是较重部件，在吊装时要注意安全，防止部件掉落造成人身伤害。

1）主轴承6、15、126是过盈配合。用挡圈46来固定主轴承。如果轴承需要敲进去，用木块或塑料块垫上。注意排气端主轴承15、126的排气口位置与排气端排气口对齐，吸、排气端座主轴承在压装时注意油槽位置，按照设计要求角度压装。

2）装上固定轴承的挡圈。

3）吸气端座主轴承安装与排气端座相同。

如更换主轴承，需进行轴承的选配，主轴承外圆与吸气端座5、排气端座14孔之间的过盈量设计要求为0.005～0.01mm，用油压机压装。如果两者之间的过盈量太小或成间隙，圆周方向无法定位，而且由于间隙过大会造成同轴度差。转子在运行时不在中心，会给转子带来非常大的危险：擦伤或咬伤。过盈量过大会引起压装困难，而且会在压装主轴承时力量过大将轴承挤压变形，尤其内孔变形后会引起内孔与转子轴颈之间间隙不均，导致油膜不均或局部油膜建立不起来，造成转子运行不稳或擦伤。所以，对于过盈量要严格控制，操作者在装配时通过查找加工检查记录来查取孔的公差，用千分尺量取主轴承外径，计算主轴承过盈量，确保过盈量在规定范围之内。排端主轴承15、126的理想状态是装入后小端面与排气端座面持平，实际上是略低于排气端座平面的。这主要是考虑阴轴承外圆要比阴转子齿根圆要高出一部分，如果此处低太多，会造成此部分轴承与阴转子排气端座面的间隙增大，影响性能。

（2）吸气端座、机体、滑阀以及油活塞　由于吸气端座、机体、滑阀均为较重部件，在吊装时要注意安全，防止这些部件掉落造成人身伤害。

1）将滑阀4装入机体1，注意与滑阀导块轴39及滑阀导块43的配合，保证滑阀可以灵活移动。

2）压装好吸气端主轴承6的吸气端座5，加吸气端垫片19。为了使垫片紧贴吸气端面，可以均匀地涂抹一些防锈油。

3）将吸气端座5和机体1装到一起。打紧定位销，对称拧紧周边螺栓。

4）把滑阀4装到机体里，从另一头装入滑阀导管8，拧紧圆螺母38，别紧圆螺母止动垫圈37。

5）将卸载弹簧9装到滑阀导管8上，再装入机体1里。

6）把密封套16套上垫片36、O形圈69，装到吸气端座5里，并装配密封套螺钉。

7）滑阀导管8头部内孔装配螺旋导杆衬套30和螺旋导杆销50。

8）把组装完毕的油活塞17装到滑阀导管8上。装止动垫圈和圆螺母。别紧止动垫圈的齿。

（3）转子、排气端座及推力轴承　由于转子为较重部件，在吊装转子时要注意安全，防止转子掉落造成人身伤害。

1）把阴、阳转子（3、2）旋到一起，并小心地装入排气端座14。注意不得碰撞，并保持转子表面的清洁。

2）装轴承隔圈7，25以上的机型有轴承内外隔圈（7、133）。

3）装推力轴承54，注意推力轴承应成对使用，背靠背，按轴承标记方向安装。

4）将阴阳转子、推力轴承54、外安装圆螺母55、止动垫圈56拧紧。止动垫圈56装在两个圆螺母55之间。

5）用工具别起止动垫圈56的齿，使其卡紧圆螺母55的齿槽。当推力轴承更换新的时，螺母需缓慢拧紧，在拧紧时要保证轴承末端间隙的固定。即使轴承是在规定的参数范围内选取的，其内圈与外圈的侧面也是不同的，因此在有些情况下没有间隙。如果螺母一开始就固定得过紧，轴承滚珠就会被压在滚动接触面上而受到损坏。如果没有间隙，可以研磨轴承压盖（25、128）或更换一个更厚些的轴承隔圈7。如果只需要一点点间隙，可以将一个薄片装在轴承隔圈上。

测量排气端间隙的方法：

把排气端间隙调整架支上。阴、阳转子（3、2）底部用可调千斤顶支撑，先使转子处于自由状态，千分表表杆压在转子上端部。用力拧千斤顶使转子撑起，然后松开，使转子回落，观察千分表的最大差值，即为排气端间隙。

当测量值不在规定的范围内时，端面间隙的调整办法：

①若端面间隙偏大，这就意味着当推力轴承54用轴承压盖（25、128）固定后，转子端面到排气端座的排气端面之间的距离过大。要缩短距离有以下两种方法：

a. 由于轴承隔圈7过厚而过大，则垫圈必须磨掉一些，加工量为测量值与规定值之差。为完成这一步骤，需用高精度的表面研磨机以保证垫圈的两面平行。加工后，用测微计测量整个周边的厚度。该方法适用于所有的机型。

b. 将一个所要求厚度的薄片插入轴承压盖（25、128）与外圈之间。薄片厚度即为测量值与规定值之差。如果系统的工质为氨，则不能用铜或黄铜的插片，因为很容易受腐蚀，应用铁片来代替。

②若端面间隙小于规定值，螺母拧得过紧时转子将不旋转。这是由于轴承隔圈7不够厚或轴承压盖（25、128）过厚造成的。因此，必须用一个具有合适厚度的薄片插入调整垫圈与推力轴承内圈之间。更换一个新的合适厚度的调整垫圈比用薄片来调整厚度要好得多。如果压盖太厚，应该加工到合适的尺寸。调整完间隙后，多测量几次以达到合适的端面间隙。

（4）轴承压盖　20以下机型（包括20）与25以上的机型此处结构不同。首先介绍的是20以下机型的安装：

1）装入阴、阳转子轴承压套（57、59）。用深度尺量取轴承压套到排气端小端面的距离。

2）量取轴封盖24和垫片以及轴封套61的高度。这两个高度加上碟簧60的自由高度减去轴承压套到到排气端小端面的距离，即为阳转子碟簧预紧量。量取阴转子轴承压盖（25）的高度。计算碟簧58的预紧量。

3）如果碟簧预紧量大于规定范围，用磨去轴封套61高度的方法调整碟簧预紧量，也可以用磨去阴转子轴承压套57的高度来调整碟簧预紧量。

4）装排气端座垫片23。为了使垫片贴紧排气端，可在垫片上涂一些防锈油。

5）装轴封动环（参见图5-16中4）。拧紧固定螺钉，在装轴封盖上装止动销11。

6）装配轴封盖24、阴转子轴承压盖25，并对称拧紧螺栓。在转子端部拧上一个螺钉，用扳手把住螺栓，盘动转子看转动是否灵活。

25以上的机型安装过程：25以上的机型结构不同，有排气端盖131，没有碟簧，故不需要调整碟簧预紧量，阴阳转子两个圆螺母拧紧后装阴阳转子轴承压盖128，装轴承压盖止动垫圈和螺钉。LG25 轴承压盖固定螺钉的扭矩为 60N · m；LG32 的拧紧力矩为 120N · m；LG40 的拧紧力矩为 200N · m。

（5）吸气端、机体组件与排气端组件

1）装机体 1 与排气端垫片 22，为了使垫片贴紧机体，可在垫片上涂一些防锈油。将排气端座 4 与转子组件仔细吊入机体、吸气端座 5 组件内。阴、阳转子（3、2）进入机体孔后，淋一些冷冻机油，帮助润滑，将转子轻轻推入。

2）找正销孔位置，用铜棒打紧，然后装螺钉，按对角线拧紧。盘动转子，看转动是否灵活。

3）25 以上机型此时可安装排气端盖 131。在排气端安装排气端盖垫片 127，装排气端盖，对齐定位销孔，打进定位销并对称拧紧螺栓。

由于该部分为较重部件，在吊装时要注意安全，防止这些部件掉落造成人身伤害。

（6）轴封

1）装配之前彻底清洗轴封接触面。

2）装配之前仔细检查密封面是否有划痕。

3）装入轴封套。擦干净轴封孔，装 O 形圈 132。

4）装轴封动环（参见图 5-16 中 4）以及动环密封圈（参见图 5-16 中 3），上紧 4 个顶丝。注意装动环时松一下顶丝，防止高出空面的丝划伤轴颈。

5）装轴封静环（参见图 5-16 中 5）以及静环密封圈（参见图 5-16 中 6），注意对齐止动销。装轴封盖垫片。

6）装入轴封盖 24。将螺栓对称拧紧。

（7）平衡活塞以及油缸体

1）装平衡活塞 10，注意使平衡活塞键槽与转子键槽对齐。装上平衡活塞销（11）。

2）装平衡活塞外止动垫圈 44 和圆螺母 45，别起止动垫圈的止动齿。

3）装平衡活塞套 12、止动销。注意不要漏装 O 形圈 134。

4）装阴转子孔密封盖 13。注意不要漏装 O 形圈 134。

5）装油活塞缸体垫片 20。为了使垫片贴紧吸气端，可涂一些防锈油。装油活塞缸体 21。打入定位销并把紧螺栓。

（8）油活塞缸体盖板以及能量指示部件

1）把深沟球轴承 64 装入油活塞缸体盖板 63 的孔内，装孔用弹性挡圈 66。把修研过螺旋槽的螺旋杆 31 穿过轴承内孔，装轴用弹性挡圈 65。

2）装密封垫 68。装螺旋杆压板 67 及 O 形圈 69，用螺钉把紧。

3）装压板 A70，用螺钉把紧。装传动套 73。

能量指示分为自动型和手动型两种，两种部件均与油活塞缸体盖板（63）组装后一并安装在压缩机油活塞缸体 21 上。

手动型能量指示部件的安装步骤如下：

a. 装位移开关座板。装能量指针 74。

b. 装防护罩 76。

c. 装帽盖 78 和指示板 77。注意销 79 的安装，以保证指示板位置固定。

自动型能量指示部件的安装步骤如下：

a. 用螺钉将端子盘90、微动开关98固定在指示器座上。装上支腿92，注意支腿有长短之分，此处安装的为长支腿。注意左侧微动开关下需加装微动开关定位板97。

b. 将组装好的部件用螺钉安装在油活塞缸体盖板63上。

c. 安装微动开关凸轮甲96、凸轮乙95，甲在外，乙在内。安装电位器101，电位器上的销需与凸轮槽配合。安装短支腿93、指针盘103以及指针104等。然后将组件用螺钉固定在油活塞缸体21上。

d. 用高压空气管分别连接油活塞进油孔和回油孔。开通一个阀门使压缩机减载，然后关闭；开通另一个阀门使压缩机增载。听滑阀是否达到满载位置；观察指针位置，验证螺旋导杆31的导程是否正确；调整指针，使其指在零载和满载位置。

e. 将压缩机调节到零载位，调整凸轮乙95凹槽与靠近底座的微动开关98配合，锁紧其上螺钉，保证凸轮乙95与传动套94没有相对运动。

f. 调节压缩机到满载位，调整凸轮甲96凹槽与另一微动开关98配合，锁紧螺钉，保证两凸轮没有相对运动。

g. 装配能量指示器盖107。在整个安装过程结束后，在阳转子2端部拧上一个螺钉，用内六角扳手盘动，看是否灵活。

压缩机组装完毕后需安装在机组上，要注意同轴度的调整。如果压缩机的同轴度没有调整好，运行时压缩机将损坏。而且不正确的安装会导致联轴器以及压缩机轴的变形。

6. 螺杆式制冷压缩机的试机

螺杆式制冷压缩机装配后，应试验油系统和上载装置的灵活性、排空气量及运转声音是否正常。

1）油泵进行油压试验，使油的压差为0.2～0.3MPa。油压的高低通过油压调节阀来调试。

2）打开吸气过滤器盖，拆下排气管上的止回阀，以便排空气用。

3）先起动油泵，当油压正常后再起动螺杆式制冷压缩机，达到正常运转时，上载和卸载2～3次，试验能量调节装置动作的灵活性。同时，听声音是否均匀，排气量是否正常，若正常，可停机。

4）装好排气止回阀和吸气过滤器，用真空泵从吸入阀处的加油阀上接上橡胶管把螺杆式制冷压缩机和油分离器内的空气抽出，看真空表的真空度是否升高。若不变可开启吸入阀放入少量氨进行试漏，若无氨味，螺杆式制冷压缩机即可投入正常运转。

四、相关实践

（一）实践一

图5-22是2F—10型活塞式制冷压缩机的装配分解图，请完成下列工作任务。

1）对活塞式制冷压缩机拆卸、检测和装配进行实际操作。

2）掌握活塞式制冷压缩机拆卸和装配时的注意事项。

（二）实践二

图5-23是LG—25型螺杆式制冷压缩机的装配分解图，请完成下列工作任务。

1. 掌握螺杆式制冷压缩机的拆卸和装配的步骤并能合作拆卸和装配。

2. 掌握解螺杆式制冷压缩机拆卸和装配时的注意事项。

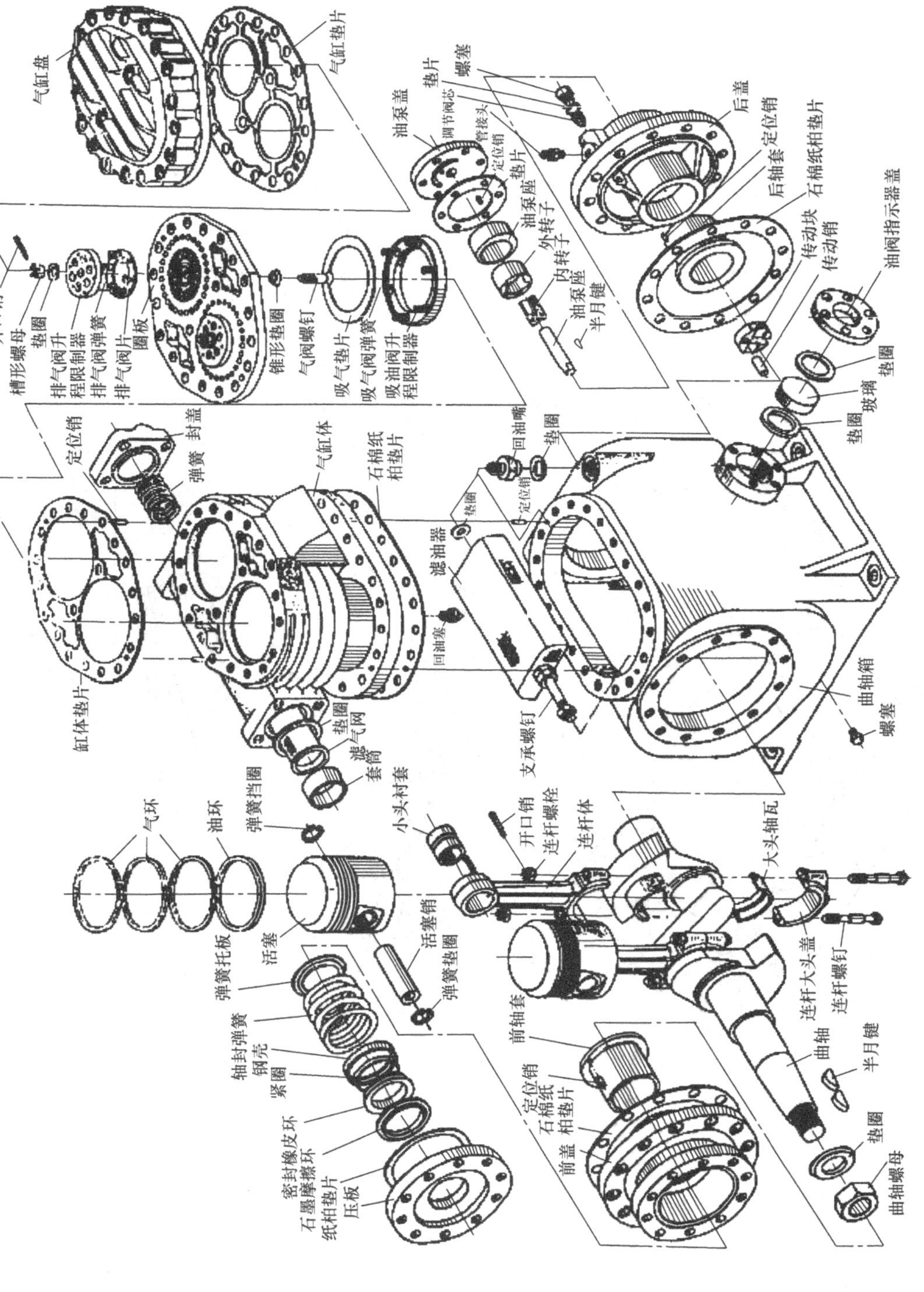

图 5-22　2F-10 型活塞式压缩机装配分解图

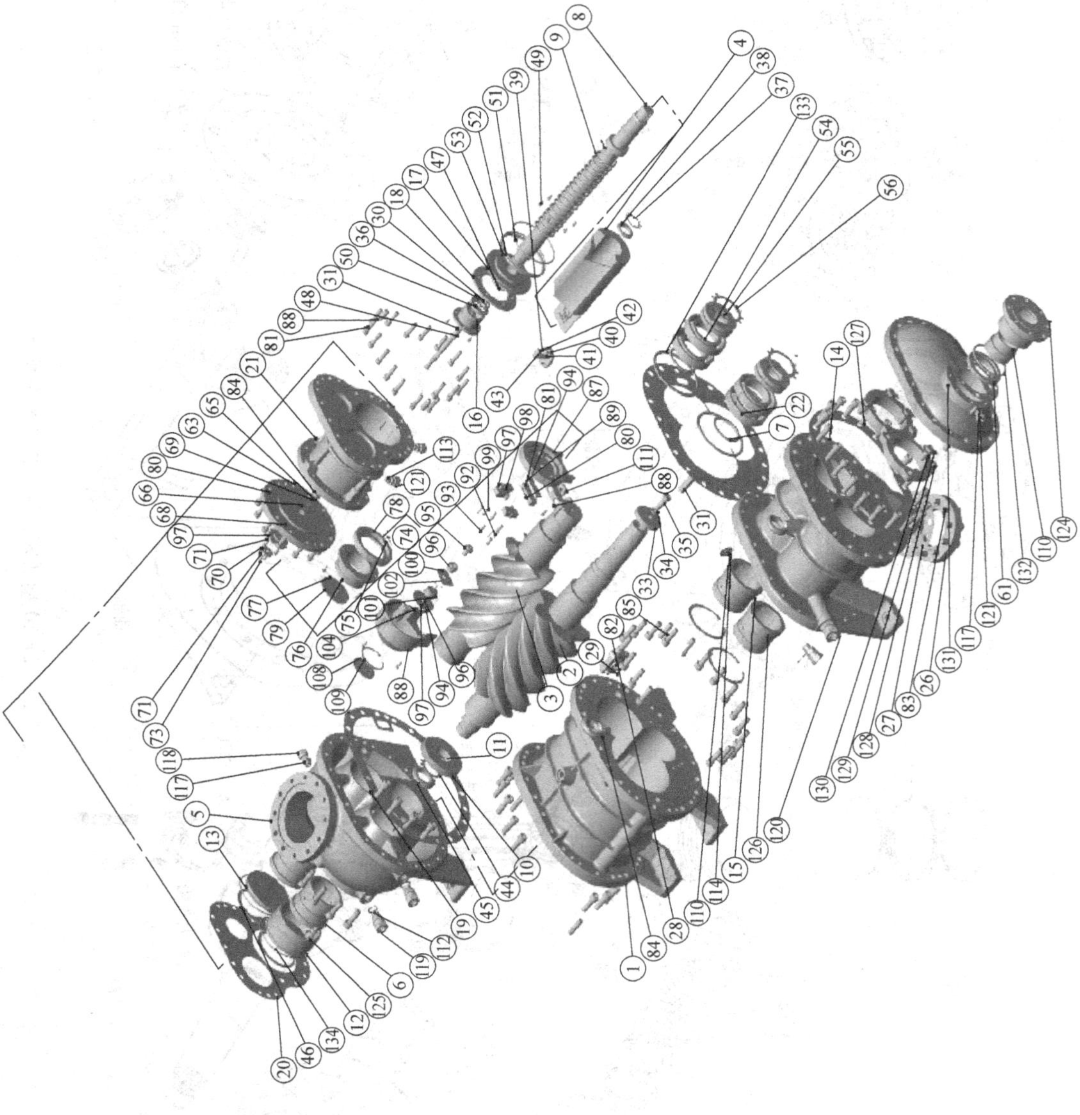

图 5-23 LG-25 型螺杆压缩机装配分解图

思考与练习

一、填空题

1. 制冷压缩机的检修有两种，即________检修和________检修。

2. 计划检修根据计划执行时间的长短分为________、________、________。

3. 制冷压缩机拆卸时要有步骤地进行，一般应先拆________，后拆________，由外到内，由上到下，有次序地进行。

4. 测量排气阀片的升程用________，12.5 系列制冷压缩机的正常间隙为________。

5. 测量吸气阀片的升程用________，12.5 系列制冷压缩机的正常间隙为________。

6. 测量气缸顶部余隙，可用________的方法。

7. 12.5 系列制冷压缩机活塞环的高度间隙用________测量，正常间隙为________。

8. 12.5 系列制冷压缩机活塞环的锁口间隙用正常值为________。

9. 连杆小头衬套可用________进行测量，一般磨损________以上应更换新衬套。

10. 制冷压缩机轴封的固定环和活动环的摩擦面磨损超过________以上时，应换新件。

11. 吸气阀片关闭不严或滞后，会导致气缸内气体向________泄漏。

12. 排气阀片关闭不严或滞后，会导致排气腔的气体向________泄漏。

二、问答题

1. 计划检修中，小修和中修的内容有哪些？

2. 检修人员应怎样组织？应准备哪些易损配件和检修工具？

3. 活塞式制冷压缩机拆卸时应注意的事项有哪些？

4. 试述活塞式制冷压缩机的拆卸方法和步骤。

5. 活塞式制冷压缩机主要部件的拆卸方法有哪些？

6. 试述活塞式制冷压缩机的总装步骤。

7. 系列活塞式制冷压缩机主要部件配合间隙是什么？

8. 活塞式压缩机主要部位尺寸及偏差的测量方法是什么？

9. 试述氟利昂制冷压缩机的拆卸与装配步骤。

10. 氟利昂制冷压缩机主要部件的配合间隙是什么？

11. 螺杆式制冷压缩机拆卸时的注意事项有哪些？

12. 试述螺杆式制冷压缩机拆卸方法和步骤。

13. 螺杆式制冷压缩机装配和调整应怎样进行的？

项目六　制冷设备的检修

一、学习目标

终极目标　掌握对各种制冷设备进行维护及检修的相关知识，能够进行制冷设备的维修工作，及时对制冷设备进行维护保养，以减少其磨损与损坏，延长其使用寿命。

基本目标

1）熟悉制冷设备检修前对不同制冷剂进行处理的方法及注意事项。

2）掌握冷凝器、蒸发器两种主要换热器的维护与维修方法。

3）掌握各种常用阀门的维护与常见故障检修的方法。

4）熟悉法兰维护与检修的各种措施。

5）掌握各种泵与风机维护及检修的相关知识。

6）熟悉制冷系统管道的维护与检修方法。

二、工作任务

根据实际冷库制冷系统中各种具体制冷设备的类别与形式，掌握各种设备进行维护与检修时的注意事项及针对各种故障采取的具体方法、措施。

三、相关知识

（一）制冷设备检修前对制冷剂的处理

当制冷系统出现故障时，在打开系统进行检修前应把系统内的制冷剂处理好。系统出现故障的区域不同，对制冷剂的处理方法也不同。

若故障出现在储液器或冷凝器出液阀到压缩机吸气阀之间的低压区，可以将制冷剂收集到系统的储液器或冷凝器中，但对于无出液阀的小型系统不适用。具体方法为：关闭出液阀，暂时将高、低压力控制器置于常闭位置，使压缩机不受压力保护；开启压缩机，将低压区内的制冷剂逐渐排入系统的储液器或冷凝器中，当吸气压力表的读数稍大于0时，关闭储液器进液阀或排气截止阀，同时切断电源。

若故障出现在储液器或冷凝器出液阀到压缩机排气阀之间的高压区，则应将制冷剂取出并储存到系统外的其他容器中。基本方法为：将高压区制冷剂排入低压区，再由压缩机吸入并压缩，排气端的制冷剂蒸气直接压入系统外的钢瓶中，同时对钢瓶进行强制冷却，使进入钢瓶的制冷剂过热蒸气尽快冷凝成液态而储存于钢瓶中。

除上述基本方法外，因压缩机本身的结构特点而不能完全抽取制冷剂时（如半封闭式、全封闭式），还需要用另外一台压缩机来协助完成抽取制冷剂的任务。以下将介绍用制冷系统中的压缩机来取氨和取氟时的操作方法及步骤。

1. 氨制冷设备中制冷剂的处理方法

1）准备好磅秤、连接管、取氨工具、操作工具、相关劳保用品及一定数量的氨瓶，按照图 6-1 进行连接。

2）按照正常程序起动制冷系统，开始制冷，使产生的冷量积存于蒸发器水箱中。

3）渐渐关小节流阀，当蒸发器水箱的水温接近于 0℃时，关闭节流阀，使蒸发器压力维持在 0.098MPa 左右，并停止制冷系统的工作。

4）在停止制冷系统的工作之前，还需减小冷凝器的冷却水流量，以便使冷凝压力提高到 1.25MPa 左右。

5）制冷系统停止工作之后，蒸发压力不应上升，否则，还需起动压缩机再次对蒸发器进行抽氨。

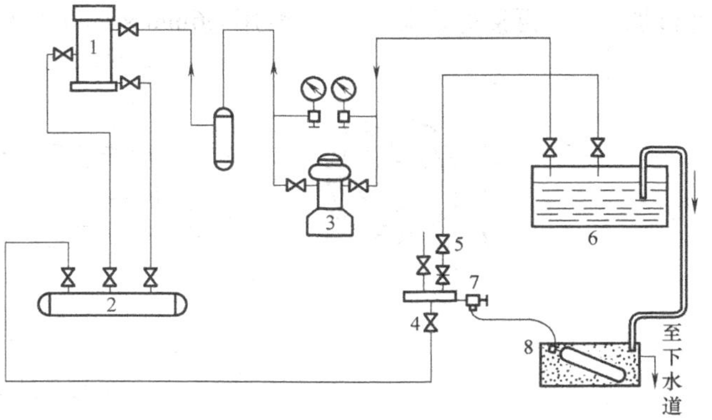

图 6-1　制冷系统取氨示意图

1—冷凝器　2—储液器　3—压缩机　4—供液总阀　5—节流阀　6—蒸发器水箱　7—充氨阀　8—氨瓶阀

6）将蒸发器水箱内的低温水引出，淋浇于放在水槽内的氨瓶上，并不断搅动水槽内的低温水，使氨瓶均匀地冷却。氨瓶内的制冷剂由于受到低温水的冷却，相应的饱和压力则比较低，这样储液器内的压力就和氨瓶内的压力形成了一个压力差。此时，开启供液总阀、充氨阀和氨瓶阀，储液器内的液态氨在压力差的作用下就会迅速进入低压的氨瓶内。

7）抽取过程中，需用磅秤严格控制氨液进入氨瓶中的质量，一般不得超过氨瓶容积的 60%。如果氨瓶内灌满氨液，当其从低温水中取出时，受到高于低温水的环境温度影响，氨瓶内压力会迅速上升，而瓶内已无膨胀余地，则后果是比较严重的。

8）氨瓶中装足了规定质量的氨液后，关闭充氨阀及氨瓶阀，另换一个氨瓶再抽取，直到储液器内压力降到与氨瓶受低温水冷却时的饱和压力相等时，就可以认为制冷系统取氨基本完毕。系统内剩下的部分为氨气及油污杂质，可以通过紧急泄氨器或系统中最低点放入下水道，或者用水稀释成氨水作为肥料。

2. 氟制冷设备中制冷剂的处理方法

1）准备好磅秤、连接管、取氟工具、操作工具、相关劳保用品及一定数量的氟瓶，按照图 6-2 进行连接。

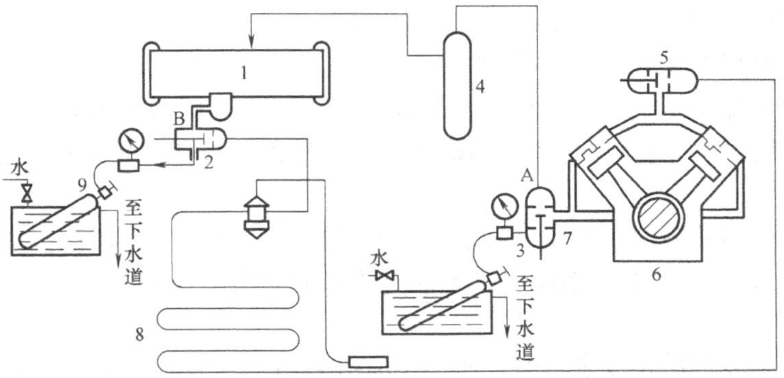

图 6-2　制冷系统取氟示意图

1—冷凝器　2、3—多用孔　4—油分离器　5—吸气阀　6—压缩机

7—排气阀　8—蒸发器　9—氟瓶阀

2）将氟压缩机排气阀和冷凝器出液阀打至全开状态，则氟截止阀 A、B 两处的多用旁通孔即被关闭。取下旁通孔堵头，按堵头尺寸加工 T 形或直形接头（直形接头可参考图 6-3 进行加工），再接好取氟管（一般用 $\phi 6mm \times 1mm$ 的纯铜管制成）。

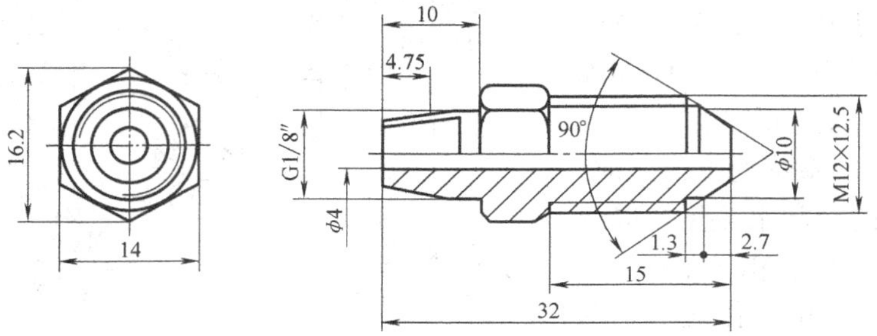

图 6-3　直形接头结构图

3）用系统中的氟把取氟管中的空气吹出去后，将取氟管的另一端与氟瓶接好。

4）将低温冷却水管接至水槽，使氟瓶淹没在水中，并不断搅动水槽内的低温冷却水（水温不能高于冷凝器冷却水的温度），以降低氟瓶内的压力。

5）打开氟瓶阀，并逐步关小冷凝器出液阀，氟利昂液体即会在压力差的作用下进入氟瓶。

6）如果氟利昂液体进入氟瓶有困难，可以按照正常程序启动氟利昂制冷系统，并减小冷凝器冷却水的流量，以便使冷凝压力提高，则氟利昂又会迅速进入氟瓶。每瓶所装氟利昂的容积要求与氨瓶相同。

7）随着系统内氟利昂的减少，高压侧压力就会降低，则在 B 处取氟将会十分困难，这时可以换到 A 处进行取氟。从 A 处取氟，应调节压缩机吸气阀的开度，以使排气压力不超过 0.98MPa 为宜。

8）当低压侧压力为 0.098MPa 时，说明系统中的制冷剂已基本抽取完毕，留下的只是少量的制冷剂蒸气，这时可以停机，关闭氟瓶阀。

9）停机以后，观察吸气压力表和排气压力表指示值的回升情况。如果压力表回升至 0.098MPa 以上，需要重新打开氟瓶阀，启动压缩机继续抽取；如果压力表并不回升，就说明系统内已经没有液态制冷剂了。

10）取下接管，重新旋上排气截止阀多用孔堵头。

3. 制冷设备处理制冷剂时的注意事项

1）无论是氨压缩机还是氟压缩机，当系统中设有压力控制器和压差控制器时，在抽取制冷剂之前应将其置于常闭位置，使压缩机不受压力保护，否则不能较好地完成系统抽取制冷剂的任务。

2）制冷系统出现故障时，在系统抽取制冷剂之前，除高低压区段的分隔阀之外，其他阀门应全部开启，尤其是氨制冷系统中，不能有该开的阀门不开而留下死角，造成检修人员受到氨的侵害。

3）系统抽取制冷剂后排放余氨时，阀门不宜开得过大，要使其在水中充分溶解，尤其是在城市里更应注意。同时，还应将所有的阀门开启，与排放管相通，放净氨气，以免检修时人员受到伤害。

4）抽取制冷剂的过程中，应随时注意设备中压力和温度的变化，如果发现异常，应查明原因，待问题解决以后再继续抽取。

5）对于冷库制冷系统的低压设备，因为其环境温度低，内部制冷剂蒸发缓慢，所以可开启冷库门或用风机向室内吹热风等方式加速其升温。有的设备因有隔热层，液体蒸发很慢，制冷剂很难在短时间内抽取干净，这时可用局部抽氨的方法处理氨液。

6）用钢瓶装制冷剂时，必须密切注意磅秤的读数，防止制冷剂装得过多而出现意外。

（二）换热器的维护与检修

冷库制冷系统中有很多换热器，如冷凝器、蒸发器、过冷器、中间冷却器和气-液换热器等，它们的换热效果会直接影响压缩机的性能和整个制冷系统的能耗。因此，对换热器的维护和维修是必不可少的工作，下面主要针对冷凝器和蒸发器的维护和检修加以介绍。

1. 冷凝器的维护和检修

（1）冷凝器的维护　主要包括水冷式冷凝器的除垢和风冷式冷凝器的除尘。

1）水冷式冷凝器的除垢。水冷式冷凝器所用的冷却水常用自来水经冷却塔循环使用，或者直接来源于江河湖泊，水质相差较大，但一般都具有一定硬度。在使用过程中，由于温升、蒸发和浓缩等原因，冷却水中的碳酸氢镁［$Mg(HCO_3)_2$］和碳酸氢钙［$Ca(HCO_3)_2$］将分解生成碳酸镁（$MgCO_3$）和碳酸钙（$CaCO_3$），并逸出 CO_2。碳酸镁和碳酸钙的溶解度很低，会不断从水中分离出来，并沉积在管道或冷凝器的内壁而形成水垢，时间越长，垢层越厚。另外，冷却水在冷却塔内循环冷却的时候，空气中的尘土和细菌会混入其中，这又会导致管道或冷凝器的内壁形成泥垢等。

冷凝器内表面的水垢等杂质使得冷却水管道的直径有所减小，水的流通量也随之减少。而且，更主要的是水垢的热阻较大，这将使冷凝器的换热效率明显下降，冷凝压力和温度升高，压缩机的制冷量降低。所以，必须定期对冷凝器进行除垢，清洗的周期视冷却水的具体条件而定，一般 1 ~3 年进行一次，使用深井水冷却时应每年清除一次。

①水冷式冷凝器的除垢有如下几种方法：

a. 手工除垢。对松软的水垢和泥垢，可用水冲洗清除。不能直接用水冲洗清除的，可用钢丝刷、麻花钢筋等进行清除。

拆下壳管式冷凝器两端的铸铁端盖，将螺旋形钢丝刷伸入冷却盘管内，往复拉刷，然后用接近管子内径尺寸的麻花钢筋，塞进冷却盘管内反复拉捅，同时用高压水冲洗。

b. 机械除垢。机械除垢主要是指采用电动洗管器和铲削工具对冷凝器冷却盘管内壁进行除垢，有时还配合水力冲洗。

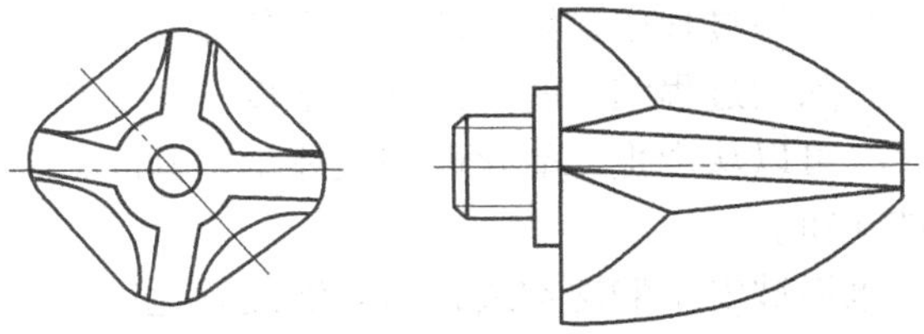

图 6-4　铰锥式刀头的结构

除垢所用的电动洗管器和铲削工具包括铰锥式刀头、铣轮式刀头和机械刷子。铰锥式刀头的结构如图 6-4 所示，一般被加工成 3 ~6 个螺旋形齿或圆弧形齿，外径要比被除垢管道的内径小 5 ~10mm。刀头用铸钢制作，其底部有螺纹可与万向联轴器相连接。在高速转动的软轴的带动下，刀头作锥形运动，同时具有很大的离心力，可以对积垢进行刮削和冲击，并使之脱落。由此可见，同一刀头可以清除公称直径相接近的几种管道。

拆下壳管式冷凝器两端的端盖，把电动洗管器的专用刮刀接在钢丝软轴的一端上，软轴的另一端接在电动机轴上。将刮刀沿轴向插入冷却盘管内，开动电动机就可以刮除水垢，最好同时用水管冲洗刮下的水垢并冷却刮刀。机械除垢时，应注意冷凝器的坡口或胀口，以防因振动而导致泄漏。图 6-5 所示为铰锥式刀头在管内清除水垢示意图。

这种除垢方法不适用于铜管冷凝器，因为铜管管壁很薄，但对钢管损伤较小。刀头的直径应根据管内结垢厚度、锈蚀程度等情况来选择。首次除垢时，原则上是先用小刀头，然后逐步加大。如果一开始就用大刀头，容易扭断软管轴，还会使管壁受到损伤。

c. 酸洗除垢。酸洗除垢法属于化学除垢法，适用于立式和卧式壳管式冷凝器，尤其适用于铜质冷却盘管。酸洗除垢法的工作原理如图 6-6 所示。将质量分数为 5% ~10% 的安全酸洗剂或稀盐酸溶液储存于耐酸储液槽内，开启耐酸泵，把安全酸洗剂或稀盐酸溶液送入冷凝器的冷却盘管内，强制循环 20 ~30h，使盐酸和碳酸镁、碳酸钙等物质充分进行化学反应，生成的氯化镁和氯化钙则溶于水中，并放出二氧化碳气体。清洗后的溶液流回沉降槽内，经过滤以后除去机械杂质。然后溶液又通过溢流管流回到储液槽，继续循环使用。

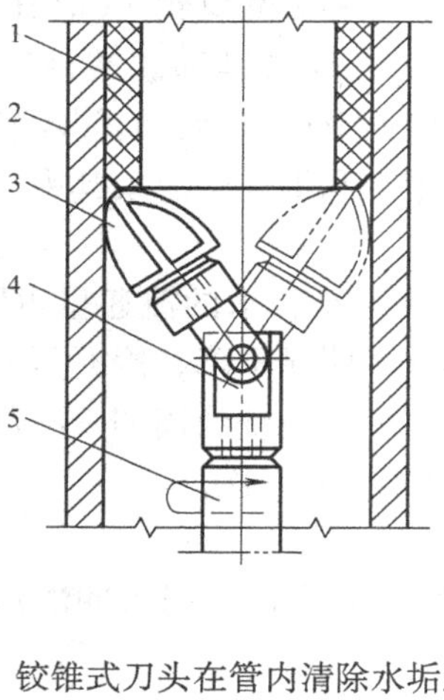

图 6-5　铰锥式刀头在管内清除水垢示意图

1—水垢　2—水管　3—铰锥式刀头

4—万向联轴器　5—传动软轴

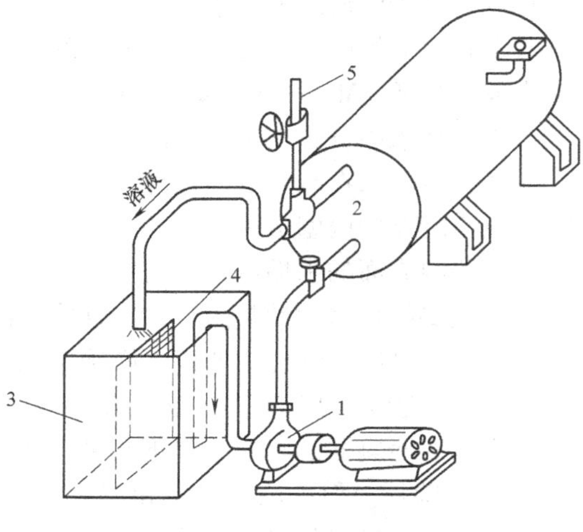

图 6-6　酸洗除垢法的工作原理图

1—耐酸泵　2—冷凝器　3—溶液箱

4—滤网　5—放气管

在除垢过程中，溶液浓度会不断降低，为了使溶液保持适宜的浓度，必须定期地补充新溶液。除垢过程结束时，溶液的浓度应不低于原有浓度的 1/2 ~1/3。水垢是否已经被完全除净，可以从产生二氧化碳的气体量来判断，如果停止产生二氧化碳气体，则可认为水垢已经被除净。

水垢被安全酸洗剂或稀盐酸溶液软化以后，再打开壳管式冷凝器的端盖，用钢丝刷在管内来回拉动，这时的水垢就比较容易刷掉。装上端盖，用质量分数为 1% 的氢氧化钠溶液或 5% 的碳酸钠溶液循环清洗 15min，以中和掉残留在冷凝器冷却盘管内的酸溶液，再用清水循环冲洗 1 ~2h，直到水清为止。

安全酸洗剂或稀盐酸溶液的温度越高，除垢的速度就越快，但腐蚀的速度也会加快。因此酸洗除垢时，必须在最适宜的温度下进行，该温度要根据试验确定，一般为 40 ~60℃。

为防止溶液对设备产生腐蚀，一般要在溶液中加入少量的缓蚀剂（小于1%）。缓蚀剂使安全酸洗剂或稀盐酸溶液产生了选择性腐蚀，水垢被破坏和溶解，但金属则不会被腐蚀。酸蚀剂的配方为：10%盐酸溶液1kg加缓蚀剂0.5g，其中缓蚀剂可选用苯胺与六次甲基四胺的混合物或六次甲基四胺。

酸洗除垢工作结束后，需要对冷凝器进行压力检漏、气密性试验和干燥处理等。

②预防结垢的方法有如下三种：

a. 水质稳定剂预防结垢。水质稳定剂能对藻类和微生物的繁殖、水垢、腐蚀等进行很好的抑制，效果较好，不具有反作用，使用简单，价格便宜。所以，冷却水中添加水质稳定剂的方法较为普遍。

目前水质稳定剂主要有磷酸盐、偏磷酸盐等。冷却水在传热管内壁上结垢，实际是碳酸镁和碳酸钙形成的过程。水质稳定剂能使碳酸镁和碳酸钙扭曲、错位，从而干扰和抑制碳酸镁和碳酸钙晶体的形成，而只能形成畸形的碳酸盐微粒，因此可以有效地防止水垢的产生。

b. 磁化水预防结垢。磁化水预防结垢就是指让冷却水流过磁水器来防止水垢产生的方法。磁水器是一种两面为法兰接头的圆筒形容器，内部有铁心和磁块，可以形成磁场，一般安装在冷凝器的冷却水入口侧。当水流过磁化器以后，其内部磁场使具有一定硬度的冷却水中的金属离子变形，削弱或者破坏离子之间相互的作用，从而抑制水垢的生成，碳酸镁和碳酸钙的结晶变成酥松、脆弱的粉末渣状。这种渣状物很易从冷却水管内排出，残留的少量渣滓也不会形成水垢。

磁化水的处理效果与冷却水水质、流速、磁场强度及磁场方向交变次数等因素有关，所以，磁化器应根据冷却水的水质情况进行设计，否则效果将得不到保证。

c. 静电水垢控制器预防结垢。静电水垢控制器又称静电水处理器，是将一根绝缘良好的铁心置于聚四氟乙烯圆筒内作正极，将镀锌无缝钢管制成的壳体作负极，在正、负极上施加高压电（大约3400V），正、负极之间保持一定距离。水从正、负极之间的腔体内流过时，就会受到强电场的处理，再送往冷凝器时，水就不会在管壁上结垢。

静电水处理的阻垢原理：水是一种偶极分子，在强静电场作用下，水分子的偶极矩增大，并按正、负次序整齐排列。此时，溶解在水中的盐类的正、负离子周围被数个偶极水分子包围着，于是这些正、负离子也以正、负次序进入偶极水分子群中。这样，它们的运动速度和彼此间的有效碰撞大为减少，从而使管壁上的水垢不易生成。另一方面，在强静电场作用下，水分子的偶极矩增大，它与盐类的正、负离子的水合能力也就随之增大了，其结果是加大了水垢的溶解度，提高了水垢的溶解速度，从而具有了阻垢和溶垢的作用。

静电水处理法的优点是：可防垢、除垢和杀菌灭藻，体积小、效果好、能耗小，设备经久耐用，管理方便，节约人力、物力和财力，不污染环境；缺点是：对水中金属的腐蚀没有明显的抑制作用，对水中污垢的沉积也没有明显的抑制作用。

2）风冷式冷凝器的除尘。风冷式冷凝器的冷却介质是室外空气。由于室外的污染源较多，所以空气中总会混有一些灰尘，有时甚至还混有油雾。空气流经风冷式冷凝器翅片管表面时，其中夹杂的灰尘和油雾便粘结在翅片管外表面上，从而堵塞翅片的间隙，使空气的流动阻力增大，通风量减少。另外，灰尘和油垢的热阻比较大，又会使冷凝器的换热效率降低，冷凝压力升高，进而导致制冷系统的制冷量降低，冷间温度下降缓慢。因此，必须定期对冷凝器的灰尘进行清除。

风冷式冷凝器的除尘方法包括以下几种：

①吹除法。利用氮气或压缩空气，可以将冷凝器翅片管外表面的附着物吹除干净。同时，也可用毛刷边刷边吹除。在对冷凝器翅片管除尘时，应注意保护翅片和换热管等，不要用硬物刮洗或敲击。

②刷洗法。此方法主要用于冷凝器翅片管外表面油污较严重的场合。准备好70℃左右的温水，加入清洁剂或专用清洗剂，用毛刷蘸温水对翅片管进行刷洗。刷洗完毕后，再用水进行冲洗。目前有一种喷雾型的换热器清洗剂，将清洗剂喷在散热翅片上，片刻后用水冲洗即可将灰尘清除干净。

3）蒸发式冷凝器的清洗。根据蓄水槽、水箱及水管的容积计算出冷却水系统的存水量，由此准备好所需的安全酸洗剂等化学品，以清除水垢。首先要排干净蓄水槽内的存水，并对其进行彻底冲洗，以去除全部淤泥污物；然后关闭泄水管路的阀门，打开补水阀向蓄水槽内充注清水至最低液位；再开启循环水泵使水循环，同时慢慢向蓄水槽中加入准备好的安全酸洗剂，循环时间视结垢情况而定；随后用1%的氢氧化钠溶液或5%的碳酸钠溶液循环清洗15min，以中和掉残留在系统管内的酸溶液，用清水循环冲洗1～2h，直到水清为止；最后将系统中注满清水。

（2）冷凝器的检修

1）冷凝器的检漏。冷凝器常见的故障是泄漏，尤其是壳管式冷凝器，经过一段时间的运行，管子的接口处会由于振动、高压、冻胀等原因发生松弛和泄漏，管内会由于锈蚀而出现裂纹或针形小孔，发生泄漏。

对于氨系统，可用酚酞试纸检测冷却水，遇水变红色即证明已经有泄漏，需进行进一步的检查。拆开冷凝器端盖，用酚酞试纸检测每根管子内部和焊接处的冷却水，也可泄掉氨以后进行空气试压检漏。

对于氟利昂系统，可用卤素灯或电子检漏仪进行检漏，也可用高压氮气对冷凝器进行气密性试验，找出漏点。

2）冷凝器的维修。找出冷凝器的漏点以后，可用粉笔记做一个标记，再对漏点进行补焊。注意在维修操作之前，必须对冷凝器中的制冷剂作出妥善处理，接通大气后再进行维修。

若泄漏点出现在管板处，可采用电焊或气焊的方式进行补焊。若泄漏点出现在管子本身的中间，且管子数目不多，因生产不能停止或没有备用管子时，可用锥形金属塞将有漏点的管子堵死，待系统大修时更换新管。换管时，若冷凝器管子与管板之间的连接方式为胀接，可用錾子錾去管子的胀接部分，取出旧管子，把管板孔用砂纸或锉刀打磨光亮，除去油渍、锈和灰尘，插入新管子，重新胀接。

冷凝器维修以后应进行试压检漏，并进行气密性试验。

2. 蒸发器的维护和检修

（1）蒸发器的维护

1）冷水蒸发器的水垢处理方法与水冷式冷凝器的处理方法相同。

2）蒸发器需长期停止运行时，应将蒸发器内的制冷剂抽回储液器中存放，并使蒸发器内的压力保持在0.05～0.07MPa，以防止空气渗入。对于卧式管壳式蒸发器，应放干净系统中的冷媒水。盐水蒸发器长期停用时，应将盐水放出，用自来水进行冲洗，再将蒸发器内重新注满自来水保存，避免蒸发器管道与空气接触。

3）冷风机、排管等冷却空气的蒸发器必须经常或定期地将蒸发器表面的霜层除去，以充分发挥蒸发器的效能。

4）正常运转过程中，应对制冷剂的液位及制冷剂的脏污程度进行监测，脏污的制冷剂不得长期使用。

5）一般蒸发器运行200h左右应放油一次。

（2）蒸发器的检修　蒸发器常见的故障是泄漏和堵塞。泄漏是由管道外部振动、锈蚀、冻胀或其他原因造成的，包括管子接口处发生松弛和泄漏、管内出现裂纹或针形小孔等。堵塞是由管子内部污物和积存的润滑油混在一起或其他杂物引起的。

1）泄漏的维修。

①若泄漏点出现在管板处，可采用电焊或气焊的方式进行补焊。

②若由于操作不当或系统故障造成满液式蒸发器中水管冻裂，可用相关检漏仪器对管子逐根进行查找，做好标记后再将蒸发器内的制冷剂排入系统的高压侧。若冻漏的管子不多，作为应急处理时，可将泄漏的管子两端用气焊封死或用锥形金属塞堵死。若数量较大，或机组处于淡季运行，应考虑更换水管或蒸发器。维修后先进行试压检漏、气密性试验、低压侧抽真空，再开机试机。

③若光滑墙排管或顶排管由于锈蚀造成管道出现针形小孔，而又不能停产进行补焊时，可在泄漏处包上橡胶板，并用管卡卡牢，待方便时再进行补焊处理。如果排管的锈蚀不算严重且漏孔很小，可将蒸发器抽真空到大气压力，用尖头钢冲在小孔四周冲几个小凹坑，漏孔被挤死而不再泄露时，再用电焊进行补焊。需注意的是处理时不能用气焊。

④若冷风机的翅片管处发生泄漏，需关闭冷风机的进液阀及回气阀，再开启热氨冲霜回液阀及冲霜回液总阀，用低压循环桶或排液桶进行抽真空，若同时再打开冲霜用水为蒸发器提高温度，就会提高抽真空的速度及效果。抽真空之后，拆下相关连接处，使蒸发器与大气相通，再用气焊或电焊进行补焊。

⑤若蒸发器的连接管或活接头处发生泄漏，可用扳手拧紧加固。如果不是因为接头松动，则应拆下螺母检查螺钉的螺纹和喇叭口是否有损伤。若是螺纹损坏，则应更换螺母或接头。若喇叭口有损伤，应该用割管器将喇叭口割掉，重新制作。

2）堵塞的维修。

①满液式蒸发器内油堵的维修。在氟利昂系统的满液式蒸发器中，由于润滑油能与氟利昂互溶（R12）或微溶（R22），制冷剂在蒸发器内降温的同时，会使其中溶解的润滑油粘度提高、溶解度降低，结果就有一部分润滑油析出并积存在蒸发器内，但它不会像氨系统那样完全积存于蒸发器的底部且能很容易地放出。所以要将润滑油从蒸发器中排出，并使其返回压缩机的曲轴箱，就必须采取相应的措施。

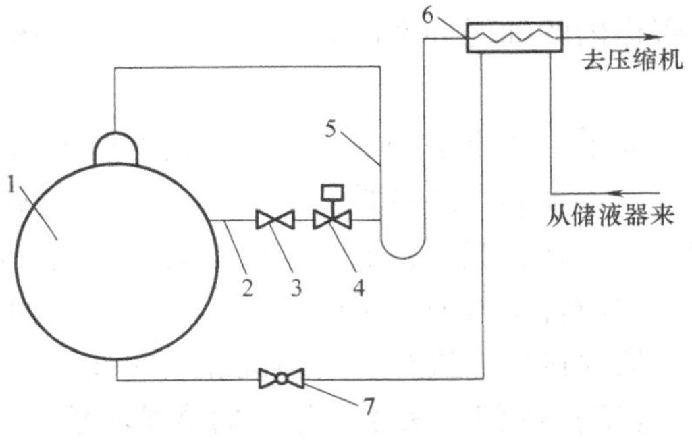

图6-7　满液式氟利昂蒸发器的回油系统图
1—蒸发器　2—回油管　3—截止阀　4—电磁阀
5—回气管　6—换热器　7—膨胀阀

图6-7所示为满液式氟利昂蒸发器的回油系统图。从比蒸发器液面稍低些的位置引出一

根回油管，并接至回气管的存油弯上，在存油弯之后的回气管水平段上设置一个换热器。从回油管中流出的混有润滑油的制冷剂液体，进入存油弯后被回气带走，并在换热器中被来自储液器的制冷剂液体加热。润滑油与制冷剂混合物中的制冷剂液体吸热汽化并继续升温，从换热器出来后成为过热状态的制冷剂气体，挟带着油滴返回到压缩机。回油管上需装设一个截止阀，以便将回油管的流量控制在制冷剂循环量的1% ~2%。在实际使用中，回油管上一般再装设一个电磁阀，当压缩机停机时电磁阀关闭，开机时电磁阀开启。否则，停机时需先将手动截止阀关闭，以免存油弯中积液过多。

②管式蒸发器内油堵的维修。如果设计或安装不当，管式蒸发器常常会出现回油不畅的情况，使润滑油只进不出或者多进少出而产生积油。制冷装置运转几年之后，应经常结合系统的大修，把蒸发器内润滑油进行彻底清除，以提高蒸发器的传热系数和制冷剂的对流换热系数。

清理油污的方法主要是用溶油剂溶解并用氮气或压缩空气吹除，其中溶油剂可以用煤油、汽油或四氯化碳。其具体操作过程如下：

a. 将蒸发器内的制冷剂排入高压区。

b. 拆开蒸发器进、出口的螺纹接头。由于蒸发器的管径一般都比较大，所以需要加工两个变径接头，接在蒸发器的进、出口，变径接头上再各接一个修理表阀。

c. 将蒸发器出口端的修理表阀关闭，进口端的表阀接至真空泵，然后起动真空泵对蒸发器抽真空至少20min以后，关闭修理表阀，拆下真空泵。

d. 将修理表阀连接的抽气软管另一端浸入到溶油剂中，打开修理表阀，溶油剂就会被吸入蒸发器内。

e. 关闭修理表阀，接氮气管，对蒸发器打压至1MPa。

f. 在蒸发器出口处准备一个容器，并打开出口的修理表阀，夹带润滑油及杂质的溶油剂被氮气迅速吹入容器中。

g. 若润滑油清洗得不够彻底，可按上述步骤反复清洗。溶油剂经过沉淀、过滤以后仍可反复使用。继续使用氮气吹除蒸发器内的残余物质，直到蒸发器内洁净为止。

h. 确认蒸发器干燥、洁净之后，安装蒸发器。

i. 对系统进行压力检漏和气密性试验，合格以后进行起机试机。

③氨用蒸发器堵塞的维修。若氨用蒸发器管道发生堵塞，首先应进行热氨冲霜，将堵塞在管道内的油污冲洗出来。也可以采用表压为0.6MPa的氮气将蒸发器管道内的油污吹洗干净。

如果上述方法的效果不佳，说明管道内有较大的堵塞物，如施工过程中遗留在管道内的零件、木塞等，或者是清洗管道时留下的砂布、手套、棉丝等杂物，这时应采用截管法处理。为了减少截管根数，应注意观察管道外结霜是否有前后不同的地方，再倾听管道内液体流动的声音是否前后不同，从而找出管道的堵塞处。然后截去堵塞管段，将阻塞物取出，再把管道焊接好。进行压力检漏和气密性试验，合格以后进行起机试机。

（三）阀门、法兰与管道的维护与检修

冷库制冷系统中，如油分离器、放空气器、储液器等制冷设备以及长期露在室外的系统管道等，表层的防锈漆脱落以后，应该用砂纸将表面的铁锈打磨干净，再重新涂刷防锈漆。低压循环桶、中间冷却器、气液分离器、排液桶等低压设备及管道，其隔热层若有损坏应及

时进行修复。低压系统管道的锈蚀情况应定期检查，尤其是氨泵的进、出液管，应在使用5~8年后检查管道的锈蚀情况，锈蚀严重的应换成新管道，以免出现跑氨事故。

1. 阀门的维护与检修

制冷系统管道上的阀门起着控制和调节制冷剂流向及流量的作用。由于制造、安装及操作等原因，阀门经常会出现关闭不严、无法开关及外部泄漏等现象。为保证制冷系统的正常运行，需要及时对存在问题的阀门进行维护与检修。

（1）截止阀和调节阀的损坏原因　截止阀和调节阀的损坏主要是阀杆、阀座与阀芯被损坏。

1）阀杆损坏的原因：当阀门的填料压得过紧，又缺乏润滑油的情况下，形成干摩擦；另外，在开关阀门的操作中，如果阀杆处冰霜过厚，因使用工具不当、用力过猛等，将使阀杆逐渐磨损、弯曲，甚至折断，同时使盘根填料被磨坏，发生泄漏。

2）阀座与阀芯损伤的原因有如下几种：

①系统中的焊渣、铁屑和砂粒等机械杂质，在制冷系统排污时没有清除干净，积存在阀座的拐弯处。阀门开关时，阀芯上的合金与阀座的密封面受污物的挤压，杂质嵌入时，在阀座密封面上出现斑点和伤痕，使阀门内部串漏，失去密封作用。

②在操作过程中用力过大，或者开关阀的工具过大，将阀芯上的合金压成深凹坑，因此关闭不严。

③由于密封面受高温的影响，轴承合金的硬度降低，加速密封面的磨损，使用一定时间后，失去密封作用。

④阀门的阀芯脱落，由于阀芯上弹簧卡的弹力不够，致使阀芯与阀杆脱离，阀门无法正常启闭。

（2）拆卸阀门时应注意的事项

1）拆卸阀门前，首先应把与该阀连接的氨管道断开，切断与系统的联系，调整抽空管道（以上工作都是通过调整阀门来实现的），开启氨压缩机，将被截止断开的管道内的制冷剂抽空，并在阀盖与阀座上画上记号。

2）抽空后，准备进行拆卸。维修人员应穿好工作服（尤其是夏天），戴橡胶手套，准备防毒面具、通风机和橡胶管等，以备跑氨事故发生时及时抢救。

3）当拆卸阀门的阀盖时，应先松开阀盖螺母3~4圈，然后松动阀盖。这时操作人员的面部不要对着阀盖的缝隙处，以防余氨冲出伤人。若无氨气漏出，可把阀门半开启，仍没有氨气漏出，则说明管道内的余氨已抽净，可以进行阀门修理。若有氨气漏出，应及时将阀盖螺母拧紧，查明原因并排除后再拆卸阀盖检修。

（3）截止阀与手动节流阀的常见故障及维修

1）截止阀与手动节流阀的常见故障有阀杆泄漏、阀杆弯曲或腐蚀、阀门关闭不严和阀门无法开关。

①阀杆泄漏。密封填料选择不当；填料使用时间过长、硬化而失去弹性；填料不足；填料与工质的压力、温度及化学性质不适等原因，都能可造成阀杆周围泄漏。

②阀杆弯曲或腐蚀。工质温度变化较大，特别是关闭过紧的阀门遇热膨胀，或操作中开关阀门的工具不当、用力过猛等原因，都会导致阀杆弯曲。由于周围环境比较潮湿，阀杆处存在泄漏而接触制冷剂，导致阀杆腐蚀。弯曲或腐蚀的阀杆，在一开一关时，阀杆的磨损会

加快，密封填料也会被拉坏，从而造成硬伤而泄漏。所以日常维护时，阀杆关闭的松紧度应适当，并应抹上润滑脂以防止腐蚀。

③阀门关闭不严。在开、关阀门的操作过程中，因工具不当、用力过猛等原因，有可能使阀芯上的合金被压出深凹槽，导致阀门关闭不严。

系统排污时，铁屑、焊渣及砂粒等杂物如果没有被清除干净，就会积存在阀座的拐弯处。开关阀门时，由于杂物的挤压或嵌入，阀芯上的合金与阀座的密封面会出现伤痕或斑点，导致阀门内部串漏而失去密封作用。

因受高温的影响，阀芯上的合金硬度有所降低，频繁开、关阀门会导致其严重磨损，或者因阀芯的松动而不能保证阀芯和阀座的紧密贴合，必然导致阀门关闭不严。

④阀门无法开关。阀芯上的弹簧卡损坏致使阀芯与阀杆脱离，或填料压盖压得太紧、填料选择不当、阀门锈蚀等原因都可能导致阀门无法开关。

2）截止阀与手动节流阀的维修主要是更换填料、维修阀芯和阀杆。

①更换填料。阀门填料的主要作用是防止工质沿阀杆轴向产生泄漏。如果阀门出现轻微泄漏，可以通过旋紧填料压盖的方式予以排除，若泄漏仍不能排除，应该更换填料。

更换填料时必须将阀杆旋出到底，拆下手轮和压盖螺钉，用填料拨针或螺钉旋具把旧填料拨出。氨用阀门应使用橡胶盘根，两头的搭口应切制成45°角，再放入冷冻机油中浸泡10min左右。把阀门填料函擦拭干净，将橡胶盘根从冷冻机油中拿出，再涂上一层润滑脂，用螺钉旋具将其分层压入填料函中，但需注意各层的搭口应均匀错开相应的角度。压盖不能旋得太紧，应以阀门开关灵活且不漏氨为宜。

②阀芯的维修。在制冷工程中，大口径阀门的阀芯一般是依靠一层巴氏合金或聚四氟乙烯硬塑料进行密封。

若阀门的阀芯是依靠聚四氟乙烯硬塑料进行密封的，出现磨损或损坏时，可以将旧密封圈取下，换上新密封圈。

若阀门的阀芯是依靠巴氏合金进行密封的，而损坏程度较轻，只是在密封线上有较细小的杂质，可直接用三角刮刀刮去；如果有几个大的焊渣等杂质，可刮去杂质并用锡焊补焊好，再用三角刮刀刮平即可。若巴氏合金损坏严重，可重新浇注合金，具体操作方法是：将阀芯水平夹于台虎钳上，用气焊或喷灯火焰熔化旧合金，用氯化锌溶液清除合金槽上的氧化物，然后把合金槽加热至220℃左右烫焊锡底子，再用气焊或喷灯火焰把准备好的合金条熔化到合金槽内，并高出槽面2mm以上，冷却后上车床精车即可。

小型阀门的阀芯一般是依靠铸钢或黄铜进行密封。若阀芯上出现划痕或凹坑过深，应更换新阀门。若阀芯只是轻微磨损，可用研磨的方法对阀芯和阀座同时进行修理，即先用100~280#的研磨剂进行粗磨，再用W40~W0.5的研磨剂进行细磨。研磨时将阀座与阀芯的密封线沿圆周方向对磨，直至无明显缺陷为止，再用润滑油进行光磨，发亮以后用煤油进行试漏，不漏为合格。

阀芯的背面同样也有一道反密封线，当阀杆旋出到底时，能密封住工质而不沿阀杆向外泄漏。反密封线的维修方法与阀芯的维修方法相同。

③阀杆的维修。对于弯曲的阀杆，可以在台虎钳或压力机上进行压直，也可以选用相同材质及规格的材料或45钢进行车削加工，再予以更换。对于断裂或已经磨细的阀杆，一般不做修理，应直接加工新阀杆并予以更换。

（4）热力膨胀阀的维修　膨胀阀的故障有关闭不严或无法关闭、无法开启、阀孔堵塞。

1）膨胀阀关闭不严或无法关闭。热力膨胀阀关闭不严或无法关闭的原因可能是感温包的包扎位置不正确、膨胀阀损坏或膨胀阀的传动杆太长。这就需要修理或更换膨胀阀、调整感温包的安装位置或调整传动杆的长度。

2）膨胀阀无法开启。热力膨胀阀无法开启的主要原因是感温包泄漏，使得感温包内无法建立起感温压力，阀门始终处于关闭状态。其故障现象是制冷机组一开始运行就进行抽真空，膨胀阀内没有流体声，阀后不结霜。这时应查出漏点并进行补焊，再充注感温剂，或直接更换新膨胀阀。

3）阀孔堵塞。热力膨胀阀液体进口处均设有很细的过滤网，用来过滤制冷系统中的脏物。过滤网中的脏物过多时，网孔过液就会不通畅，严重时会全部不通，形成堵塞。处理脏堵时，需把冷凝器或贮液器的出液阀关闭，将制冷系统低压部分的压力降至0MPa（表压），再关闭热力膨胀阀后面的截止阀。拆开膨胀阀进液管的活接头，取出过滤网，用汽油将其洗干净，干燥以后将其装好。稍稍打开膨胀阀后面的截止阀，松开膨胀阀接头的螺钉，把管道内的空气排出去，再拧紧螺钉即可。

若热力膨胀阀的阀芯处出现冰堵现象，则需要反复更换干燥剂，直至系统内水分完全消除。

（5）浮球阀的维修　浮球阀关闭不严或浮球泄漏，都会导致浮球阀不能很好地控制液位。若浮球阀的阀芯和阀座孔之间不严密，可采用研磨法或更换密封填料法进行修复。若浮球阀的阀芯和阀座孔之间没有对齐，可拆下阀座重新调整位置。若浮球出现裂纹或针形小孔而导致泄漏，则应放出浮球内的氨液，用锡焊或气焊进行修复，也可以直接更换浮球。

（6）电磁阀的维修　电磁阀的故障有通电后不开启、断电后不关闭或关闭不严、泄漏。

1）电磁阀通电后不开启。

①若因为电源电压过低或电源没有接通，应检查电源和控制电路。

②若因为电磁阀的铁心被卡住或不能及时去磁，应对其进行解体并清洗铁心，或更换铁心。

③若因为电磁阀主阀的活塞被杂质卡死，应对其进行解体并清洗电磁阀。

④若因为电磁阀的线圈烧毁或断路，应更换电磁线圈或更换电磁阀。

⑤若因为电磁阀零件装配不当，应按照阀体标记的顺序重新进行装配。

2）电磁阀断电后不关闭或关闭不严。

①若因为电磁阀的铁心被卡住或不能及时去磁，应对其进行解体并清洗铁心，或更换铁心。

②若因为电磁阀的阀芯被杂质卡住，应对其进行解体并清洗电磁阀。

③若因为电磁阀的阀芯周围间隙过小或拉毛，应使用280#砂纸打磨阀芯，直至能很灵活地将手放入为止。

④若因为电磁阀的阀芯密封线损伤，如果采用铸钢或黄铜进行密封，应使用W1.5研磨剂进行研磨；如果采用聚四氟乙烯硬塑料进行密封，应更换新密封圈。

⑤若因为电磁阀的压力弹簧变形或弹力不足，应更换弹簧。

⑥若因为电磁阀的阀体安装不垂直，应松开两边螺钉，找垂直以后再拧紧。

3）电磁阀泄漏。

①若因为阀盖的橡胶密封垫圈老化或损坏，应对其进行解体并更换垫圈。

②若因为阀盖的紧固螺钉没有均匀拧紧，应按照对角顺序均匀拧紧。

③若因为电磁阀中隔磁套管氩弧焊受损开裂，应进行补焊或更换隔磁套管。

④若因为阀体制造的原因，应更换电磁阀。

（7）安全阀的维修　安全阀的故障主要是泄漏和失灵。

1）安全阀泄漏。

①若因为阀芯和阀座的密封面研磨质量不合格或受到损伤，应使用研磨剂进行研磨或更换阀芯、阀座。

②若因为阀芯的密封材料（聚四氟乙烯硬塑料）已老化，应更换新密封圈。

③若因为阀芯的密封材料太软或不耐腐蚀，应更换新阀门。

④若因为阀体内有脏物或锈蚀，应对其进行解体并清洗干净。

⑤若因为弹簧没有放正，应对其进行解体并将弹簧放正。

2）安全阀失灵。

①若安全阀未达到开启压力就开启，原因是弹簧变形、弹力不足或弹力减弱，应对其进行解体并更换弹簧。

②若安全阀超过开启压力时不开启，原因是阀体内有脏物或锈蚀，将阀芯卡住，应对其进行解体并清洗干净。

使用单位一般不能进行安全阀的维修，若发现安全阀有泄漏、失灵等故障，应到技术监督局或其指定单位进行维修。

（8）止回阀的维修　止回阀不能开启或不能关闭的原因可能是阀芯与支承座之间有杂物卡住，这时应将阀门拆下来进行清洗，以使阀芯能在阀座内灵活动作。若是因为锈蚀、拉毛或间隙过小等不能开启或关闭，应使用细砂纸进行打磨。另外，止回阀不能开启的原因也可能是阀门前后的实际压力差小于开启压力差，或止回阀弹簧的弹力太大，这时应将查找制冷剂实际压差过小的原因并予以排除，或更换合适型号的止回阀。

止回阀关闭不严的原因可能是阀芯与阀座之间密封面配合不好，如果阀芯采用巴氏合金等材料进行密封，应进行研磨；如果采用聚四氟乙烯硬塑料进行密封，应更换新密封圈。另外止回阀关闭不严的原因也可能是弹簧的弹力不足，应更换合适的弹簧或合适型号的止回阀。

（9）指示器角阀的维修　当玻璃管指示器的玻璃管破裂而出现漏氨事故时，若指示器角阀内的钢球与阀座之间的密封面能接触良好，钢球就会很好地起到密封作用，防止事故继续扩大。因此，检修时需仔细检查，若发现阀座的密封线不光滑，可在阀座上涂上研磨剂，并放上一个相同直径的钢球，用铜棒敲击钢球的方法使阀座的密封线光滑无痕，并能够与钢球的形状相同。若发现阀座的密封线有凹坑，应在车床上车平或更换新角阀。若钢球不圆，应换成新的。若角阀的阀杆处泄漏，应更换填料并压紧填料压盖。

2. 法兰的维护与检修

法兰的主要故障是密封泄漏，对其进行维修时，需针对各种具体情况采取相应的措施。

1）检查法兰联接处螺栓的预紧力，如果有松动，需用扳手对称地拧紧螺母，使其受力均匀，但不宜过紧。如果螺栓已变形或锈蚀严重，应更换新螺栓。

2）焊接时出现法兰翘曲变形，不符合装配要求的，应进行车削加工或者更换。

3）若安装过程中两片法兰的中心线不一致，其接触面受力不均，应截断管道重新进行焊接。

4）若法兰与管道焊接处有泄漏，应进行补焊。但因为法兰与管道的焊接是采用两重焊接，所以泄漏时补焊很难保证质量。如果补焊不成功，则需更换新的法兰。

5）若法兰密封面损坏不严重，可对其进行研磨。若密封面已经严重锈蚀或损坏，需更换新的法兰。

6）若法兰联接处的耐油橡胶石棉垫片已经老化而失去密封能力，应更换新垫片。换垫片前应把原有的垫片刮去，并用煤油清洗干净，检查法兰密封线是否被腐蚀或损伤。若没有问题，可换上涂有润滑脂的新垫片，对角均匀地拧紧法兰螺栓即可。

3. 制冷系统管道的维护与检修

制冷系统的管道长期与制冷剂接触，会逐渐产生锈蚀，导致钢材发生不同程度的减薄或变形，到达极限程度就可能发生事故。所以在维修时应对管道的锈蚀程度进行检查。

（1）管道的检查　主要方法有测量法、钻孔法和截管法。

1）测量法。对锈蚀较严重的制冷系统管道，可以用游标卡尺测量其外径的尺寸，并与原来的外径进行比较。例如，测量得到 ϕ57mm 管道的外径是 56mm，则说明管道外壁的锈蚀量为 0.5mm。通过此方法可以判断使用时间较长的管道是否需要维修。

2）钻孔法。若制冷系统的管道已经被腐蚀，在腐蚀可能较严重的地方钻直径为 2 ~ 4mm 的孔，然后将带钩的钢丝深入测量管壁厚度，并做好记录。若被腐蚀的厚度还没有超过原厚度的 30%，则可以将小孔补焊好或用丝锥套扣以螺钉密封。若被腐蚀的厚度已经超过原厚度的 30%，则需要进行维修。

3）截管法。根据制冷系统管道的使用时间和锈蚀情况，在生产淡季进行设备大修时，把值得怀疑的管道截下 2 ~ 3 段进行检查。使用五年后，水系统的管道都应做一次检查。检查时，可对锈蚀严重的管道进行除锈，再用游标卡尺测量管道外径的损失量。此方法中，比较重要的就是确定截管的位置，这样可避免截管检查的盲目性。

经过检查以后，若制冷系统管道的厚度少于 1.5mm，则应更换新管。若管道只是出现微孔，而由于生产需要不能停产修理，可暂时用卡子加耐压橡胶垫与螺栓固定，堵住漏处，待淡季或检修时补焊。

（2）管道裂缝和针形小孔的维修　对于裂缝不大和有针形小孔的制冷系统管道，一般都采用补焊的方法进行修复。若用气焊进行补漏，补焊漏点的次数不应超过两次，否则应将此段管道割除，更换成新管道。焊接漏点时，需对制冷剂提前进行处理，禁止在制冷剂浓度较高的环境下工作，比如氟利昂遇明火后会产生对眼睛有害的有毒气体（称为光气）。

（3）管道局部变形的维修　要彻底消除制冷系统管道局部变形的现象，就必须从结构上和操作上查找出根本原因。如果冷库的墙排管因为积霜造成负荷太大而引起变形，则应加强除霜工作。如果因为管道过长、支吊架间距过大而引起变形，则应增加支架或吊架数量。若管道变形不大，不影响继续使用，可等到进行大修时再维修，但其间应加强检查维护工作。若管道已严重弯曲，可以在管道内制冷剂排空之后，割断管道的弯曲部分，并放在校正器上校直。注意加压时要均匀缓慢，不能用大锤敲击，校直后的管道可以再接到排管上继续使用。

(四) 泵与风机的维护及检修

在冷库制冷系统中，冷凝器、压缩机水套、再冷却器的冷却水供应以及盐水系统的循环，都是用离心水泵来提供动力的。在氨制冷系统中，为了向蒸发器提供氨液，常采用的氨泵有齿轮氨泵、屏蔽氨泵等。冷库库房内为加快空气的循环速度、使库内温度分布均匀，常采用的风机包括离心风机、轴流风机等。下面分别介绍这几种设备维护及检修的相关知识。

1. 离心水泵的维修

(1) 泵壳体　一般情况下，泵的外壳不容易损坏，但是，如果受到外界的撞击或者在振动较大的情况下使用，就很有可能会导致其局部凹陷或产生裂纹。

检修时，首先应将泵壳体内腔的水垢冲刷干净，然后再检查壳体是否存在裂纹等。检查的方法通常是用锤子轻轻敲打泵壳体，如果敲击时声音破哑，说明有裂纹，需要进行补焊修复。这时应将泵壳体进一步擦洗干净，再仔细查找出壳体裂纹的起点和终点。在裂纹的两头用钻头钻孔，打上销钉，以使裂纹不再进一步扩大。然后，在裂纹的两边开 V 形坡口，再用电焊或气焊进行补焊。补焊时需要注意保温。

(2) 叶轮和轴　离心水泵在长时间运转中，由于装配间隙不合格、受到突然的振动或冲击等原因，叶轮和轴就有可能出现不同程度的磨损，严重时会出现裂纹、弯曲或折断等现象。

叶轮在清洗干净之后，需要检查是否存在磨损和裂纹。检查时可以用小锤对其轻轻敲打，听其是否有异常的声音，如果声音异常，则再用目测或涂白粉的方法查找裂纹。若损坏轻微，则可以进行修复，若损坏严重，则需要进行更换。叶轮的裂纹可用补焊的方式进行修复，焊后的叶轮需用锉或车床加工光滑。

叶轮修理好以后，还需要做静平衡检查，对不平衡部分进行调整，一般水泵叶轮的质量偏差不大于 0.025kg。叶轮装到轴上以后，还应测量轮面的摆度，一般对于直径小于 300mm 的叶轮，其摆度值不超过 0.2mm。

水泵的轴在拆卸以后，需用煤油或柴油清洗干净，然后再检查其外表面有无裂纹、磨损或弯曲。若已经出现了磨损，可根据其磨损的程度，采用镀铬、喷镀或堆焊等方法进行修复。若已经出现了弯曲，直径在 25mm 以下的轴可用锤子直接进行校直，但其受击面需垫上软金属板，以保护轴的表面不受损伤；直径较大的轴需要在压床上进行校直。若轴出现了裂纹，一般应更换新轴，不予维修。

(3) 填料函　填料在使用一段时间以后，会出现老化或磨损，进而失去弹性，起不到润滑和密封的作用，导致水泵漏水和进入空气。若压盖过紧、填料质量不好或填料装配不当，也会导致水泵漏水。

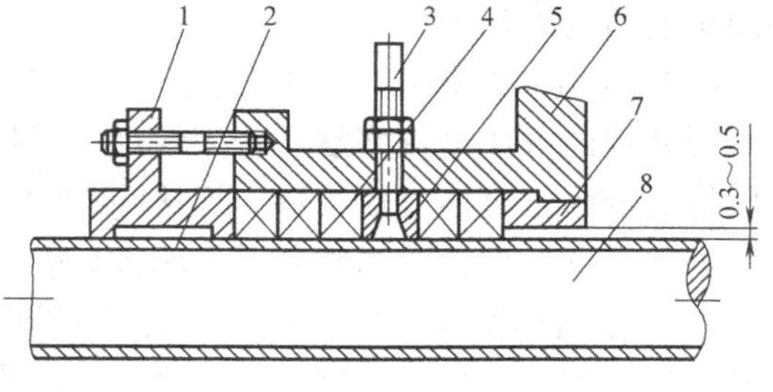

图 6-8　填料函的结构

1—填料压盖　2—轴套　3—水封引水管　4—填料　5—水封环　6—填料压盖座　7—挡环　8—轴

填料函的结构如图 6-8 所示，在检修时应拆开进行清洗。水封环及其引水管也需要清洗干净，以保证畅通。重新安装时，一定要注意相关部件之间的间隙。填料压盖与填料压盖座之间的径向间隙应为 0.1 ~ 0.2mm，若间隙过大，填料很容易被压偏。挡环与轴套（无轴套时指轴）之间的间隙应为0.3～0.5mm，若间隙过大，填料函内的填料很可能被挤出。填料压盖与轴套（无轴套时指轴）必须同心，其间隙应为0.4～0.5mm，若间隙过小，很容易和轴套或轴发生摩擦。

重新装配填料时，要把它两头的搭口切制成45°角，并切成刚好能够盘成一圈的长度，放入填料函内，对口处应稍留一些间隙，当压紧填料压盖时，间隙就会消失。各层的填料搭口应均匀错开相应的角度。水封环装在稍微靠外一些的位置，当压紧填料压盖时，水封环里侧的填料被压缩，水封环就向里边移动，恰好能与引水管对准。装完填料以后，对称地拧紧压盖螺钉即可。

（4）阻水环　阻水环是安装在叶轮与侧盖之间的一个零件。水泵运转时，转动的叶轮与阻水环发生摩擦，就会使阻水环产生磨损。水泵中若有很多泥沙或其他杂质，叶轮与阻水环之间的间隙过小，或叶轮的振摆度过大都会引起阻水环严重磨损。

阻水环是采用铜合金或巴氏合金制成的，是水泵中最容易损坏的零件。将其拆下以后应先用煤油清洗干净，再检查表面的磨损情况。若合金出现较轻微的磨损，可用堆焊或重新浇注的方法进行修复；若合金已经严重磨损，应更换新的阻水环。进行装配时，阻水环与叶轮的径向间隙应为0.1～0.2mm，以不发生摩擦为宜。

（5）轴承　离心水泵的轴承为滚珠轴承，如果润滑不良或装配不当，都会导致滚珠破碎。

将滚珠轴承拆下来以后，放入煤油中清洗干净，再检查滚珠与轴承内、外环之间的间隙是否在表6-1规定的范围内。如果已超出规定的尺寸，说明滚珠或内外圈已经磨损，这时应更换相同型号的新轴承。

表6-1　滚珠轴承的滚珠与轴承内、外环之间的间隙许可值　（单位：mm）

轴　径	间　隙	轴　径	间　隙
50～80	0.013～0.025	120～140	0.018～0.045
80～100	0.013～0.029	180～225	0.021～0.056
100～120	0.015～0.034	225～280	0.025～0.056

装配滚珠轴承时需要注意：装配时的作用力一定要施加在轴承套上，以免破坏滚珠或间隙；一定要使轴承与轴肩靠紧；必须锤击时，一定要用有色金属棒，不可用铁锤直接敲击或加热装配。

2. 齿轮氨泵的维修

（1）拆卸前的准备　拆卸氨泵之前，应将其进、出液阀门关闭，切断其与系统的联系，再开启抽气阀门，将泵内的液体抽出。然后打开泵体上的两个螺塞，将泵内剩余的氨放出。

（2）拆卸　拆下电动机的地脚螺栓，并将电动机移动到不妨碍维修氨泵的地方。拆下氨泵的端盖，注意不要将脸部对着端盖缝隙，以防剩余氨液溅出伤人。依次卸下联轴器、轴封端盖、轴封壳体，取出轴封。然后取出主动齿轮和从动齿轮，拆下齿轮上的销键，使轴和齿轮分开。

（3）零件维修　主要是对轴、轴封、齿轮、橡胶密封圈和压紧弹簧的维修。

1）轴。轴封处的轴若存在磨损现象，可采用堆焊或喷镀的方法进行修复。若采用堆焊法，焊后需经正火处理，再用车床进行加工。若已经严重磨损，可以更换成新轴。

2）轴封。轴封的静环与动环表面若存在拉毛现象，可将其放在平台或玻璃板上，用细研磨剂磨平，消除其伤痕，然后在静环与动环之间加润滑油，精研至发出金属光亮为止。

3）齿轮。齿轮若发生轻度磨损，可采用堆焊的方法进行修复。若磨损严重，需更换成新齿轮。

4）橡胶密封圈。橡胶密封圈若发生磨损或老化，需更换成新密封圈。

5）压紧弹簧。压紧弹簧需检查是否发生变形。将新、旧弹簧放在一起，比较其自由高度，若旧弹簧的自由高度比新弹簧的矮得较多，说明旧弹簧已经变形，需进行更换。

（4）组装　各零部件的组装顺序如下：

1）通过销键将轴和主动齿轮、从动齿轮连接到一起，并将轴与齿轮从泵体的左侧向右对准轴承装入，然后检查齿轮与泵壳之间的间隙，使其符合说明书的要求。

2）封装氨泵的左侧端盖，并转动主轴，看其是否灵活。若转动不灵活，说明齿轮与泵壳之间的间隙太小，应加垫片进行调整。

3）按照顺序将轴封的弹簧座、弹簧、动环与静环装入到轴封壳体内。

4）将轴封壳体和压盖拧紧，拧螺母时应该对角均匀地进行。

5）将联轴器安装到氨泵主轴上，另一侧接好电动机。调整电动机与氨泵的中心线，使其能灵活地转动。

6）按照顺序将安全阀的阀芯、弹簧、调整螺杆装好，并将调整螺杆旋至最小压力处。

7）检修完毕的氨泵需进行试运转，若运转时电动机的电流、氨泵的流量及声音都正常，则可逐渐旋紧安全阀的调整螺杆，将压力调至规定范围，最后加以铅封。安全阀的开启压力一般是氨泵正常出口压力的1.5倍。

3. 屏蔽氨泵的维修

（1）气蚀　气蚀的产生原因及消除方法如下：

1）若是由于氨泵长时间不运行，使泵内产生氨蒸气，导致氨泵在重新工作时发生气蚀，可以通过氨泵进、出口的压差控制器和抽气电磁阀的配合使用，及时除去泵内氨气，消除气蚀。如果还不能消除，需要对氨泵进行加压起动。

2）若是由于氨泵的入口压力始终低于氨的汽化压力，可以通过采取提高氨泵入口压力的方式，如增加低压循环储液桶的液位高度，清洗氨泵过滤器或在入口管路采取隔热措施，保证泵的必须气蚀余量。

（2）流量及扬程达不到要求

1）若是由于氨泵产生气蚀造成的，可以检查气蚀的原因并消除。

2）若是由于氨泵、过滤网或管道内吸入杂物，应进行检查并清洗。

3）若是由于氨泵内吸入空气，需紧固吸入管道的法兰等连接部位，检查焊接部位或管道有无损坏，并予以消除。

（3）振动及噪声过大

1）若是由于氨泵发生了气蚀而引起的振动或噪声，需检查其入口处的液位高度，使泵的入口压力达到规定要求。

2）若是由于轴承磨损引起的振动，需检查其具体原因并予以排除。如果磨损值已经超过规定值，应更换轴承。

3）若是由于氨泵的转子部分不平衡引起的振动，需检查氨泵的动平衡并消除故障。

4）若是由于氨泵或管道内有杂质堵塞，需检查并排除杂质，必要时可以在氨泵的入口处设置过滤网。

5）若是由于氨泵的流量过大或过小引起的噪声，可以检查相关设备的运转情况，使氨泵的流量回到规定范围内。

（4）轴承磨损　屏蔽泵的轴承通常由石墨制作。其轴承的润滑和冷却是靠自身输送一部分液体来完成的。因此，石墨轴承的磨损是屏蔽泵常见的故障之一。

1）由于氨液内的杂物将过滤网堵塞，有可能使氨泵得不到良好的润滑和冷却，导致轴承磨损。此时，应检查氨泵过滤网并进行清洗。

2）若是由于氨泵产生气蚀使得氨泵的润滑和冷却液减少，导致轴承磨损加剧或损坏，应检查氨泵的吸入高度是否满足等引起气蚀的原因并消除。

3）若是回转部件的动平衡被破坏，使得氨泵的径向负荷过大，造成轴承损伤，应检查并修理回转部件。

4）若氨泵的工作流量处在不恰当的工作范围，会使氨泵的轴向负荷过重，从而导致轴承磨损或损坏，此时，应将氨泵的流量调整到适当的范围内。

（5）氨泵起动不灵，并发出嗡嗡声

1）检查电源是否缺一相，需检查线路、接头、插头或插座是否接触良好。

2）检查电动机的定子是否已经烧坏，若已烧坏，需进行修理或更换定子线圈。

3）检查电压是否过低，若电压过低，应调整电压至380V左右。

（6）热继电器保护装置动作频繁

1）若是由于热继电器本身出现故障，需更换热继电器。

2）若是由于电动机过热，需检查电气线路及接头，看是否为缺相运行。另外，还需检查氨液的温度是否过高等。

3）如果是因为泵的流量过大导致氨泵的电动机过载，应检查氨泵的工作流量是否在设计流量范围之内。

4. 离心风机的维修

离心风机可以由电动机直接驱动或用传动带间接传动。带传动式离心风机的结构如图6-9所示。

（1）风机轴与轴承的同心度　在风机运转的过程中，由于轴承座的螺栓松动或移位、垫片不平等原因会导致轴与轴承不同心，传动带过紧而引起的偏心则会导致轴变形、轴承座与轴承磨损。

离心风机一般有三个轴承，装配轴与轴承时应先将两边轴承座的螺栓拧紧，再用手轻轻转动风机，观察中间的轴承座是否有摆动现象，然后根据轴的转动情况对中间轴承座的位置和垫片进行调整，并拧紧中间轴承座的螺栓。用手转动风机，若转动灵活且有惯性、无摆动和擦碰，说明三个轴承已经同心；若转动沉重，说明三个轴承还不同心，需重新调整，直至转动灵活为止。

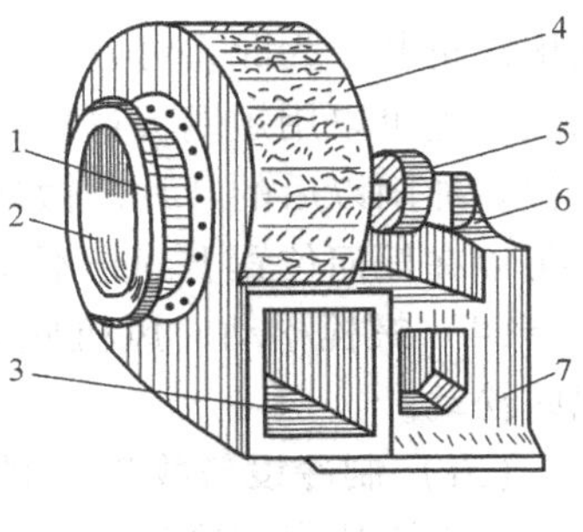

图6-9　带传动式离心风机的结构
1—叶轮　2—进风口　3—出风口
4—外壳　5—带轮　6—轴承
7—机座

风机轴磨损的修复与泵轴磨损的修复方法相同。

（2）轴瓦的磨损　轴瓦的磨损主要是由装配间隙太小、轴瓦缺油、轴承不同心、传动带过紧等原因引起的。若轴瓦磨损不大，可以用刮刀进行修复，再更换垫片进行调整。若轴瓦磨损严重，对于铜轴瓦可以用铜合金棒车削加工或更换新轴瓦，对于轴承合金轴瓦可以重新浇注或更换新轴瓦。

（3）滚珠轴承的磨损　采用的轴承若是滚珠轴承，滚珠损坏或轴承磨损时需更换新轴承。

（4）轴承毡圈的损坏　轴承的毡圈若已经损坏，需更换新的轴承毡圈，以保证良好的润滑。

（5）螺钉的锈蚀　若螺钉已经锈蚀严重，拆不下来，可以用锤子进行振击或气焊进行烘烤，必要时也可以用錾子将螺钉剔除掉。

5. 轴流风机的维修

轴流风机的叶片可以直接装在电动机的轴上，其结构如图 6-10 所示。

（1）轴与风筒中心偏离　螺栓松动、垫片不平等原因都会导致轴流风机的轴与风筒中心线偏离，严重时还会出现叶片与风筒外壳相碰，产生杂声甚至打断叶片。风机运转时若有杂声或中心偏离，应及时进行修理；若叶片折断，应更换新叶片。

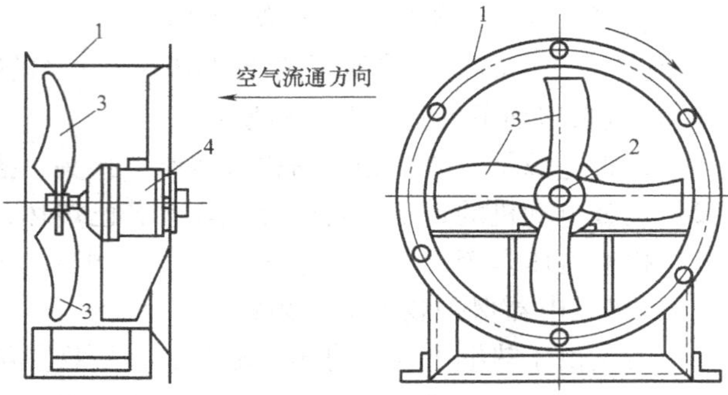

图 6-10　轴流风机的结构

1—外壳　2—心轴　3—叶片　4—电动机

（2）风筒钻孔　为避免冷风机在冲霜以后将水积存在风筒内，水结冰后冻住叶片或叶片擦冰，导致叶片折断或开机时电流过载，可以在风筒的底部钻一个小孔，使积水自行流出。小孔的位置宜选在风机吸入端，以免漏风。叶片与风筒之间的间隙应均匀，若因为风筒不圆引起叶片与其外壳相碰，可以采用锤子垫上木板或木槌敲打风筒外壁，使其成为圆形。

（3）叶片加固　普通风机在冷库内的低温环境下运行时，金属材料会发脆，叶片容易从根部折断。为此，可以采用 ϕ6mm 的钢筋在叶片根部附近焊接成圆圈状，以增加叶根的强度。也可以用短钢板衬垫在叶根的背面，衬板与叶根可以焊接连接，与叶片周围可以铆钉连接。加固以后的叶片需做静平衡试验，叶片对称位置的质量应该相同，拨动叶片以后，叶片可以在任何位置上静止不动。

（4）螺栓松动　风机底座的螺栓或风机与电动机的联接螺栓，需加弹簧垫圈并拧紧，以防松动。

（五）制冷设备故障实例分析及检修排除方法

前面讲述了制冷设备的一般检修方法，但是遇到具体的问题，还要根据制冷系统组成的特点，制订具体的检修方案，在保证安全不出事故的前提下，把故障排除。

1. 氨泵的故障实例分析及检修排除方法

【实例一】　某冷库投产后，一年运转基本正常，某天屏蔽氨泵发出吱吱的响声后自动停止运转。试分析原因，应怎样进行故障排除？

（1）故障分析　从这一故障看，氨泵出现异常声音主要是氨泵吸空不排液的征兆。引起这一故障的原因有低压循环桶液面过低、吸入压头不够、泵内油过多、进液管路的过滤器污物和油过多等。根据以上情况对氨泵拆修排除故障。

（2）故障检修　检修的步骤如下：

1）关闭氨泵的进、出液阀，开启抽气阀（减压阀），将氨泵内和进、出液管内的液体抽净。当氨泵和出液管不结霜时标志着氨液已抽净。

2）抽净氨液后，可做拆卸氨泵和过滤器的准备工作，包括安全设备和检修工具的准备。

3）拆修过滤器和氨泵。先拆液体过滤器盖，拆开后，基本没有氨的气味时，可取出滤网，进行清洗。取出滤网后，里边的砂粒、焊渣、铁锈等污物已经塞满了，油污也不少，清洗后装好。拆开氨泵后，除有少量油外，无其他问题，装好后开泵运转正常，故障排除。

【实例二】　某冷库采用氨泵供液系统，使用一年半运转正常，随后出现氨泵排液不正常，拆卸氨泵及过滤器检查，没有发现问题，但氨泵还是不排液。进一步分析可能是低压循环桶内的油过多造成的，用低压循环桶的放油管放油，油放不出来。试分析怎样才能把油放出来。

（1）设计低压循环桶的排油方案　本故障表面来看是氨泵不排液，造成这一故障的真正原因是低压循环桶的油过多，并且从放油管放不出来。该系统采用氨泵供液系统，并设置了融霜排液的排液桶，根据实际情况，要把低压循环桶的油放出来，必须采用对低压循环桶加压的方法。从哪里对低压循环桶加压呢？

加压的方法有两个，一是通过某个冷藏间加压后，从库房的回气管加压；二是通过排液桶的放油管向低压循环桶加压。

（2）排除故障　设计好加压方案后，先采用第一种方法加压。用这个方法加压到0.5MPa后，油还是放不出来。于是采用第二种方法，即通过排液桶的放油管向低压循环桶的放油管倒加压。排液桶加压到0.4MPa时，打开放油阀，向低压循环桶内加压加不进去。于是继续加压，加压到0.5MPa时，快速打开放油阀，低压循环桶内发出响声后，向低压循环桶加压开始了。低压循环桶内加压到0.4MPa时，关闭排液桶的放油阀，打开集油器的进油阀和低压循环桶的放油阀，向集油器放油。1min后低压循环桶的放油管又堵塞了。再通过几次加压和放油，才把低压循环桶内的污物和油放净，一共放出了80多千克油。氨泵一年多运行正常。

（3）维修总结　在过去设计的冷库中，一般中小型冷库采用一个集油器，大型冷库采用高、低压两个集油器。但低压循环桶的放油问题一直是难以解决的问题。为了解决这一难题，有关设计部门和制冷设备的厂家联合设计生产了低压循环桶专用的DJY—1型集油器，解决了低压循环桶放油难的问题。

2. 阀门的故障实例分析及检修排除方法

【实例三】　某冷库的一个冷藏间，在热氨冲霜前排管结霜均匀，而且结霜很厚，该冷间冲霜后，调整为回气阀全开，供液阀也开启进行降温时，顶排管的下层不结霜，上层靠气体集管处管子结霜1～2m。试分析这一故障原因，怎样进行检修排除？

（1）故障分析　根据以上现象分析，此故障是由这一个冷藏间蒸发器的供液阀阀芯脱落造成的。因为在热氨冲霜前结霜均匀，供液正常，冲霜后就不结霜。为什么上层排管能结1～2m的霜呢？这说明回气阀开启后是正常的，其他蒸发器中回来的湿蒸气导致上层回气管少量结霜。

（2）故障排除　症结所在已分析清楚，怎样进行检修排除呢？首先应准备一个与供液阀相同型号的阀门，并准备安全器具和钳工工具。先对该蒸发器与有关管路进行抽空是关键所在。

若抽空工作顺利，就能安全地把供液阀阀芯换好，否则可能出现跑氨事故。在抽空工作中，首先应将蒸发排管抽空，可通过该房间蒸发器的冲霜回液管路，经过排液桶或者低压循环桶有关管路进行蒸发器的抽空工作。这样抽空后，排管内的氨液能抽干净。另外，应将液体调节站集管和氨泵出液管内的氨抽净。具体做法是将氨泵停止运转，关闭其他冷藏间的供液阀，氨泵的出液阀应是开启的，若氨泵出液管上没有安装止回阀，可开启氨泵上的减压阀（抽气阀），把氨泵的出液管和液体调节站上的液体集管内的氨液抽干净。

若氨泵出液管上装有止回阀，用以上方法就无法抽空，应采用其他抽空方法。先使氨泵停止运转，关闭排液阀，选其他一个冷藏间进行冲霜排液，然后通过这个房间管路开启供液阀，将液体调节站集管和氨泵出液管的氨液抽回到排液桶或者低压循环桶，氨液抽净后，关闭该冷间的供液阀和液体调节站的总供液阀。再拆阀芯使阀门脱落。拆阀时的注意事项按本项目的有关要求进行。必须准备好防毒面具、橡胶手套、通风机等安全器具，做到有备无患。拆开法兰，无太大氨气味时，看法兰片是否完好。若破损，应清除旧垫片，换上新垫片后，迅速将准备好的新件装好。

若某冷间出现回气阀芯脱落现象，降温时，冷间排管会不结霜，或者结很少的浮霜，检修排除方法可参照以上方法进行抽空。冷间的抽空方法和以上方法相同，不同之处是将气体调节站的集管里的氨抽净即可。然后关闭有关阀门，将阀芯脱落的回气阀拆掉换上新阀芯。做这一工作时，必须按拆氨阀的要求做，从最坏处着想，向最好处努力，就一定能安全地排除故障。否则，准备不足，一有特殊情况，就可能出现跑氨事故，千万不可粗心大意。

【实例四】 某大型冷冻厂，总调节站上的一个膨胀阀，阀杆被磨细，换上新盘根后还是向外泄氨。同时，阀芯也内漏。因此，决定换该阀的阀杆和阀芯。在换阀芯时，出现了大量跑氨事故。

该厂是个大型综合厂，其总调节站既有高温部分，又有低温部分，两部分由旁通阀连通。所换的膨胀阀在总调节站的低温部分。抽空时，把高压储液桶来的供液阀和中间冷却器来的供液阀全部关闭。将低压循环桶的供液膨胀阀全部打开，15min后，总调节站上的液体集管发凉并结霜，这时认为把管内的氨已抽净。关闭膨胀阀上面的截止阀，与低压循环桶切断联系。开始拆卸时，要检修膨胀阀的阀盖螺丝，拆下4个螺母后，用锤子轻轻敲阀盖，“啪”的一声阀盖被里边的氨冲出来，机房内严重跑氨。制冷压缩机紧急停机。厂里打电话请来了消防队和防化连的解放军战士，找到被打出的阀芯，重新安上，制止了事故继续发展。但阀芯没有换上。试分析这一跑氨事故是从哪些方面引起的，怎样做才能避免类似事故的发生？

（1）故障分析　造成这次跑氨事故的主要原因是阀门内漏，而且是高压供液阀门内漏为主，应进行检查；其次是抽氨判断失误，即没有把氨抽净时，误认为抽净了，给检修人员的安全感造成错觉；再次拆阀的操作人员没有按照安全方法进行工作，他把阀盖的4个螺母全部拆下来是错误的，应该把螺母松3～4扣，松一下阀盖看是否有大量氨溢出。若按以上做法，阀盖松动后有氨液溢出时，快速将阀盖推紧，带上防毒面具，打开通风机，另外的人员迅速把阀盖螺母拧紧，可避免大量跑氨事故的发生。这里需要说明的是操作人员还有一定的安全知识。也就是他在用锤子松动阀盖时，没有在阀盖的正面而是在侧面。若在正面，阀芯被氨压力打出后，将他击倒，会有氨中毒而引起人身伤亡事故发生。

（2）故障排除　首先应把高压管内的液体抽净。具体操作应是将高压储液桶的出液阀关闭，把高压管路的液体通过开大膨胀阀后抽到低压循环桶去，然后关闭中冷器蛇形管的进、出液阀，再关闭向调节站供液的高压液体阀和蛇形管来的供液阀。为了安全起见，打开氨站上的有关阀门，使总调节站上的集管接通大气，基本没有氨味时，可安全地将膨胀阀芯拆旧换新。同时，对高压供液阀泄漏处进行检验或更换新件，通过检查，中冷器蛇形管的供液阀内漏，一起进行检修处理。

从以上检修事故中可以吸取这样的教训：在换阀芯时，尤其是高压阀芯，要特别注意被关闭的阀芯是否泄漏；在局部抽空时一定要细心观察。如遇以上事故，若在抽空时总调节站上没有压力表，可和加氨站连通，通过观察加氨站上的压力表的变化即可得出正确的判断。在拆卸氨阀时，一定要按拆阀的步骤和注意事项进行。在处理故障之前，一定要想到发生事故的可能性，做到有备无患。在采取具体措施上要严密细微，不能有丝毫的疏漏。这样才能将故障安全无误地处理妥当。

【实例五】　某500t冷库，大修后试车时，制冷压缩机吸气压力很低，是氨泵供液系统，用的屏蔽泵，试分析这一故障的原因，怎样进行检修排除？

（1）故障分析　从以上故障现象看此故障是低压系统供液不足造成的。高压储液桶的液面为桶高的70%，循环桶的液面接近50%。再开大循环桶的供液阀，循环桶的液面过高，压缩机要出现湿行程。又检查了氨泵的进、出液阀也都处于开启状态。供液少的原因在哪里呢？再仔细检查，用小锤敲击氨管，在止回阀前后的声音不一样。可以确定，氨泵的止回阀不能自动打开。

（2）故障排除　要消除这样的故障，应拆下氨泵的止回阀检查原因。需要将氨泵及进液管和出液管的氨抽净。关闭氨泵的进、出液阀，开启降压阀，进行抽氨工作。为了加速氨的蒸发，可在氨泵上浇水。当氨泵不结霜时，可视为氨已抽净。在拆卸阀门时，应按本项目讲述的有关阀门拆卸注意事项去做，不能粗心大意。

拆下止回阀后，里边的污物很多，同时也有生锈现象，用木棍顶着阀芯，手槌打击木棍，阀芯也不活动，用汽油浸了一段时间后，再打击，阀芯才活动了。将阀芯拆下后，阀芯升程和阀芯生锈处用细砂纸打磨，用汽油清洗后，把止回阀涂上冷冻油，装复后，用木棍推动止回阀芯活动灵活，装到氨泵排出管上。制冷系统运转试验时，机器的吸气压力不低了，氨泵和整个制冷系统运转正常。

从排除的这一故障可看出，大修时，即使认为没有问题的阀门，试压检漏后，也应进行拆卸检查和清洗，否则就会出现隐患。以上的例子就是实际的证明。

【实例六】　某厂低压循环桶向氨泵供液的出液管，靠近低压循环桶的地方有针形小孔泄漏，其出液阀在检修氨泵时也发现有内漏现象，要检修以上故障，怎样处理低压循环桶的氨才是安全的？

（1）故障分析　要对泄漏点补焊，并更换低压循环桶出液阀的阀芯，必须将低压循环桶内的氨液和油处理干净，接通大气后才能进行。氨的处理工作是安全检修的关键环节，做好了，能顺利地完成排除故障的任务；做不好，就会出现跑氨事故，甚至出现重大人身伤亡事故。

（2）故障排除　因为低压循环桶有隔热层，里边的氨液难以自然蒸发而被压缩机抽净。处理氨的思路和方法如下：

1）要考虑到老设备阀门有可能会内漏，因此，切断系统时要关闭两道阀门。特别要注意的是，关闭两道阀门时要绝对保证两个阀门间不会是满液，尤其是低压供液管段的阀门间不应是满液。在低压阀门中，不但要关闭循环桶的进气阀，还要关闭气体调节站上各房间的回气阀。高压阀门中，应将总调节站的供液阀（没有总调节站的，可关闭高压储液桶的出液阀）关闭，高压管路的液体抽完后，再关低压循环桶的供液阀。氨泵进出液管内的液体也要抽净，切断与系统的联系。

2）低压循环桶内的氨液与油的处理。首先是在集油器放油管上接上橡胶管通到室外的水池中，打开放油阀，直接向外放油。若因低压循环桶的油管过细，油温过低，油粘度大放不出来时，可考虑加压向外放。因低压循环桶没有安装高压气体加压阀门，可另想办法加压。

若该制冷系统设置排液桶时，可通过排液桶的放油管和低压循环桶的放油管倒加压至低压循环桶，当低压循环桶加压至0.4～0.5MPa时，关闭排液桶的放油阀和集油管的减压阀；开集油器的进油阀，并微开集油器的放油阀，将低压循环桶的油和液体放到室外的水中。若一次放不干净，可按以上放法进行2～3次，直至将低压循环桶中的氨放净为止。

若制冷系统没有设置排液桶，循环桶倒加压放氨的方法无法进行。若该系统是双级运行，也可以考虑用中间冷却器放油管倒加压的方法进行。无论从中冷器或排液桶向低压循环桶倒加压放氨的方法，都要把该容器的氨液处理干净后再进行低压循环桶倒加压放氨工作。否则，将排液桶和中冷器的氨液放出来既浪费又污染环境，同时也是很危险的。

若系统是恒温库，单级压缩，既无排液桶又无中间冷却器时，低压循环桶倒加压无法进行。而且因油管过细，污物过多，油管头阻塞了。这时应怎样处理呢？可以从某冷间加压后，再通过回气阀（其他冷间的回气阀关闭），向低压循环桶加压至0.4～0.5MPa，但因严重阻塞放油管还是不通。还有什么方法可把低压循环桶的氨液抽出来呢？可用机器抽氨的方法解决。机器抽空时可把放油阀拆下来，用铁棍通放油管，阻塞解除后，从放油管处进热空气，与氨混合，一起被抽出（这时应将机器的排空阀打开，接上橡胶管通到机房外的水池中），直到机器排到外面的气体基本无氨气味时，低压循环桶的液体被排干净，可停机。若油管内还有氨液溢出，可再开机抽空，直到停机后，基本无氨味。油管又接通大气时可以进行焊补漏点和修理阀门泄漏处。

从以上故障处理方法看，低压循环桶中氨的处理方法有几种，应从最简单的入手，在条件不允许的情况下可采用开机抽空法。必须保证抽干净，确保安全的条件下进行故障检修，决不能轻视抽氨的处理过程，这是应严格遵守的。

思考与练习

一、判断题

1. 若制冷系统的故障出现在储液器或冷凝器出液阀到压缩机吸气阀之间的低压区，可

以将制冷剂收集到系统高压侧的储液器或冷凝器中。(　　)

2. 抽取系统中氨液的过程中，需用磅秤严格控制氨液进入氨瓶中的重量，一般不得超过氨瓶容积的80%。(　　)

3. 制冷系统出现故障时，在系统抽取制冷剂之前，除高、低压区段的分隔阀之外，其他阀门应全部开启。(　　)

4. 水冷式冷凝器的除垢方法包括手工除垢、机械除垢、水质稳定剂预防结垢、酸洗除垢等方法。(　　)

5. 对氟利昂系统进行检漏时，可用酚酞试纸、卤素灯或电子检漏仪等进行检测。(　　)

6. 泄漏是蒸发器常见的故障，若泄漏点出现在管板处，可采用电焊的焊接方式进行补焊，但不得采用气焊。(　　)

7. 感温包的包扎位置不正确、膨胀阀损坏或膨胀阀的传动杆太长都可能使热力膨胀阀关闭不严或无法关闭。(　　)

8. 若浮球阀的阀芯和阀座孔之间不严密，可采用研磨法或更换密封填料法进行修复。(　　)

9. 齿轮氨泵、屏蔽氨泵是向蒸发器提供氨液的两种常用氨泵，相比之下齿轮氨泵很容易发生气蚀。(　　)

二、问答题

1. 风冷式冷凝器为什么必须定期除尘?
2. 试述导致电磁阀断电后不关闭或关闭不严的各种原因及维修方法。
3. 试述氨制冷设备中处理制冷剂的方法及步骤。
4. 齿轮氨泵维修完毕以后，各零件组装的顺序是怎样的?
5. 如何对壳管式冷凝器进行酸洗除垢?
6. 试述满液式蒸发器内发生油堵时常用的维修方法。

项目七　制冷系统的安全技术

一、学习目标

终极目标　掌握冷库制冷系统的安全知识和制冷装置的安全操作，能够对压力容器安全管理；对制冷系统事故有预防措施和紧急救护的知识。

基本目标

1）熟悉冷库制冷系统的安全装置。

2）掌握制冷压缩机和设备的安全操作。

3）掌握制冷设备的安全管理。

4）掌握制冷系统事故预防的措施。

二、工作任务

掌握制冷系统的安全操作和设备的安全管理；掌握制冷系统事故的应急处理和紧急救护。

三、相关知识

（一）制冷系统的安全装置

制冷系统中的安全装置称为安全器件。制冷系统中的自控元件能对运行参数实行自动检测、自动调节以及有关信号的报警、联锁保护控制，以防止事故的扩大，而安全器件是保证和监护制冷设备安全运转必不可少的组成部分。

1. 压力安全器件

在制冷系统中，压力是一个重要参数。压力的变化能反映出制冷系统运转是否正常，是安全生产的“耳目”。因此，制冷系统中都设有压力检测、显示和控制元件，如因冷却系统故障、压缩机排气阀门未打开或排气管路堵塞等原因，造成排气压力急剧上升，当压力升至压力控制器的设定值上限时，压力控制器就会动作，切断压缩机的电动机电路。

为了防止压力控制器发生故障和失灵，制冷系统中还装有压力安全器件。在选用安全器件时，应选择有制造许可证的单位生产的产品，应符合国家标准和行业标准的规定。安全器件的排出口应装设导管，将排放介质引至安全地点，并进行妥善处理，不得直接排入大气。常见的压力安全器件有以下几种：

（1）安全阀　在制冷系统中，安全阀一般安装在压力容器的壳体上或压缩机的排气腔和吸气腔之间。当压力超高时安全阀动作，将高压制冷剂排放至外界或泄往压缩机的低压部分，以确保安全。

安全阀要求垂直安装，并与压力容器液面以上的气相空间相通。连接管截面不得小于安全阀的进口截面。为便于安全阀的更换和清洗，可在压力容器与安全阀之间装设截止阀。截止阀的结构和通径应不妨碍安全阀的正常泄放。正常运行时，截止阀必须保持全开状态。

安全阀的开启压力对于氨和R22的高压侧为1.8MPa；对于R12的高压侧为1.6MPa。操作人员在使用中不得任意启封和调整，并应经常检查安全阀的锈蚀情况和是否渗漏等。安全阀应定期送往劳动部门进行校验。

（2）安全膜片 安全膜片是一种极薄的金属片，其安装位置和安全阀基本相同。当容器的压力或压缩机的压力差超过规定数值时，膜片就会破裂，超高的压力得到泄放，从而起到安全保护的作用。安全膜片的材质一般为镍、铜或铸铁，其厚度因直径不同一般为0.05~0.3mm。

不同的安全膜片，其工作压力也不同。使用时应核实安全膜片的工作压力和温度是否符合运行要求。安全膜片和容器间的截止阀应处于全开状态。

（3）易熔塞 易熔塞是在空心螺钉中浇注易熔合金制成的一种安全器件，常用于中、小型氟利昂系统，一般安装在壳管式冷凝器、储液器等容器的筒体上。当氟利昂制冷系统因产生故障而使排气压力超过规定值时，冷凝器或储液器中的制冷剂温度也升高。温度升至易熔合金的熔点时，易熔合金熔化，将制冷剂全部泄放。当环境温度因意外事故（如火灾）而高于易熔合金的熔点时，易熔塞同样会泄压保护，使容器避免因过热引起压力超高而发生爆炸。

易熔塞应安装在不直接受高压排气温度影响的部位，一般设置在容器的正常液位以下，但要求便于维修和观察。动作时，排放的气流应不影响操作人员的安全。

氟利昂制冷系统中使用的易熔塞，其易熔合金的熔点一般在70℃左右，易熔合金的配方为：铋（Bi）50%（质量分数，后同）、镉（Cd）10%、铅（Pb）25.7%、锡（Sn）13.3%。

2. *液位安全器件*

为保证制冷系统的正常工作和安全运行，制冷系统中的许多容器必须保持一定的液位。例如，高压储液器在正常使用中，桶内液面应保持在40%~60%，并要相对稳定。如果液面超过80%，就可能因压力过高发生事故；而液面低于30%时，则不能保证制冷系统的正常供液，还会使高压储液器失去液封作用。又如低压循环桶的液位过低时，氨泵容易产生气蚀，使氨泵损坏；而当液位过高时，压缩机有可能吸入液体，产生液击事故。因此，液位的控制对于制冷系统的安全运行是很重要的。

目前，制冷系统中常用的液位测量和控制元件有浮球阀和电感式浮球液位控制器等。电感式浮球液位控制器与电磁阀配合使用，可实现对液位的测量和控制。当电感式浮球液位控制器或电磁阀失灵时，液位仍会升高。通常使用两个浮球式液位控制器来确保安全，例如低压循环桶上有两个UQK-40型浮球式液位控制器（见图7-1）。下面一个控制器和供液电磁阀配合使用，维持低压循环储液器的正常液位；上面一个控制器则用作安全器件，当液位超过规定值，达到上面一个控制器的设定值时，控制器就会报警并切断压缩机的电路，防止事故的发

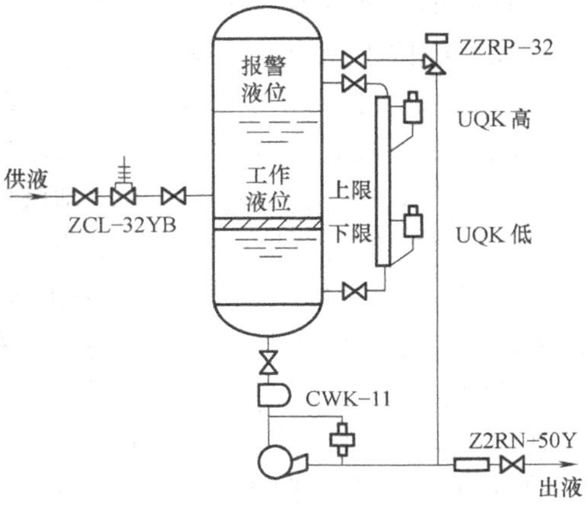

图7-1 电感式浮子液位控制器的使用

生。

3. 温度安全器件

温度是制冷系统中最重要的参数之一。温度变化可直接反映出系统是否正常，因此，对温度进行监控是必不可少的重要工作。

测量温度的仪表种类很多，根据原理的不同分为温度检测和调节仪表。通常使用温度调节仪表作为温度安全器件。当系统或设备因故障而使某部位温度升高超过调节仪表的设定值，或温度降低低于调节仪表的设定值时，温度调节仪表就会报警并切断主电源。

4. 紧急泄氨器

对使用氨作制冷剂的冷库制冷系统，应装设紧急泄氨器。当制冷系统发生严重事故（如发生火灾或爆炸）时，利用该设备将制冷系统中的氨液泄入事故水池，以确保人身和设备的安全，防止事故的扩大。

5. 其他安全保护装置

为了保证制冷系统安全运行，应将压力、液位和温度控制、电动机过载、断水保护等安全防护措施实行联锁，组成一个自动回路。实行安全监视，声光报警，使值班人员随时了解制冷系统的工作情况和事故状况，以便及时处理。另外，还需设置其他安全防护设施：

1）在电路上安装漏电自动保护器，防止触电事故发生。

2）在值班室安装库房呼救警报器，防止库门故障而引起人员冻伤。

3）压缩机机房内应安装通风机，跑氨时可及时通风换气，以便抢修。

4）重要的阀门和管道用颜色和文字作出醒目的标记，以免出现错误操作。

5）机器的运转部件和机房内的高温部件应设置护罩或护栏。

6）用于维修和防护的工具、设施应完好，如消防设施、防毒设备等。

6. 制冷机房与库房的安全设施

1）制冷机房要保持良好的通风。制冷机房日常运行时要通风良好，通风换气次数不应少于3次。

制冷机房应设置事故排风装置。氟制冷机房换气次数不应少于12次。事故排风口上沿距室内地坪的距离不应大于1.2m；氨制冷机房的事故排风量应按$183m^3/(m^2\cdot h)$进行计算确定，且最小排风量不应小于$34000m^3/h$。氨制冷机房的事故排风必须选用防爆型排风装置，排风口应位于侧墙高处或屋顶。

2）机房设置制冷剂气体浓度报警装置。氨气浓度传感器应安装在氨制冷机组及储氨容器上方的机房顶板上。当空气中氨气浓度达到$100g\cdot cm^{-3}$或$150g\cdot cm^{-3}$时，应自动发出报警信号，并自动开启制冷机房的事故排风机。大、中型冷库氟制冷机房应设置氟气体浓度报警装置，气体浓度传感器应安装在制冷机房内距地面0.3m处的墙上。

3）速冻加工间内采用氨直接蒸发的成套快速冻结装置时，在快速冻结装置出口处的上方应安装氨气浓度传感器，在加工间内应布置氨气浓度报警装置。当氨气浓度达到$100g\cdot cm^{-3}$或$150g\cdot cm^{-3}$时，报警装置应自动发出报警信号，并自动开启事故排风机，自动停止成套冻结装置的运行，漏氨信号应同时传送至机房控制室报警。

4）冷藏间内门口附近设置呼唤按钮，呼唤信号应传送至制冷机房控制室或有人值班的房间，并应在冷藏间外设有呼唤信号显示装置。

5）库区及氨压缩机房和设备间（靠近储氨器处）门外应设置室外消火栓。大型冷库的氨压缩机房对外进、出口处宜设室内消火栓并配置开花水枪。

6）大型冷库的氨压缩机房储氨器上方宜设置水喷淋系统，并选用开式喷头。开式喷头保护面积按储氨器占地面积确定。开式喷头的水源可由冷库的消防给水系统供给，操作均可为手动。

7）大型冷库的氨压缩机房储氨器处稀释漏氨的排水及紧急泄氨器排水应单独排出，在排入库区排水管网前应设有隔断措施，并配备有事故水池，提升水泵。事故水池内稀释漏氨的排水及紧急泄氨器排水应经处理达标后排入市政排水管网或沟渠。

（二）制冷系统的安全操作

安全装置对制冷系统的安全运行起到了良好的保证作用。但是，还必须制订科学而合理的操作规程，并严格遵守执行才能杜绝事故发生。制冷设备的操作与调整关系到制冷系统能否安全、经济运行。正确的操作与调整不仅要求操作人员对制冷系统管道安装要熟悉，而且要掌握制冷系统中的每一台设备的操作方法和系统的工况变化。为了保证制冷系统的安全运行，操作人员必须严格遵守各项制冷设备的“操作规程”，以及有关的技术规定，防止和及时处理可能发生的故障和事故。

1. 制冷系统运行中对阀门的安全操作

制冷系统的安全操作主要是控制阀门的启闭。由于阀门操作不当会引起安全故障，所以阀门的操作必须严格遵守操作规程，避免事故发生。操作阀门应注意以下几点：

1）向容器内充灌制冷剂时，阀门的开启操作应缓慢。过快的加载速度会使设备潜在的原有微型缺陷没有足够的时间产生滑移过程，应变率在缺口根部区域增大，从而降低材料的断裂韧度，容易引起脆性破坏。加载速率对材料断裂韧度的影响如图 7-2 所示。材料的断裂韧度 K_{IC} 越低，设备发生脆性破坏的可能性就越大，所以，向容器内加载时，缓慢打开阀门有利于保证容器的安全。

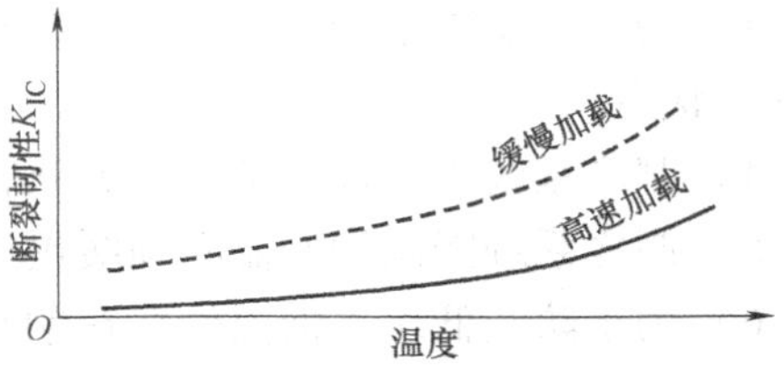

图 7-2　加载速率对材料断裂韧度的影响曲线

阀门是控制制冷系统安全运转必不可少的部件，在制冷系统内应该有一定数量的调节阀、截止阀和备用阀。

2）供液管、排液管、液态制冷剂调整站等管道一般充满液体，在停机之前都应进行抽空。如果关闭进、出口阀门，因吸收外界冷量，液体产生体积膨胀而使设备管道阀门发生爆裂事故，通常称为液爆。液爆事故后果非常严重。充满制冷剂的管路两端的阀门至少要有一个处于开启状态。同理，冷风机在用水冲霜时，严禁将分配站上的回气阀和排液阀全部关闭。在制冷系统操作中，可能发生液爆的部位应特别加以注意，这些部位主要有：

①冷凝器与储液器之间的液体管道。

②高压储液器至膨胀阀之间的管道。

③两端有截止阀的液体管道。

④高压设备的液位计。

⑤氨容器之间的液体平衡管。

⑥液体分配站。

⑦气、液分离器出口阀至蒸发器（或排管）间的管路。

⑧低压循环桶出口阀至氨泵吸入端的管路。

⑨氨泵供液管路。

⑩容器至紧急泄氨器之间的液体管路。

3）开启回气阀时，也应缓慢动作，并注意倾听制冷剂流动的声音，禁止突然猛开，以防液体冲入压缩机内而引起事故。

4）开启阀门时，为防止阀芯被阀体卡住，要求转动手轮不应过分用力，当阀门开足后应将手轮回转1/8圈左右。

5）为了避免因错误操作阀门而发生事故，压缩机至冷凝器总管上各阀门应处于开启状态，并加以铅封。各种备用阀、充工质阀、排污阀等平时应关闭，并加铅封或拆除手轮。对连通大气的管接头应加闷盖。所有控制阀手轮上可以挂启、闭牌，调节站上的阀门应注明控制某冷间或设备的标志，最好在所有靠近阀门的管道上标上表示制冷剂流向的箭头。

2. 制冷设备的安全操作

1）玻璃管液面指示器角阀平时应呈全开状态。为试验其灵活性，应在一个月左右开关一次。开阀时应先开气相阀，后开液相阀；关闭时应先关液相阀，后关气相阀。否则，玻璃管发生意外爆裂时，没有足够的冲击力使角阀内的钢珠压紧在内阀座上，不能起到安全保护作用。

2）安全阀和压力表应定期送检，浮球阀、电磁阀和远距离液位指示器等零件，要定期检查、清洗和校正。压力表的刻度盘上应划出指示工作压力的红线。

3）为了便于安全阀的调试、检测和更换，在安全阀前面可装设截止阀，但截止阀应处于常开状态。

4）制冷系统中的运动部件，如联轴器等应加防护装置，否则，禁止运转。

5）制冷系统降温和升温必须缓慢进行。

6）为了防止低压、低温管路在融霜时受到压力波动和温度变化的影响，规定进入蒸发器前的压力不得超过0.8MPa，并禁止用关小或关闭冷凝器进气阀的方法加快融霜的速度。

7）为防止环境污染和氨中毒，从制冷系统中排放不凝性气体时，需将经过专门设置的空气分离器放入水中。

8）为防止高温、高压的气体制冷剂窜入库房，使机器负荷突增，规定储液器液面不得低于其径向高度的30%。

9）为了防止储液器、排液桶出现满液影响冷凝压力，使系统运行工况恶化，储液器的液面不得超过径向高度的80%。

10）由于制冷设备内的油和氨一般呈有压力的混合状态，为避免酿成严重的跑氨事故，严禁从制冷设备上直接放油。

11）放空气器、集油器上减压阀应处于常开状态，以防止容器内的压力升高。

12）当设备间的室温达到冰点温度时，要及时将冷凝器、缸头冷却器、油冷却器及水管中的存水放尽，以防冻坏设备。

13）低压设备长期停用时，应定期对设备进行抽气减压，以防设备存液因温度升高而造成压力超高。

14）中间冷却器在停用期间，压力不应超过0.5MPa，否则，应及时进行排液降压处理，并查明原因加以消除。

3. 制冷设备与管道检修时的安全操作

制冷设备的检修分为故障检修和定期检修两种。故障检修是在设备发生故障之后，根据情况进行局部修复，定期检修是根据设备运转时间及状况制订的较全面的周期性检修和保养。在设备与管道的检修工作中，应特别注意遵守安全操作规程。

检修前应准备好水管、通风机、灭火器、防毒面具、橡胶手套、防护服装及临时急救物品等，以便在制冷剂泄漏或其他意外情况发生时及时进行抢救。应将所修理的设备、管路与系统的其他部分隔断，并处理好制冷剂。在关闭的阀门上挂上禁开牌，以防误开造成事故。

为防止检修时因设备内残存的制冷剂造成操作者中毒和窒息，特别是为避免氨与空气混合到一定比例后遇到明火发生爆炸，以及氟利昂制冷剂遇到明火分解出剧毒物质，在制冷剂未抽空或未置换完全而未与大气接通的情况下，严禁拆卸机器或设备的附件进行焊接作业。同时，还规定在压缩机房和辅助设备间不能有明火，冬季严禁用明火取暖。

为了防止触电事故发生，在检修制冷设备时，特别是检修库内风机、电器等远离电源开关的设备，须在其电源开关上挂上工作牌，检修完毕后由检修人员亲自取下，其他人员不允许乱动。

在检查和维修机器间和泵房内的机器设备时，必须采用36V以下的电压照明电源，潮湿地区采用12V以下的照明电源。

在检修制冷系统的管道时，若需更换管道或增添新管路，必须采用规定的无缝钢管（氟利昂制冷系统可以采用无缝纯铜管），严禁采用有缝管和水暖管件。

制冷系统在大修后，应进行耐压强度和气密性试验。设备进行焊接或增加连接管道后，应进行气密性试验，合格后才允许使用。

新建或大修后的制冷设备，必须经过气密性试验、检漏、排污、抽真空，当确认系统无泄漏时，才可充注制冷剂。如用充氨试验时，设备内压力不超过0.2MPa。

4. 制冷系统充注制冷剂时的安全操作

充注制冷剂前的准备工作及整个充注过程都必须按照安全技术规程进行。由于充氨危险性大，充注制冷剂时，要求在值班长的指导下进行。以防备万一，还应备有必要的抢救器材。注意：对氨进行操作时，不要戴隐形眼镜。一旦氨溅入眼部，就会和隐形眼镜片发生反应，形成胶状黏膜，会对眼球造成永久性伤害。

向制冷剂的系统内充注制冷剂的量应严格控制在设计的要求和设备制造厂家所规定的范围内，并认真做好称量数据的记录。

充注之前应准备好各种工具和防护用品，操作人员开、关制冷剂钢瓶阀门时，应站在阀门接管的侧面缓慢启闭阀门，以防制冷剂漏出伤人。钢瓶角阀冻住时禁止用明火烘烤，应将钢瓶移到暖和的地方解冻或用温水淋浇解冻。

充注制冷剂时，氨瓶和氨槽车与充氨站的连接管必须采用无缝钢管，或用耐压在3.0MPa以上的橡胶管，与其相接的管头应有防滑沟槽，以防脱开而发生危险。

钢瓶应远离高温热源，不能放在太阳下曝晒。充注现场严禁吸烟或明火作业。

（三）制冷设备的安全管理

制冷系统中的制冷设备都属于压力容器的范畴。为了保证制冷系统的安全运行，制冷作业人员要严格执行《安全技术规程》、《固定式压力容器安全技术监察规程》的有关规定。为了保证压力容器的安全运行，压力容器的产品设计、制造应符合相应的国家标准和行业标准，压力容器的制造厂家必须通过劳动部门的制造资格认证。

1. 压力容器的分类

1）压力容器按设计压力（p）的高低可分为低压、中压、高压、超高压4个压力等级，具体划分如下：

低压（L）：$0.1\text{MPa} \leqslant p < 1.6\text{MPa}$；

中压（M）：$1.6\text{MPa} \leqslant p < 10\text{MPa}$；

高压（H）：$10\text{MPa} \leqslant p < 100\text{MPa}$；

超高压（U）：$p \geqslant 100\text{MPa}$。

2）压力容器按在生产工艺过程中作用的不同，可分为反应容器、换热容器、分离容器和储存容器。

2. 压力容器的条件

1）压力容器所用材料的质量及规格，应符合相应的国家标准或行业标准的规定。

2）产品说明书上应注明：压力容器的名称、类别；材料牌号；设计温度和设计压力；最高工作压力；最大允许工作压力；工作介质名称；容积；压力容器净重及对包装、运输、安装的要求等。

3）压力容器出厂时，制造单位必须在容器的明显部位设置产品铭牌。产品铭牌上至少应标明：制造单位名称、制造许可证编号、压力容器类别、制造年月、压力容器名称、产品编号、设计压力、设计温度、最高工作压力、压力容器净重及监检标记。

4）压力容器出厂时，必须随产品向用户提供以下技术文件和资料：产品说明书；产品质量检验证明书；竣工图（并有设计者及技术审核者确认图章）；压力容器产品的安全质量监督检验证书。

5）压力容器的储存量。压力容器的设计储量按下式计算：

$$w = AV\rho \tag{7-1}$$

式中 w——压力容器的最大储存量，单位为kg；

A——装储系数，一般取0.9；

V——压力容器的容积，单位为m^3；

ρ——设计温度下饱和液体的密度，单位为kg/m^3。

3. 压力容器的安全管理和定期检验

（1）压力容器的安全管理 压力容器安全管理的主要内容有：编制压力容器的安全管理规章制度，组织实施压力容器的安装、试车；压力容器和安全附件的运行、维修和校验；压力容器的改造和报废等技术审查；编制压力容器的年检计划；做好压力容器的使用登记及技术资料管理。

1）压力容器的安全要求。压力容器的使用单位在压力容器投入使用前，应按《压力容器使用登记管理规则》的要求，向地、市级技术监督部门的锅炉压力容器安全监察机构申报使用登记手续。压力容器使用单位应制订严格的安全管理制度，对压力容器操作人员进行安全教育和考核，操作人员应持安全操作证上岗。在制订的操作规程中，应包括以下安全操作的内容：

①压力容器的操作工艺指标，如最高工作压力、最高或最低工作温度等。

②压力容器的岗位操作方法，如开、停机的操作程序和注意事项等。

③压力容器运行中应重点检查的项目和部位。

④压力容器运行中可能出现的故障现象和预防、应急措施，以及在紧急情况下对压力容器的处理和报告程序。

2）压力容器的技术档案。压力容器使用单位必须为每一台设备建立压力容器技术档案。其内容应包括：压力容器登记卡；压力容器的制造单位向用户提供的所有技术资料和文件；检验、检测记录；修理方案和修理记录；压力容器技术改造的方案、图样及质检技术文件和资料；安全附件的校验、修理和更换记录；事故的记录资料和处理报告等。

（2）压力容器的定期检验　压力容器使用单位应制订压力容器年度检验计划，分别报送主管部门和当地技术监督部门锅炉压力容器安全监察机构。技术监督部门的锅炉压力容器安全监察机构负责监督检查压力容器，并安排压力容器的定期检验工作。定期检验工作由压力容器管理的专业人员进行。压力容器定期检验工作包括全面检验和年度检查。

1）全机检验是指压力容器停机时的检验。全面检验应当由检验机构进行。其检验周期为：

①安全状况等级为1、2级的，一般每6年检验一次。

②安全状况等级为3级的，一般3~6年检验一次。

③安全状况等级为4级的，应当监控使用，其检验周期由检验机构确定，累计监控使用的时间不得超过3年。

④安全状况等级为5级的，应当对缺陷进行处理，否则不得继续使用。

2）压力容器年度检查包括使用单位压力容器安全管理情况检查、压力容器本体及运行状况检查和压力容器安全附件检查等。检查方法以宏观检查为主，必要时进行测厚、壁温检查和腐蚀介质含量测定、真空度测试等。

年度检查前，使用单位应当做好以下各项准备工作：

①压力容器外表面和环境的清理。

②根据现场检查的需要，做好现场照明、登高防护、局部拆除保温层等配合工作，必要时配备合格的防噪声、防尘、防有毒有害气体等防护用品。

③准备好压力容器技术档案资料、运行记录、使用介质中有害杂质记录。

④准备好压力容器安全管理规章制度和安全操作规范，及操作人员的资格证。

⑤检查时，使用单位的压力容器管理人员和相关人员到场配合，协助检查工作，及时提供检查人员需要的其他资料。

3）年度检查的主要内容。检查前，检查人员应当全面了解被检压力容器的使用情况、管理情况，认真查阅压力容器技术档案资料和管理资料，做好有关记录。

①压力容器安全管理情况检查的主要内容有：

a. 压力容器的安全管理规章制度和安全操作规程，运行记录是否齐全、真实，查阅压力容器台账（或者账册）与实际是否相符。

b. 压力容器图样、使用登记证、产品质量证明书、使用说明书、监督检验证书、历年检验报告以及维修、改造资料等建档资料是否齐全并且符合要求。

c. 压力容器作业人员是否持证上岗。

d. 上次检验、检查报告中所提出的问题是否已经解决。

②压力容器本体及运行状况的检查主要内容有：

a. 压力容器的铭牌、漆色、标志及喷涂的使用证号码是否符合有关规定。

b. 压力容器的本体、接口（阀门、管路）部位、焊接接头等是否有裂纹、过热、变形、泄漏、损伤等。

c. 外表面有无腐蚀，有无异常结霜、结露等。

d. 保温层有无破损、脱落、潮湿、冷挤。

e. 检漏孔、信号孔有无漏液、漏气现象，检漏孔是否畅通。

f. 压力容器与相邻管道或者构件有无异常振动、响声或者相互摩擦。

g. 支承或者支座有无损坏，基础有无下沉、倾斜、开裂，紧固螺栓是否齐全、完好。

h. 排放（疏水、排污）装置是否完好。

i. 运行期间是否有超压、超温、超量等现象。

j. 罐体有接地装置的，检查接地装置是否符合要求。

k. 安全状况等级为4级的压力容器的监控措施执行情况和有无异常情况。

l. 快开门式压力容器安全联锁装置是否符合要求。

4. 制冷剂钢瓶的安全管理

（1）钢瓶使用的安全要求　在充装制冷剂前，应对钢瓶进行检查，如发现有下列问题，则不能使用：

1）瓶体腐蚀严重，发现有凹陷、伤痕、重皮等缺陷。

2）钢瓶的漆色不符合规定（氨瓶为黄色，氟利昂瓶为灰色）。

3）钢瓶阀门启闭困难或关闭不严。

4）没有安全帽或安全帽无法旋紧。

5）已经超过检验期限。

钢瓶充装时，必须按钢瓶标明的标准充注量充装，决不可以超量充装。

（2）钢瓶运输的安全要求　运输制冷剂钢瓶时应旋紧钢瓶安全帽，钢瓶的上、下两端应套装防振橡胶圈，并必须注意下列事项：

1）押运人员禁止在车上吸烟和坐在钢瓶上。

2）钢瓶头部必须方向一致，并应固定，防止撞击。

3）夏季运输应注意遮阳，避免烈日曝晒。

4）必须轻装轻卸，防止振动。严禁采用抛、滚、滑的装卸方法。

（3）钢瓶储存的安全要求　储存制冷剂钢瓶时一定要注意安全，特别是氨制冷剂钢瓶的储存。储存钢瓶应符合下列要求：

1）仓库必须是不低于二级耐火等级的独立的单层建筑，地面至屋顶的最低点的高度不小于3.2m，屋顶应为轻型结构，地面应平整不滑，仓库的门窗应向外开。

2）仓库温度不得高于35℃，并设有自然通风或机械通风装置。

3）仓库内可装设取暖设备，但必须采用水暖，严禁用明火取暖，注意钢瓶与取暖器应有一定的距离。

4）钢瓶应放置整齐，并留有适当宽度的通道。

5）钢瓶立放时应设有栏杆或支架，以防碰倒钢瓶。氨瓶卧放时头部方向应一致，堆放高度不应超过5层。

6）钢瓶仓库周围10m以内，不得存放易燃、易爆物品，不准进行明火作业。

7）没有专用钢瓶库时，可将钢瓶暂存在距离生产厂房30m以外的临时仓库内，钢瓶数量不得超过500个。

（四）制冷系统作业事故的预防和紧急救护

制冷设备是由压力容器组成的系统装置，制冷剂在制冷系统运转中压力发生变化，处于压力运行状态，具有潜在的爆炸危险。制冷剂的沸点较低，低温的制冷剂液体一旦泄漏出来，溅到人的皮肤上，会造成冻伤，另外，某些制冷剂（如氨等）具有较大的毒性，还会使人产生中毒现象。即使没有较大的毒性的制冷剂，如果在空气中浓度过高，会使人产生窒息。另外，氟利昂类制冷剂在800℃左右的高温下，会分解有毒物质，使人中毒。氨气在空气中达到其爆炸极限浓度时会引起燃烧爆炸。总之，制冷作业的事故归纳起来主要为爆炸、中毒、窒息、冷灼伤以及火灾等。

1. 制冷作业事故

（1）制冷作业爆炸事故　制冷作业的爆炸事故有两种：一种为物理爆炸事故，一种为化学爆炸事故。物理爆炸是单纯的能量急剧释放过程，不伴随着化学反应过程。化学爆炸是一种剧烈的化学反应，同时伴随着巨大的能量释放，爆炸前后的物质发生了变化。化学爆炸必须满足三个必要条件，即可燃物质和空气；可燃物质在空气中的浓度达到爆炸极限；明火。

1）物理爆炸。

①制冷剂在制冷设备里具有较大的压缩性，受压后体积收缩积聚能量，当容器的容积较大时，一旦遇到意外情况，容器或管道爆破，如液爆等。

②违章操作导致设备压力超高而发生爆炸事故。制冷设备运行中，由于违章操作导致设备超压，若安全装置失灵，其压力超出设备强度，造成设备爆炸。引起设备超压的主要原因有：

a. 冷凝压力超高。

b. 由于不正常外部热量的干扰，引起制冷系统饱和蒸气压力增大。如用热氨冲霜或水对低温蒸发器融霜，在高温环境下停机以及周围环境起火时，均会引起制冷系统内局部压力急剧增高，产生超压爆炸的危险。

c. 液体制冷剂充满封闭空间。充满制冷剂液体的管道或容器，在环境温度上升时制冷剂温度上升，压力骤升，因此，将充满制冷剂液体的管道出液阀门关闭，或在容器和钢瓶中超量充装制冷剂是非常危险的，一旦环境温度过高，如夏季阳光暴晒、起火等原因，管道或容器内的制冷剂吸收外界热量，压力骤升。温度每升高1℃，其压力约上升1.5MPa，若压力超出管道或设备强度会发生爆炸或爆裂。一般在制冷系统液爆时，大多发生在阀门处。

制冷系统运行中，对可能发生液爆的部位应特别注意。易发生液爆的部位主要有：冷凝器与高压储液器之间的管道，高压储液器至膨胀阀之间的管道，两端有截止阀的液体管道，高压设备的液位计，液体分配站等。

2）化学爆炸事故。

①氨气遇明火爆炸事故。氨气是一种可燃可爆的气体，爆炸极限为15%～28%，空气中的氨达到其爆炸极限时，遇明火即发生爆炸。为防止出现事故，在日常操作维护时要注意设备的检漏，出现漏点及时处理。检修时，在制冷剂未抽空、未置换完全、未与大气接通的情况下，严禁拆卸设备或在设备的附近进行焊接作业。同时，还规定在机房内不能有明火，冬季严禁用明火取暖。

②用氧气对制冷系统试压时发生爆炸事故。在制冷设备安装和调试过程中，操作人员因违反安全操作规程，用氧气代替氮气或干燥空气对制冷设备进行试压检漏，因氧气特别是带

压氧气具有极强的氧化特性，会与压缩机里的润滑油发生剧烈的氧化反应，导致制冷设备发生爆炸。

③焊接氨制冷系统发生的爆炸事故。在对氨制冷系统进行焊接修补时，由于焊接前未能彻底清除设备里的存氨，以至氨遇明火发生爆炸事故。

（2）火灾事故　氨制冷剂具有可燃性，遇到明火会燃烧，氨的自燃温度是630℃。另外，机房内往往备有清洗用的油料等，若存放不当，也容易引发火灾。

（3）制冷剂的中毒、冷灼伤事故　制冷剂对人生理上的影响，较为严重的有中毒、窒息和冷灼伤。引起中毒的制冷剂有氨和二氧化硫，引起窒息的制冷剂有氟利昂类，所有制冷剂都会引起冷灼伤。

引起制冷剂泄漏的原因主要有以下几个方面：

①金属在低温下的脆性破坏。制冷设备在低温的情况下应有足够的韧性，否则，会因脆性破坏导致事故的发生。特别注意的是：低温管道保冷层失效，管道外表面结冰，管道在冷热交替变化时产生的应力易造成管道薄弱环节破裂。

②在制冷作业中，载冷剂的冻结事故往往会造成换热管的泄漏。如冷盐机组因冷媒水断水等原因造成冷媒水冻结，蒸发器换热管冻裂。

③热应力产生的危险。制冷系统在运行操作中，由于温度的变化会产生热应力，系统温度的突然变化会使受热器件产生较大的热胀冷缩。特别是低温状态下，遇到温度的突然升高，如进行热氨冲霜时，较大温差对蒸发器及管道产生的冲击较大，故在系统的薄弱环节，如接口或坡口等处易产生破裂，造成制冷剂的泄漏。

目前使用的制冷剂品种已达近百种，绝大部分用于化工低温和特殊场合，用于食品冷冻和空调制冷的仅有十多种。常用的制冷剂对人类的危害分为以下两个方面：首先是对人身和设备的直接危害；其次是对环境的破坏，间接的危害人类。直接危害表现在制冷剂自身所具有的毒性、燃烧性和对材料的腐蚀性。对环境的破坏表现在使大气层中臭氧量急剧减少，地球温室效应增加。常用制冷剂的燃烧爆炸性见表7-1。

表7-1　常用制冷剂的燃烧爆炸性

制冷剂种类	制冷剂	化学名称	可燃性			实用极限值	
			燃点/℃	爆炸时在空气中的含量		容积(%)	质量浓度/(g/m^3)
				下限	上限		
一类	R11	一氟三氯甲烷				10	570
	R12	二氟二氯甲烷				10	500
	R13	三氟一氯甲烷				10	440
	R13B1	三氟一溴甲烷				10	610
	R21	一氟二氯甲烷				25	100
	R22	二氟一氯甲烷				10	360
	R113	三氟三氯乙烷				2.5	185
	R114	四氟二氯乙烷				10	720
	R115	五氟一氯乙烷				10	640
	RC318	八氟环丁烷				10	800
	R500	—				10	410
	R502	—				10	460
	R744	二氧化碳				5	95

（续）

制冷剂种类	制冷剂	化学名称	可燃性			实用极限值	
			燃点/℃	爆炸时在空气中的含量		容积(%)	质量浓度/(g/m³)
				下限	上限		
二类	R717	氨	630	15	28	—	30
	R30	二氯甲烷	—	—	—	—	—
	R40	氯甲烷	625	7.1	18.5	4	90
	R611	甲酸甲酯	456	4.5	20	22	58.8
	R764	二氧化硫	—	—	—	—	—
	R160	氯乙烯	510	3.6	14.8	1.8	51.8
	R113	二氯乙烯	458	6.2	16	2.8	122
三类	R170	乙烷	515	3.0	15.5	1.6	21.45
	R290	丙烷	470	2.1	9.5	1.2	23.65
	R600	丁烷	365	1.5	8.5	0.9	23.35
	R600a	异丁烷	460	1.8	9.5	0.9	23.35
	R1150	乙烯	425	2.7	34	1.4	7.5

制冷剂的毒性等级分为6级，1级毒性最大，6级最小。每一级之间还分为a、b两级，a级的毒性比b级大。常用制冷剂的毒性见表7-2。

表7-2　常用制冷剂的毒性

制冷剂	毒性等级	相对体积质量	发生危险的条件	
			容积含量(%)	停留时间/min
R764	1	2.07	0.5～0.8	5
R717	2	0.55	0.5～0.8	30
R30	3	2.74	5.0～10.0	30
R22	4	3.55	10.0～15.0	30
R11	4	4.44	5.0～10.0	30
R12	5	3.93	25.0～30.0	60

为了防止制冷剂对人体的伤害，应该使机房内空气中的制冷剂含量不要超过允许的限度，这一限度大致如下：氨0.2g/m³，碳氢化合物30～40g/m³，各种氟利昂100～700g/m³。

氨是一种有毒的刺激性气体，常温常压下为气体，氨可以通过呼吸道和皮肤侵入人体。氨易溶于水，常作用于眼结膜、上呼吸道及其他暴露于空气中的粘膜组织，附着粘膜后，成为碱性物质，对粘膜产生强烈的刺激作用。氨气被人体吸入后，当即出现咳呛不止，憋气、气急、流泪、怕光、咽痛等症状。如吸入氨气浓度很高时，还会出现口唇、指甲青紫等缺氧症状，伴有头晕、恶心、呕吐、呼吸困难等。有的病人咽部水肿，甚至出现肺炎和肺水肿。氨气能严重地刺激眼、鼻和肺粘膜。氨气不仅能通过呼吸道和皮肤造成人员的中毒事故，而且氨强烈的刺激性还会对人的眼睛造成伤害，严重者甚至失明。慢性氨中毒还会引起慢性气管炎、肺气肿等呼吸系统疾病。表7-3列出了空气中氨的含量对人体生理的影响。

表 7-3 空气中氨的含量对人体生理的影响

人体生理的影响	空气中氨的含量/g·m^{-3}	人体生理的影响	空气中氨的含量/g·m^{-3}
可以感觉氨的最低浓度	53	刺激眼睛	698
长期停留也无害的最大值	100	引起强烈的咳嗽	1720
短时间对人体无害	300～500	短时间(30min)内有危险	2500～4500
强烈刺激鼻子和咽喉	408	立即引起致命危险	5000～10000

氨属于生碱性物质，当碱性物质与肌体蛋白结合后，形成可溶性碱性蛋白，并溶解脂肪组织，随着碱性物质不断渗入深部组织，其创面不断加深，引起化学烧伤。

氨液溅到人体上，将吸收人体表面的热量汽化，热量失去过多则会造成冻伤。化学冻伤同时伴有化学烧伤。化学冻伤的症状是先有寒冷感和针刺样疼痛，皮肤苍白，继之出现麻木或丧失知觉，肿胀一般不明显，而在复温后才会迅速出现。

图 7-3 过滤式防毒面具
1—面罩 2—导管 3—滤毒罐

2. 防护用品和抢救药品

正确选择和合理使用个人防护用品是预防职业伤害、保证人身安全和正常生产的重要措施。为此，制冷机房需要配备防毒面具、氧气呼吸器及防化服等防护用品。

（1）防毒用具 常用的防毒用具有过滤式防毒面具和氧气呼吸器。

1）过滤式防毒面具。过滤式防毒面具如图 7-3 所示。它由面罩、导管和滤毒罐组成，面罩根据大小分为 1、2、3、4 四种型号，导管采用螺旋管式，可以旋转和折叠。滤毒罐内装有活性炭，用来过滤毒气。但若毒性气体体积比超出 2%（氨气为 3%）时，就不能起到防护作用。

在使用时，先将挎包背好，用导管将面罩与滤毒罐连接起来，检查面具的致密性：用手堵住过滤罐的进气孔，深呼吸，如无空气进入，则面具致密可用，否则应修理或更换。然后打开滤毒罐下塞，做几次深呼吸，如感觉呼吸顺畅，即可进入抢救区。在抢救中如闻到微弱的刺激气体时，应立即离开有毒区域。

在保管时，要将滤毒罐的螺母拧紧，塞上橡胶塞保持密封，以免受潮失效。滤毒罐应保存于干燥、清洁、空气流通的地方，严防潮湿，过热。

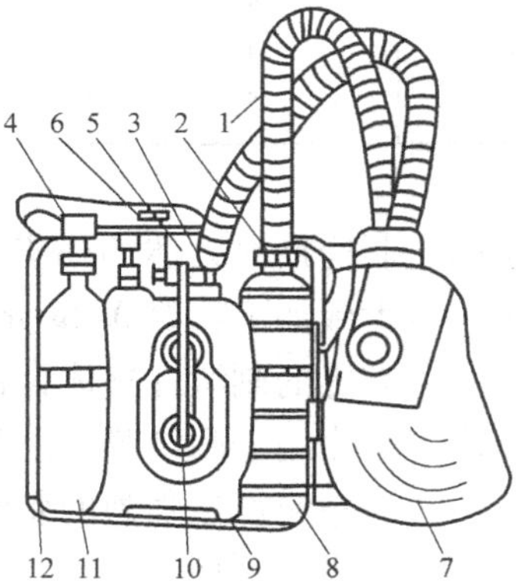

图 7-4 AHG—2 型氧气呼吸器
1—软管 2—呼气阀 3—吸气阀 4—减压阀 5—压力表 6—哨子按钮 7—面罩 8—清净罐 9—气囊 10—排气阀 11—氧气瓶 12—外壳

2）氧气呼吸器。氧气呼吸器（以 AHG—2 型为例，如图 7-4 所示）是利用氧气和氢氧化钙吸收剂的隔绝再生原理制造的。人的肺部呼出的气体，经呼气阀进入清净罐，清净罐内的氢氧化钙吸收了呼出气体中的二氧化碳，而其他气体进入气囊。氧气瓶中的氧气经减压后也进入气囊，与其他气体混合成含氧空气。当使用者吸气时，含氧空气由气囊经吸气阀和吸气软管进入面具，被使用者吸入。由于吸气阀、呼气阀是单向活门阀，所以气流方向始终是单方向的循环。氧气瓶的储量可有效工作2h，所以氧气呼吸器又称为“2小时呼吸器”。

氧气呼吸器的使用方法如下：

①佩戴好氧气呼吸器，打开氧气瓶阀，检查氧气瓶的氧气压力。压力表应指示为0.25～0.30MPa（表压）。

②手动按下气囊上的补给按钮，排除气囊中原来积存的气体。

③戴好面具，进行几次深呼吸，检查面具是否漏气，呼吸器的机件是否工作良好，确认正常后才可进入急救现场。

④情况紧急或需要帮助时，可按下呼吸器外壳上的哨子按钮报警。

⑤防毒用具及救护药品应妥善放置在机器房进口处的专用箱内，并定期检查其是否处于良好状态。过滤式防毒面具的滤毒罐使用后应进行再生处理：将150℃的热空气以30L/min的流量通过滤毒罐，经3～4h后滤毒罐的吸附能力即可恢复。

应定期检查氧气呼吸器的各部位是否正常，氧气瓶的压力应维持在规定值，清净罐内的氢氧化钙药剂应定期更换。

（2）抢救药品

1）柠檬酸（$C_6H_8O_7$），呈淡黄色，可以冲服，漱口，能形成酸蒸气中和氨。

2）醋酸（$C_2H_4O_2$），呈白色，既能稀释后漱口又能形成酸蒸气中和氨。

3）硼酸（H_3BO_3），呈白色，砂粒状，可以清洗眼中氨液，也可从鼻滴入中和氨。

4）烫伤膏，用于氨液溅到皮肤后所形成的冻伤。

（3）抢救设备

1）手套，在制冷剂大量逸出时，关闭阀门时要带上橡胶手套，以防手被灼伤。

2）防毒衣，它是一种帽、衣和鞋连在一起的抢救服装，和防毒面具配合使用。

3）消防栓，以消防为主，也能降低氨泄漏时氨的浓度，大量吸收氨，减轻氨的蔓延。但在电器设备较多的场合不宜使用。

4）灭火器。

3. 紧急救护

（1）发生漏氨的急救措施　事故发生时，当班操作人员要沉着镇静，不应惊慌失措，以免乱开或错开机器设备上的阀门，导致事故扩大。必须正确判断情况，组织有经验的技工穿戴防护用具进入现场抢救。如果是高压管道泄漏，应立即停止压缩机运行，切断漏氨部位与系统连通的管道。若管道不长，可采用放空的办法，待管内余氨放完，并置换后进行补焊。如果是低压管道（如冷库内冷却设备）漏氨，应迅速查明漏点，关闭其供液阀。由于库房氨气浓度很高，可开风机排除，并用醋酸溶液喷雾中和。若条件允许，可起动压缩机将该冷却设备内的氨液抽回。操作人员可根据制冷系统的不同特点和具体情况，采取灵活、安全、有效的处理方法。

（2）发生氨中毒的急救措施　氨对人体造成的伤害，大致可分为三类：

1）氨液溅到皮肤上会引起冷灼伤的伤害。

2）氨液或氨气对眼睛有刺激性或灼伤性伤害。

3）氨气被人体吸入，轻则刺激器官，重则导致昏迷甚至死亡。

当氨液溅到衣服和皮肤上时，应立即把氨液溅湿的衣服脱去，用水或2%硼酸水冲洗皮肤，注意水温不得超过46℃，切忌干加热，当解冻后，再涂上消毒凡士林或植物油或万花油。若发生氨液冻伤，复温是急救的关键，用40～42℃的温水或2%的硼酸水浸泡，使被冻伤的肌体在15～30min内温度提高到接近正常体温。在冻伤不太严重的情况下，还可以对冻伤部位进行轻微的按摩，促进血液循环，以利于冻伤升温。但是不要将冻伤部位划破，以免增加感染机会。

当眼睛溅上氨液时，必须就地用清洁水或生理盐水或2%的硼酸水进行冲洗，冲洗时眼皮一定要翻开，患者可迅速开闭眼睛，使水布满全眼，然后请医生治疗。

当呼吸道受氨气刺激引起严重咳嗽时，可用湿毛巾或水弄湿衣服，捂住鼻子和口，由于氨易溶于水，因此，可显著减轻氨的刺激作用；或用食醋把毛巾弄湿，再捂口、鼻，由于醋蒸气与氨发生中和作用，使氨变成中性盐，这样，也可以减轻氨对呼吸道的刺激和中毒程度。

当呼吸道受氨刺激较大而且中毒比较严重时，可用硼酸水滴鼻漱口，并给中毒者饮柠檬汁。但切勿饮白开水，因氨易溶于水会助长氨的扩散。

当氨中毒十分严重，致使呼吸微弱，甚至休克、呼吸停止时，应立即进行人工呼吸抢救，并给中毒者饮用较浓的食醋，有条件时施以纯氧呼吸，然后立即请医生或将中毒者送医院抢救。

不论中毒或窒息程度轻重与否，均应将患者转移到新鲜空气处进行救护，不使其继续吸入含氨的空气。

（3）氟利昂的窒息中毒　氟利昂制冷剂大多具有轻微的毒性。但是，它的密度比空气大，易积聚。因此在窄小的作业场所，如果氟利昂泄漏严重时，会使人产生窒息。窒息分为突然窒息和逐渐窒息两类。突然窒息是指空气中制冷剂的含量很高，操作人员立即失去知觉，好象头部受到打击一样而跌到，可能在几分钟内死亡。另一类是逐渐窒息，制冷剂在空气中含量不高，而使人慢慢地发生窒息，这种情况通常很容易被人们所忽视，因此对人体造成伤害的可能性较大。所以，在进行设备的操作维护过程中一定要注意机房内的通风换气。

（4）制冷剂的冻伤事故　液体制冷剂溅到人的皮肤上会使皮肤和表面肌肉组织损伤，特别是氨制冷剂，它不仅会冻坏肌肉组织，还会腐蚀皮肤，这种腐蚀作用的症状与烧伤的症状相似，故称为冷灼伤。

思考与练习

1. 制冷系统中的安全装置有哪些？
2. 操作阀门时应注意哪些事项？
3. 压力容器是如何分类的？
4. 压力容器安全管理的主要内容有哪些？
5. 在制订操作规程时，应包括哪些压力容器安全操作的内容？
6. 什么样的制冷剂钢瓶不能使用？
7. 运输制冷剂钢瓶时，应注意哪些安全事项？
8. 事故预防措施有哪些？
9. 发生氨泄漏时应采取什么急救措施？
10. 对氨中毒者如何进行急救？
11. 被液氨烧伤或冻伤后应如何处理？

项目八　冷库管理与技术经济分析

一、学习目标

终极目标　掌握工作日记的填写与汇总，掌握冷库的综合管理和技术经济分析。

基本目标

1）掌握工作日记的填写。

2）掌握制冷压缩机制冷量、耗电量的计算。

3）掌握制冷的单位产品耗冷量和耗电量。

4）能够对冷库的运行成本进行分析。

5）能够对用户进行节能管理体系的建设。

二、工作任务

根据不同制冷系统的机器和设备的配置，进行制冷系统的技术经济分析。

三、相关知识

（一）制冷系统的运行记录

1. 工作日记的填写

制冷系统运行管理的目的是使制冷系统的运行处于最佳状况，做到既安全可靠，又经济合理。

制冷系统运行工作日记是制冷系统运行状况的原始记录，它反映了当天制冷系统运行中的各种参数变化情况，制冷压缩机的运转时间及各种消耗材料的使用情况。操作管理人员必须认真填写，做到及时、准确、清楚，并按月汇总记录，装订保存，为技术经济分析提供原始数据。

制冷设备运行记录的基本格式见表8-1，使用时可根据实际情况进行修改。运行记录一般每2h记录一次，记录下每个班次中压缩机、氨泵、冷风机等运行设备的开、停时间；制冷压缩机和设备的工作压力、温度等参数。每班工作结束时，必须填写电表和水表的指示值，并将本班使用的各种材料消耗量填入运行记录，以便月终统计各种材料的消耗量。交班时必须填写交接班记录，明确交代工作进程及任务、设备状态及注意事项等。

表8-1　制冷设备运行记录表

设备名称	工作条件	测量小时												日平均	工作小时		
		2	4	6	8	10	12	14	16	18	20	22	24		开车	停车	运行
单级活塞压缩机组	蒸发温度																
	吸入温度																
	排出温度																

（续）

设备名称	工作条件		测量小时 2	4	6	8	10	12	14	16	18	20	22	24	日平均	工作小时 开车	停车	运行
单级活塞压缩机组	冷凝温度																	
	电流表读数																	
	电压表读数																	
双级活塞压缩机组	蒸发温度																	
	吸入温度	低压缸																
		高压缸																
	排出温度	低压缸																
		高压缸																
	冷凝温度																	
	中间温度																	
	电流表读数																	
	电压表读数																	
螺杆压缩机组	蒸发温度																	
	吸入温度																	
	排出温度																	
	冷凝温度																	
	润滑油温度																	
	油压差																	
	电流表读数	压缩机																
		油泵																
	电压表读数	压缩机																
		油泵																
水泵	电流表读数																	
氨泵	电流表读数																	
风机	电流表读数																	
库房	温度																	
冷凝水	进水温度																	
	出水温度																	
气候	室外温度																	
	室外相对湿度																	
	室外湿球温度																	

交接班签字：
第一班：
第二班：
第三班：
车间主任：

2. 工作日记的日统计和月综合

压缩机间工作日记每天应由专人负责汇总，统计每台压缩机、泵、风机等的工作时数；计算设备一昼夜的平均工作状况。一昼夜的平均工作状况按照算术平均值计算，即历次记录数字之和除以记录次数。表 8-2 中某日冷凝温度记录共 8 次，各次记录之和为 188，平均冷凝温度：188 ÷ 8 = 23.5℃。

表 8-2　一天中冷凝温度的记录

测量时间/点钟	2	4	6	8	10	12	14	16	18	20	22	24	一昼夜平均冷凝温度/℃
冷凝温度/℃	制冷设备不工作				22	23	24	25	25	24	23	22	23.5

水、电的消耗量应按水表、电表的指示值之差计算。各种材料的消耗量按每班记载的消耗量计算。月平均工作状况，只有在一个月内昼夜工作时数不变的情况下，才可以按算术平均值计算，否则要将每一个昼夜的日平均数乘以工作时数，然后将所有乘积加起来，除以一个月内总工作时数。如某台压缩机全月工作 130h，日平均冷凝温度累计之和为 2720℃，则月平均冷凝温度为 2720 ÷ 130 = 20.9℃，详见表 8-3。

表 8-3　月平均冷凝温度的计算

日期	1～21	22	23	24	25	26	27	28	29	30	31	全月
工作小时/h	压缩机不工作	5	10	20	20	5	10	20	10	10	20	130
平均冷凝温度/℃	0	18	19	22	22	18	19	21	20	22	22	20.9
积数①	0	90	190	440	440	90	190	420	200	220	440	2720

①　积数是指每天平均冷凝温度乘以工作小时数

为了简化计算，月平均数可不用日平均数计算，而以全月记录合计数除以全月记录次数求得，如 1 号压缩机蒸发温度全月共记录 250 次，各次记录合计数 -3900℃，则月平均蒸发温度为 -3900 ÷ 250 = -15.6℃。

为了计算单位产品的耗冷量、耗电量，显然必须对每天的产量进行详细记录，然后定期进行统计。例如对于冷藏库，为了计算冷库的耗冷量、冷冻干耗、冷藏成本和冷库利用率，每月月终必须汇总计算各种货物的冷却、冻结数量和冷藏间的进、出库货物量，累计储藏量。

由于冷库的服务对象不同，加工的产品也各不相同，日报表和月报表应根据具体产品而编制。表 8-4 是冷库统计货物冷加工月报表，表 8-5 是冷库统计货物冷藏品月报表，可供参考。

表 8-4　货物冷加工月报表

库房名称	货物名称	冷加工前质量/t	冷加工后质量/t	干耗量/t	库房名称	货物名称	冷加工前质量/t	冷加工后质量/t	干耗量/t
冷却间					冻结间				
	小计					小计			

表 8-5 货物冷藏品月报表

库房名称	货物名称	本月进库质量/t	本月出库质量/t	月末库存质量/t	累计储藏量/t	库房名称	货物名称	本月进库质量/t	本月出库质量/t	月末库存质量/t	累计储藏量/t
高温冷藏间						低温冷藏间					
	小计						小计				

制冷系统的运行记录每月应有专人统计，对每台压缩机、氮泵、冷风机等设备的运转时间，以及水、电、油或其他用品的消耗量进行累计。

对于制冷系统的温度、压力等参数，一般以 30 天的算术平均值来计算，即每次记录数字之和除以记录次数。例如，冷藏间的温度全月记录 360 次，累计数值为 –6408℃，则本月冷藏间温度的平均值为：–6408℃/360 = –17.8℃。

3. 制冷辅助材料消耗量

在制冷过程中，制冷装置不仅要直接消耗能源，而且还要间接地消耗能源。例如，制冷装置运行时需要有制冷剂、润滑油、氯化钠或氯化钙等。这些物资都是通过直接或间接消耗能源制成的，所以一切物资的节约都可看做是间接节能。因此，这些物资材料的消耗情况也是制冷装置运行的技术经济考核指标。目前制冷装置主要考核的辅助材料是制冷剂、润滑油、氯化钠或氯化钙的消耗量。

（1）制冷剂的消耗量　制冷系统内的制冷剂虽然密封在制冷装置和管道中，但各阀门启闭和压缩机的轴封处，都会或多或少地发生泄漏现象；制冷设备的检修、放油、放空气等操作维护中也不可避免会造成制冷剂的损耗。显然，制冷剂的消耗除了与其泄漏性大小有关，更主要的是与制冷装置的操作维护管理水平有关。表 8-6 为氨制冷系统年消耗氨量参考值，所用的压缩机为开启式制冷压缩机。

表 8-6 氨制冷系统年消耗氨量参考值

项　目	年耗量/kg	项　目	年耗量/kg
冻结 1t 食品	0.18 ~ 0.25	生产 1t 冰	0.09 ~ 0.25
冷藏 1t 食品	0.003 ~ 0.007	贮藏 1t 冰	0.002

（2）润滑油的消耗量　加入制冷压缩机的润滑油会有一部分随排气一起进入制冷系统中。因此，压缩机的耗油不能按加油量计，实际耗油的定额应根据本期加入油量减去回收后尚能使用的部分。

$$\text{润滑油消耗量定额} = \frac{\text{本年加入油量} - \text{回收能使用油量}}{\text{本年度总制冷量}}$$

式中，润滑油的消耗量单位为 kg，本年度总制冷量单位为 kJ 或 MJ。

（3）氯化钠或氯化钙的消耗量　制冷装置中制冰通常采用盐水系统，即采用氯化钠或氯化钙作载冷利。在生产中融冰、脱冰等过程要损耗部分盐（氯化钙或氯化钠）。在其他一些工业过程中，也需要用盐水作载冷剂。盐的消耗量可以按蒸发器每平方米面积在一年内的消耗量来衡量。一般每生产 1t 冰消耗氯化钠 0.8～1.2kg。

（二）能源统计分析与制冷系统运行指标分析

1. 能源统计

企业能耗的计量、各耗能设备的运行工作日记和报表，为企业的能源管理奠定了基础。但是应该认识到，全面准确地获得企业和能源计量统计数据后，还必须用科学规范的方法分析这些数据，从中发现规律性的问题。这样才能及时总结能源管理工作中的成功经验，发现存在的问题，提出切实可行的措施。

能源计量统计分析应该结合企业耗能设备的能量平衡测试进行。根据我国《企业能耗计量和测试导则》，耗能设备的能量平衡测试的目的是对用能设备在规定的测试工况下的用能状况和性能水平进行考察。测试的内容一般包括输入能量、输出能量或供给能量、有效能量、损失能量及其有关参数。

设备的能量平衡测试一般分三级进行。一级测试适用于新研制产品、改型产品的鉴定，新建造和新安装设备、装置的验收和国家级的监测、检查评比。一级测试必须由经部委、省市（自治区）级部门认可的专业组织承担。二级测试适用于设备的定期能量平衡测试，以及对新安装的和经大修、改造后的设备的测试。承担二级测试的组织必须由经部委、省市（自治区）级部门认可。三级测试适用于对设备及其他设施与耗能有关的某些参数进行测试。

根据企业能量平衡的基本数据可以绘制企业能流图。企业能流图是表示企业内部能量流向的图形，它能直观形象地概括企业能源系统的全貌，描述企业能源消密结构，反映企业在能源收入储存、加工转换、分配输送、使用外销等方面的数量平衡关系。企业能流图是分析用能状况，研究企业节能方向和途径，进行企业能源管理的重要依据和方法之一。绘制能流图时，必须符合《企业能流图绘制方法》的原则规定。

我国冷库的制冷系统能耗差别较大，每冻结 1t 白条肉平均耗电 110kW，其中高的耗电指标是 150kW/t，低的耗电指标是 70kW/t；对于冻结物冷藏间，储藏 1t 冷冻食品，每天耗电平均为 0.4kW，其中高的耗电指标是每天 1.4kW/t，低的耗电指标是每天 0.2kW/t；对于冷却物冷藏间，储藏 1t 食品每天耗电平均 0.5kW，其中高的耗电指标每天 1kW/t，低的耗电指标是每天 0.3kW/t。为达到节能的目的，由政府或行业主管部门按不同行业，根据管理要求、现有技术水平等现状，经综合平衡后确定了能源消耗单位参考值。用能单位应根据工作需要，配备足够的管理人员以保证能源计量管理体系的有效运行：

1）应配备人员负责能源计量的策划和控制工作。

2）应配备人员负责能源计量器具的配备、使用、检定（校准）、维修、报废等管理工作。

3）应配备人员负责主要次级用能单位和主要用能设备能源计量器具的管理。

4）应配备人员负责能源计量数据的采集、汇总、统计、分析工作。

5）应配备人员负责能源计量管理的内部检查、评价及改进工作。

用能单位应结合能源消耗限额指标要求和自身能源消耗管理要求，规定可测量的能源消耗量化管理目标，并制订相应的统计、分析和评价程序。

用能单位应建立能源计量器具档案，内容包括：①使用说明书；②出厂合格证；③检定或校准证书；④维修记录；⑤其他相关信息。

在用的能源计量器具应有相应的标识可反映其检定/校准状态，并与能源计量器具一览表相对应。能源计量器具的设计、安装和使用应满足 GB/T 6422—2009、GB/T 15316—2009 关于用能设备的能源监测要求，并应在受控的或已知满足需要的环境中使用。

2. 单位产品耗冷量和耗电量

(1) 耗冷量的计算　主要包括压缩机全月理论制冷量的计算和单位产品耗冷量计算。

1) 压缩机全月理论制冷量的计算

压缩机全月理论制冷量 = 压缩机理论排气量 × 单位容积制冷量 × 全月运转时间 (kJ)

压缩机理论排气量可从该机技术资料中查出，对于单级压缩机，按该机的理论排气量计算；对于双级压缩机，只计算低压级压缩机或低压缸的理论排气量、单位容积制冷量，为了简化计算步骤，可通过查附录中附录 F 至附录 J 求出。使用这些表时，应按单级压缩机、双级压缩机和不同转速分别查出，表中冷凝温度和蒸发温度均按月平均值来查找，下面举例来说明。

【例 8-1】 某 5000t 氨冷库某月统计资料见表 8-7，试计算各压缩机的制冷量。

【解】 15℃制冷系统：查 8AS—12.5 压缩机理论排气量为 $566m^3/h$，转速为 960r/min，查附表 4，当蒸发温度为 -16℃，冷凝温度为 25℃时，该压缩机单位容积制冷量为 $1.61\times10^3kJ/m^3$，则全月制冷量 $=566\times1.61\times10^3\times350kJ=318.94\times10^6kJ$。

-28℃制冷系统：双级压缩机只计算低压级制冷量，其理论排气量和转速与上相同。4AV—12.5 压缩机理论排气量为 $283m^3/h$，则高、低压容积比为 1∶2，可查附录 G，当 $t_0=-27℃$，$t_k=25℃$，单位容积制冷量为 $1.17\times10^3kJ/m^3$，则全月制冷量 $=566\times1.17\times10^3\times360=238.4\times10^6kJ$。

-33℃制冷系统：-33℃制冷系统计算方法同 -28℃制冷系统，其单位容积制冷量为 $0.85\times10^3kJ/m^3$，则全月制冷量 $=566\times0.85\times10^3\times650=312.72\times10^6kJ$。

表 8-7　某 5000t 氨冷库某月统计资料

制冷系统	压缩机编号	压缩机型号	全月平均蒸发温度/℃	全月平均冷凝温度/℃	全月开车时间/h
-15℃	1 号	低压级 1 台(8AS—12.5)	-16	25	350
-28℃	2 号 3 号	高压级 1 台(4AV—12.5) 低压级 1 台(8AS—12.5)	-27	25	360
-33℃	4 号 5 号	高压级 1 台(4AV—12.5) 低压级 1 台(8AS—12.5)	-34	25	650

2) 单位产品耗冷量计算。制冷压缩机的制冷量是否恰当，需根据冷库每月实际加工量，算出每冷间或每蒸发温度系统的单位产品实耗制冷量；再根据制冷工艺设计的需耗制冷量的计算方法，算出每冷间或每蒸发温度系统的单位产品需耗冷量；把这两个冷量进行比较，进行制冷效率分析。

接上例，该 5000t 冷库月冻结猪肉 800t，肉温从 30℃降至 -18℃，低温库储存冻猪肉 1800t，冻禽 1700t，进货温度为 -10℃，高温库储藏入库货物为鲜蛋 1000t 和苹果 500t，室外该月平均温度为 22℃，高温库加工终了温度为 0℃，快速制冰为 300t，冰入冰库，冰库库温为 -10℃，该月冻结间风机用电计算为 12500kW · h，冷却物冷藏间风机用电计算为

5000kW·h，制冷压缩机实际制冷量按以上求得值，试分析其制冷效率。

【解】 按制冷工艺设计的耗冷量计算，其总耗冷量包括围护结构耗冷量、食品冷加工耗冷量、电动机运转耗冷量及操作和其他耗冷量。

①围护结构耗冷量。根据该冷库的设计技术资料，当室外计算温度为35℃时，各库房围护结构耗冷量的技术数据见表8-8。

表8-8　各库房维护结构耗冷量的技术数据

库房名称	室温/℃	库房面积/m^2	按蒸发温度分配围护结构的耗冷量/(10^3kJ/h)		
			-15℃	-28℃	-33℃
冻结间	-23	218			26.52
冻结物冷藏间	-18	3528		177.50	
冰库	-10	109		12.09	
冷却物冷藏间	0	1176	33.63		
合计			33.63	189.59	26.52

为了方便计算，求出在室内、外温度相差1℃时每冷间的耗冷量，这样当室外温度变化时就可直接求得。该冷库各冷间在室内、外温度变化1℃的耗冷量和各冷间在室外平均温度为22℃时每月耗冷量见表8-9。

表8-9　室内、外两种温差时的月耗冷量

库房名称	室内、外温度变化1℃时的耗冷量/(kJ/h·℃)	室外平均温度为22℃时的每月耗冷量/(kJ/d)
冻结间	$26.52\times10^3\div[35-(-23)]=457.2$	$457.2\times[22-(-23)]\times30\times24=14.8\times10^6$
冻结物冷藏间	$177.50\times10^3\div[35-(-18)]=3349.1$	$3349.1\times[22-(-18)]\times30\times24=96.5\times10^6$
冰库	$12.09\times10^3\div[35-(-10)]=268.7$	$268.7\times[22-(-10)]\times30\times24=6.2\times10^6$
冷却物冷藏间	$33.63\times10^3\div(35-0)=960.9$	$960.9\times(22-0)\times30\times24=15.2\times10^6$

②食品冷加工耗冷量。从附录C中查得食品加工始、终温度所对应的焓值，得：

冻结间耗冷量：$800\times1000\times(302.9-4.6)$kJ/月 $=238.64\times10^6$kJ/月。

冻结物冷藏间耗冷量：$1800\times10^3\times(28.9-4.6)+1700\times10^3\times(30.2-4.6)$kJ/月 $=87.26\times10^6$kJ/月。

冰库的耗冷量：$300\times10^3\times2.09\times10$kJ/月 $=6.27\times10^6$kJ/月。其中，2.09kJ/(kg·K)是冰的比热容。

冷却物冷藏间的耗冷量：$1000\times10^3\times(307.1-237.6)+500\times10^3\times(354.9-271.9)$kJ/月 $=111\times10^6$kJ/月。

机制冰耗冷量：$1.25\times300\times10^3\times(4119\times20+347.48)$kJ/月 $=161.7\times10^6$kJ/月。其中，4.19kJ/(kg·K)为水的比热容，347.48kJ/kg为冰的凝固潜热，1.25为快速制冰的耗冷系数。

③电动机运转耗冷量。冻结间耗冷量：12500kW·h/月 $=45\times10^6$kJ/月。

冷却物冷藏间耗量：5000kW·h/月 $=18\times10^6$kJ/月。

④操作与其他耗冷量。这部分耗冷量包括工人在库房操作、照明、开启库门等多项耗冷

指标，计算复杂。所以根据低温库取低值，高温库取高值的原则在300～550kJ/(m^2·d)中选择一数值来计算：

冻结间耗冷量：300×218×30kJ/月=1.96×10^{6}kJ/月。

冻结物冷藏间耗冷量：300×3528×30kJ/月=31.8×10^{6}kJ/月。

冰库耗冷量：300×109×30kJ/月=0.98×10^{6}kJ/月。

冷却物冷藏间耗冷量：550×1176×30kJ/月=19.4×10^{6}kJ/月。

⑤以制冷工艺设计理论计算的需耗冷量：

冻结间耗冷量：(14.8+238.64+45+1.96)×10^{6}kJ/月=300.4×10^{6}kJ/月。

冻结物冷藏间耗冷量：(96.5+87.26+31.8)×10^{6}kJ/月=215.56×10^{6}kJ/月。

冰库耗冷量：(6.2+6.27+0.98)×10^{6}kJ/月=13.45×10^{6}kJ/月。

冷却物冷藏间耗冷量：(15.2+111+18+19.4)×10^{6}kJ/月=163.6×10^{6}kJ/月。

机制冰的耗冷量：161.7×10^{6}kJ/月。

计算的结果与上例实际制冷压缩机制取的冷量比较见表8-10。

表8-10 冷量损耗比较比较表

制冷系统	库房名称	理论计算所需冷量/(10^{6}kJ/月)	实际耗冷量/(10^{6}kJ/月)	冷量损耗/(10^{6}kJ/月)及百分率(%)
-33℃	冻结间	300.4	312.72	12.32(3.9%)
-28℃	冻结物冷藏间、冰库	215.56+13.45=229.01	238.4	9.39(3.94%)
-15℃	冷却物冷藏间、机制冰	163.6+161.7=325.3	318.94	-6.36(-2.0%)

从比较结果看，冷冻库的实际操作较为合理。若比较的结果是冷量的损耗超出计算损耗量的10%，就认为不合理，需查找原因，及时纠正。

(2) 耗电量的计算

1) 压缩机耗电量的计算。制冷压缩机的全月耗电量可用电能表读数乘以电表倍率来计算。若压缩机未单独安装电能表，可按下式计算制冷压缩机的全月耗电量：

全月耗电量=1.73×平均电流×平均电压×平均功率因数×全月开机时数/1000

全月耗电量的单位为kW·h，其中1.73是三相交流电的功率计算系数，压缩机的平均电流、平均电压和全月开机时数可从运行记录的全月汇总中获得，平均功率因数可从电工值班记录的统计汇总中查出。

为了简化计算，压缩机耗电量可用下式计算：

压缩机耗电量=压缩机分配积数×功率分配系数

式中，压缩机分配积数=压缩机平均耗用电流×开车小时数；

功率分配系数=压缩机总耗电量÷压缩机分配积数合计数。

压缩机的平均耗用电流和总耗电量都从每日的工作日记中汇总取得。应该指出，由于运行电流并不是恒定的，这种方法计算出的耗电量可能误差较大。应该为每一台压缩机单独配备电能表，才能准确计量。

接上例，如已测得三组压缩机总耗电量为83404kW·h，-15℃制冷系统压缩机平均电流为111.72A，-28℃制冷系统压缩机平均电流为112.89A，-33℃制冷系统压缩机平均电流为95.47A，计算各组压缩机的耗电量。

①各系统压缩机的分配积数为

-15℃制冷系统：111.72A×350h=39102A·h；

-28℃制冷系统：112.89A×360h=40640.4A·h；

-33℃制冷系统：95.47A×650h=62055.5A·h。

②各压缩机分配积数合计数=39102A·h+40640.4A·h+62055.5A·h=141797.9A·h。

③功率分配系数=83404kW·h÷141797.9A·h=0.5882kW/A

④分别求出各系统压缩机的耗电量为

-15℃制冷系统：39102A·h×0.5882kW/A=22999.8kW·h

-28℃制冷系统：40640.4A·h×0.5882kW/A=23904.7kW·h

-33℃制冷系统：62055.5A·h×0.5882kW/A=36501.1kW·h

2）单位冷量耗电量的计算。根据上例计算值，可得出该月系统的单位冷量耗电量（全月耗电量÷全月制冷量）：

-15℃制冷系统：22999.8kW·h÷(318.94×10^6kJ)=72.11kW·h/10^6kJ

-28C 制冷系统：23904.7kW·h÷(238.4×10^6kJ)=100.27kW·h/10^6kJ

-33℃制冷系统：36501.1kW·h÷(312.72×10^6kJ)=116.72kW·h/10^6kJ

单位冷量耗电量定额是考核压缩机操作管理是否合理的指标。压缩机的蒸发温度应根据库房温度的要求来控制。蒸发温度过低或压缩机无负荷运转，都会导致单位冷量耗电量的增加。单位冷量耗电量定额就是根据库房设计的温度（要求达到的蒸发温度）来计算的单位冷量耗电量。

表8-11中是氨压缩机（转速≥960r/min）在各制冷系统不同冷凝温度下每生产10^6kJ冷量的耗电定额。它是根据压缩机的制冷量和功率进行计算而汇编成的。这样每月底可计算出压缩机的实际单位冷量耗电量与表中的定额相比较，来考核对制冷压缩机及制冷系统的操作管理水平。

表8-11 氨压缩机单位冷量耗电定额（转速≥960r/min）

（单位：kW·h/10^6kJ）

氨压缩机			蒸发温度（设计）/℃	月平均冷凝温度/℃												
				15	16	17	18	19	20	21	22	23	24	25	26	27
单级机			-10	38.88	40.32	41.80	43.35	44.97	46.62	48.18	49.78	51.42	53.14	54.94	56.56	58.25
			-15	49.32	51.09	52.88	54.70	56.54	58.40	60.26	62.15	64.06	65.99	67.93	69.91	71.92
双级机组	高、低压机（缸）容积比	1:2	-28	81.66	83.52	85.39	87.25	89.14	91.02	92.91	94.89	96.73	98.76	100.70	102.66	104.64
			-30	89.97	91.65	93.39	95.20	97.09	99.05	100.77	102.58	104.50	106.50	108.60	110.39	112.28
			-33	96.14	98.12	100.12	102.13	104.14	106.14	108.29	110.47	112.64	114.81	116.99	119.16	121.33
			-35	108.48	110.13	111.85	113.64	115.53	117.51	119.23	121.02	122.89	124.87	126.95	128.79	130.67
		1:3	-28	79.39	80.90	82.47	84.10	85.70	87.30	88.99	90.69	92.39	94.11	95.83	97.59	99.36
			-30	86.94	88.47	90.04	91.72	93.48	95.35	97.00	98.72	100.51	102.37	104.35	106.14	108.01
			-33	94.99	96.78	98.57	100.39	102.20	104.02	105.88	107.77	109.68	111.59	113.50	115.43	117.39
			-35	105.21	106.86	108.58	110.37	112.26	114.26	116.01	117.82	119.73	121.74	123.82	125.68	127.62

（续）

氨压缩机			蒸发温度（设计）/℃	月平均冷凝温度/℃												
				28	29	30	31	32	33	34	35	36	37	38	39	40
单级机			-10	60.02	61.88	63.87	65.59	67.40	69.31	71.37	73.54	75.38	77.34	80.06	81.61	83.95
			-15	73.95	76.00	78.08	80.23	82.34	84.67	86.96	89.28	91.65	94.06	96.49	98.75	101.77
双级机组	高、低压机（缸）容积比	1:2	-28	106.62	108.63	110.63	112.78	114.86	116.94	119.02	121.12	123.36	125.61	127.85	130.10	132.35
			-30	114.26	116.32	118.49	120.33	122.29	124.34	126.52	128.81	130.77	132.80	134.90	137.10	139.51
			-33	123.53	125.73	127.93	130.31	132.70	135.09	137.48	139.87	142.33	144.79	147.25	149.71	152.17
			-35	132.63	134.69	136.91	138.82	140.78	142.83	144.98	147.18	149.18	151.26	153.41	155.61	158.02
		1:3	-28	101.15	102.94	104.73	106.51	108.41	110.25	112.11	113.98	115.94	117.89	119.85	121.81	123.77
			-30	109.94	111.97	114.12	115.96	117.85	119.81	121.86	124.06	126.02	128.05	130.15	132.35	134.64
			-33	119.35	121.31	123.27	125.35	127.45	129.55	131.65	133.75	135.88	138.01	140.13	142.28	144.43
			-35	129.62	131.72	133.94	135.95	138.03	140.18	142.42	144.79	146.89	149.09	151.40	153.84	156.47

根据上例可查出：

-15℃制冷系统，当蒸发温度为-15℃，氨单级压缩机转速为960r/min，月平均冷凝温度为25℃时，查表8-11得单位冷量耗电量定额为67.93kW·h/10^6kJ，与本月实际单位冷量耗电量72.11kW·h/10^6kJ相比，实际耗电量较高。

-28℃制冷系统，当蒸发温度为-28℃，氨双级压缩机组转速为960r/min，月平均冷凝温度为25℃，高、低压机容积比在1:2时，查表8-11，得单位冷量耗电量定额为100.70kW·h/10^6kJ，与本月实际单位冷量耗电量100.27kW·h/10^6kJ相比，实际耗电量稍低。

-33℃制冷系统，当蒸发温度为-33℃，月平均冷凝温度为25℃，其他条件与-28℃系统相同时，查表8-11得单位冷量耗电量定额为116.99kW·h/10^6kJ，与本月实际单位冷量耗电量116.72kW·h/10^6kJ相比，实际耗电量稍低。

从耗电量比较来看，该冷库的操作较合理。

3）冷库内其他耗电量的计算。冷库内主要耗电设备是制冷压缩机和冷风机，其他设备如氨泵、冷却水泵、电梯等也需耗电。这些耗电量都可以从工作日记汇总取得，而在计算单位产品耗电量时，冻结间风机耗电由冷冻商品负担，冷却物冷藏间风机耗电由冷却冷藏的商品负担。压缩机耗电按单位冷量耗电计算，其他的耗电量不以冷间为单位分开计算，而是算出耗电总量再根据各冷间的耗电量比例进行分配。

例如，按上例若该冷库其他的用电量为25000kW·h/月，则按耗冷量分配：

其他用电量÷各冷间耗电量之和

$=25000\div[(312.72+238.4+318.94)\times10^6]$kW·h/$10^6$kJ

$=28.73$kW·h/10^6kJ。

冻结间其他用电分配量为300.4kJ×28.73kW·h/10^6kJ=8.63×10^6kW·h

冻结物冷藏间的电分配量为215.56kJ×28.73kW·h/10^6kJ=6.193×10^3kW·h

冰库的电分配量为13.45kJ×28.73kW·h/10^6kJ=386.42kW·h

冷却物冷藏间的电分配量为163.6kJ×28.73kW·h/10^6kJ=4.7×10^3kW·h

机制冰的电分配量为 $161.7\text{kJ}\times28.73\text{kW}\cdot\text{h}/10^6\text{kJ}=4.65\times10^3\text{kW}\cdot\text{h}$

表 8-12 列出了某 5000t 冷库单位产品耗冷量和耗电量。表中的单位产品耗电量包括了压缩机、氨泵、冷却水泵和冷库中风机等辅助设备的用电。

表 8-12　某 5000t 冷库单位产品耗冷量和耗电量

产品名称	产量/t	耗冷量/kW	耗电量/(kW·h)		单位产品耗冷量/kW	单位产品耗电量/[(kW·h)/t]
			制冷用电	风机用电		
猪肉冷加工	800	86458	45464	12500	106	72.45
机制冰	300	43981	15999		147	53.33
储冰	300	4356	2023		1.44	0.67
冷却物冷藏	32000	44450	16169	5000	1.38	0.66
冻结物冷藏	95000	61888	28749		0.65	0.3
合计	以月计	241133	108404	17500		

3. 制冷系统运行指标分析

（1）制冷的成本核算　制冷的成本主要由制冷装置的耗能、折旧费用和工资三部分组成。对于广泛应用的压缩式制冷，其消耗的能源是电能。根据制冷的用途不同，制冷的温度也不同，不同制冷装置全年的利用率各不相同。因此，不同应用场合下制冷成本也各不相同。一般来说，制冷的成本核算包括压缩机车间所发生的一切费用，其成本项目如下：

1）动力用电，包括压缩机用电、制冷剂泵和冷却水泵用电。

2）辅助材料，包括制冷剂、冷冻油、氯化钠或氯化钙等。制冷剂消耗量按每月充注数计算，至年度终了累计总数。冷冻油按耗用数减去尚能使用的回收油计算。

3）固定资产折旧费，包括机器房房屋和压缩机制冷设备的折旧费用及大修理费用。

4）生产工人工资，指制冷装置操作管理人员的工资。

5）生产工人工资附加费，包括按规定比例提取的工人工资附加费和保健费。

6）车间经费，包括制冷装置维修费用和其他管理费用。

由于各制冷系统的单位冷量耗电量不同，因此制冷成本应以与各产品耗用冷量相应的用电量按比例分配比较合理。

以冷库为例，某冷库当月制冷成本为 26500 元，其中辅助材料消耗 1500 元，动力用电 16000 元，折旧费 4000 元，工资 2500 元，工资附加费 400 元，车间经费 2100 元。若猪肉冷加工制冷用电 45464kW·h，机制冰制冷用电 15999kW·h，冰冷藏用电 2023kW·h，冷却物冷藏制冷用电 16169kW·h，冻结物冷藏制冷用电 28749kW·h，则制冷成本的分配可见表 8-13。

表 8-13　制冷成本的分配

名称	制冷用电/kW·h	分配率(%)	辅助材料费/元	动力用电费/元	折旧费/元	生产工人工资/元	生产工人工资附加费/元	车间经费/元	合计/元
猪肉冷加工	45464	41.94	629.10	6710.40	1677.60	1048.50	167.76	880.74	11114.10
机制冰	15999	14.76	221.40	2361.60	590.40	369.00	59.04	309.96	3911.40
储冰	2023	1.87	28.05	299.20	74.80	46.75	7.48	39.27	495.55
冷却物冷藏	16169	14.91	223.65	2385.60	596.40	372.75	59.64	313.11	3951.15

（续）

名称	制冷用电/kW·h	分配率（%）	辅助材料费/元	动力用电费/元	折旧费/元	生产工人工资/元	生产工人工资附加费/元	车间经费/元	合计/元
冻结物冷藏	28749	26.52	397.80	4243.20	1060.80	663.00	106.08	556.92	7027.80
合计	108404	100.00	1500.00	16000.00	4000.00	2500.00	400.00	2100.00	26500.00

计算时，先求出各项产品用电量占总用电量的百分率，再以此百分率作为各项费用的分配率，分别算出各种产品的费用。

（2）制冷系统运行指标分析　制冷成本的分析是根据制冷装置运营的主要技术经济指标完成情况来进行的，即将制冷成本核算得出的数据与定额或上期实绩比较，来判断制冷装置的管理达到的合理和经济的程度，进一步分析工作中的不正常现象，制订消除不正常现象的措施。通过对比分析，可以了解各设备利用情况和成本高低的原因，以便指导改进制冷装置的经营管理。

表 8-14 列出了某冷库中冷冻、冷藏耗电量的分析数据。

表 8-14　某冷库中冷冻、冷藏耗电量的分析数据

名　称	数　量	单位产品耗电量/kW·h			节约或超支用电量/kW·h
		定额	实绩	比较	
猪肉冷加工	800	71	72.45	+1.45	+1160
机制冰	300	52	53.33	+1.33	+399
储冰	3000	0.65	0.67	+0.02	+60
冷却物冷藏	32000	0.62	0.66	+0.04	+1280
冻结物冷藏	95000	0.34	0.30	-0.04	-3800
合计					-901

注：“定额”指预定指标，“实绩”指实际耗电量，“比较”栏中“+”表示实际比预定的多耗电，“-”表示实际比预定的少耗电。

表 8-15 是冷库单位产品成本分析，即把本期实际单位产品的成本和计划与去年同期产品的成本进行比较，计算总成本的节约或超支数。

表 8-15　冷库单位产品成本分析

名　称	数　量	单位成本/元			节约或超支/元
		计划	实绩	比较	
猪肉冷加工	800	17.30	17.73	+0.43	+344
机制冰	300	16.20	16.90	+0.70	+2.10
储冰	3000	0.34	0.35	+0.01	+30
冷却物冷藏	32000	0.32	0.34	+0.02	+640
冻结物冷藏	95000	0.30	0.27	-0.03	-2850
合计					-1626

通过对各项运行技术指标的列表分析，可以找出对能耗指标或成本等指标的影响因素。例如，冷库中冷藏的成本比较稳定，不因储藏量的变化有很大的变动。因此，冷库库房利用率高时，冷藏品单位成本下降，则以单位成本计算的总成本也下降。表 8-16 列出了某冷库的库房利用率分析数据。

表 8-16　某冷库的库房利用率分析数据

名　称	计划单位成本/元	储藏量/t·d			节约或超支/元
		计划	实绩	比较	
储冰	0.34	4000	3000	减 1000	+340
冷却物冷藏	0.32	34000	32000	减 2000	+640
冻结物冷藏	0.30	85000	95000	增 10000	-3000
合计					-2020

4. 产品电耗定额的制定与管理

在对制冷装置运行指标的分析中，需要将生产实绩与定额进行比较来确定制冷装置的管理水平和达到的经济效益。为了科学地制定产品电耗定额，促进合理用电和降低电能消耗，我国制定了《产品电耗定额制定和管理导则》。该导则对定额的分类、产品的产量计算作出了明确的规定。对于定额的制定，导则提出：产品电耗定额应在生产情况正常、工作方式经济合理、电能损耗最低的条件下，参照先进定额和考虑综合能耗最佳的原则制定。制冷装置的能耗定额是指在一定的条件下，为生产一定数量的产品所规定的能量消耗的数量标准。能耗定额管理的主要内容是：

1）建立能耗定额体系和定额管理体系。

2）制定和修订能源消耗定额。

3）采取有效的技术经济措施，保证定额的实现。

4）考核和分析定额完成情况，总结经验，提出改进措施。

能耗定额的制定、贯彻执行和考核分析是能耗定额管理的三个基本环节。单位产品能耗是反映制冷装置能源利用效率和生产效率水平的综合性指标，也是最终反映制冷装置能源利用经济效果大小的总结性指标。制定先进合理的能耗定额指标是使单位产品能耗不断降低的有力保证。企业实行了能耗定额管理，就能对能源消耗情况进行控制、监督，促进企业内部节能工作的开展，促进提高用能技术水平和能耗管理水平。

为了促使制冷装置操作和管理人员更好地使用和节约能源，制定的能耗定额必须具有先进性和合理性。定额的先进性是指在满足制冷工艺需求的前提下，充分考虑所能实现的各项节能措施（包括技术和管理措施）所收到的效果，要求所制定的定额比已达到的实际水平要先进，不能简单地按企业上年度计划消耗和实际消耗相加平均计算。定额的合理性是指定额必须是团实可行的，有科学依据的，是大多数职工经过努力可以达到的。因此，制冷装置的能耗定额应该参照本行业的先进水平，参照本厂历史最好水平和现行的生产工艺和设备状况，认真考虑各种具体因素后核定。已达到历史最好水平或同行业平均先进水平的，要求巩固提高。有重大节能措施项目的，要根据投产后的节能效益合理修订定额。

对制冷装置能耗定额的考核行以下三种标准：

1）按定额指标考核。

2）按历史消耗水平考核。

3）按行业消耗水平考核。

一般情况下，大多是按上级机关规定的能耗定额与实际能耗进行比较。能耗节约量的计算，一般按统计期与上年同期能耗进行比较。

表 8-17 是上海市标准计量局发布的上海市地方标准《冷库耗电考核标准》（DB31/T 580—1995），该标准于 1995 年 5 月 1 日开始实施。表 8-18、8-19 是浙江省人民政府发布的《低温冷库单位电耗限额及计算方法》（DB33/763—2009），该标准于 2010 年 10 月 28 日开始实施。表 8-20 是福建省制定的地方标准《水产冷库耗电量》。

表 8-17　上海市地方标准《冷库耗电考核标准》（DB31/T580—1995）

[适用于公称容积 1500m³ 左右（相当于存放 300t 冻品）的单体冷库]

序　号	项　目	产　品	单　位	定　额
一	冷却	冷却肉	kW·h/t	80
		家禽	kW·h/t	60
		蔬菜	kW·h/t	100
二	冻结	猪	kW·h/t	白条 130，小包装 400（其中含冷却用电 60）
		牛	kW·h/t	白条 130，小包装 400（其中含冷却用电 60）
		羊	kW·h/t	白条 120，小包装 560（其中含冷却用电 60）
		家禽	kW·h/t	盘冻 150，分割 420（其中含冷却用电 30）
		冰蛋	kW·h/t	盘冻 180，纸箱包装 220
		水产品	kW·h/t	盘冻 130，小包装 190
		果、蔬	kW·h/t	200
	冷饮	冰淇淋	kW·h/t	600
		棒式冷饮	kW·h/t	100
		调理食品	kW·h/t	580
三	冷藏	冻结物冷藏	kW·h/(t·d)	大中型 0.4～0.5；小型 0.6～0.9
		冷却物冷藏		大中型 0.9；小型 1.4～1.5
四	制冰	机冰	kW·h/t	56
		储冰	kW·h/(t·d)	0.3

注：1. 冷藏容量 5000t 以上的冷库为大型冷库；1000～5000t 的冷库为中型冷库；1000t 以下的冷库为小型冷库；
2. 中转调运的冻结品需再冻时的产品单位耗电定额，按规定定额的 0.6 倍考核。
3. 中转调运的冻结品需再冷藏时的第一个月产品单位耗电定额，按规定定额 1.8 倍考核，以后按上表考核。
4. 冻结耗电统计范围：制冷压缩机、冷却水泵、氨泵、冷风机、快速连续冻结传送机构、冷却塔风机、冻结盘提升机、脱盘机、冲霜水泵、制冷自控元件、冻结自控元件、冻结生产照明。
5. 冷藏耗电统计范围：制冷压缩机、冷却水泵、氨泵、冷风机、冷却塔风机、冷风幕、除霜机、库门与地坪电加热、电梯、冷藏用叉车充电机、制冷自控元件、冷藏生产照明。
6. 制冰耗电统计范围：制冷压缩机、冷却水泵、氨泵、冷却塔风机、加水泵、搅拌器、吊冰行车、堆冰机、推进冰桶电动机、制冷自控元件、制冰生产照明。

表 8-18　浙江省冻结物冷藏单位电耗限额（DB33/763—2009）

类　别	计量单位	单位电耗限额			
		小于 3000m³	3000～6000m³	6000～12000m³	12000m³ 以上
已建限额	kW·h/m³·30d	6.0	5.5	4.3	4
新建准入		4		3	2

表 8-19 浙江省冻结加工单位电耗限额（DB33/763—2009）

类别	计量单位	单位电耗限额
		大块冻（10kg 及以上）
冻结加工	kW·h/t	105

表 8-20 福建省水产冷库耗电定额（FDB/SC2434—1990）
（适用于冷藏容量 500t 以下的冷库）

冷库规模/t	<30	<100	<200	<500	冷库规模/t	<30	<100	<200	<500
制冰/(kW·h/t)	80	75	70	68	鱼冻结/(kW·h/t)	130	125	115	110
储冰/[(kW·h/(t·d)]	0.75	0.70	0.68	0.65	虾冻结/(kW·h/t)	280	270	260	250
冷藏/[(kW·h/(t·d)]	1.20	1.15	1.10	1.08					

注：1. 中转调进的水产品再冻结时，耗电量为上表的 60%。
2. 中转调进的水产品再冷藏时，耗电量第一天按上表规定的冻结耗电量的 30% 计算，第二天开始按上表规定执行。

应注意的是：由于我国国土辽阔，各地气候气温差别较大，即使同一行业也很难采用一个严格统一的标准。因此，在制定产品电耗定额标准时，各制冷装置（企业）既要参考各行业、各地区的标准，又要根据本单位的具体情况，制定适当可行的电耗定额标准。

（三）冷库节能管理体系的建设

1. 用户管理节能与科技进步节能

管理节能是通过各种管理手段，在不投资或少量投资的情况下，杜绝能源浪费，减少各种非正常的能源消耗，达到节能的目的。因此，管理节能也被称为“非投资性节能”。这是一种最经济的节能方式，尤其在管理落后的企业中，是效益显著的节能方法。

企业的能源消耗可以用下式表达：

$$\sum W_n = W_b + W_c + W_s + W_f + W_{sb}$$

式中 $\sum W_n$——制冷装置的综合能耗量；
W_b——设备（或产品）标准能耗；
W_c——工人非正常操作浪费的能源；
W_s——因维护保养不善设备损坏造成的能耗；
W_f——运输、保管及其他非正常消耗；
W_{sb}——设备状况不良，运行中浪费的能源。

由上式可见，在构成制冷装置能耗的各项因素中，除 W_b 项外，其余各项均属应当节省下来而浪费掉的能源。管理节能的主要任务就是用各种管理手段减少这些能源的浪费。可见这种节能效益的获得是最经济的。

制冷装置的管理节能关键在于设备管理。长期以来，我国的设备管理在企业管理中未得到应有的重视。设备部门作为企业的第二线，一旦机器发生故障影响生产，只要求设备部门抢修完毕就了事；各级设备管理人员缺乏明确的经济责任，国家投资购买设备，企业无偿占有，重技术，轻管理，不讲经济效益，忽略节能管理和经济管理。对于非全民所有制的企业，忽视设备管理的现象更为严重。因此，在我国的许多制冷装置中，管理节能具有巨大的潜力。

另外应该说明，在设备和技术状况一定的情况下，管理节能是有一定限度的。由能源消耗表达式可见，当一切浪费的能源都得到了控制，剩下的仅有设备或产品的合理消耗，这时管理节能就达到了极限，要进一步提高节能水平就只有靠科技进步节能。科技进步节能也称为投资性节能，是通过对设备或工艺进行局部或全部改进，提高设备技术水平或工艺水平，降低能源消耗。科技进步节能通常要进行适当的投资。

由于技术和工艺的改进，可能使能耗呈较大幅度的下降，从而根本改变设备和产品的耗能状况。技术或工艺的改进常常可收到十分明显的节能效益，因此科技进步是节能的根本途径。应该说明，在新设备、新工艺的条件下，又会产生新的非正常消耗。例如，工人的技术熟练程度、设备的最佳状态及合理使用等，又会造成新的浪费，仍需要通过管理手段来逐步提高，逐步解决，即又会出现新的管理节能效益。因此，管理节能是长期的、不断发展的。

我国的制冷装置中压缩式制冷还占主要地位，即消耗的主要是电能。据一般估计，在我国的一般用电企业的总节电效益中，通过加强管理可收到的节电效益约占30%；通过改进工艺过程，实行一些基本不花钱的技术措施，可收到的节电效益约占40%；通过改造或增加设备且耗费较大的投资，可以收到的节电效益约占30%。这种估计虽然由于企业不同而不太准确，但从中也可认识到管理节能的重要性。

目前许多制冷企业的管理机制不完善，经济效益差，能耗管理松懈不到位。因此，在新形势下如何建立和完善节能管理机制和规章制度，为制冷科技进步和节能打下基础，仍然是一个需要深入探索研究的重大课题。

2. 用户节能管理体系的建设

节能具有普遍意义，对于制冷装置而言，没有广大第一线操作人员的自觉参与，节能工作也难以贯彻落实。因此，既要有节能专门人才作为骨干，又要有广大操作人员的共同配合，才能使节能管理和技术进步转换成实际的效益。在实际工作中，有关领导的支持和参加是十分关键的一环。因为领导和领导机关给予的不仅仅是精神上的支持，还有财政上、计划上、人力上等多方面的支持，这是节能工作顺利开展的根本保证。

要加强对各级能源管理干部、技术人员和操作工人的培训。要有系统地对这三类人员进行能源形势、能源管理基础知识和节能技术的培训，尤其是各级领导干部的培训。通过培训，使他们对国家的能源方针、政策、能源供需形势、能源科学管理知识、热工基础理论和节能技术改造途径有较全面的了解，增强搞好节能工作的责任感和紧迫感。通过培训还可促进企业间的经验交流，有力地推动企业的节能工作。

制冷企业要按照《企业节能标准体系编制通则》（GB/T 22336—2008）的要求，制订符合本企业实际情况的节能措施。建立、健全企业的规章制度，以达到降低能耗的目的。

（1）制定单位冷量耗电量定额　单位冷量耗电量定额是考核压缩机操作管理是否正常合理的指标。单位产品耗电量是衡量冷库耗电的综合指标。它不但反映制冷设备的设计、运行和管理情况，而且还反映冷库结构的设计、使用情况和冷库储藏货物的管理情况（如冷库库门的开启，人员进出的时间和货物进出的时间等）。每座冷库的单位产品耗电量是不可能相同的，应根据各自不同的情况制定单位产品耗电量定额，建立和完善计量、测试制度。

（2）综合管理规章制度的建立和贯彻　实现制冷装置综合管理的任务，必须依靠一套科学的、符合实际的、以岗位责任制为中心的规章制度，并认真贯彻执行。这些规章制度根据不同的制冷装置有所不同，一般应包括如下内容：

1）岗位责任制。岗位责任制主要内容为各级人员的工作范围、责任和权利。岗位责任制是企业管理的基础性制度，企业的各项规章制度都应当以岗位责任制为中心来建立。对操作工人来说，岗位责任制的内容包括四大部分：基本职责；应知应会；权利；考核办法。随着企业经济管理的深入发展，不少企业将岗位责任制与企业经济指标及效益挂钩，并落实到个人，进行逐项计奖，形成岗位责任制。这样，个人的责任权利与经济效益紧密结合，各种规章制度就能得到切实的贯彻落实，取得良好的效果。

2）技术操作规程。技术操作规程一般分单台设备和整个系统两种。

①单台设备技术操作规程的内容：

a. 设备概述，包括主要组成部分、设备型号、性能规范、主要参数、工艺流程、润滑、冷却方式、安全调节装置。

b. 设备正常操作，包括设备起动前的准备和检查、起动程序、正常运行监督和记录、正常设备维护、正常停机。

原商业部颁布的《冷库管理规范》要求制冷作业人员要做到“四要”、“四勤”、“四及时”：

“四要”：要确保安全运行；要尽量提高蒸发温度；要尽量降低冷凝温度；要充分发挥制冷设备的制冷效率，努力降低水、电、油、制冷剂的消耗。

“四勤”：勤看仪表；勤查机器温度；勤听机器运转有无杂声；勤了解用冷情况。

“四及时”：及时放油；及时除霜；及时放空气；及时清除冷凝器水垢。

c. 事故预防和处理，包括设备的各种损坏、异常声响、润滑和冷却系统的参数不正常及各种事故、损坏、异常现象的处理措施。

②系统运行操作规程的内容：

a. 系统概况，包括工艺流程、主要设备、控制部件、工艺参数。

b. 正常操作，包括起动前的准备和检查工作、各部分的联系工作、起动顺序、检查巡视调整、运行监督和记录、正常停止运行。

c. 事故预防和处理，包括查明系统参数不正常、性能下降和单机故障等的原因，以及预防和修理措施。

3）安全操作规程。安全操作规程一般分综合性规程和专业性规程两部分。前者包括一般要求、奖惩、工作条件、防火消防等；后者的内容是各行业特殊的安全规定。

4）交接班制度。交接班制度是一项使上下班之间衔接生产、交待责任、互相检查、保证安全运行连续进行的一项制度。它所规定的交接事项一般有：完成任务情况；设备运行方式、检修情况、故障、缺陷情况；上级指示、运行通知、工具和用品、交接班等事项。

操作人员要严格遵守交接班制度，要加强工作责任心，互相协作。交接班时，要做到“五交接”：

①当班生产任务及机器运转、供液、库温等情况应清楚。

②机器设备运行中的故障、隐患及需要注意的事项要明确。

③车间记录完整、准确。

④生产工具、用品齐全。

⑤机器设备和工作场所清洁无污，周围没有杂物。

交接班人员应按规定时间进行交接班。交接人员在办理交接手续签字后方可离开。当遇到事故需处理时，不得进行交接班。应由交班人员负责处理，接班人可协助处理。交班人应在接班人协同下将事故处理完毕后再离开。

5）巡回检查制度。规定每班对管辖设备的检查次数和内容。检查设备要勤问、细看、细听，发现缺陷及时处理并记录到日志上，及时汇报。

6）安全、节约奖惩制度。对无事故运行和节约者应奖励。要制定奖惩考核办法，奖惩范围及奖惩方式，奖惩的呈报、审批手续等。

7）事故分析处理报告制度（包括人身及设备事故两部分），包括事故的现场保护，事故的经过和现象叙述或记录，事故分析、处理过程及措施、报告办法及格式等。

8）设备运行经济技术指标的管理和考核办法，包括值班人员的原始记录，统计、计算和公布有关资料，开展经济考核、奖励和惩罚、信息传递等。制冷装置是动力系统中的一种，应参照动力系统的管理，参照行业颁布的管理规范（办法），根据本企业、本装置的具体情况，制定切实可行的各种规章制度。

在规章制度建立后，重要的是要严格贯彻执行。为此，必须不断地组织学习有关的职责条例、规程、制度和基础理论，不断提高管理人员的理论水平和操作人员的熟练程度。必须严格技术考核制度，正式上岗人员均须经过安全和技术考核，合格后才可独立操作。

思考与练习

1. 制冷系统的日运行记录包括哪些内容？
2. 车间工作日记应怎样填写？
3. 车间工作日记应怎样进行统计和综合？
4. 制冷压缩机的制冷量应怎样计算？
5. 制冷压缩机的耗电量应怎样计算？
6. 单位产品耗冷量、耗电量应怎样计算？
7. 怎样进行单位耗冷量、耗电量的分析？
8. 怎样进行冷冻、冷藏耗电量的分析？
9. 分析耗冷量、耗电量应注意哪些问题？
10. 压缩机技术操作规程应怎样制定？
11. 《冷库管理规范》要求制冷操作管理人员要做到的“四要”、“四勤”、“四及时”是什么？
12. 交接班要做到“五交接”的内容有哪些？

附　　录

附录 A　R22 饱和液体与饱和气体物性表

温度/℃	绝对压力 p/MPa	密度 ρ/(kg/m^3)	比体积 v/(m^3/kg)	比焓 h/(kJ/kg)		比熵 s/[(kJ/kg·℃)]		质量定压热容 c_P/[kJ(/kg·℃)]	
		液体	气体	液体	气体	液体	气体	液体	气体
-100.00	0.00201	1571.3	8.2660	90.71	358.97	0.5050	2.0543	1.061	0.497
-90.00	0.00481	1544.9	3.6448	101.32	363.85	0.5646	1.9980	1.061	0.512
980.00	0.01037	1518.2	1.7782	111.94	368.77	0.6210	1.9580	1.062	0.528
-70.00	0.02047	1491.2	0.94342	122.58	373.70	0.6747	1.9102	1.065	0.545
-60.00	0.03750	1463.7	0.53680	133.27	378.59	0.7260	1.8770	1.071	0.564
-50.00	0.06453	1435.6	0.32385	144.03	383.42	0.7752	1.8480	1.079	0.585
-48.00	0.07145	1429.9	0.29453	146.19	384.37	0.7849	1.8428	1.081	0.589
-46.00	0.07894	1424.2	0.26837	148.36	385.32	0.7944	1.8376	1.083	0.594
-44.00	0.08705	1418.4	0.24498	150.53	386.26	0.8039	1.8327	1.086	0.599
-42.00	0.09580	1412.6	0.22402	152.70	387.20	0.8134	1.8278	1.088	0.603
-40.81①	0.10132	1409.2	0.21260	154.00	387.75	0.8189	1.8250	1.090	0.606
-40.00	0.10523	1406.8	0.20521	154.89	388.13	0.8227	1.8321	1.091	0.608
-38.00	0.11538	1401.0	0.18829	157.07	389.06	0.8320	1.8186	1.093	0.613
-36.00	0.12628	1395.1	0.17304	159.27	389.97	0.8413	1.8141	1.096	0.619
-34.00	0.13797	1389.1	0.15927	161.47	389.89	0.8505	1.8098	1.099	0.624
-32.00	0.15050	1383.2	0.14682	163.67	391.79	0.8596	1.8056	1.102	0.629
-30.00	0.16389	1377.2	0.13553	165.88	392.69	0.8687	1.8015	1.105	0.635
-28.00	0.17819	1371.1	0.12528	168.10	393.58	0.8778	1.7975	1.108	0.641
-26.00	0.19344	1356.0	0.11597	170.33	394.47	0.8868	1.7937	1.112	0.646
-24.00	0.20968	1358.9	0.10749	172.56	395.34	0.8957	1.7899	1.115	0.653
-22.00	0.22696	1352.7	0.09975	174.80	396.21	0.9046	1.7862	1.119	0.659
-20.00	0.24531	1346.5	0.09268	177.04	397.06	0.9135	1.7826	1.123	0.665
-18.00	0.26479	1340.3	0.08621	179.30	397.91	0.9223	1.7791	1.127	0.672
-16.00	0.28543	1334.0	0.08029	181.56	398.75	0.9311	1.7757	1.131	0.678
-14.00	0.30728	1327.6	0.07485	183.83	399.57	0.9398	1.7723	1.135	0.685
-12.00	0.33038	1321.2	0.06986	186.11	400.39	0.9485	1.7690	1.139	0.692
-10.00	0.35479	1314.7	0.06527	188.40	401.20	0.9572	1.7658	1.144	0.699
-8.00	0.38054	1308.2	0.06103	190.70	401.99	0.9658	1.7627	1.149	0.707
-6.00	0.40769	1301.6	0.05713	193.01	402.77	0.9744	1.7596	1.154	0.715
-4.00	0.43628	1295.0	0.05352	195.33	403.55	0.9830	1.7566	1.159	0.722
-2.00	0.46636	1288.3	0.05019	197.66	404.30	0.9915	1.7536	1.164	0.731
0.00	0.49799	1281.5	0.04710	200.00	405.05	1.0000	1.7507	1.169	0.739

（续）

温度/℃	绝对压力 p/MPa	密度 ρ/(kg/m³)	比体积 v/(m³/kg)	比焓 h/(kJ/kg)		比熵 s/(kJ/kg·℃)		质量定压热容 c_p/[kJ(/kg·℃)]	
		液体	气体	液体	气体	液体	气体	液体	气体
2.00	0.53120	1274.7	0.04424	202.35	405.78	1.0085	1.7478	1.175	0.748
4.00	0.56605	1267.8	0.04159	204.71	406.50	1.0169	1.7450	1.181	0.757
6.00	0.60259	1260.8	0.03913	207.09	407.20	1.0254	1.7422	1.187	0.766
8.00	0.64088	1253.8	0.03683	209.47	407.89	1.0338	1.7395	1.193	0.775
10.00	0.68095	1246.7	0.03470	211.87	408.56	1.0422	1.7368	1.199	0.785
12.00	0.72286	1239.5	0.03271	214.28	409.21	1.0505	1.7341	1.206	0.795
14.00	0.76668	1232.2	0.03086	216.70	409.85	1.0589	1.7315	1.213	0.806
16.00	0.81244	1224.9	0.02912	219.14	410.47	1.0672	1.7289	1.220	0.817
18.00	0.86020	1217.4	0.02755	221.59	411.07	1.0755	1.7263	1.228	0.828
20.00	0.91002	1209.9	0.02599	224.06	411.66	1.0838	1.7238	1.236	0.840
22.00	0.96195	1202.3	0.02457	226.54	412.22	1.0921	1.7212	1.244	0.853
24.00	1.0160	1194.6	0.02324	229.04	412.77	1.1004	1.7187	1.252	0.866
26.00	1.0724	1186.7	0.02199	231.55	413.29	1.1086	1.7162	1.261	0.879
28.00	1.1309	1178.3	0.02082	234.08	413.79	1.1169	1.7136	1.271	0.893
30.00	1.1919	1170.7	0.01972	236.62	414.26	1.1252	1.7111	1.281	0.908
32.00	1.2552	1162.6	0.01869	239.19	414.71	1.1334	1.7086	1.291	0.924
34.00	1.3210	1154.3	0.01771	241.77	415.14	1.1417	1.7061	1.302	0.940
36.00	1.3892	1145.8	0.01679	244.38	415.54	1.1499	1.7036	1.314	0.957
38.00	1.4601	1137.3	0.01593	247.00	415.91	1.1582	1.7010	1.326	0.976
40.00	1.5336	1128.5	0.01511	249.65	416.25	1.1665	1.6985	1.339	0.995
42.00	1.6098	1119.6	0.01433	252.32	416.55	1.1747	1.6959	1.353	1.005
44.00	1.6887	1110.6	0.01360	255.01	416.83	1.1830	1.6933	1.368	1.037
46.00	1.7704	1101.4	0.01291	257.73	417.07	1.1913	1.6906	1.384	1.061
48.00	1.8551	1091.9	0.01226	260.47	417.27	1.1997	1.6879	1.401	1.086
50.00	1.9427	1082.3	0.01163	263.25	417.44	1.2080	1.6852	1.419	1.113
52.00	2.0333	1072.4	0.01104	266.05	417.56	1.2164	1.6824	1.439	1.142
54.00	2.1270	1062.3	0.01048	268.89	417.63	1.2248	1.6795	1.461	1.173
56.00	2.2239	1052.0	0.00995	271.76	417.66	1.2333	1.6766	1.485	1.208
58.00	2.3240	1041.3	0.00944	274.66	417.63	1.2418	1.6736	1.511	1.246
60.00	2.4275	1030.4	0.00896	277.61	417.55	1.2504	1.6705	1.539	1.287
65.00	2.7012	1001.4	0.00785	258.18	417.06	1.2722	1.6622	1.626	1.413
70.00	2.9974	969.7	0.00685	293.10	416.09	1.2945	1.6529	1.743	1.584
75.00	3.3177	934.4	0.00595	301.46	414.49	1.3177	1.6424	1.913	1.832
80.00	3.6638	893.7	0.00512	310.44	412.01	1.3423	1.6299	2.181	2.231
85.00	4.0378	844.8	0.00434	320.38	408.19	1.3690	1.6142	2.682	2.984
90.00	4.4423	780.1	0.00356	332.09	401.87	1.4001	1.5922	3.981	4.975
95.00	4.8824	662.9	0.00265	349.56	387.28	1.4464	1.5486	17.31	25.29
96.15②	4.9990	523.8	0.00191	366.90	366.90	1.4927	1.4927	∞	∞

① 表示 1 个标准大气压下的沸点。

② 表示临界点。